普通高等教育"十三五"规划教材

工程测量实用教程

姜晨光　主编

中国水利水电出版社
www.waterpub.com.cn
·北京·

内 容 提 要

　　本教材较系统、全面地介绍了现代土木建筑工程测量的基本理论、方法和技术，涵盖了土木建筑工程测量的特点及基准体系、测量误差及处理方法、水准测量与光学水准仪、电子水准仪的构造与使用、角度测量与光学经纬仪、电子经纬仪的构造与使用、距离测量、方位测量与平面坐标计算法则、控制测量、地形图测绘、电子全站仪的构造与使用、GNSS 接收机的使用、工程建设放样的基本方法、建筑工程测量、测量仪器实训、测量实习等基本教学内容和教学环节，在土木建筑工程测量基本理论的阐述上贯彻"简明扼要、深浅适中，以实用化为目的"的原则，强化了对工程应用环节的介绍。本教材完全采用我国现行的各种规范、标准，尽可能多地借鉴了科技发达国家的标准、技术和经验，大量删减整理了落伍的国内尚用的内容，彻底淘汰了过时的国内也已不用的内容，全面介绍目前国际最新的、最具普及性的知识、理论和技术，将"学以致用"原则贯穿始终，努力提高本教材的可读性和实用性。

　　本教材是大土木工程行业的专业基础课教材，适用于本科和高职高专的土木工程、工程管理、交通运输工程、铁道工程、水利工程、水利水电工程、矿业工程、建筑学、城市规划、环境工程等专业，也适用于网络高等教育、电视大学、夜大及高等教育自学考试，还可作为国家执业资格考试用书，也是土木建筑工程勘察、设计、施工领域人士必备的简明工具书。

图书在版编目（ＣＩＰ）数据

工程测量实用教程 / 姜晨光主编. -- 北京 ： 中国
水利水电出版社，2016.11
普通高等教育"十三五"规划教材
ISBN 978-7-5170-4924-1

Ⅰ．①工⋯ Ⅱ．①姜⋯ Ⅲ．①工程测量－高等学校－
教材 Ⅳ．①TB22

中国版本图书馆CIP数据核字(2016)第284904号

书　　　名	普通高等教育"十三五"规划教材 **工程测量实用教程** GONGCHENG CELIANG SHIYONG JIAOCHENG
作　　　者	姜晨光　主编
出版发行	中国水利水电出版社 （北京市海淀区玉渊潭南路１号Ｄ座　100038） 网址：www.waterpub.com.cn E-mail：sales@waterpub.com.cn 电话：(010) 68367658（营销中心）
经　　　售	北京科水图书销售中心（零售） 电话：(010) 88383994、63202643、68545874 全国各地新华书店和相关出版物销售网点
排　　　版	中国水利水电出版社微机排版中心
印　　　刷	北京纪元彩艺印刷有限公司
规　　　格	184mm×260mm　16 开本　23.5 印张　557 千字
版　　　次	2016 年 11 月第 1 版　2016 年 11 月第 1 次印刷
印　　　数	0001—2000 册
定　　　价	**48.00 元**

《工程测量实用教程》
编撰委员会

主　编：姜晨光

副主编：（排名不分先后）

宋　艳　　关秋月　　张靖仪　　孙晓玲

成美捷　　翁林敏

参　编：张守燕　曾稀琪　王晓菲　高建水　刘　颖

牛牧华　崔清洋　方周妮　王　达　何跃平

贾绪领　叶　军　吴　玲　蒋旅萍　欧元红

陈　丽　刘进峰　蔡洋清　卢　林　刘群英

夏伟民　张惠君　王风芹

前　言

　　土木建筑工程测量是利用测绘科学的基本理论和基本技术为各种土木建筑活动提供空间定位保障和安全监控服务的应用科学。铁路、公路、桥梁、隧道、码头、房屋都属于土木建筑，其建设过程中的任何一个部件都有其设计的空间位置（即三维坐标），因此，土木建筑建设过程中任何一个部件的施工均需首先借助土木建筑工程测量技术进行定位（即放样），即各种土木建设活动均围绕着测量这个指挥棒在运转，所以，测量有工程建设的"眼睛"和指南针的称谓。另外，土木建筑工程建造过程中的安全及运营安全均需要借助测量技术进行监控。土木建筑工程测量在土木建筑工程中的地位举足轻重。测绘科学的发展和土木建筑工程技术的发展日新月异，如何使测绘科学更好地服务于土木建筑工程是一个必须正视和认真对待的问题，也是作者几十年孜孜以求的目标，在长期的教学、科研、生产实践中作者逐步梳理出了土木建筑工程测量的脉络，为更好地普及土木建筑工程测量知识、满足土木建筑工程测量教学要求，作者不揣浅陋编写出了这本教材。本教材是作者在江南大学从事教学、科研和工程实践活动的经验积累之一，也是作者30余年工程生涯中不断追踪科技发展脚步的部分收获，本书的撰写借鉴了当今国内外的最新研究成果和大量实际资料，吸收了许多前人及当代人的宝贵经验和认识，也尽最大可能地包含了当今最新的科技成就，希望本书的出版能有助于土木建筑工程测量知识的普及，对从事各类工程建设活动的人们有所帮助，对我国土木工程教育事业的健康可持续发展有所贡献。

　　土木建筑工程测量的知识点较多，在教学过程中各校可根据不同专业的教学要求和装备情况有选择性地讲授（不讲的知识点可作为学生专业拓展内容让学生课外阅读，以提高学生走上社会后的适应能力和生存能力）。因篇幅所限，本教材不可能涵盖所有的知识点，如需讲授本教材中未出现的知识点的高校可根据实际需要自己编印补充讲义，也可反馈给出版社，以便在再版时增补。

全教材由江南大学姜晨光主笔完成，广州大学张靖仪，无锡太湖学院崔清洋、刘颖、牛牧华、方周妮、关秋月，青岛黄海学院张守燕、曾稀琪、宋艳，江阴职业技术学院孙晓玲，平度市职教中心王晓菲，济南市园林绿化工程质量监督站高建水，无锡市规划局成美捷，无锡市住房和城乡建设局王达、贾绪领、何跃平、翁林敏，江南大学叶军、吴玲、蒋旅萍、欧元红、陈丽、刘进峰、蔡洋清、卢林、刘群英、夏伟民、张惠君、王风芹等（排名不分先后）参与了相关章节的撰写工作。

限于水平、学识和时间关系，书中内容难免粗陋，谬误与欠妥之处敬请读者批评指正。

姜晨光

2016 年 5 月于江南大学

目　录

第1章 土木建筑工程测量的特点及基准体系

1.1 土木建筑工程测量的学科特点

在我国，土木建筑工程测量是测绘科学的 3 级学科，也是工程测量科学的 2 级学科。在世界各个发达国家，土木建筑工程测量与材料工程学、岩土工程学、结构工程学、建筑施工学、交通工程学、水利工程学、环境工程学共同构建起了土木工程的科学体系，是土木工程科学的 8 大二级学科之一，其地位的重要性不言而喻。常被人们称呼为"测量"的"测绘科学"，是研究与量度地球或其他天体表面高低起伏的自然形态及其四维变化规律的科学。测绘科学的研究对象是地球或其他天体的固体表面，因此属于地球科学（简称地学）的研究范畴。地球或其他天体固体表面以下的部分（内部）是地质科学的研究范畴，地球或其他天体固体表面与液体表面之间的区域是水科学的研究范畴，环绕地球或其他天体的气体空间是大气科学的研究范畴，地球与其他天体之间的关系问题是天文科学的研究范畴，从巨（宏）观领域对地球、天体各种问题进行综合集成化分析与研究是地理科学的工作范畴，因此，测绘科学与地质科学、地理科学、水科学、大气科学、天文科学共同组成了地学大家族，是地学领域的六朵金花之一。大家知道，地质科学、地理科学、水科学、大气科学、天文科学每个学科自身都是多学科集成的综合性大学科，各自都有自己的分支学科（即所谓的 2 级学科）和独特的科学体系，作为地学领域的六朵金花之一的测绘科学本身也是一个多学科集成的综合性大学科并有着自己的分支学科和独特科学体系，测绘科学的主要分支学科有地形测量、大地测量、测绘遥感（航空摄影测量与遥感）、地图制图、工程测量、海洋测绘、地籍测绘、测绘仪器八大学科。

地形测量学是研究地形测绘理论、方法和技术的科学，其成果是各种各样的地形图，这些地形图就是各种建设项目（涵盖工业、农业、国防等各行各业）规划、设计的基础图件，也是各类地图编制的基础图件，与该领域有关的国际性科学组织是国际测绘联合会（International Union of Surveying and Mapping，IUSM）。大地测量学是研究大区域（指地理区域）或全球地壳形态及其变化和重力场特征的科学，大地测量的成果是地球空间信息的基础，是地球科学其他五大学科关键性的、不可或缺的基础平台，在西方国家，大地测量与数学、化学学科等并称为构成自然科学体系的 16 大自然科学学科，与该领域有关的国际性科学组织是国际大地测量学协会（International Association of Geodesy，IAG），IAG 是国际大地测量学与地球物理学联合会（International Union of Geodesy and Geophysics，IUGG）的创始者和主要成员之一，也是世界上成立最早的国际性学术团体之一。测绘遥感（摄影测量与遥感）学是研究利用遥感的手段获取地表形态信息的科学，与

1

该领域有关的国际性科学组织是国际摄影测量与遥感学会（International Society for Photogrammetry and Remote Sensing，ISPRS）。地图制图学是研究地图绘制理论与技术的科学，与该领域有关的国际性科学组织是国际地图学协会（International Cartographic Association，ICA）。工程测量学是利用测绘科学综合理论与技术为各类工程建设提供测绘保障服务的应用科学（也可称为应用测绘学），与该领域有关的国际性科学组织是国际测量师联合会（Federation Internationale des Geometres，FIG）。海洋测绘学是研究海底地形及其四维变化规律的科学，主要为海洋运输、海洋科学考察、航道开拓、航道疏浚、海洋军事活动、海下资源开发、海洋救助等提供测绘保障，为海洋科学研究（如潮汐、洋流、海温变化、海平面升降等）提供基础地理信息，是海洋科学研究的关键支持平台，与该领域有关的国际性科学组织是国际海道测量组织（International Hydrography Organization，IHO）。地籍测绘学是研究地籍管理中地籍图测量与绘制理论和技术的科学，国外地籍测绘是一种具有法律效力的公共服务活动（它既服务于政府也服务于民众）。测绘仪器学是研究测绘仪器制造理论与技术的科学，测绘仪器属于精密仪器，现代测绘仪器是集光（光学）、机（机械）、电（电子）、算（计算机）于一体的高技术含量设备，其涉及领域非常广泛且需多学科的密切协同，当代测绘仪器的制作水平代表着一个国家的综合科技势力。另外，还有房产测绘学，即研究房产管理中房产面积界定以及房产图测量与绘制理论和技术的科学，也是一种具有法律效力的公共服务活动。我国主管测绘工作的政府机构是国家测绘地理信息局。

国际大地测量学与地球物理学联合会（IUGG）隶属于国际科学联盟理事会（International Council of Scientific Unions，ICSU），1999 年时 IUGG 由 7 个协会组成，即国际大地测量协会（International Association of Geodesy，IAG）、国际地震和地球内部物理协会（International Association of Seismology and Physics of the Earth's Interior，IASPEI）、国际火山和地球内部化学协会（International Association of Volcanology and Chemistry of the Earth's Interior，IAVCEI）、国际地磁和高空物理协会（International Association of Geomagnetism and Aeronomy，IAGA）、国际气象和大气科学协会（IAMAS）、国际水文科学协会（International Association of Hydrological Science，IAHS）、国际海洋物理科学协会（International Association of Physical Sciences of the Ocean，IAPSO）。曾经是 IUGG 成员的国际学术机构有国际气象学和大气物理学协会（International Association of Meteorology and Atmospheric Physics，IAMAP）、国际动力学联盟间委员会（Inter - union Commission Geodynamics，ICG）（也隶属于国际地质科学联合会 International Union of Geological Sciences，IUGS）、国际极地气象学委员会（International Commission Polar Meteorology，ICPM）。与 IUGG 关系密切的其他重要国际学术组织还有国际地理学联合会（International Geographical Union，IGU），隶属于国际科联理事会、国际天文学联合会（International Astronomical UnionI，IAU，隶属于国际科联理事会）、国际海事组织（International Maritime Organization，IMO）、国际气象组织（International Meteorological Organization，IMO，1951 年改为 World Meteorological Organization，WMO）、联合国教（育）科（学和）文（化）组织（United Nations Educational，Scientific and Cultural Organization，UNESCO）。

测绘科学是人类各种活动及各类工程建设的"眼睛"和"指南针",各类工程项目的设计(或规划)空间位置均必须借助测绘仪器(或测绘技术)进行定位,测绘科学成果之一的地图(比如智能手机上的百度地图、谷歌地图)是人类出行的伴侣和依靠。总而言之,人类的任何活动和任何工程建设都离不开测绘科学,测绘科学是人类活动和各种工程建设不可或缺的重要技术保障。测绘仪器是测绘人员的武器,也是贵重、精密仪器,一定要按规定小心使用、精心呵护,并应做好五方面的防护工作(即防振、防摔、防水、防潮、防高温)。

测绘科学的起源可追溯到原始社会,是人们最早创造的科学体系之一。测绘科学的发展时刻与人类的文明史同步,随着人类文明的历史进程一直发展到了今天,对人类社会的发展作出了不可磨灭的重大贡献,成为人类各种活动不可或缺的重要依靠和技术手段。在"穴居巢处"的人类蛮荒文明时代,人类"逐水而居"开始了治水、用水并驯化野生动植物,于是就有了原始农业、畜牧业,因而也就有了地籍测量和最古老的土木建筑工程测量——水利测量,人们懂得了利用铅垂线进行各种建造活动,在建造活动中又领悟了"两铅垂线之间距离最短的直线为水平线"的道理(即所谓的"揆平"),因此,使土木建筑的质量和水平不断提高。火使人类从蛮荒文明进入古代文明,火改变了人类的饮食习惯,人类也用火来改造自然物,于是就有了简陋的司南、磁勺、准绳、规矩之类的土木建筑测量工具。电使人类从古代文明进入近代文明,电为人类提供了动力,使人类改造自然的能力得到了飞跃性的提升,于是人们造出了照相机、望远镜(奠定了近代测绘的物质基础,可以说是引领了测绘科学的第一次革命)、飞机(奠定了航空摄影测量的基础,引发了测绘科学的第二次革命)。网络信息技术使人类从近代文明进入现代文明,网络信息技术使人类探索未知世界的能力得到了极大的提升,1945年第一台电子计算机(美国)的出现引发了测绘科学的第三次革命(电子计算机不仅将测绘从繁重的计算工作中解脱了出来,大大提高了计算速度,而且为现代测绘技术、测绘仪器、测绘方法的改变奠定了重要的技术基础),1957年10月4日,世界第一颗人造地球卫星的发射(苏联)引发了测绘科学的第四次革命(诞生了卫星大地测量学这一测绘新学科),1960年世界上第一台红宝石激光器的诞生(瑞典)引发了测绘科学的第五次革命(使得距离测量摆脱了对尺子的依赖,测绘进入了激光测量的时代),20世纪70年代GPS技术(全球定位系统)的出现引发了测绘科学的第六次革命(带来了空间测量技术的普及化和高精度),随之而来的是人类创造的各个领域的新技术的交叉与融合对测绘科学的改造与拉动,测绘科学迎来了一个更加充满朝气的新时代,现代测绘技术的手段更加先进,现代测绘科学的理论更加进步并不断完善,ETS(电子全站仪)、GNSS(卫星定位系统)、RS(遥感技术)、GIS(地理信息系统)以及它们四者之间的集成已经成为当今测绘的主旋律,它们与惯性测量系统(INS——根据惯性原理设计的测定地面点大地元素的系统)、甚长基线干涉测量技术(VLBI——独立站射电干涉测量技术)、激光测月技术(LLR)、激光测卫技术(SLR)、卫星轨道跟踪和定位技术(DORIS)、通信技术、自动化技术、信息技术、物联网技术等各种技术一起构建起了测绘科学的绚丽大花园,为人类文明的发展、为人类社会的进步、为各类工程建设源源不断地发挥着独特的、不可替代的重要作用。智能化自动电子全站仪、智能化电子水准仪、GNSS接收机、智能化激光铅垂仪、智能化激光扫平仪、手持式激光测距仪、智能化自动陀螺经纬仪、全站扫描仪、超站仪等已成为现代土木建筑工程不可或缺的设备，这些现代测量仪器确保了各种超高、超大、超宽、超深土木建筑结构能够顺利、高质量建造与运营。

1.2　土木建筑工程测量的基准体系

铁路、公路、桥梁、隧道、码头、房屋都属于土木建筑，其建设过程中的任何一个部件都有其设计的空间位置（即三维坐标），因此，土木建筑建设过程中任何一个部件的施工均需首先借助土木建筑工程测量技术进行定位（即放样），即各种土木建设活动均围绕着测量这个指挥棒在运转，所以，测量有工程建设的"眼睛"和指南针的称谓。建筑构件空间位置的设计必须依据相应的三维坐标系，这个三维坐标系就是土木建筑工程测量的基准体系。小型的土木建筑活动可以建立独立的基准体系并依此进行设计和施工放样，铁路、公路、机场、码头等大型土木建筑则必须建立基于地球的全球性基准体系或国家基准体系，并依此进行设计和施工放样。另外，信息化导引下的现代人类的活动范围已遍布全球且已进入太空，各种工程建设活动以全球性基准体系为基准进行建设已成为人类的迫切需要，为此，现代各种工程建设活动都在以全球性基准体系或国家基准体系为基准进行规划、设计、施工、运营。这样，掌握全球性基准体系或国家基准体系的基本知识就成了对土木建筑工程测量工作人员的最基本要求。

1.2.1　地球的外观形态及理论模拟

全球性基准体系或国家基准体系都是以地球为基础模型构建的，因此，基准体系构建时必须最合理地考虑地球的形状特征与体量大小。地球的自然形状是一个表面起伏不平的类似鸭蛋状的球体，地球的这种自然形状无法数学化，因此，为构建全球性基准体系或国家基准体系就必须对地球形状进行合理简化，人们对地球形状进行的第一次简化是利用物理学原理得到的地球形体（大地体），大地体的表面（大地水准面）是衡量地壳起伏度的基准面。地球内部密度的不均匀导致了大地水准面的不光滑，于是，人们又用数学方法对大地体进行了简化，获得了地球的数学形体（总地球椭球）。

（1）地球的物理形状。

地球的物理形状是大地体，大地体的表面是大地水准面，大地水准面是水准面中的一个。水准面是重力等位面（即面上各点的重力势能相同），可理解为自由静止的水面，水准面有无数多个。与平均海水面（地球的自然形体）吻合程度最高的水准面称为大地水准面，大地水准面所包围的形体称为大地体，大地水准面只有一个（可理解为自由静止的等密度海水在恒温、恒压、无潮汐、无波浪情况下向陆地内部延伸后所形成的封闭海水面）。大地水准面是不可能准确建立的（只能随着各方面条件的改善逐步趋近），只能建立一个接近于它的替代品，这个替代品就是国家水准面。所谓国家水准面就是符合国家基本地理特征和需求的水准面，具有国家唯一性，国家水准面是一个国家统一的高程起算面。我国的国家水准面是青岛验潮站求出的黄海平均海水面，以青岛验潮站 1950—1956 年的潮汐资料推求的平均海水面作为我国的高程基准面（国家水准面）的系统称为"1956 黄海高程系统"，根据 1952—1979 年的验潮站资料确定的平均海水面作为我国新的高程基准面

（国家水准面）的系统称为"1985国家高程基准"，水准原点（图1.1）在"1956黄海高程系统"中的高程为72.289m，在"1985国家高程基准"中的高程为72.260m。目前，"1956黄海高程系统"已废止。在利用高程数据时一定要弄清其归属的"高程系统"，"高程系统"不同时应根据"水准原点"高程差换算为同一个系统，换算方法为1985高程－1956高程＝1985原点高程－1956原点高程"。实际上，由于地球内部物质密度具有各向异性特征（即切向分布不均匀，径

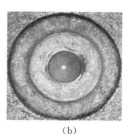

(a)　　　　　　　　　　(b)

图1.1　中国国家水准原点
(a) 水准原点室；(b) 水准原点标志

向分布不均匀），故地球上的引力线不是直线而是曲线，各个水准面之间是不平行的且表面不是很光滑，因此，对地球物理形状构建数学模型极其困难，为建立球面基准体系必须对其再次进行近似。

（2）地球的数学形状。

人们对地球物理形状进行再次近似的结果是构建地球的数学形体。地球的数学形体是总地球椭球，总地球椭球是参考椭球中的一个。参考椭球是指体量与地球大致相当的椭圆绕短轴旋转180°所形成的封闭球体，球的表面称为参考椭球面，球的实体称为参考椭球体，参考椭球的大小和形状决定于其长半径a和短半径b，因此，参考椭球的长半径a、短半径b和扁率α就构成了参考椭球的最重要的几何要素，$\alpha=(a-b)/a$。人们将与大地体吻合程度最高的参考椭球作为地球的数学形状并称之为总地球椭球，总地球椭球具有唯一性且同样是不可能准确建立的，只能随着各方面条件的改善逐步趋近。精确的总地球椭球无法建立，只能建立一个接近于它的替代品，这个替代品就是国家椭球。所谓国家椭球就是符合国家基本地理特征和需求的参考椭球，具有国家唯一性，国家椭球是一个国家统一坐标系统的基础框架（即经纬度的衡量基准）。1949年10月1日中华人民共和国成立后采用的第一个国家椭球是克拉索夫斯基椭球（$a=6378245m$、$\alpha=1/298.3$），建立的大地坐标系统称为"1954年北京坐标系"，1980年我国采用的第二个国家椭球是IAG－1975椭球（$a=6378140m$、$\alpha=1/298.257$）、大地原点在陕西省泾阳县永乐镇（图1.2）、建立的大地坐标系统称为"1980年西安坐标系或1980国家大地坐标系"，2008年7月1日起我国采用的第三个国家椭球是WGS84椭球（即GPS采用的参考椭球，$a=6378137m$、$\alpha=1/298.257223563$）、大地原点仍为西安坐标

(a)　　　　　　　　　　(b)

图1.2　中国国家大地原点
(a) 大地原点室；(b) 大地原点标志

系原点、建立的大地坐标系统称为"2000中国大地坐标系"。"2000中国大地坐标系"与现行国家大地坐标系转换、衔接的过渡期为8～10年。在利用坐标数据时一定要弄清其归属的"坐标系统"，"坐标系统"不同时应先根据测区内均布的3个以上的公共点（即同时

具有不同坐标系坐标的点）获得不同坐标系的转换参数，然后再以转换参数为依据将坐标数据转换为同一个系统。

"2000 中国大地坐标系"（CGCS2000）的原点位于地球质心，Z 轴指向国际地球自转服务组织（IERS）定义的参考极（IRP）方向，X 轴为 IERS 定义的参考子午面（IRM）与通过原点且同 Z 轴正交的赤道面的交线；Y 轴与 Z、X 轴构成右手直角坐标系。在定义上，CGCS2000 与 WGS84 是一致的，其坐标系原点、尺度、定向及定向演变的定义都是相同的。两个坐标系的参考椭球也非常接近，扁率有微小差异：$f_{WGS84} = 1/298.257223563$，$f_{CGCS2000} = 1/298.257222101$。CGCS2000 通过 2000 国家 GPS 大地网的点在历元 2000.0 的坐标和速度具体体现。WGS84 的初始参考框架于 1987 年建立，随后又分别于 1994 年、1996 年、2002 年先后 3 次实现，依次叫做 WGS84（G730）、WGS84（G873）、WGS84（G1150）。最新框架 WGS84（G1150）由 17 个 GPS 监测站在历元 2001.0 的坐标和速度来体现。通过比较坐标系的定义和实现，可以认为 CGCS2000 和 WGS84（G1150）是相容的，在坐标系的实现精度范围内，CGCS2000 坐标和 WGS84（G1150）坐标是一致的。

参考椭球体是测量成果换算的依据。在要求精度不高的测量中，为了计算方便，也可把地球近似当作圆球看待，其平均半径 R 取 6371km。当测区范围较小时又常把球面视为平面看待。R 的计算公式是 $R = (a + a + b)/3$。

1.2.2　地球物体的空间关系表达

要表达地面上一点（或土木建筑构件）的位置必须采用三维形式，地面点位表达的常用方式是大地坐标＋高程、地理坐标＋高程、高斯平面直角坐标＋高程、独立平面直角坐标＋高程、三维地心坐标。

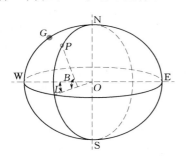

图 1.3　大地坐标

（1）大地坐标。

大地坐标是以参考椭球和法线为依据构建的，大地坐标用大地经度和大地纬度表示。如图 1.3 所示，参考椭球短轴（NS）为过地球几何中心且平行于地球平自转轴的线段，短轴的中点（O）称为球心。垂直于短轴的平面称为平行面，面与椭球的交线称为平行圈（也称纬圈、纬线），平行圈上各点纬度相同，平行圈为圆形，平行圈有无数多个，过球心垂直于短轴的平面称为赤道面，面与椭球的交线称为赤道圈（也称赤道、赤道线），赤道圈上各点纬度为 0°，赤道圈是平行圈中的一个（是参考椭球上最大的圆），赤道圈只有 1 个。过短轴的平面称为子午面，子午面与椭球的交线称为子午圈（也称经圈、经线、子午线），以短轴为界线的半个子午圈上各点经度相同，子午圈为椭圆形，子午圈有无数多个，每个子午圈的大小均相等。过英国伦敦原格林尼治天文台星仪中心的子午面称为起始子午面（也称本初子午面），该面与椭球的交线称为起始子午线（也称本初子午线），以短轴为界线星仪中心所在的半个子午圈上各点经度均为 0°，另半个子午圈上各点经度均为 180°，本初子午线是子午圈中的一个，本初子午线只有 1 个。参考椭球上一点 P 的大地坐标用大地经度（L）和大地纬度（B）表示。过 P 点的子午面称 P 子午面，该面与起始子午面间的二面角 L 称为 P 点的大地经度（大地经度的范围为 0°～180°，分东经和西经，从 0°经线向东称东经，向西称西经）。过 P 作参考椭球的法线（该线一定位于 P 子午面内但不通过球心，因为参考椭球是椭球而不是圆球），该线与赤道面的夹角 B 称为 P 点的大地纬度（大地纬度的范围为 $0°\sim90°$、分南纬和北纬，从赤道面向北称北纬，向南称南纬）。

（2）地理坐标。

地理坐标是以大地体和垂线（铅垂线）为依据构建起来的，地理坐标用地理经度和地理纬度表示。如图 1.4 所示，大地体的短轴（$N'S'$）为地球的平自转轴，O' 为大地体的重心。垂直于短轴的平面称为地理平行面，地理平行面与大地体的交线称为地理平行圈（也称地理纬圈、地理纬线），地理平行圈上各点纬度相同，地理平行圈有无数多个。过重心垂直于短轴的平面称为地理赤道面，面与大地体的交线称为地理赤道圈（也

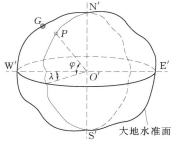

图 1.4　地理坐标

称地理赤道、地理赤道线），地理赤道圈上各点纬度为 1 个。过短轴的平面称为地理子午面，面与大地体的交线称为地理子午圈（也称地理经圈、地理经线、地理子午线），以短轴为界线的半个地理子午圈上各点经度相同，地理子午圈有无数多个。过英国伦敦原格林尼治天文台星仪中心的地理子午面称为起始地理子午面（也称本初地理子午面），该面与大地体的交线称为起始地理子午线（也称本初地理子午线），以短轴为界线星仪中心所在的半个子午圈上各点经度均为 $0°$，另半个子午圈上各点经度均为 $180°$，本初地理子午线只有 1 个。大地体上一点 P 的地理坐标用地理经度（λ）和地理纬度（φ）表示。过 P 点的地理子午面称 P 地理子午面，该面与起始地理子午面间的二面角 λ 称为 P 点的地理经度，地理经度的范围为 $0°\sim180°$，分东经和西经，从 $0°$经线向东称东经，向西称西经。过 P 作大地体的垂线（该线一定位于 P 地理子午面内并通过重心 O'），该线与地理赤道面的夹角 φ 称为 P 点的地理纬度，地理纬度的范围为 $0°\sim90°$，分南纬和北纬，从地理赤道面向北称北纬，向南称南纬。

（3）高斯平面直角坐标。

高斯平面直角坐标是以高斯-克吕格投影为基础建立的平面直角坐标系统，高斯-克吕格投影是将椭球面变成平面的一种地图投影方式，属于数学函数投影（正形投影）而不是几何投影，高斯-克吕格投影反映的是球面上一点与高斯平面上一点的对应函数关系（是应用最广的一种正形地图投影）。

1）高斯-克吕格投影的形象描述。当时，高斯将地球假想为圆球并把其缩小到篮球大小，在球上画出赤道线并从 $180°$经线开始由西经到东经每隔 $3°$画出经线，假设画出的赤道线和经线均是透光的，然后在球心位置放置一个光源，再将一个涂有感光膜的胶片卷成一个直径与篮球相同的圆筒包住篮球，转动圆筒使圆筒与篮球的切线位于一条经线上（这条经线称为中央子午线），将球心光源打亮，透光的赤道线和经线会在圆筒感光膜上曝光并留下线条，将圆筒胶片取下显影处理后展平即得如图 1.5 所示的照片，紧邻中央子午线的两条子午线分别称为"左边子午线"和"右边子午线"。图 1.5 中，保留中央子午线、左边子午线、右边子午线、赤道线，去掉其余子午线后即得如图 1.6 所示的图形。图 1.6 中，以赤道线作为 Y'轴、中央子午线作为 X'轴、赤道线与中央子午线交点作为坐标原点

O' 构建的平面直角坐标系称为"理论高斯坐标系"。用同样的方法依次换位对篮球感光显影即可将篮球的表面全部投影到一张张感光膜上，不难理解，一张感光膜上的篮球表面投影范围为经差 6°，整个篮球投影完需要 60 张感光膜，每个感光膜可建立一个理论高斯坐标系，60 张感光膜可建立 60 个理论高斯坐标系。每张感光膜上的篮球表面投影范围称为一个高斯投影带，一个高斯投影带的经差称为"高斯投影带的带宽"。当投影带带宽为 6°时整个地球可切割 60 个投影带，当投影带带宽为 3°时整个地球可切割 120 个投影带，依次类推。常用的投影带带宽有 9°、6°、3°、1.5°，分别称为 9°带投影、6°带投影、3°带投影、1.5°带投影（也叫任意带投影或工程投影）。从以上叙述不难看出，投影带带宽越大，投影带变形越大，投影带的数量越少；反之，投影带带宽越小，投影带变形越小，投影带的数量越多。如图 1.7 所示，投影带切割顺序国际上有统一规定，6°带投影第一个投影带的中央子午线经度为西经 177°，即从 180°经线开始由西向东切（先切西经部分到 0°经线，在切东经部分），投影带的编号依次为第 1 带、第 2 带、第 3 带……3°投影第一个投影带的中央子午线经度也为西经 177°。1.5°带投影每个投影带的中央子午线经度可任意假设。9°投影只用于中、小比例尺地图编制，不用于外业测量数据处理。国家层面上的投影一般只有 6°带投影和 3°带投影。

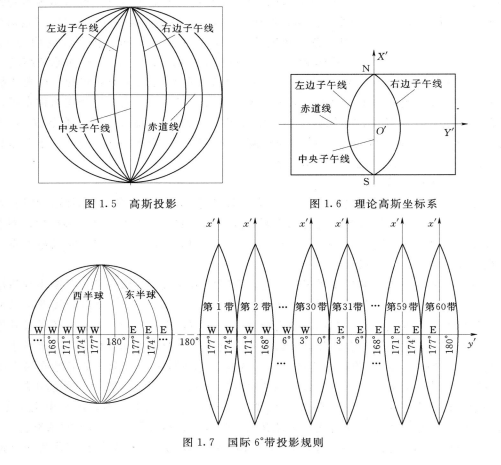

图 1.5　高斯投影　　　　　　　　　图 1.6　理论高斯坐标系

图 1.7　国际 6°带投影规则

2）实用高斯平面直角坐标系。如图 1.8 所示，为便于测量坐标计算和数据处理，国际上统一将理论高斯平面直角坐标系的 X' 轴移到左边子午线以左（即西移 500km），这样建立的新平面直角坐标系就称为实用高斯平面直角坐标系（XOY 坐标系），实用高斯平面直角坐标系就是通常所说高斯平面直角坐标系。如图 1.8 所示，理论高斯平面直角坐标系（$X'O'Y'$ 坐标系）与实用高斯平面直角坐标系（XOY 坐标系）的关系为 $X=X'$；$Y=$（投影带带号）接（$Y'+500km$）。

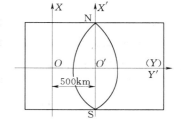

图 1.8　实用高斯平面
直角坐标系

3）高斯-克吕格投影的进一步发展。高斯-克吕格投影是圆球投影，后来人们又把它稍加改造变为椭球投影（即用一个横椭圆柱状感光膜筒套在椭球外面），并将其称之为横轴墨卡托投影（也就是我们现在通常所说的高斯投影）。为克服横轴墨卡托投影投影带边缘变形较大的问题，人们又将横轴墨卡托投影稍加改造变为割椭球投影（即感光膜筒与椭球相割），这种投影方式被称为通用横轴墨卡托投影（简称 UTM 投影）。

（4）独立平面直角坐标。

当测量区域无法与国家坐标系统沟通或沟通困难或工程有特殊要求时可建立独立平面直角坐标系，建立的方法是在测区内埋设 2 个固定点 A、B 作为基准点，假定一个基准点（A）的坐标和该基准点与另一个基准点（B）的坐标方位角，这样就构建起了一个独立的平面直角坐标系统。需要注意的是，建立的独立平面直角坐标系必须保证测区内所有点的 X、Y 坐标均为正值。人们通常也喜欢通过改变中央子午线位置的方法建立独立坐标系。

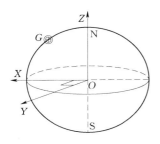

图 1.9　三维地心坐标

（5）三维地心坐标。

如图 1.9 所示，三维地心坐标是 GPS 采用的坐标系统。该坐标系的原点是地球的质心，Z 轴指向 BIH1984.0 定义的协议地球极 CTP 方向，X 轴指向 BIH1984.0 零子午面和 CTP 赤道的交点，Y 轴和 Z、X 轴构成右手坐标系。

（6）高程。

高程有很多种，常见高程有正高、正常高、海拔高、大地高。正高高程（简称正高）是地面点沿铅垂线方向到大地水准面的距离（因大地水准面难以准确确定，故正高高程也难以准确确定，测绘和工程建设领域一般不采用正高系统），记为 $H_\times$（×代表点名）。正常高程（简称正常高）是地面点沿铅垂线方向到似大地水准面的距离，也记为 $H_\times$（×代表点名），正常高可以以很高的精度确定，是测绘和工程建设领域普遍采用正常高系统（人们经常讲的高程均是指正常高，用水准仪获得的高差为正常高高差）。海拔高高程（简称海拔高或海拔）是地面点沿铅垂线方向到平均海水面的距离，也记为 $H_\times$（×代表点名），海拔高高程不容易准确确定（测绘和工程建设领域一般也不采用海拔高高程）。大地高程（简称大地高）是地面点沿法线方向到参考椭球面的距离，记为 $h_\times$（×代表点名），大地高是数学高且可准确确定，GPS 显示的高程就是大地高，测绘工作中除采用水准测量原理获得的高程（正常高）外基本都是大地高（比如三角高程、全站仪测高、GNSS 高程等），参考椭球面与大地水准面（似大地水准面）间的差距是波动的（这种差距称为高程异常），只有准确获得高程异常才能将大地高转化为正常高。为满足某些需要人们也常常在一些特殊场合（比如地下采矿、地下施工、建筑工程、桥梁工程等）采用相对高程，地面点沿铅垂线方向到设定水准面的距离称为该点相对于该水准面的相对高程，记为 $H_{\times}^{+}$（×代表点名、＋代表设定水准面），土木工程中的"±0"系统就是典型的相对高程系统，土木工程中的"±0＝19.566m"是指一层地坪（"±0"位置）的正常高（国家高程系统）为 19.566m。

（7）高差。

两点的高低可用高差来衡量，所谓高差就是两点相对于同一基准面的同名高程之差，记为 $h_{+\times}$，"＋""×"为 2 个点的名称，如图 1.10 所示，h_{AB} 的含义是由 A 到 B 高程增加多少，因此，有高差计算公式：

$$h_{AB} = H_B - H_A \tag{1.1}$$

同样，可有 $h_{BA} = H_A - H_B$，h_{AB} 与 h_{BA} 互称正反高差（两者互为相反数，即大小相等、符号相反）。

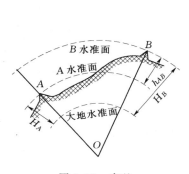

图 1.10　高差

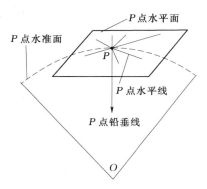

图 1.11　水平面与水平线

1.2.3　水平面几何元素与水准面几何元素的关系

测量工作是在水准面上进行的，测量数据的处理是在高斯平面上进行的，为便利分析可引入水平面暂代高斯平面（图 1.11），过某点（P）与该点水准面相切的平面称为该点的水平面（P 点水平面），某点水平面内过该点的所有射线称为该点的水平线，在地心引力作用下过某点质点自由落体的轨迹称为该点的铅垂线，某点的铅垂线与该点水平面垂直，也与该点水平线垂直，还与该点水准面正交。测量计算和绘图工作中用水平面代替水准面必然会带来长度变形、角度变形、高程变形和面积变形，当变形量在允许范围内时可以考虑用水平面代替水准面，否则不能允许。

1）水平面代替水准面的长度变形。为便利分析将地球看作是半径为 R（R＝6371km）的圆球（图 1.12），设地面上 A'、B' 两点投影到球面的位置为 A、B，若用水平面替代水准面，则这两点在水平面上的投影为 A、C，以水平距离（AC）替代球面上的弧长（AB）产生的相对误差 K 为 K＝|（AC）－（AB）|/（AB），当弧长（AB）不超过 10km 时 K 小

于百万分之一（这是目前所有精密测量手段都不易达到的精度），因此可认为，在半径 10km 范围内用水平面代替水准面对水平距离的影响可以忽略不计（即在半径为 10km 范围内量距可认为大地弧长即为水平距离）。

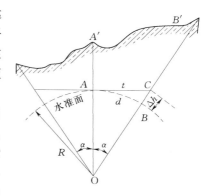

图 1.12　水平面与水准面的关系

2）水平面代替水准面的高程变形。同样，在图 1.12 中，A、B 两点在同一水准面内（其高程相等）。若用水平面代替水准面则 B' 点在水平面上的投影为 C 点，此时就会在高程方向上产生 Δh 的误差，$\Delta h = OC - R$，当水平距离 $d = 100$m 时 Δh 接近于 1mm，可见即使水平距离很短地球弯曲对高差的影响也是不可忽视（即在处理高程数据时不允许用水平面代替水准面）。

3）水平面代替水准面的角度变形。角度测量是在球面上进行的，因此测出的水平角属于球面角。根据球面几何学原理，球面多边形的内角和是大于 $(n-2) \times 180°$，其超过量用球面角超 ε 表示，$\varepsilon = P/R^2$，其中，R 为地球平均半径（$R = 6371$km），P 为球面多边形的球面积（单位为 km^2），ε 单位为弧度。若将 ε 用角度表示，则 $\varepsilon'' = \varepsilon\rho''$，$\rho''$ 为以秒为单位的弦（弧度与角度的转化系数），$\rho'' = 60'' \times 60 \times 360/(2\pi) = 206265''$。当然，还有 $\rho' = 60' \times 360/(2\pi)$；$\rho° = 360°/(2\pi)$。进行角度数据处理时必须对观测角进行改正。

4）水平面代替水准面的面积变形。水准面上的球面积为弧面面积，投影到水平面上后就变成了平面面积。若水准面上有一个球冠则其投影到水平面后就变成了圆，根据球冠表面积公式与球冠平面投影（圆）面积公式的相对比较，可得出一个结论，在半径 10km 范围内用水平面代替水准面对面积的相对影响小于 1/2000（完全可以满足我国国土资源管理部门对土地面积测量精度的要求）。

1.2.4　普通测量的工作程序与原则

普通测量工作的基本任务是确定地面点的空间位置（三维位置），由于普通测量一般都是在小范围内进行的，因此，地面点的空间位置的表达大多采用高斯平面直角坐标（或独立平面直角坐标）加高程的形式。如图 1.13 所示，假设地面上 2 个点（A、B）的三维坐标已知，我们就可根据这 2 个点确定周围任何一个点的位置。例如，要测定房角 1 的三维坐标则在 B 点上利用水平角测量设备测出平面角 β_1，利用尺子丈量出 B1 间的水平距离（平面长度）D_{B1}，利用高差测量设备测出 B1 点间的高差 h_{B1}，根据平面解析几何原理，A、B 位置已定情况下，β_1、D_{B1} 确定了则 1 点的平面位置也就确定了（即可以计算出 1 点的 X、Y 坐标），B 点高程已知，h_{B1} 测定了也就意味着 1 点的高程确定了［利用高差公式（1.1）计算］。同理，对于任何一个未知点，只要测定它与已知点间的 β_i、D_{Bi}、h_{Bi} 就可确定其三维坐标。所以角度、距离、高差就成了普通测量

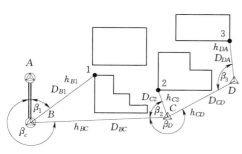

图 1.13　普通测量的工作过程

的 3 个最基本的工作任务。

普通测量的 3 个最基本工作任务中的角度包括水平角、竖直角、方位角，距离指水平距离。能进行水平角和竖直角测量工作的仪器有经纬仪、电子全站仪；能进行方位角测量工作的仪器有陀螺仪、罗盘仪；能进行距离测量工作的仪器有电磁波测距仪、电子全站仪、GNSS、钢尺；能进行高差测量工作的仪器有水准仪、电子全站仪、GNSS 接收机、经纬仪。从事测绘工作必须熟练掌握上述仪器的使用方法。过去测量工作的三大件是钢尺、经纬仪、水准仪，目前钢尺已被手持式激光测距仪代替，经纬仪已被电子全站仪代替，因此，现代测量工作的三大件是电子全站仪（含手持式激光测距仪）、GNSS 接收机、水准仪。

在图 1.13 中，若要确定房角 2 点的三维坐标，直接通过 A、B 是无法办到的（因为 A、B 点均无法看到 2 点，即 β、D 无法测量），为此，我们必须先在 2 点附近找一个既能看到 2 点又能看到 A、B 中某一个的 C 点，在 B 点用测量 1 点的方法定出 C 点的三维坐标，再在 C 点上用通过 B 点测量 1 点的相同的方法定出 2 点的三维坐标。同样，要确定房角 3 点的三维坐标，直接通过 A、B 也无法办到，利用已测出三维坐标的 C 点也办不到（因为 C 点也无法看到 3 点），因此，必须在 3 点附近找一个既能看到 3 点又能看到 C 点的 D 点，在 C 点用测量 1 点的方法定出 D 点的三维坐标，再在 D 点用测量 1 点的方法定出 3 点的三维坐标。这就是测量的最简单的作业方法。不难理解，这种接力式的测量方法，接力传递的次数越多，测量的误差就越大，因为每次测量都存在误差，前一次测量的误差必然会带到后一次的测量结果中，这就是测量误差的累积作用，因此，要控制测量误差的累积就必须采取相应的措施，这些措施就构成了测量工作的基本原则。测量工作的基本原则是"由高级到低级，先整体后局部，先控制后碎部"。首先构建全面覆盖全部国土范围的高精度国家天文大地网和水准网，然后通过国家天文大地网和水准网控制小区域的地方性控制网，再通过小区域的地方性控制网控制小范围的各种测量控制点（即图 1.13 中的 A、B 点），小范围的各种测量控制点控制零星的测量工作（如测量图 1.13 中的房角点 1、2、3 点，这些房角点就称为"碎部点"，全部房角点都测出来了，房子就可以通过 AutoCAD 软件画出来了，按同测绘房子相同的方法就可以测绘地图了）。

1.2.5　土木建筑工程测量课程的基本任务

土木建筑工程测量课程的基本任务可概括为 4 个字，即"测、算、绘、放"。"测"就是利用测量仪器或工具在实地测出需要的相关数据（如长度、角度、高差）；"算"就是对实地测出的相关数据进行处理（如计算出坐标、高程）；"绘"就是将测量结果绘制成图（如根据计算出的地面点坐标、高程，利用 AutoCAD 等绘图软件将地面点绘制成三维或二维地图）；"放"就是利用测量仪器或工具将各种工程设计位置在实地进行标定（如将一条在图纸上设计的公路在实地用木桩标出中线、边线）。

思 考 题 与 习 题

1. 何谓"测绘科学"？其学科属性是什么？它有哪些主要的分支学科？

2. 简述地球的物理形状和数学形状是如何构建的。

3. 我国现行的高程系统是什么？它是怎么建立起来的？

4. 我国现行的大地坐标系统是什么？它是怎么建立起来的？

5. 简述大地坐标、地理坐标、高斯平面直角坐标的特点。

6. 高程有几种？高程与高差的区别是什么？

7. 什么是"水平面""水平线""铅垂线"？它们之间的关系是什么？

8. 测量工作的基本原则是什么？其科学意义有哪些？

9. 简述测量的 3 个基本任务、4 个基本能力、5 个仪器防护规则。

第 2 章　土木建筑工程测量误差及处理方法

2.1　测量误差的特点

测量主要是解决物质几何尺寸测量问题的，例如有一支铅笔的长度需要测量，采用的丈量工具可以是皮尺、钢尺、游标卡尺、激光干涉测长机，很显然，不同的测量工具对铅笔长度的测量结果是不同的，其测量的精确程度也不同，不难理解，激光干涉测长机的测量结果最为准确，但激光干涉测长机的测量结果仍不是铅笔的真实长度，因为我们采用的测量工具的测量精度是有限的，因此铅笔的真实长度是我们永远无法知道的，铅笔的真实长度就是"真值"具有不可确知性，即"真值"只能无限逼近却无法确知。所谓"真值"就是事物的本原，具有唯一性和不可确知性，用 X 表示。观测值就是对事物进行测量获得的结果，有无数个，每次的测量观测结果用 x_i 表示。事物真值不可确知但可测度，人们将特定观测条件下获得的最接近真值的值作为事物真值的替代品，这个值被称为"最或然值""最或是值"或"视在真值"，用"X'"或"$\bar{x}$"表示，观测条件不同获得的观测结果也不同，因此"最或然值"是有无穷多个的且存在精确度问题，"最或然值"的准确度决定于观测条件，"最或然值"通常可视为"真值"。观测值与真值的较差 Δ_i' 称为真误差，由于真值不可确知，因此真误差也不可确知，观测值减掉其包含的真误差就是真值，故有真误差表达式 $X = x_i - \Delta_i'$。观测值与"最或然值"的较差 Δ_i 称为似误差（即我们通常所说的"误差"），同样，观测值减掉其包含的似误差就是最或然值，亦即有关系式 $X' = x_i - \Delta_i$。观测值包含误差，若对观测值施加一个"修正值"也可把它改造为"最或然值"，这个"修正值"称为"改正数"，用 v_i 表示，于是有关系式 $X' = x_i + v_i$，因此，"改正数"与误差（似误差）是相反数，亦即 $v_i = -\Delta_i$。

"最或然值"的准确度取决于观测条件，观测条件越优越，"最或然值"准确度越高，观测者、量具（测量的工具）、频度（测量次数）、观测环境构成"观测条件"中最关键的因素是"量具"和"频度"。量具精度越高、频度越高获得"最或然值"的准确度也越高。

对一个量进行观测总会出现误差，观测值中存在的观测误差主要由观测者、量具、外界观测条件等 3 方面因素促成。观测者感觉器官鉴别能力的局限性会在仪器安置、照准、读数等工作中产生误差，观测者的技术水平及工作态度也会对观测结果产生影响。测量工作中使用的测量仪器都具有一定的精密度并使观测结果精度受到限制，仪器本身构造上的缺陷也会使观测结果产生误差。外界观测条件是指野外观测过程中外界条件的影响，如天气的变化、植被状况、地面土质松紧度、地形起伏、周围建筑物状况、太阳辐射强弱和照射角度等。有风会使测量仪器不稳，地面松软可使测量仪器下沉，强烈阳光照射会使水准管变形，太阳的高度角、地形和地面植被决定了地面大气温度梯度，观测视线穿过不同温度梯度的大气介质或靠近反光物体都会产生使视线弯曲的折光现象。因此，外界观测条件是决定野外测量质量的一个重要因素。

观测误差按其性质可分为系统误差和随机误差两类。系统误差的特点是误差变化有明显数学规律性、可用确切函数式表达。"系统误差"通常由仪器制造或校正不完善、测量员生理习性、测量时外界条件与仪器检定时不一致等原因引起，应根据其变化规律在观测值中剔除（即对观测值施加改正数进行处理），或采取相应措施予以消减。例如，一把 1m 长的钢尺其名义长度比实际长度短 1mm，那么用这把尺量距离时每量 1 尺就短 1mm，测量误差与丈量长度成正比，这就是"系统误差"，处理的方法是每测量 1 尺就减掉 1mm。随机误差的特点是误差变化没有明显数学规律性、呈现一种随机波动、不能用确切函数式表达、具有一定的统计特征。随机误差的产生取决于观测中一系列不可能严格控制的因素的随机扰动，如湿度、温度、空气振动等。随机误差中数学期望不为零的称为"随机性系统误差"，数学期望为零的称为"偶然误差"，两种随机误差经常同时发生，必须根据最小二乘法原理加以处理。如，100 个测量技术水平差不多的人用同一个三角板测量一个约 100mm 水彩笔的长度每人 1 次、估读到 0.1mm，通常情况下每个人的测量结果肯定是 99.8mm、99.9mm、100.0mm、100.1mm、100.2mm、100.3mm 这 6 个数字中的一个，但具体会是哪一个未知，显然，100 个人对水彩笔测量获得的水彩笔的最或然值就是 100 次测量结果的平均值，且这个平均值应该是 100.05mm，即使同一个人对这个水彩笔测量 100 次其每次的结果也是不确定的且也会在几个数之间摇摆，这种有一定边界的、漂浮不定的结果所包含的误差即为偶然误差。人们通常将"随机性系统误差"，归为"系统误差"，而将观测误差分为系统误差和偶然误差两类。当然，若观测不认真还会出现观测错误，错误观测得到的观测值称为"错误观测值"或"粗差观测值"，"错误观测值"是应预舍弃的，"错误观测值"与"最或然值"的较差也被称为"粗差"，粗差是一些不确定因素引起的大误差。亦即明显偏离常态的观测值称为错误观测值，错误观测值的测量过程称为观测错误。

观测值中剔除了粗差观测值、排除了系统误差影响（或者与偶然误差相比系统误差处于次要地位后）后占主导地位的偶然误差就成了人们研究的主要对象。在上述 100 人量水彩笔的例子中通常会出现一种有趣的现象，即观测结果是 99.8mm、99.9mm、100.0mm、100.1mm、100.2mm、100.3mm 的人数大概为 2、10、37、36、12、3 人，由于最或然值是 100.05mm，故 6 个数字的似误差依次为 −0.25mm、−0.15mm、−0.05mm、+0.05mm、+0.15mm、+0.25mm，若以观测值似误差作为横坐标、观测值出现的次数作为纵坐标即可绘制出误差分布曲线图，这个曲线即为正态曲线。也就是说偶然误差服从正态分布并可通过多次观测取平均加以削弱。通过 100 人量水彩笔的例子不难总结出偶然误差的性质，即偶然误差具有有界性、聚集性、对称性、抵偿性等 4 个特性，所谓"有界性"是指一定观测条件下偶然误差的绝对值不会超过一定的限度；"聚集性"是指绝对值较小的误差出现的概率远大于绝对值较大的误差；"对称性"是指绝对值相等的正、负误差出现的概率大致相等；"抵偿性"是指当观测次数无限增多时偶然误差的算术平均值趋近于零。掌握了偶然误差的特性就能根据带有偶然误差的观测值求出未知量的最可靠值并衡量其精度，同时，也可应用误差理论来研究最合理的测量工作方案和观测方法。

2.2　测量精度的衡量方法

根据本书 2.1 节中 100 人量水彩笔的例子可以绘制出服从正态分布的误差曲线，不难理解，误差曲线越陡峻靠近最或然值的观测值的数量越多，最或然值的精度越高，因此，误差曲线可以反映测量精度的高低。由此，可给出"测量精度"的定义，即"测量精度"是指测量误差分布的聚集（或离散）程度。测量的任务不仅在于通过对一个未知量进行多次观测求出最后结果，而且还必须对测量结果的精确程度（精度）进行评定，若精度评定通过画误差曲线来表达很麻烦，为此，人们引入了中误差、相对误差及允许误差等几种数字化的精度评定标准。

中误差 m 的表达式为 $m = \pm \sqrt{[\Delta'\Delta']/n} = \pm \sqrt{\sum(\Delta_i')^2/n}$，其中，"[]"代表求和（即"[]"就是"$\sum$"），由于真误差 Δ_i' 无法知道，因此，人们又推导出了具有实际意义的、根据改正数计算中误差 m 的公式，即 $m = \pm \sqrt{[vv]/(n-1)} = \pm \sqrt{\sum(v_i)^2/(n-1)}$。前一个计算式是数理统计中的母体均方误差，后一个则是子样均方误差。m 越小，精度越高。中误差 m 常用于角度测量的精度评定。

测量工作中有时以中误差还不能完全表达观测结果的精度而必须用相对中误差来评定精度。比如分别丈量了 1000m 及 100m 两段距离且其中误差均为 ±0.1m，这并不能说明两者的丈量精度相同，因量距时的误差大小与距离的长短有关，此时的精度评价就必须采用相对中误差。相对中误差或相对误差 K 是指中误差的绝对值 $|m|$ 与观测值 x 的比值，通常用分子为 1 的分数表，即 $K = |m|/x$ 或 $K = |m|/X'$。K 值越小则精度越高。如上例中前者相对误差 $K_{1000} = 0.1/1000 = 1/10000$，后者 $K_{100} = 0.1/100 = 1/1000$，显然，前者的丈量精度高。相对误差常用于距离测量、高差测量的精度评定。

允许误差 σ_M 也称为极限误差、容许误差、限差。测量上设定允许误差的目的是确定错误观测值，当某观测值的改正数 $|v_i| > |\sigma_M|$ 时，该观测值即为错误观测值（错误观测值应弃去或重测）。允许误差 σ_M 的表达式为 $\sigma_M = 2m$ 或 $\sigma_M = 3m$，m 为中误差，前者比较严格，后者比较宽松，测量上采用前者。通常情况下，对"死"量问题进行研究常借助 $\sigma_M = 2m$ 剔除错误观测值；对"活"量问题进行研究常借助 $\sigma_M = 3m$ 剔除错误观测值。就本书 2.1 节中 100 人量水彩笔的例子而言，若最或然值是 100.05mm，中误差 m 为 0.2mm，某人的测量结果是 100.6mm，不难得出该人的改正数 $v_i = 100.05\text{mm} - 100.6\text{mm} = -0.55\text{mm}$，若 $\sigma_M = 2m$，则 $|v_i| > |\sigma_M|$、100.6mm 测量结果属于错误观测值；若 $\sigma_M = 3m$，则 $|v_i| < |\sigma_M|$、100.6mm 测量结果属于正确观测值。允许误差的作用不言而喻。

2.3　测量误差的累积规律

实际工作中某些量的大小并不是直接测定的，而是由观测值通过一定的函数关系间接计算出来的，观测值中误差对观测值函数的影响称为测量误差的累积性，这种累积性具有一定的数学规律（称为误差传播定律）。假设函数 Z 由 x_1、x_2、x_3、x_4、$\cdots$、x_n 等 n 个自变量构成，其函数式为 $Z = f(x_1, x_2, x_3, \cdots, x_n)$，其中 x_1、x_2、x_3、x_4、$\cdots$、x_n 是相互独立的观测值，其中误差分别为 m_{x1}、m_{x2}、m_{x3}、m_{x4}、$\cdots$、m_{xn}，则函数 Z 的中误差 m_z 服从 $m_Z^2 = \left(\dfrac{\partial Z}{\partial x_1}\right) m_{x_1}^2 + \left(\dfrac{\partial Z}{\partial x_2}\right)^2 m_{x_2}^2 + \cdots + \left(\dfrac{\partial Z}{\partial x_n}\right)^2 m_{x_n}^2$ 的规律，即函数中误差的平方等于该函数对每个独立观测值所求的偏导数值与相应的独立观测值中误差乘积的平方和。在应用误差传播定律时必须检查式中自变量是否相互独立，即各自变量是否包含共同的误差，否则应作并项或移项处理直到满足均为独立观测值条件为止。如若还存在一个关系式 $x_3 = f(x_2, x_5)$，则说明 x_3 与 x_2、x_5 相干，彼此不独立，此时，应将 $x_3 = f(x_2, x_5)$ 代入函数 Z，以满足相互独立条件。应用误差传播定律时等式两端的单位应相同。

　　大家知道，解析几何中要求定一个点的 X、Y 坐标必须知道长度 D 和角度 α，然后根据 $X = D\cos\alpha$、$Y = D\sin\alpha$ 进行计算，D 和 α 均需通过测量得到，很显然，D 和 α 的测量过程是不相干的，服从误差传播定律应用的前提条件，假如 D 和 α 的测量中误差为 m_D 和 m_α，则根据误差传播定律可获得 X、Y 坐标的中误差 m_X、m_Y，即 $m_X^2 = (\cos\alpha)^2 m_D^2 + (-D\sin\alpha)^2 m_\alpha^2$、$m_y^2 = (\sin\alpha)^2 mD^2 + (D\cos\alpha)^2 m_\alpha^2$，根据应用误差传播定律时等式两端的单位应相同的原则，m_α 必须是无量纲的量，无量纲的角度是弧度，所以 m_α 的单位必须为弧度，测量中 α 和 m_α 的单位均是度、分、秒表示的角度，m_α 用弧度表示的时候必须借助 ρ 进行转换，即 $m_\alpha = m°\alpha/\rho°$ 或 $m_\alpha = m'_\alpha/\rho'$ 或 $m_\alpha = m''_\alpha/\rho''$，$\rho'' = 60'' \times 60 \times 360/(2\pi) = 206265''$，$\rho' = \rho''/60$，$\rho° = \rho'/60$。

2.4　等精度观测的数据处理原则

　　等精度观测是指观测条件完全相同的观测，即中误差相等的观测，亦即 $m_i = m_j = m$ 的观测。实际工作中的等精度观测是不存在的，测量上将观测条件相近的观测视为等精度观测，即测量仪器（或工具）精度等级一样、测量次数一样即为等精度，如本书 2.1 节中 100 人量水彩笔的例子。对某量进行的多次等精度观测是指每次观测的中误差均相等（均为 m）。假设在相同观测条件下对某量进行了 n 次等精度观测，观测值分别为 L_1、L_2、$\cdots$、L_n，则其最或然值 X' 就是其算术平均值，即 $X' = \sum L/n$ 或 $X' = [L]/n$。根据误差传播定律可得出 X' 的中误差 $m_{X'}$，即 $m_{X'} = m/n^{1/2}$。可见增加观测次数能削弱偶然误差对算术平均值的影响并提高其精度，但无限增加观测次数是没有意义的（因观测次数与算术平均值中误差并不是线性比例关系，观测次数不宜超过 25 次）。由此可得出结论，等精度多次观测的最或然值就是各个观测量的算术平均值，算术平均值的中误差是每次观测中误差的 $(1/n)^{1/2}$。

2.5　不等精度观测的数据处理原则

　　不等精度观测是指观测条件不同的观测，即中误差不相等的观测，亦即 $m_i \neq m_j$ 的观测，亦即测量仪器（或工具）精度等级不一样测量次数也不一样。需要指出的是，测量仪器（或工具）精度等级不一样测量次数也不一样有时也会等精度，如用 $2''$ 经纬仪对一个水平角测量了 1 个测回角度测量精度为 $2''$，若用 $6''$ 经纬仪对该水平角测量 9 个测回角度测量精度也为 $2''$（即 $6''/9^{1/2}=2''$）。

当对一个量按不同的精度观测 n 次时（如对一个长度分别用游标卡尺、钢尺、皮尺各测量 1 次）是不能按算术平均值来计算观测值最或然值和评定其精度。计算观测量的最或然值应考虑到各观测值的质量和可靠程度，显然对精度较高的观测值（游标卡尺）在计算最或然值时应占有较大的比重，精度较低的（皮尺）则应占较小的比重，为此，各个观测值要给出一个补偿系数来反映它们的可靠程度，这个补偿系数在测量计算中被称为观测值的权 P_i（即各观测值在计算最或然值时所占的分量）。显然，观测值精度越高，中误差就越小，补偿系数（权）就应该越大，反之亦然。通过研究，人们发现，使观测值的权与中误差的平方成反比比较合适，为此，建立了测量计算中根据中误差求权的 P_i 公式，即 $P_i=\mu^2/m_i^2$，其中，P_i 为观测值 x_i 的权，μ 为定权系数（可为任意常数但一经设定就不能改变，可理解为股份公司分红时的每股红利），m_i 为观测值 x_i 的中误差。在对一组观测值定权时必须采用同一个 μ 值，即保持权比不变，亦即股份公司分红时的每股红利必须是一个定数，各个股东按自己的股数乘以每股红利即为自己的利润，亦即应保持各个股东利润比不变。$P_i=1$ 时 $\mu=m_i$，这个权数字为 1 的权被称为单位权，单位权对应的观测值为单位权观测值，单位权观测值对应的中误差 μ 称为单位权中误差。已知一组非等精度观测值的中误差时可先设定 μ 值，然后按 $P_i=\mu^2/m_i^2$ 计算各观测值的权。权与中误差均是用来衡量观测值质量的，不同之处在于中误差表示观测值的绝对精度，而权则表示观测值之间的相对精度，因此，权的意义在于它们之间所存在的比例关系而不在于它本身数值的大小。

对某量进行了 n 次非等精度观测，观测值分别为 L_1、L_2、$\cdots$、L_n，相应的权为 P_1、P_2、$\cdots$、P_n，则加权平均值就是非等精度观测值的最或然值 X'，即 $X'=(P_1L_1+P_2L_2+\cdots+P_nL_n)/(P_1+P_2+\cdots+P_n)=[PL]/[P]$，显然，当各观测值为等精度时其权为 $P_1=P_2=\cdots=P_n=1$ 就与求算术平均值一致了。设 L_1、L_2、$\cdots$、L_n 的中误差为 m_1、m_2、$\cdots$、m_n，则根据误差传播定律可获得加权平均值的中误差 M，即 $M=\pm\mu/[P]^{1/2}$。实际计算时的单位权中误差 μ 一般可通过观测值的改正数计算，即 $\mu=\pm\{[PVV]/(n-1)\}^{1/2}$，则加权平均值的中误差 M 为 $M=\pm\mu/[P]^{1/2}=\pm\{[PVV]/(n-1)\}^{1/2}/[P]^{1/2}$。由此可得出结论，不等精度多次观测的最或然值就是各个观测量的加权平均值，加权平均值的中误差为 $\pm\{[PVV]/(n-1)\}^{1/2}/[P]^{1/2}$。

例如，人们用游标卡尺、钢尺、皮尺对水彩笔分别各测量了 10 次，各自的算术平均值（即各自的最或然值）分别为 X'_K、X'_G、X'_P，各自的算术平均值的中误差分别为 $\pm0.01\text{mm}$、$\pm0.1\text{mm}$、$\pm1\text{mm}$。若令 $\mu=\pm1\text{mm}$，则游标卡尺、钢尺、皮尺算术平均值的权分别为 10000、100、1，则水彩笔的最终最或然值 $X'=(10000X'_K+100X'_G+X'_P)/(10000+100+1)$。同样，若令 $\mu=\pm2\text{mm}$，则游标卡尺、钢尺、皮尺算术平均值的权分别为 40000、400、4，则水彩笔的最终最或然值 $X'=(40000X'_K+400X'_G+4X'_P)/(40000+400+4)$。可见，$\mu$ 的取值不影响水彩笔的最终最或然值，关键是 μ 的值在定权时不能变化。

思 考 题 与 习 题

1. 简述观测值、真值、改正数、最或然值、观测条件的特点及相互关系。

2. 观测误差的主要来源有哪些？观测误差是如何分类的？偶然误差有哪些性质？

3. 简述中误差、相对误差、允许误差的作用及适用条件。

4. 什么是等精度观测？其最或然值及中误差如何计算？

5. 什么是观测值的权？如何定权？

6. 什么是不等精度观测？其最或然值及中误差如何计算？

7. 解析几何坐标计算公式为 $X = D\cos\alpha$、$Y = D\sin\alpha$，若实地测量得 $D = 2577.135\text{m}$（其中误差 $m_D = \pm 0.006\text{m}$）、$\alpha = 301°27'44.8''$（其中误差 $m\alpha = \pm 0.9''$），试根据误差传播定律计算 X、Y 的中误差 m_X、m_Y（应用误差传播定律时等式两端单位应相同，角度单位应采用弧度参与计算）。

第3章 水准测量与光学水准仪

3.1 水准仪的测量原理

水准仪（图 3.1）是测绘领域和各种工程建设领域获得不同位置高差的基本仪器，水准仪可为观测者提供水平视线，利用水准仪获得高差进而推算高程的方法称为水准测量。水准仪的高差测量原理如图 3.2（a）所示，在 A、B 两点上竖立带有分划的标尺（水准尺），当水准仪视线水平时可获得水平视线在 A、B 两点标尺上的读数 a 和 b，则 AB 点间高差 h_{AB} 可表达为 $h_{AB} = a' - b' = (a - q_a) - (b - q_b) = (a - b) - (q_a - q_b)$，$q_a$、$q_b$ 分别为 A、B 标尺处水准面与水平线间的差距，当水准仪到 A、B 标尺距离相等（即 $S_A = S_B$）时 $q_a = q_b$，故可得水准仪高差测量公式：

$$h_{AB} = a - b \tag{3.1}$$

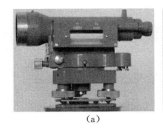

(a) (b) (c) (d)

图 3.1 经典的国产普通 S_3 光学水准仪的 4 个侧面
(a) 正面；(b) 左侧面；(c) 背面；(d) 右侧面

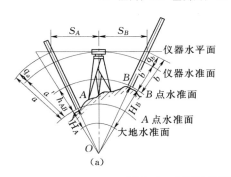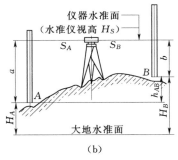

(a) (b)

图 3.2 水准仪的高差测量原理
(a) 水准仪的高差测量原理；(b) 工程水准测量的简化原理

可见，水准测量时水准仪到前后标尺的水平距离相等是确保测量高差准确性的关键，因此，国家水准测量规范中规定水准仪到 A、B 标尺的距离应大致相等并规定了其不等差的范围。只要水准仪位于 2 个标尺所在铅垂线的中分铅垂面上则水准仪到前后标尺的水平距离就相等了。各种工程建设领域也常按图 3.2（b）的简化原理进行施工标高（即施工高程）测量。由图 3.2 不难看出，要完成水准测量工作必须有水准仪、水准尺、三脚架、尺垫等基本工具。水准仪的精度可用 mm/km 表示，指每 km 往返测量高差偶然中误差不超过的毫米数，即水准仪本身的准确度，亦即水准仪的固有系统性误差。水准仪在经历了漫长的无微倾式、微倾式、自动安平式等时代后已跨入了电子水准仪时代，并实现了自动化和智能化，目前电子水准仪的最高精度为 0.3mm/km。低端水准仪的精度为 3mm/km（我国用 DS_3 或 S_3 表示），中端水准仪的精度为 1.5mm/km、2mm/km、2.5mm/km，高端水准仪的精度为 1mm/km（我国用 DS_1 或 S_1 表示）、0.5mm/km（我国用 DS_{05} 或 S_{05} 表示）、0.3mm/km。

3.2 低端微倾式光学水准仪的构造特征

光学水准仪不需要供电和能源，是一种不依赖外来能源的、绿色化的、可靠度高的水准仪，但由于其不符合信息化时代的要求将逐渐被电子水准仪所取代。电子水准仪需要依赖外来能源，一旦失去了电能供应马上瘫痪。因此，光学水准仪有电子水准仪不具备的优势。经典的国产普通 S_3 光学水准仪的构造如图 3.3 所示。水准仪主要由照准部和基座两部分组成。基座的作用是置平仪器，它支承仪器的上部并能使仪器的上部横向转动，仪器可借助一个中心连接螺旋通过基座底板上的中心螺孔将基座与三脚架连接在一起。照准部上安装有望远镜和水准器。望远镜的作用是提供视线以便读出远处水准尺上的读数，望远镜提供的一条瞄准目标的视线即十字丝（图 3.4），十字丝交点和物镜光心的连线称为视准轴，也就是用以瞄准和读数的视线，视线位置为十字丝横丝与竖丝的交点位置，该位置即水准尺的读数位置，亦即式（3.1）中的 a 或 b 位置，通常人们习惯用横丝或楔形丝读取 a 或 b 的位置。望远镜可将远处的目标放大，望远镜主要有物镜、目镜、调焦透镜和十字丝分划板组成。十字丝分划板是刻在玻璃片上的一组十字丝，被安装在望远镜筒内靠近目镜一端的焦平面位置。离望远镜不同远近的目标需借助调焦螺旋的转动使成像清晰。水准器是衡量水平度的器件，有管水准器和圆水准器两种。水准器的作用是指示仪器或视线的铅直位置与水平位置。基座上有 3 个脚螺旋，调节脚螺旋可使圆水准器的气泡移至中央以使仪器粗略水平。望远镜、圆水准器、仪器竖轴联结一体，竖轴插入基座轴套内，这样望远镜和圆水准器就可在基座上绕竖轴旋转。水平（照准部）制动螺旋和水平（照准部）微动螺旋用来控制照准部（连带望远镜）在水平方向的转动，水平制动螺旋松开时照准部能自由旋转，旋紧时照准部则固定不动。旋转水平微动螺旋可使照准部在水平方向作缓慢的转动，通常只在水平制动螺旋旋紧时水平微动螺旋才能起作用，水平微动螺旋有一个移动范围，水平微动螺旋应轻拧，拧不动时应反扭以免损坏仪器。望远镜旁装有水准管（管水准器），转动望远镜微倾螺旋可使望远镜连同管水准作俯仰（微量倾斜），从而使视线精确水平，只有当管水准器中气泡居中时望远镜视线才水平，此时的标尺读数才是式（3.1）中的 a 或 b，管水准器中气泡居中通过抛物线拼合来指引，抛物线拼合借助转动微倾螺旋来实现（图 3.5），抛物线拼合情况可通过抛物线观察孔观察。微倾螺旋也有一个移动范围，微倾螺旋应轻拧、缓慢地拧，拧不动时应反扭以免损坏仪器。只有圆水准器气泡居中后才能实现抛物线的拼合，圆水准器气泡不居中则抛物线无法拼合。转动微倾螺旋拼合抛物线时应先从图 3.3（a）显示的那个侧面一边转动微倾螺旋，一边观察水准管中气泡的移动情况，当气泡居中后再将眼睛移动到抛物线观察孔的位置观察抛物线，即可看到如图 3.5（a）所示图像，然后屏住呼吸轻轻、缓慢地转动微倾螺旋使抛物线像图 3.5（b）一样拼合成功，拼合成功后静候 3s，若抛物线位置不变即可对标尺进行读数，此时望远镜中丝位置的标尺读数即为式（3.1）中的 a 或 b，若静候 3s 后抛物线位置改变，则应重新调整。管水准器的抛物线是借助一套气泡成像棱镜组实现的，这种水准器也称符合水准器。

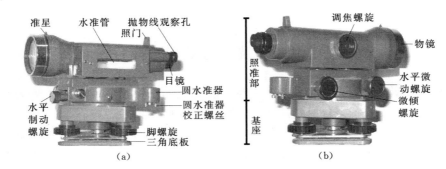

图 3.3　经典的国产普通 S_3 光学水准仪

（a）斜正侧面；（b）斜背侧面

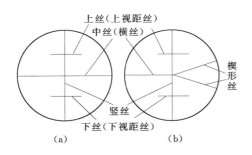

图 3.4　常见水准仪上的十字丝图形

（a）低精度；（b）中高精度

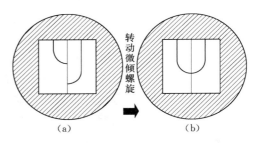

图 3.5　符合水准器（抛物线）影像

（a）未拼合；（b）拼合

望远镜的大头位置为物镜，小头位置为目镜，物镜朝向观测目标的方向，目镜是观察者的眼睛观察位置。望远镜操作时应首先将盖在物镜上的保护盖取下来，否则望远镜里漆黑、什么也看不见。望远镜操作的第二步动作是旋转目镜进行屈光度调节，屈光度调节的目的是使观察者看清楚十字丝，所谓屈光度调节就是给观测者戴上眼镜，测量仪器望远镜目镜的屈光度调节范围为 −5 个屈光度到 +5 个屈光度，一个屈光度相当于眼镜的 100 度，−5 个屈光度相当于近视镜 500 度，+5 个屈光度相当于老花镜500 度，屈光度调节具有人格化特征，张三调的屈光度感觉很清晰，李四却可能看不清，因为张三、李四的视力不一样。屈光度调节方法是将望远镜对准远方明亮的背景，通过望远镜观察转动目镜螺旋使分划板十字丝最黑、最清晰，观察目镜时眼睛应放松以免产生视差和眼睛疲劳。望远镜操作的第三步动作是目标照准，方法是松开水平制动螺旋用粗瞄准器对准目标，即照门、准星、目标在一个铅垂面上，对准目标后略微扭紧水平制动螺旋，调整望远镜调焦螺旋直至看清目标，微调水平微动螺旋使十字丝竖丝精确照准目标。望远镜操作的第四步动作是观察视差与消除视差，所谓视差是指目标没有成像在十字丝板平面上，将眼睛左、右、上、下轻微移动观察，若目标与十字丝两影像间有相对移位现象则说明有视差，有视差时应再微调望远镜调焦螺旋，直至两影像清晰且相对静止时为止，若微调望远镜调焦螺旋无效，则说明屈光度调节工作没做好而应旋转目镜螺旋，使分划板十字丝最黑、最清晰后再次微调望远镜调焦螺旋，还不行则重复前述动作继续旋转目镜、微调望远镜调焦螺旋，继续不行就继续重复，直到目标与十字丝两影像间相对静止时为止。视差未调整好会歪曲目标与十字丝中心的关系，从而导致观测误差。

以上望远镜操作方法适用于所有测量仪器，如水准仪、经纬仪、电子全站仪、电子经纬仪、陀螺经纬仪、罗盘仪等。测量仪器望远镜可清楚分辨 100m 远处 1cm 的物体。

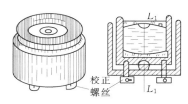

图 3.6　圆水准器

水准仪的管水准管（又称水准管）是用来指示望远镜视线是否水平的，圆水准器则用来指示照准部竖轴是否铅垂的。圆水准器内有一个小圆气泡（图 3.6），当小圆气泡中心与小圈的中心重合时圆水准器轴位于铅垂位置（圆水准器轴为过小圈中心的球面法线 L_1—L_1），水准仪小圆气泡的移动通过转动基座的 3 个脚螺旋实现。脚螺旋同样有一个移动范围，脚螺旋应轻拧，拧不动时应反扭以免损坏仪器，应注意 3 个脚螺旋的协调问题，若一个脚螺旋升到顶后仍不解决问题则应将其略降一点后将另外两个脚螺旋大幅度下降；若一个脚螺旋降到顶后仍不解决问题则应将其略升一点后将另外两个脚螺旋大幅度提升。以上脚螺旋的协调方法适用于使用的带脚螺旋的测量仪器，如水准仪、经纬仪、电子全站仪、电子经纬仪、陀螺经纬仪等。

3.3　低端微倾式光学水准仪的配套附件

低端微倾式光学水准仪的配套附件主要有尺垫、三脚架、标尺等。

尺垫的作用是在实地做一个临时性的点子（称转点）用来竖立水准尺以传递高程，通常用钢板或铸铁制成，如图 3.7 所示。尺垫一般为三角形，中央有一个突起的半圆球体。立尺前应先将尺垫 3 个尖脚踩入土中踩实，然后竖立水准尺于半圆球体的顶上。利用尺垫可减少水准尺下沉及尺子换面时的高程改变。转点位置应选在坚实的地面上。已知高程点和欲求高程点上立尺时是不可以放置尺垫的，其余点上立尺时均必须放置尺垫。

三脚架是用来安置水准仪的（图 3.8），三脚架由架头及通过架头联结在一起的 3 个架腿构成（3 个架腿可以以互成 120°的夹角在 90°的范围内自由开合）。架腿有伸缩腿和带

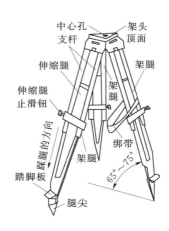

图 3.7　尺垫与立尺　　　　　　　图 3.8　三脚架

有伸缩腿止滑套的双支杆系统组成，伸缩腿可以在双支杆之间滑动从而改变架腿的长度（高度），伸缩腿止滑套上带有伸缩腿止滑钮，用来控制伸缩腿的滑动，伸缩腿止滑钮钮紧时伸缩腿将无法在双支杆之间滑动，从而确保架腿稳固，止滑钮旋松时伸缩腿可在双支杆之间滑动。三脚架安装仪器前一定必须钮紧 3 个架腿的伸缩腿止滑钮，然后用手分别按一下 3 个架腿的双支杆，确定 3 个架腿的伸缩腿均不滑动后方可在三脚架上安装仪器。三脚架架设时应用脚将 3 个架腿的伸缩腿腿尖踩入土中使之稳固不动，踩的方法是脚踏在伸缩腿腿尖踏脚板上，小腿贴近伸缩腿面沿伸缩腿的方向用力下踩，千万不能沿铅垂方向下踩，以免踩断架腿。三脚架架设时应保证架头顶面水平，顶面水平可通过伸缩伸缩腿实现。三脚架架头的中心孔是用来联结并固定仪器的，将中心连接螺旋从三脚架架头的下方穿过中心孔，然后旋入仪器基座的中心螺孔即可将仪器固定在三脚架上。三脚架架设时 3 个架腿与地面的夹角应在 $65°\sim75°$，三脚架架头到地面的铅直高度应保证联结仪器后与观测者的身高相适应，即观测者能够不躬腰、不踮脚、灵活方便地使用仪器。

水准仪用标尺通常是用优质木材、铝合金或优质高分子聚合材料制成的，精度要求不高的工程建设施工可采用塔尺（图 3.9），塔尺总长度通常为 5m。塔尺能伸缩，携带方便，但接合处容易产生误差，抽尺时应特别注意并严防吞尺，即抽尺时应抽拉到位，抽拉到位时会听到卡簧的"咔嗒"声。水准测量应采用水准标尺（即水准尺，图 3.10～图3.12）。水准尺的尺型固定、构造牢靠、不能伸缩，长度一般为 3m。由于低端微倾式光学水准仪大多为倒像望远镜，即从望远镜中观察时远处的物体是倒置的（头朝下），为便于倒像望远镜读数水准尺的数字标注通常也倒写。水准尺尺面为白色且通常两个面上均有刻度，即为双面尺，黑白相间的黑色刻度面称为主尺面或黑面（图 3.10），红白相间的红色刻度面称为辅尺面或红面（图 3.11、图 3.12）。双面水准尺必须成对使用，每两根尺为一对，两根尺的黑面刻度均以尺底为零开始刻记，而红面刻度则分别是以尺底为 4687mm 和 4787mm 开始刻记的，4687mm 和 4787mm 称为尺常数。利用双面尺可对读数进行检核。水准尺的要害部位是尺底的平面度和尺面的直线度，因此尺底不能磕碰硬物，尺面应防止挠曲，不用时应将尺大面朝下平放在平地上。

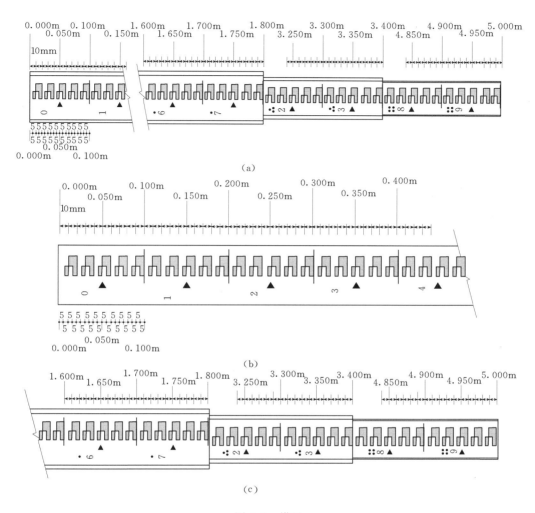

图 3.9 塔尺

（a）整尺面貌；（b）尺底部分；（c）尺顶部分

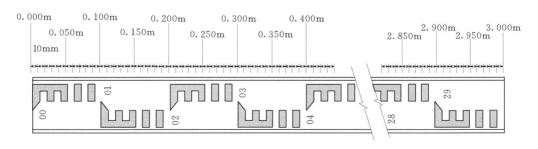

图 3.10 水准标尺（黑面）

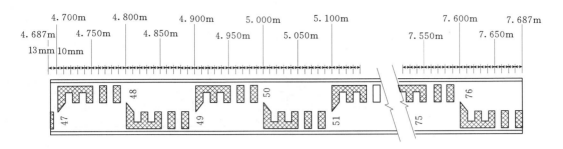

图 3.11　水准标尺（红面，常数 4687mm）

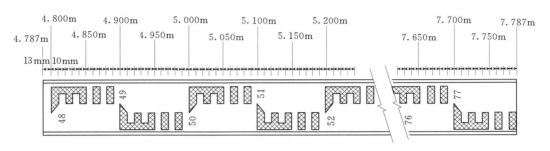

图 3.12　水准标尺（红面，常数 4787mm）

3.4　低端微倾式光学水准仪的使用方法

由于水准仪望远镜能看清楚标尺厘米刻划的最远距离是 100m，因此，标尺到水准仪的最远距离不能超过 100m。当地面上两点间距离较长或高差较大时仅安置一次仪器是不能直接测得两点间高差的，故必须进行连续的接力测量后将各站高差相加获得两点间高差，如图 3.13 所示。

图 3.13 显示了由已知点 A（高程为 H_A）向未知点 B 测量高程（H_B）的过程，测量时首先安置仪器于 1 站，竖立尺子于 A 点及转点 1 上（使前、后视距离大致相等且均不超过 100m），瞄准 A 点上的尺子调整视线水平后（即使抛物线拼合）读取后视中丝读数 a_1，再瞄准转点 1 上的尺子调整视线水平后读取前视中丝读数 b_1，则后视中丝读数 a_1 减去前视中丝读数 b_1 即得 A 至转点 l 的高差 $h_{Al}(h_{Al} = a_1 - b_1)$，至此，第 1 个测站工作结束。转点 l 上的尺子不动，搬仪器到第 2 站，刚才在 A 点立尺的人持尺前进选定转点 2 并将尺子立于转点 2 上（使前、后视距离大致相等且均不超过 100m），按与第 1 站相同的观测方法测得转点 1 至转点 2 的高差 h_{12}，第 2 个测站工作结束。继续延续上述动作，完成第 3 站测量、第 4 站测量、第 5 站测量、…、直到最后一站（第 n 站）结束为止。这样，每安置一次仪器（称为一个测站）就测得一个高差，AB 两点间的高差为 n 个测站的高差之和，即

$$h_{AB} = h_{Al} + h_{12} + h_{23} + \cdots + h_{(n-2)(n-1)} + h_{(n-1)B} = \sum_{i=A}^{B-1} h_{i,i+1} = \sum_{i=1}^{n} a_i - \sum_{i=1}^{n} b_i \quad (3.2)$$

则 B 点的高程 H_B 为

$$H_B = H_A + h_{AB} \tag{3.3}$$

由式（3.2）可以看出，A、B 两点的高差等于中间各个测站高差的代数和，也等于各个测站所有后视中丝读数之和减去所有前视中丝读数之和。通常要同时用 $\sum_{i=A}^{B-1} h_{i,i+1}$ 和 $\sum_{i=1}^{n} a_i - \sum_{i=1}^{n} b_i$ 进行计算以检核计算结果是否有误。

由上述水准测量过程可知，A 点高程就是通过转点 1、转点 2、转点 3、…、转点 $n-1$ 等点传递到 B 点的，这些用来传递高程的点均称为转点。转点在前一测站先作为待求高程的点，然后在下一测站再作为已知高程的点，转点起传递高程的作用。转点非常重要，转点上产生的任何差错，都会影响到以后所有点的高程，因此，转点位置应选在坚实的地面上且应在其上放置尺垫并踩实，转点位置水准尺应竖立在尺垫的半球上（图 3.7）。读数 a_i 是在已知高程点上的水准尺中丝读数（称"后视读数"），b_i 是在待求高程点上的水准尺中丝读数（称"前视读数"）。高差必须是后视中丝读数减去前视中丝读数。高差 h_{AB} 的值可能为正，也可能为负，正值表示待求点 B 高于已知点 A，负值表示待求点 B 低于已知点 A。高差的正负号与测量进行的方向有关，图 3.13 中的测量由 A 向 B 进行，高差用 h_{AB} 表示；若由 B 向 A 进行则高差用 h_{BA} 表示。h_{AB} 与 h_{BA} 互为相反数，不可搞错。

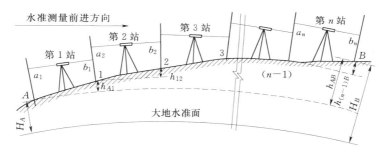

图 3.13　水准测量的常规作业过程

图 3.13 中每站测量的过程完全相同，下面以如图 3.13 所示 S_3 光学水准仪为例介绍一下水准测量每站的测量过程（掌握了每站的测量过程也就学会水准仪的使用方法了），每站的测量过程应按以下五步程序顺序进行。

3.4.1　安放三脚架

安放三脚架的要领是"等距、高适中、尖入土、顶平、腰牢靠"。将三脚架放置在与 2 个标尺大致等距的位置（即使水准仪三脚架位于 2 个标尺所在铅垂线的中分铅垂面上，可通过小碎步步量法实现），三脚架安放处的土质要坚硬并便于观测者观测，这个动作称为"等距"。旋松 3 个架腿的伸缩腿止滑钮，让 3 个伸缩腿在各自的双支杆间滑动，使三脚架的高度与观测者的身高相适应，然后钮紧 3 个伸缩腿止滑钮，这个动作称为"高适中"。将三脚架 3 个架腿张开，以与地面成 $65°\sim75°$ 的夹角立在地面上，将脚分别踏在 3 个架腿伸缩腿腿尖踏脚板上，小腿贴近伸缩腿面沿伸缩腿的方向用力下踩，将 3 个架腿的伸缩腿腿尖踩入土中并使之稳固不动，这个动作称为"尖入土"。观察三脚架架头顶面的水平性，若不水平则左手抓住高处（或低处）那根架腿的支杆（拇指紧贴伸缩腿的顶面），右手旋松该架腿的伸缩腿止滑钮，然后右手压在伸缩腿顶面上，左手拉动支杆使支杆降低或升高到三脚架架头顶面水平，然后，左手控制并保持该架腿支杆与伸缩腿间位置不变（左手拇指紧贴伸缩腿的顶面以保证伸缩腿不在双支杆间滑动），右手钮紧伸缩腿止滑钮，这个动作称为"顶平"。用双手分别按一下 3 个架腿的双支杆，观察一下 3 个架腿的伸缩腿是否已经被各自的伸缩腿止滑钮固紧（若没固紧则重新固紧）以确保观测过程中三脚架的稳固（否则三脚架会摔倒并摔坏水准仪），这个动作称为"腰牢靠"。

3.4.2　连接水准仪

连接水准仪的基本要求是"连接可靠"。将仪器的 3 个脚螺旋旋到中间位置（即脚螺旋往上升高的幅度与往下降低的幅度相等的位置）后左手抓牢水准仪并将其放置在三脚架架头上平面上（始终不松手），右手将水准仪的中心连接螺旋从三脚架架头下方穿过三脚架架头的中心孔，旋入仪器基座底板的中心螺孔。用右手轻推仪器基座看仪器基座与三脚架架头上平面是否固连牢靠（不牢靠则须重新拧中心连接螺旋），确认无误后方可松开抓握水准仪的左手，至此，连接水准仪的工作结束。这个动作称为"连接可靠"。

3.4.3　粗平

粗平是指仪器的粗略整平。仪器的粗略整平是通过转动 3 个脚螺旋使照准部圆水准器的气泡居中来实现的。如图 3.14 所示，松开水准仪照准部（或水平）制动螺旋（任何测

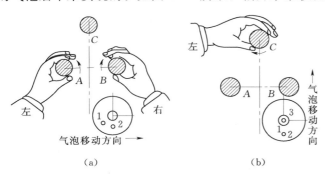

图 3.14　圆水准器的整平
（a）双螺旋调向；（b）单螺旋拉中

量仪器在转动以前均必须先松开相应的制动螺旋，否则会损坏仪器。这一点非常重要，应牢记）。转动照准部使望远镜视准轴的铅垂面垂直于脚螺旋 A、B 的连线，过圆水准器的零点假想一个与望远镜视准轴铅垂面平行的水准仪铅垂面，对向旋转 A、B 脚螺旋，使圆水准器气泡移到该假想水准仪铅垂面上（即通过圆水准器零点并垂直于这两个脚螺旋连线的方向上），如图

3.14 所示气泡自 1 位置移到 2 位置，此时，水准仪照准部在这两个脚螺旋连线方向处于水平位置。然后，单独用第 3 个脚螺旋 C 使气泡居中（即气泡中心通过水准器零点 3），此时，水准仪照准部在垂直于 A、B 两个脚螺旋连线方向也处于了水平位置。这样，水准仪照准部就水平了（因为两条相交水平线决定的平面必然是水平面），粗平工作结束。如仍有偏差则重复进行上述动作。粗平操作时必须记住 3 条要领，即先旋转两个脚螺旋，然后旋转第 3 个脚螺旋；旋转两个脚螺旋时必须作相对地转动（即旋转方向应相反）；气泡移动的方向始终和左手大拇指移动的方向一致。

3.4.4 后尺测量

（1）粗瞄。

松开水准仪照准部（或水平）制动螺旋，转动水准仪照准部，利用望远镜筒上的缺口和准星瞄准后视水准尺（3点成一面），拧紧照准部（或水平）制动螺旋。

（2）操作望远镜。

1）视度调节。转动水准仪目镜上的屈光度调节筒，用眼通过目镜观察，可以看到水准仪的十字丝，当水准仪十字丝最黑、最清晰时即为你的最佳视度位置，至此视度调节工作结束。视度调节实际上就是为你带上度数适合的眼镜，视力不同的人其最佳视度位置是不同的。一般测量仪器屈光度调节筒的调节范围是－5～＋5个屈光度（相当于500度近视镜～500度老花镜间的范围）。这个动作简称为"调屈"。

2）调焦。转动水准仪望远镜上的调焦螺旋，用眼通过目镜观察，使后视水准尺（后尺）呈像最清晰。这个动作称为"调焦"。

3）精瞄。转动水准仪照准部（或水平）微动螺旋，使水准仪照准部在水平面内做缓慢的小幅转动（若微动螺旋转不动，应反向转动到适中位置，再松开水准仪照准部制动螺旋通过望远镜重新瞄准，瞄好后拧紧照准部制动螺旋，然后再转动水准仪照准部微动螺旋进行微调），使望远镜十字丝竖丝平分后视水准尺。

4）观察与消除视差。视差是物体通过望远镜成像后未成像在设计成像面（十字丝刻划面）上的现象。观测时把眼睛在目镜处稍作上下移动，若水准标尺像与十字丝间有相对移动（即读数有改变）则表示有视差存在，存在视差时是不可能得出准确读数的。消除视差的方法是再"调焦"，若仍然不行则"调屈""调焦""调屈""调焦"……直到望远镜中不再出现水准标尺的像和十字丝间有相对移动为止（即水准标尺的像与十字丝在同一平面上）。

（3）精平。

精平是使望远镜视准轴水平的工作。操作时慢慢转动望远镜的微倾螺旋，用眼从侧面观察管水准器气泡的移动，当管水准器气泡移动到中间位置时，将眼睛转向管水准器位于目镜端的气泡精细影像（抛物线）观察圆孔（在目镜左侧圆水准器上方）可看到2个半抛物线［图3.5（a）］，继续缓慢转动望远镜微倾螺旋使2个半抛物线相接构成一个抛物线［图3.5（b）］。此时，望远镜视准轴就水平了，此时读出的横竖丝交点处的标尺读数即为式（3.1）中的 a。观察3s，若构成的一个抛物线稳定（偏离量不超过半个抛物线宽度），此项工作结束；否则应继续缓慢调整抛物线直到抛物线满足观测读数要求为止。

（4）读数。

在保证构成的一个抛物线稳定不动的情况下应连续读出中丝、上丝、下丝在后视水准

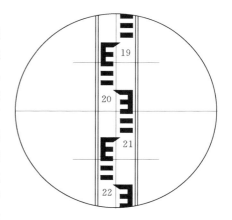

图3.15 后视水准尺读数

标尺上的读数 a、S_A、X_A，后尺测量结束。如图 3.15 所示，后视水准标尺上的读数 $a=$ 2043mm、$S_A=$1941mm、$X_A=$2146mm。上、下丝读数 S_A、X_A 之差乘以 100 即为水准仪到后视水准标尺的大概水平距离 D_A（精度 1/100），即

$$D_A \approx |S_A - X_A| \times 100 \tag{3.4}$$

将 $S_A=$1941mm、$X_A=$2146mm 代入式（3.4）可得水准仪到后视水准标尺的大概水平距离 D_A 为 20.5m。D_A 称为后视距离（简称后距）。

3.4.5　前尺测量

（1）粗瞄。

松开水准仪照准部（或水平）制动螺旋，转动水准仪照准部，利用望远镜筒上的缺口和准星瞄准前视水准尺（3 点成一面），拧紧照准部（或水平）制动螺旋。

（2）操作望远镜。

1）视度调节。因在后尺测量时该项工作已完成，故若观测者不更换的话该项工作就不必做了，若观测者更换则按 3.4.4 中（2）的 1）进行。

2）调焦。同 3.4.4 中（2）的 2），转动水准仪望远镜上的调焦螺旋，用眼通过目镜观察，使前视水准尺（前尺）呈像最清晰。因为水准仪到前、后尺的距离大致相等，因此观测者不更换的话该项工作就不必做了。

3）精瞄。同 3.4.4 中（2）的 3），转动水准仪照准部微动螺旋，使水准仪照准部在水平面内做缓慢的小幅转动，使望远镜十字丝竖丝平分前视水准尺。

4）观察与消除视差。同 3.4.4 中（2）的 4）。

（3）精平。

同 3.4.4 中的（3）。

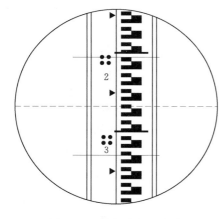

图 3.16　前视水准尺读数

（4）读数。

同 3.4.4 中的（4）。在保证管水准器构成的一个抛物线稳定不动的情况下应连续读出中丝、上丝、下丝在前视水准标尺上的读数 $b=$4267mm、$S_B=$4205mm、$X_B=$4325mm（图 3.16，以塔尺为例），前尺测量结束。前尺上、下丝读数 S_B、X_B 之差乘以 100 即为水准仪到前视水准标尺的大概水平距离 $D_B=$12.0m。D_B 称为前视距离（简称前距）。

至此完成了一个测站上的高差测量工作。测站高差 $h_{AB}=a-b=-2.224$m，测站路线长 $L_{AB}=D_A$ $+D_B=32.5$m。测站读数的准确性（不是测量的准确性）可通过式（3.5）、式（3.6）大致进行检验，即

$$b \approx (S_B + X_B)/2 \tag{3.5}$$

$$a \approx (S_A + X_A)/2 \tag{3.6}$$

b 与 $(S_B + X_B)/2$ 的较差以及 a 与 $(S_A + X_A)/2$ 的较差一般不宜超过 3mm。

利用微倾式水准仪进行水准测量的关键要领是"读数必调抛物线"。为防止在一个测站上发生错误而导致整个水准路线结果的错误，可在每个测站上对观测结果进行检核，方法有两次仪器高法和双面尺法。两次仪器高法是在每个测站上一次测得两转点间的高差后，改变一下水准仪的高度再次测量两转点间的高差，对一般水准测量当两次所得高差之差小于 5mm 时可认为合格并取其平均值作为该测站所得高差（否则应进行检查或重测）。双面尺法利用双面水准尺分别由黑面和红面读数得出的高差，扣除一对水准尺的常数差后，两个高差之差小于 5mm 时可认为合格（否则应进行检查或重测），黑面高差与红面高差的差值应等于两把标尺尺常数的差值 100mm（即 4687mm 与 4787mm 的差值），水准仪在视线不动情况下对同一把尺的黑面和红面进行读数的读数差应等于该水准尺的尺常数（读数差与尺常数之差小于 3mm 时可认为合格，否则应进行检查或重测）。

3.5　自动安平式光学水准仪

如图 3.17 所示，自动安平水准仪的特点是不用水准管和微倾螺旋，即不需要像微倾式水准仪那样读数前必须调抛物线，因此其没有水准管和微倾螺旋，且大多数自动安平水准仪采用自动摩擦制动方式，没有水平制动螺旋而只有水平微动螺旋。自动安平水准仪只用圆水准器进行粗平，然后借助一种补偿器装置即可读出视线水平时的读数。现代各种精度的水准仪几乎都采用自动安平装置。自动安平水准仪的使用方法较微倾式水准仪简便，首先用脚螺旋使圆水准器气泡居中完成仪器粗平，然后用望远镜照准水准尺即可用十字丝横丝读取水准尺读数，该读数就是水平视线读数。自动安平水准仪补偿器是有一定工作范围的（即能起补偿作用的范围），因此，使用自动安平水准仪时要防止补偿器贴靠周围部件而不处于自由悬挂状态。有的自动安平水准仪在目镜旁有一个按钮，用它可直接触动补偿器，读数前可轻按此按钮以检查补偿器是否处于正常工作状态，同时也可消除补偿器存在的轻微贴靠现象，如果每次触动按钮后水准尺读数变动后又能恢复原有读数则表示工作正常。如果仪器上没有这种检查按钮测，则可用脚螺旋使仪器竖轴在视线方向稍作倾斜，若读数不变则表示补偿器工作正常。由于要确保补偿器处于工作范围内，使用自动安平水准仪时应十分注意圆水准器气泡的居中。

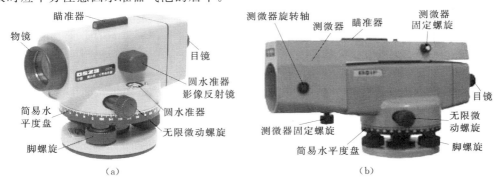

（a）　　　　　　　　　　　　　　　　（b）

图 3.17　自动安平光学水准仪

（a）低精度仪器；（b）中高精度仪器

3.6　精密光学水准仪

目前精密光学水准仪已被电子水准仪取代，精密光学水准仪构造上的主要特点是都附有一个供读数用的光学测微装置（即读数前必须转动该装置夹线后才能读数）。精密水准仪必须配备精密钢钢水准尺及尺垫和尺桩，常见的精密水准尺如图 3.18 所示，图 3.18（a）为 Wild 基/辅分划尺（其基辅差值为 3.01550m），图 3.18（b）为 Zeiss 钢钢尺（其获得的观测高差须除以 2 才是真实高差）。尺垫和尺桩如图 3.19 所示。微倾式精密水准仪的使用方法与低端微倾式光学水准仪基本相同，不同之处在于瞄准目标调好抛物线后还应转动测微轮使楔形丝夹住水准尺的刻度线后才能读数，夹住刻度线的基本读数，基本读数

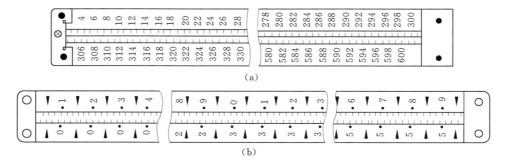

(a)

(b)

图 3.18　常见精密水准尺的类型
（a）Wild 基/辅分划尺；（b）Zeiss 钢钢尺

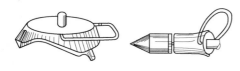

图 3.19　尺垫和尺桩

以下的数（测微读数）从测微窗上读，基本读数和测微读数组合起来即为标尺读数。图 3.20 中 Leica N3 微倾式精密水准仪的读数为 1.48657m（148 为基本读数、657 为测微读数）；图 3.21 Zeiss Ni004 精密水准仪的读数为 1.97346m（197 为基本读数、346 为测微读数）。

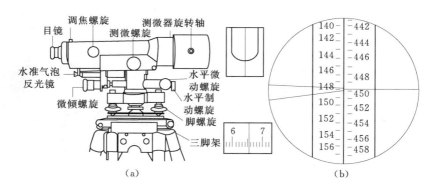

图 3.20　Leica N3 微倾式精密水准仪结构及读数
（a）仪器构造；（b）望远镜视场

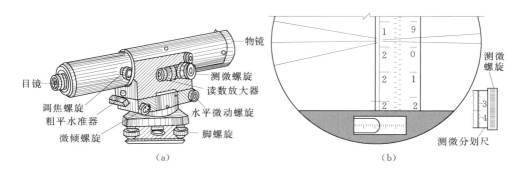

图 3.21　Zeiss Ni004 精密水准仪结构及读数

(a) 仪器构造；(b) 望远镜视场

精密光学水准仪使用方法与 S_3 水准仪大致相同，只是多了个测微过程。即首先将脚架安置牢固、装上仪器、固紧连接螺旋，转动脚螺旋使仪器粗平，瞄准水准尺后转动微倾螺旋使管水准器气泡的抛物线吻合，再转动测微螺旋使望远镜目镜中看到的楔形丝夹准水准标尺上的一个分划线后读数，该分划线就是标尺读数的前 3 位数，后 3 位数从测微器上读取。

3.7　特　种　水　准　仪

激光水准仪（图 3.22）是在普通水准仪上加设一套半导体激光发射系统形成的，半导体激光发射系统为水准仪提供了一条可见的红色水平激光束，红色水平激光束与原水准仪望远镜视准线保持同轴、同焦。通过望远镜对准目标调焦清晰可见后可同时得到聚焦后的激光光斑（此时的光斑最小也最清晰）。激光水准仪可为各种工程施工提供可见的水平基准线，给施工人员操作带来极大的方便。激光水准仪在关闭激光发射电源后可作为普通水准仪使用，因此具有一机两用的功能。激光水准仪广泛应用于隧道挖掘、管道铺设、水坝工程、船舶制造、飞机制造、大型机械安装、桥梁施工、各种室内装潢等平面操平工作。

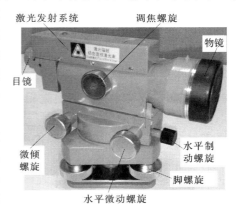

图 3.22　DS₃ 激光水准仪

激光扫平仪（图 3.23）是在传统的光学扫描仪的基础上发展起来的一种激光扫描仪器，但它具有更高的扫平精度和更远的作用距离，使用起来更方便、更灵活，工作效率大大提高，现被广泛应用于大地测量、工程测量及大型安装等方面，这些应用大多局限于静态应用。激光扫平仪采用的是光电接收，可实时地把激光扫平信号转换为电信号进行处理，使它对动态信号的处理成为可能。激光扫平仪是一种光、机、电一体化仪器。该仪器利用现代半导体激光技术，使仪器工作时旋转的激光束扫出一平面或直线，可进行水平面、垂直面、直线的测量，广泛适用于建筑行业的装饰、装修工程上。世界上各著名生产厂家（如瑞士 Leica 公司、日本 Topcon、美国 SP 等）都推出了自己新一代的系列产品以适用于不同的用途，水平精度 $\pm10''$ 左右、工作距离 300m 左右。Topcon 的 RL－H 还具有光斑可调、水平扫描范围选择（$0°$、$10°$、$45°$、$360°$）功能，RL－H1S 还可在单轴方向设定倾斜度 $0\sim18\%$，RL－H2S 可在双轴方向设定倾斜度 $0\sim18\%$。激光扫平仪主要是由激光光源、回转五棱镜及安平底座等几部分组成。根据激光扫平仪工作原理的差异，大致可将扫平仪分成水泡式激光扫平仪、自动安平激光扫平仪和电子自动安平扫平仪 3 类。激光扫平仪在土木工程施工、大规模机械化土地平整、挖掘沟道等工作中表现优异。

（a） （b）

图 3.23 Leica 公司的 Rugby 建筑激光扫平仪

（a）Rugby－1 仪器构造；（b）Rugby－2 仪器构造

3.8 光学水准仪的检验与校正方法

为保证测量工作能得出正确成果，工作前必须对所使用水准仪进行检验和校正。

3.8.1 微倾式光学水准仪的检验和校正

微倾式水准仪的主要轴线有圆水准轴、竖轴、水准管轴、视准轴（图 3.24），它们之间应满足 3 个主要几何条件（圆水准器轴平行于竖轴；十字丝横丝垂直于竖轴，水准管轴平行于视准轴）。水准管轴和视准轴两个空间直线在铅垂面内投影的夹角称 i 角，在水平面内投影的夹角称交叉误差 i_w。微倾式水准仪的检校应按以下介绍顺序进行。

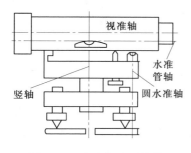

图 3.24 水准仪主要轴线

（1）圆水准器检验和校正。

1）检验。安置仪器后先调脚螺旋，使圆水准器气泡居中 [图 3.25 （a）]，然后将仪器旋转 $180°$，若气泡仍然居中则不需校正，若气泡有了偏移则应校正 [图 3.25 （b）]。

2）校正。校正时先调脚螺旋使气泡向中央移回一半，见图 3.25 （c），然后用校正针拨动圆水准器底下 3 个校正螺旋（图 3.26）使气泡居中即可。校正后应将仪器旋转 $180°$ 再次进行检验，若气泡仍不居中应再次进行校正。校正时需要旋紧某个校正螺旋时必须先旋松另两个螺旋，校正完毕时必须使 3 个校正螺旋都处于旋紧状态。

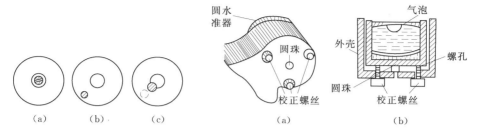

图 3.25　圆水准器校正

（a）居中；（b）偏离；（c）校位

图 3.26　圆水准器校正螺丝位置

（a）仰视图；（b）剖面图

（2）十字丝横丝检验与校正。

1）检验。整平仪器后，用横丝瞄准墙上一固定点 P［图 3.27 （a）］，转动水平微动螺旋若点子离开横丝［图 3.27 （b）］则表示横丝需要校正；若点子始终在横丝上移动［图 3.27 （c）、（d）］则不需校正。

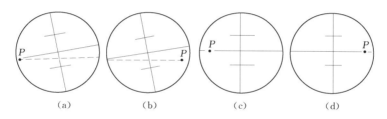

图 3.27　望远镜十字丝横丝水平的检验与校正

（a）歪 P 左；（b）歪 P 右；（c）正 P 左；（d）正 P 右

2）校正。打开十字丝分划板的护罩，可见到 3 个或 4 个分划板的固定螺丝（图 3.28），松开这些固定螺丝后用手转动十字丝分划板座使横丝水平然后再上紧固定螺丝，此项校正须反复进行。最后应旋紧所有固定螺丝。

（3）水准管轴与视准轴间 i 角的检验与校正。

1）检验。如图 3.29 所示，在比较平坦的地面上安置水准仪，从仪器向两侧各量约 30m 定出等距的 A、B 两点打下木桩或尺垫标志并竖立水准尺，则夹角 i 在两尺上所产生读数误差均为 Δ。设 A、B 两尺上读数分别为 a_1 及 b_1，则两读数之差即为两点高差的正确值 h_{AB}（即 $h_{AB} = a_1 - b_1$）。然后将水准仪搬到离 B 点约 $2 \sim 3$m 处（即水准仪望远镜的最短明视距离位置，当物体与望远镜间的距离小于明视距离位置时通过望远镜将无法看清物体）先读取近尺读数 b_2（因仪器距 B 点很近，故可将 b_2 近似看作视线水平时的尺上读数 b_2'），由此可计算视线水平时远尺的正确读数 $a_2' = b_2' + h_{AB} = b_2 + h_{AB}$，若远尺实际读数不是 a_2' 而是 a_2 则说明水准管轴不平行于视准轴而需要校正。i 角的大小为 $i = (\Delta_A / D_A)\rho'' =$

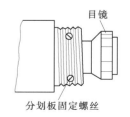

图 3.28　望远镜十字丝分划板固定螺丝

$[(a_2-a_2')/D_A]\rho''$。

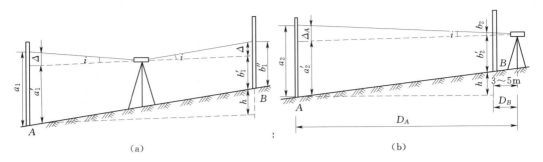

图 3.29　i 角的检验与校正现场示意
（a）仪器居中得正确高差；（b）仪器挂边得 i 角影响量

2）校正。转动微倾螺旋使远尺读数从 a_2 变为 a_2'，此时视准轴水平了但气泡已偏离中点，拨动水准管一端的上下两个校正螺丝（图 3.30）使水准管气泡居中即可。此项工作要反复进行几次直到 i 角在限值（3mm/km 仪器为 20″）以内为止。水准管校正螺旋的位置如图 3.31 所示，校正时应先松动左右两个校正螺旋，然后拨动上下两校正螺旋使气泡符合，拨动上下校正螺旋时应先松一个再紧另一个逐渐改正，最后校正完毕后所有校正螺旋都应适度旋紧。

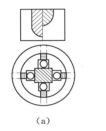

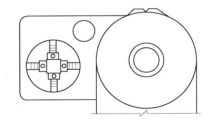

图 3.30　i 角校正示意
（a）上松下紧；（b）下松上紧

图 3.31　水准管校正螺旋的位置

（4）水准管轴和视准轴交叉误差 i_w 的检验和校正。

一般工程水准测量中可不进行此项检验，精密水准测量必须进行交叉误差 i_w 检校。交叉误差的检校应在 i 角检校前进行。

1）检验。在离水准仪约 30m 处竖立水准尺，仪器安置如图 3.32 所示（使一个脚螺旋在视线方向上），仪器整平并使水准管气泡符合后读出水准尺上读数，然后旋转在视线两侧的两个脚螺旋（按相对的方向各旋转约两周并使水准尺读数不变），再按相反方向旋转位于视线两侧的脚螺旋并保持原读数不变，转动中应注意观察仪器向两侧倾斜时气泡移动的情况［可能出现图 3.33

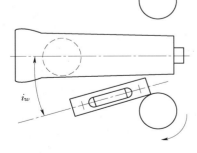

图 3.32　仪器的安置位置

中 4 种情况中的一个。图 3.33 （a）表示既没有交叉误差也没有 i 角误差；图 3.33 （b）表示没有交叉误差，有 i 角误差；图 3.33 （c）表示有交叉误差，没有 i 角误差；图 3.33 （d）表示既有交叉误差又有 i 角误差]。

2）校正。拨水准管一端的横向校正螺旋，反复检验和校正，使仪器向两侧倾斜时气泡的移动只出现图 3.33 中（a）或（b）两种情况时交叉误差就消除了。

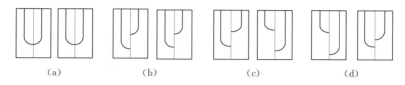

图 3.33　交叉误差的判别

（a）居中；（b）同向等量移位；（c）异向等量移位；（d）乱移位

3.8.2　自动安平式光学水准仪的检验和校正

自动安平水准仪应满足的条件主要有 4 个，即：圆水准器轴平行于仪器的竖轴；十字丝横丝垂直于竖轴；水准仪在补偿范围内应能起到补偿作用；视准轴经过补偿后应与水平线一致。前两项的检验校正方法与微倾式水准仪相应项目的检校方法完全相同。

（1）水准仪补偿性能的检验与校正。

将水准仪安置在一点上，在离仪器约 30m 处竖立一个水准尺。安置仪器时使其中两个脚螺旋的连线垂直于仪器到水准尺连线的方向。用圆水准器整平仪器并读取水准尺上读数。旋转视线方向上的第三个脚螺旋，让气泡中心偏离圆水准器零点少许，读取水准尺上读数，然后再次旋转这个脚螺旋使气泡中心向相反方向偏离圆水准器零点并读数。重新整平仪器，用位于垂直于视线方向的两个脚螺旋，先后使仪器向左右两侧倾斜，分别在气泡中心稍偏离圆水准器零点后读数。如果仪器各次读数与仪器整平时所得读数之差不超过 2mm 则可认为补偿器工作正常，否则应检查原因或送工厂修理。检验时圆水准器气泡偏离的大小应根据补偿器的工作范围及圆水准器的分划值来决定 [比如补偿工作范围为 $\pm 5'$、圆水准器的分划值（弧长所对之圆心角值）为 $8'/2mm$ 的自动安平水准仪，气泡偏离圆水准器零点不应超过 $(5/8) \times 2 = 1.2mm$]，补偿器工作范围和圆水准器的分划值在仪器说明书中可以查到。

（2）视准轴经过补偿后应与水平线一致的检验与校正。

若视准轴经补偿后不能与水平线一致则也构成 i 角并产生读数误差。这种误差的检验方法与微倾式水准仪 i 角的检验方法相同，但校正时应校正十字丝（拨十字丝的校正螺旋，使图 3.29 中 A 尺的读数从 a_2 改变到 a_2'，即使之符合水平视线的读数）。

3.9　水 准 测 量 作 业 规 程

测量工作按工作特点的不同分内业和外业两大部分，外业是指为采集信息而进行的工作，内业是指为处理信息进行的工作。水准测量外业工作主要是获得高差观测数据，水准测量内业工作则主要是对外业数据进行合理处理求出最合理的高程值。水准测量外业的任务是从已知高程的水准点开始测量其他水准点或地面点的高程，测量前应根据要求布置并选定水准点的位置，埋设好水准点标石，拟定水准测量进行的路线。

3.9.1　水准测量外业

若上海有一个已知水准点 A，苏州搞城市建设需要一个水准点，无锡搞城市建设也需要一个水准点，那么，就需在苏州和无锡各建造一个水准基准点 1、2（基准点的建造形式见本书第 15 章），然后从上海水准基准点 A 开始沿着沪宁公路按本书 3.4 节所述作业过程先测量上海水准基准点 A 到苏州水准基准点 1 间的高差，再测量苏州水准基准点 1 到无锡水准基准点 2 间的高差。至此，整个测量工作结束。水准测量中将上海水准基准点 A 到苏州水准基准点 1 间的高差测量过程称为 1 个测段，苏州水准基准点 1 到无锡水准基准点 2 间的高差测量过程也称为 1 个测段，而上海水准基准点 A 到无锡水准基准点 2 的总测量过程称为一个路线（水准路线），测量过程中上海水准基准点 A、苏州水准基准点 1、无锡水准基准点 2 上均不能放尺垫，其他中间点（转点）上均必须放尺垫。不难理解，一个路线是由 1 个或多个测段构成的，而一个测段又是由若干个测站构成的（换句话说是由若干个转点构成的）（本书 3.4 节所述），每个测站又是由一个后视点和一个前视点构成的。所以，水准测量中将相邻水准点（包括已知和未知）间的水准测量过程称为测段，连续的测段称为路线（单个独立测段也称为路线），一个测段的最少设站数至少 2 站、测段设站总数必须是偶数（目的是消除水准标尺零位误差及刻划不均匀的误差）。上述上海到无锡的测量过程中如果某个测段出现错误将无法发现，因此，将这种路线称为支水准路线 ［图 3.34（a）中◎代表已知水准点、○代表欲求水准点］。我国也喜欢用 "⊗" 表示已知水准点，点号用 BM×× 表示。

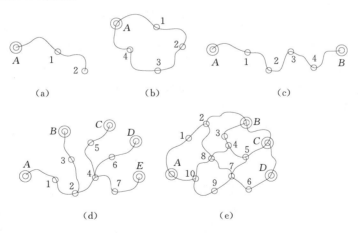

图 3.34　水准路线的种类

（a）支路线；（b）闭合路线；（c）附合路线；（d）结点路线；（e）水准网

为防止测量错误，水准测量一般应采用闭合水准路线 ［图 3.34（b）］或附合水准路线 ［图 3.34（c）］。多条附合水准路线纵横相连构成的大水准路线称为结点水准路线 ［图 3.34（d）］，多条闭合水准路线纵横相连构成的大水准路线称为水准网 ［图 3.34（e）］。

对每个测段来讲，通过水准测量可获得 3 个成果，即测段高差 h、测段长 D、测站数

n。测段高差 h 是测段内首尾依序衔接的各站高差的总和，测段长度 D 则是测段内每站前距 D_B 和后距 D_A 的总和。

3.9.2　水准测量内业计算的基本规定

结点水准路线、水准网计算需借助最小二乘原理且只在大型测量中采用，目前该类计算多借助软件进行，故本书不做介绍。以下只介绍附合水准路线、闭合水准路线、支水准路线的计算方法。水准测量内业计算规定，所有测段的高差方向均必须一致，即高差值是按计算路线顺序排列的，以如图 3.34（b）所示为例，计算时采用的高差必须依次是 h_{A1}、h_{12}、h_{23}、h_{34}、h_{4A}。若你最后一段测的是 $A \rightarrow 4$ 则该测段所有的后视中丝读数 a 减去所有的前视中丝读数 b 得到的高差是 h_{A4}，在进行内业计算时必须将 h_{A4} 变成 h_{4A}，变换方法是 $h_{4A} = -h_{A4}$。

3.9.3　附合水准路线内业计算

如图 3.35 所示，图中 A、B 为已知水准点，高程分别为 H_A、H_B。通过水准测量获得了各个测段的测段高差 $h_{i,(i+1)}$、测段长 $D_{i,(i+1)}$，因此，也就知道了各个测段的设站数 $n_{i,(i+1)}$。求各未知点（1、2、3、4）的最或然高程 H_i'。计算过程有以下 4 步。

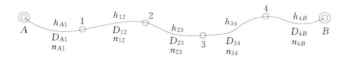

图 3.35　附合水准路线

（1）计算路线高差总误差 f_h。

路线观测高差 h_{AB} 为

$$h_{AB} = \sum_{i=A}^{B-1} h_{i,(i+1)} \tag{3.7}$$

路线真高差 h_{AB}' 为

$$h_{AB}' = H_B - H_A \tag{3.8}$$

根据误差理论（观测值减去误差等于最或然值或真值）可得路线高差总误差 f_h：

$$f_h = h_{AB} - h_{AB}' = \sum_{i=A}^{B-1} h_{i,(i+1)} - (H_B - H_A) \tag{3.9}$$

f_h 反映的是整个路线的总观测误差，其大小反映了测量成果的精度，其中很可能还包含错误。怎样才能知道有没有错误呢？因此必须对总观测误差加上一个限制条件，即命令它不得超过一定的限度（测量称限差），若超过这个限度则认为观测过程有错误必须重新测量某个问题测段。测量中为了防止错误、提高精度，对任何测量过程都有限差要求。水准测量路线总观测误差的限差 F_h 为平地 $F_h = \pm aL^{1/2}$（mm），山地 $F_h = \pm bN^{1/2}$（mm），a、b 的取值可查国家规范或行业规范（水准测量等级越高，a、b 值越小。用 3mm/km 水准仪和单面水准尺进行普通水准测量时 $a = 27$、$b = 8$），L 为附合水准路线（或闭合水准路线）的线路总长度 $[L = \sum D_{i,(i+1)}]$，在支水准路线上 L 为测段长，L 单位为 km（不足 1km 时取 1km），N 为线路总测站数 $[N = \sum n_{i,(i+1)}]$。若 $|f_h| \leqslant |F_h|$ 则说明测量合格没有错误（可以继续进行计算），否则应返工有问题的测段直到合格为止

（即满足 $\mid f_h \mid \leqslant \mid F_h \mid$ 的要求）。

（2）计算测段高差改正数 $v_{i,(i+1)}$。

f_h 是路线上各测段观测误差综合作用产生的，测段路线越长（或测站数越多）对 f_h 的影响越大，因此其分摊的误差量也应该越大，故测段高差的改正数 $v_{i,(i+1)}$ 与测段路线长（或测站数）成正比，根据误差理论（改正数与误差是相反数）可建立式（3.10）关系式，即

$$v_{i,(i+1)} = - \left\{ f_h / \left[\sum_{i=A}^{B-1} D_{i,(i+1)} \right] \right\} D_{i,(i+1)} \tag{3.10}$$

通常情况下式（3.10）计算的 $v_{i,(i+1)}$ 一般为非整除数，故必须对 $v_{i,(i+1)}$ 进行凑整处理（凑整处理的原则是四舍六入、恰五配偶，如 1.5、1.6、2.4、2.5 取位到整数的结果都是 2）。$v_{i,(i+1)}$ 的取位应与水准测量高差观测值的取位相同〔即水准测量高差观测值取位到 mm 则 $v_{i,(i+1)}$ 也取位到 mm〕。$v_{i,(i+1)}$ 凑整处理后会带来一个总观测误差分摊不完全的问题，因此，必须求出总观测误差分摊后的残余误差 δ_Δ（或残余改正量 δ_v），即

$$\delta_v = \sum_{i=A}^{B-1} v_{i,(i+1)} + f_h \tag{3.11}$$

若根据式（3.11）计算出的 $\delta_v = 0$ 则说明分摊完善，若 $\delta_v \neq 0$ 则需要进行二次分摊。

当 $\delta_v \neq 0$ 时 δ_v 的值通常都很小（数值在最小保留位数档，数字远小于测段个数），二次分摊的原则是将 δ_v 拆单（拆成若干个以 1 为单位的基本量，所谓"基本量"是指改正数的最小取位单位）按照 $v_{i,(i+1)}$ 由大到小的顺序依次分摊，直到全部分摊完毕为止。例如，若图 3.35 计算的 $\delta_v = -3\text{mm}$（说明欠 3mm）则给最长的测段的高差改正数增加 1mm，给第二长的测段的高差改正数增加 1mm，给第三长的测段的高差改正数增加 1mm，其余测段高差改正数不变。这样，二次分摊后各测段的高差改正数就变成了 $v'_{i,(i+1)}$，应再次校核一下总观测误差是否分摊完毕，即应满足式（3.12）的要求（校核无误方可进行下一步计算）

$$\sum_{i=A}^{B-1} v'_{i,(i+1)} = - f_h \tag{3.12}$$

（3）计算测段高差最或然值 $h'_{i,(i+1)}$。

根据误差理论（观测值加改正数等于最或然值或真值）可得式（3.12），即

$$h'_{i,(i+1)} = h_{i,(i+1)} + v'_{i,(i+1)} \tag{3.13}$$

为防止计算错误应按式（3.14）校核，即

$$\sum_{i=A}^{B-1} h'_{i,(i+1)} = H_B - H_A \tag{3.14}$$

若式（3.14）不满足则说明式（3.12）计算过程有误，若经检查式（3.12）计算过程正确则说明式（3.9）计算过程有误。

（4）计算各未知点最或然高程 H'_i。

$$H'_{i+1} = H'_i + h'_{i,(i+1)} \tag{3.15}$$

从 A 点开始一直计算到 B，求出 H'_B。为了防止计算错误，应按式（3.16）校核，即

$$H_B = H'_B \tag{3.16}$$

若式（3.16）不满足则说明式（3.15）计算过程有误，应重新认真计算。

以上是按测段路线长 D 进行误差分摊和数据处理的过程。同样，我们也可按测站数 n 分摊误差、处理数据。按测站数分摊误差、处理数据时只需将式（3.10）中的 $D_{i,(i+1)}$ 换成 $n_{i,(i+1)}$，限差采用 $F_h = \pm b N^{1/2}$ 即可，其余不变。

3.9.4 闭合水准路线内业计算

闭合水准路线的计算方法与附合水准路线完全相同，只需将其中的 B 点当作 A 点即可 [即式（3.8）、式（3.9）、式（3.14）中 $H_B - H_A = 0$]，闭合水准路线实际上就是将附合水准路线中的 B 与 A 重合的结果（图 3.36）。

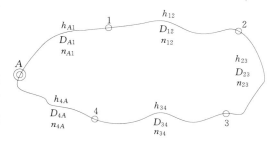

图 3.36　闭合水准路线

3.9.5 支水准路线内业计算

支水准路线必须进行往测和返测，假设某测段往测高差为 $h_{i,(i+1)}$，返测高差为 $h_{(i+1),i}$，则当 $h_{i,(i+1)} + h_{(i+1),i} \leqslant F_h$ 时该测段观测合格，否则不合格。测段观测合格后，该测段高差最或然值 $h'_{i,(i+1)} = [h_{i,(i+1)} - h_{(i+1),i}]/2$，$i+1$ 点的最或然高程 $H'_{i+1} = H'_i + h'_{i,(i+1)}$。依次类推，支水准路线其他测段的处理方法相同。

3.9.6 附合水准路线算例

如图 3.35 所示，已知 $H_A = 63.132$m，$H_B = 83.905$m，$h_{A1} = 6.710$m，$h_{12} = 7.395$m，$h_{23} = -3.082$m，$h_{34} = 5.441$m，$h_{4B} = 4.216$m，$n_{A1} = 37$ 站，$n_{12} = 48$ 站，$n_{23} = 56$ 站，$n_{34} = 24$ 站，$n_{4B} = 63$ 站，$F_h = \pm 8 N^{1/2}$mm。求各未知点（1、2、3、4）的最或然高程 H'_i。计算过程如下。

1）计算路线高差总误差 f_h。根据式（3.7）可得 $h_{AB} = \sum_{i=A}^{B-1} h_{i,(i+1)} = 20.680$m；根据式（3.8）可得 $h'_{AB} = H_B - H_A = 20.773$m；根据式（3.9）可得 $f_h = h_{AB} - h'_{AB} = \sum_{i=A}^{B-1} h_{i,(i+1)} - (H_B - H_A) = -0.093$m $= -93$mm。取限差 $F_h = \pm 8 N^{1/2} = \pm 8 \times 228^{1/2} = 120.8$（mm），可见 $|f_h| \leqslant |F_h|$，测量合格。

2）计算测段高差改正数 $v_{i,(i+1)}$。根据式（3.10）可得 $v_{A1} = 15$mm、$v_{12} = 20$mm，$v_{23} = 23$mm，$v_{34} = 10$mm，$v_{4B} = 26$mm；根据式（3.11）可得 $\delta_v = \sum_{i=A}^{B-1} v_{i,(i+1)} + f_h = 94 - 93 = 1$mm。计算结果说明多改正了 1mm，应该让最大的测段改正数减少 1mm。处理余数 1 后的新改正数 $v'_{i,(i+1)}$ 为 $v'_{A1} = v_{A1} = 15$mm，$v'_{12} = v_{12} = 20$mm，$v'_{23} = v_{23} = 23$mm，$v'_{34} = v_{34} = 10$mm，$v'_{4B} = v_{4B} - 1$mm $= 26 - 1 = 25$（mm）。经校核 $v'_{i,(i+1)}$ 满足式（3.12），改正完善。

3）计算测段高差最或然值 $h'_{i,(i+1)}$。根据式（3.13）可得 $h'_{A1} = 6.725$m、$h'_{12} = 7.415$m，$h'_{23} = -3.059$m，$h'_{34} = 5.451$m，$h'_{4B} = 4.241$m，经校核 $h'_{i,(i+1)}$ 满足式（3.14），计算无误。

4）计算各未知点最或然高程 H'_i。根据式（3.15）可得 $H'_1 = 69.857 \mathrm{m}$，$H'_2 = 77.272 \mathrm{m}$，$H'_3 = 74.213 \mathrm{m}$，$H'_4 = 79.664 \mathrm{m}$，$H'_B = 83.905 \mathrm{m}$，经校核 $H_B = H'_B$，计算无误，计算结束。

以上算例的计算也可在表格中进行，见表 3.1。

表 3.1　　　　　　　　　　　　附 合 水 准 路 线 计 算

点号	测站数	观测高差 /m	初步改正数 /mm	余数 /mm	最或然改正数 /mm	最或然高差 /m	高程 /m	路线略图
A							63.132	
	37	6.710	15	0	15	6.725		
1							69.857	
	48	7.395	20	0	20	7.415		
2							77.272	
	56	−3.082	23	0	23	−3.059		
3							74.213	
	24	5.441	10	0	10	5.451		
4							79.664	
	63	4.216	26	−1	25	4.241		
B							83.905	
Σ	228	20.680	94	1	93	20.773	20.773	
备注	$F_h = \pm 8 N^{1/2} \mathrm{mm} = \pm 8 \times 228^{1/2} = 120.8$（mm）；$h'_{AB} = H_B - H_A = 20.773 \mathrm{m}$；$f_h = 20.680 \mathrm{m} - 20.773 \mathrm{m} = -0.093 \mathrm{m} = -93 \mathrm{mm}$；$\lvert f_h \rvert \leqslant \lvert F_h \rvert$，测量合格。$H'_B = 83.905 \mathrm{m}$，$H_B = H'_B$，计算无误，计算结束

思 考 题 与 习 题

1. 简述水准仪测量高差的原理。
2. 水准仪到两把标尺等距的作用和意义是什么？
3. 水准测量有哪些仪器与工具？它们各自的作用是什么？
4. 简述低端微倾式光学水准仪的构造。
5. 水准测量中尺垫的作用是什么？哪些地方必须放，哪些地方一定不能放？
6. 简述水准测量的常规作业过程。
7. 双面水准标尺的尺常数是多少？有何作用？
8. 简述一个测站的简单水准测量过程。
9. 水准路线的常见形式有哪些？各有什么特点？
10. 简述自动安平水准仪的特点。
11. 精密光学水准仪及配套标尺的特点是什么？
12. 简述微倾式光学水准仪的检验与校正方法。
13. 简述自动安平式光学水准仪的检验与校正方法。

14. 如图 3.20 所示闭合水准路线。已知 $H_A = 205.691\text{m}$，$h_{A1} = 18.358\text{m}$，$h_{12} = 36.050\text{m}$，$h_{23} = -11.445\text{m}$，$h_{34} = -20.032\text{m}$，$h_{A4} = 23.017\text{m}$，$D_{A1} = 19.356\text{km}$，$D_{12} = 26.059\text{km}$，$D_{23} = 33.141\text{km}$，$D_{34} = 10.915\text{km}$，$D_{A4} = 42.831\text{km}$，$F_h = \pm 12D^{1/2}\text{mm}$，计算限差 F_h 时 D 以 km 为单位。求各未知点（1、2、3、4）的最或然高程 H_i'。

第4章 电子水准仪的构造与使用

4.1 电子水准仪的特点及基本构造

20 世纪 40 年代出现了电磁波测距技术，1963 年 Fennel 厂研制出了编码经纬仪，随着光电技术、计算机技术和精密机械制造技术的发展，到 20 世纪 80 年代已开始普遍使用电子测角和电子测距技术，然而到 20 世纪 80 年代末水准测量还在使用传统仪器。这是由于水准仪和水准标尺不仅在空间上是分离的，而且两者的距离可以以 1m 多变化到 100m，因此在技术上引起数字化读数的困难。为实现水准仪读数的数字化，人们进行了近 30 年的尝试，如德国 ZEISS 厂的 RENI002A 已使测微器读数能自动完成，但粗读数还需人工读出并按键输入，然后与精读数一起存入存储器，因此还算不上真正的电子水准仪，又如利用激光扫平仪和带探测的水准标尺可以使读数由标尺自动记录，由于这种试验结果还不能达到精密几何水准测量的要求，因此也没有解决水准测量读数自动化的难题。1990 年瑞士 Wild（今 LEICA）厂首先研制出数字水准仪 NA2000。可以说，从 1990 年起，测量仪器已经完成了从精密光机仪器向光机电测一体化的高技术产品的过渡，攻克了测量仪器中水准仪数字化读数这一最后难关。到 1994 年德国 ZEISS 厂研制出了电子水准仪 Di-Ni10/20，同年日本 TOPCON 厂也研制出了电子水准仪 DL101 和 DL102（图 4.1），这意味着电子水准仪也将普及。同时也说明，目前还是几何水准测量的精度高，没有其他方法可以取代。GPS 技术只能确定大地高，大地高换算成工程上感兴趣的正常高还需要知道高程异常，确定高程异常还需要精密水准测量。这也是各厂家努力开发电子水准仪的原因之一。电子水准仪具有测量速度快、读数客观、能减轻作业劳动强度、精度高、测量数据便于输入计算机和容易实现水准测量内外业一体化的特点，因此它投放市场后很快受到用户青睐。由于国外低精度高程测量盛行使用各种类型的激光定线仪和激光扫平仪，因此，目前电子水准仪的精

图 4.1 TOPCON 电子
水准仪 DL102

度等级基本都是中高精度，中等精度电子水准仪的标准差在 1.0～1.5mm/km，高精度电子水准仪的标准差在 0.3～0.4mm/km。

4.1.1 电子水准仪的主要特征及原理

电子数字水准仪的主要特征是由传感器识别条形码水准标尺（铟瓦数字水准尺）上的条形码分划，经信息转换处理获取观测值，并以数字形式显示或存储在计算机内。观测时，经自动调焦和自动置平后，水准标尺条形码分划影像射到分光镜上，并将其分为两部分：一是可见光，通过十字丝和目镜，供照准用；二是红外光射向探测器，

它将望远镜接收到的光图像信息转换成电影像信号，并传输给信息处理机，与机内原有的关于水准标尺的条形码本源信息进行相关处理，从而得出水准标尺上水平视线的读数。

电子水准仪又称数字水准仪，是在自动安平水准仪的基础上发展起来的，它采用条码标尺（各厂家标尺编码的条码图案不相同，不能互换使用）。目前照准标尺和调焦仍需目视进行。人工完成照准和调焦之后，标尺条码一方面被成像在望远镜分化板上，供目视观测，另一方面通过望远镜的分光镜，标尺条码又被成像在光电传感器（又称探测器）上（即线阵 CCD 器件上），供电子读数。因此，如果使用传统水准标尺，电子水准仪又可以像普通自动安平水准仪一样使用，不过这时的测量精度低于电子测量的精度。特别是精密电子水准仪，由于没有光学测微器，当成普通自动安平水准仪使用时其精度更低。

图 4.2　ZEISS DiNi11/12 电子水准仪与条码尺

当前电子水准仪采用了原理上相差较大的 3 种自动电子读数方法，即相关法（LEICA NA3002/3003）、几何法（德国 ZEISS DiNi10/20）、相位法（日本 TOPCON DL101C/102C）。电子水准仪的 3 种测量原理各有奥妙，3 类仪器都经受了各种检验和实际测量的考验，能胜任精密水准测量作业。

德国 ZEISS 厂的电子水准仪及标尺编码如图 4.2 所示，其几何法测量原理如图 4.3 所示。

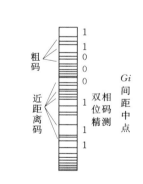
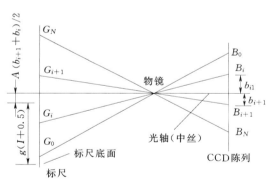

图 4.3　几何法测量原理

图 4.4　LEICA DNA03/10 电子水准仪

LEICA DNA03/10 的外形如图 4.4 所示，原理如图 4.5 所示。

电子水准仪是以自动安平水准仪为基础，在望远镜光路中增加了分光镜和探测器（CCD），并采用条码标尺和图像处理电子系统而构成的光机电测一体化的高科技产品。采用普通标尺时，又可像一般自动安平水准仪一样使用。它与传统水准仪相比有

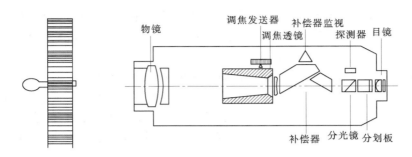

图 4.5　相关法测量原理

以下 4 个特点，即读数客观（不存在误差、误记问题，没有人为读数误差）、精度高（视线高和视距读数都是采用大量条码分划图像经处理后取平均得出来的，因此削弱了标尺分划误差的影响。多数仪器都有进行多次读数取平均的功能，可以削弱外界条件影响。不熟练的作业人员业也能进行高精度测量）、速度快（由于省去了报数、听记、现场计算的时间以及人为出错的重测数量，测量时间与传统仪器相比可以节省 1/3 左右）、效率高（只需调焦和按键就可以自动读数，减轻了劳动强度。视距还能自动记录、检核，处理并能输入电子计算机进行后处理，可实线内外业一体化）。

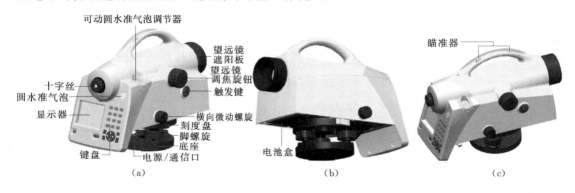

图 4.6　DINI 电子水准仪的典型结构

（a）正视斜侧面；（b）仰视斜侧面；（c）俯视斜侧面

4.1.2　电子水准仪的典型结构

图 4.7　DINI 电子水准仪的键盘

电子水准仪的典型结构如图 4.6 所示。DINI 电子水准仪的软件非常丰富，其菜单情况见表 4.1。DINI 电子水准仪的键盘如图 4.7 所示。DINI 电子水准仪的控制和显示单元见表 4.2。

DINI 电子水准仪的显示器如图 4.8 所示，其中，图 4.8（a）反映的是当前程序信息、输入以及电池情况；图 4.8（b）反映的是当前工作信息；图 4.8（c）反映的是最后一次测量结果；图 4.8（d）反映的是输入下一测量任务的信息；图 4.8

（e）反映的是函数域和信息区域；图 4.8（f）反映的是所有信息输入完毕后出现的图形并显示仪器准备测量；图 4.8（g）反映的是仪器设置观测相反方向时的图标提醒。

表 4.1　　　　　　　　　　　DINI 电子水准仪的软件菜单

主菜单	子菜单	子菜单	描　述
1. 文件	工程菜单	选择工程	选择已有工程
		新建工程	新建一个工程
		工程重命名	改变工程名称
		删除工程	删除已有工程
		工程间文件复制	在两个工程间复制信息
	编辑器		编辑已存数据、输入、查看数据、输入改变代码列表
	数据输入/输出	DINI 到 USB	将 DINI 数据传输到数据棒
		USB 到 DINI	将数据棒数据传入 DINI
	存储器	USB 格式化	记忆棒格式化，注意警告信息
		其他	内/外存储器，总存储空间，未占用空间，格式化内/外存储器
2. 配置	输入		输入大气折射、加常数、日期、时间
	限差/测试		输入水准线路限差（最大视距、最小视距高、最大视距高等信息）
	校正	Forstner 模式	视准轴校正
		Nabauer 模式	视准轴校正
		Kukkamaki 模式	视准轴校正
		日本模式	视准轴校正
	仪器设置		设置单位、显示信息、自动关机、声音、语言、时间
	记录设置		数据记录、记录附加数据、线路测量单点测量、中间点测量
3. 测量	单点测量		单点测量
	水准线路		水准线路测量
	中间点测量		基准输入
	放样		放样
	断续测量		断续测量
4. 计算	线路平差		线路平差

表 4.2　　　　　　　　　　　DINI 电子水准仪的控制和显示单元

按键	描述	功能	按键	描述	功能
⏻	【开关键】	仪器开关机	1	1 或 PQRS	第一功能"1"；第二功能"PQRS"
⊕ 或 ○	【测量键】	开始测量	2	2 或 TUV	第一功能"2"；第二功能"TUV"
✦	【导航键】	通过菜单导航/上下翻页/改变复选框	3	3 或 WXYZ	第一功能"3"；第二功能"WXYZ"
↵	【回车键】	确认输入	4	4 或 GHI	第一功能"4"；第二功能"GHI"
Esc	【退出键】	回到上一页	5	5 或 JKL	第一功能"5"；第二功能"JKL"
α	【Alpha 键】或【α 键】	按键切换、按键情况在显示器上端显示	6	6 或 MNO	第一功能"6"；第二功能"MNO"
⬛	【Trimble 按键】	显示 Trimble 功能菜单	7	7	第一功能"7"
◀	【后退键】	输入前面的输入内容	8	8 或 ABC	第一功能"8"；第二功能"ABC"
⋅:	【逗号/句号】	第一功能"输入逗号句号"；第二功能"加减"	9	9 或 DEF	第一功能"9"；第二功能"DEF"
0	0 或空格	第一功能"0"、第二功能"空格"			

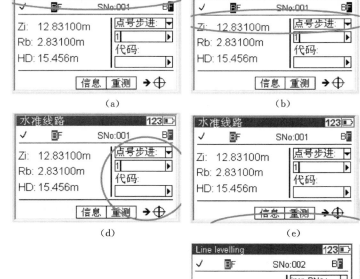
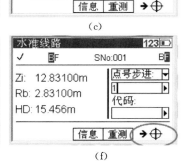
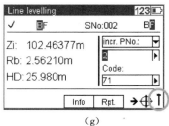

（a）界面 1；（b）界面 2；（c）界面 3；（d）界面 4；（e）界面 5；（f）界面 6；（g）界面 7

图 4.8　DINI 电子水准仪的显示器

DINI 电子水准仪的键盘和显示屏功能原则如图 4.9 所示，其中，图 4.9 （a）反映的是用【导航键】进行导航并显示要选择的项目；图 4.9 （b）、（c）反映的是按【回车键】确认或者【1】键选择项目；图 4.9 （d）反映的是一些输入区域带有下拉菜单，可以对已有菜单进行选择，用【导航键】向右可以显示下拉菜单，向左可直接进行对项目选择；图 4.9 （e）反映的是使用者可在此区域输入数字和字母，从键盘进行选择要输入的数字或字母，用【α 键】进行切换，屏幕上方显示输入状态；图 4.9 （f）反映的是一些输入区域带有复选框，使用【导航键】进行导航，激活复选框、按左箭头键进行选择或不选择；图 4.9 （g）反映的是使用【导航键】可以上、下、左、右进行选择；图 4.9 （h）反映的是在这部分使用【导航键】向上或向下通过不同的输入区域可进入显示器底部的软键，当此

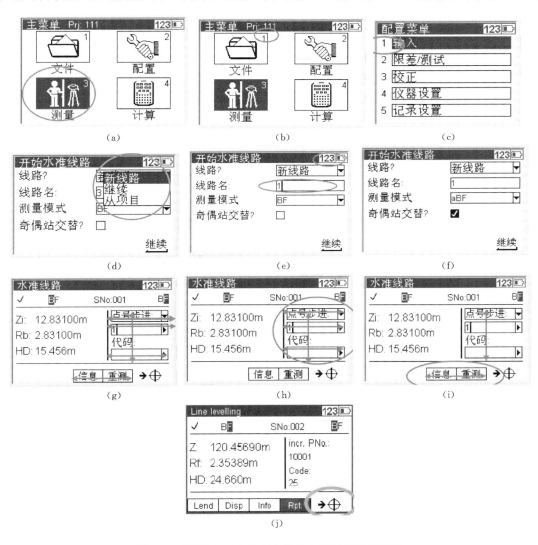

图 4.9　DINI 电子水准仪的键盘和显示屏功能原则

（a）界面 1；（b）界面 2；（c）界面 3；（d）界面 4；（e）界面 5；（f）界面 6；（g）界面 7；
（h）界面 8；（i）界面 9；（j）界面 10

部分被激活时可使用【导航键】向右选择下拉菜单或向左直接逐个进行选择；图 4.9（i）反映的是在显示器这部分可使用【导航键】向左或向右选择软键，按【回车键】激活所选软键，若要返回输入区域则必须移到输入区域正下方的软件后再向上选择要选择的区域；图 4.9（j）反映的是右下角符号显示下一步将要进行的工作。

DINI 电子水准仪显示界面中的相关符号可通过按相应的键实现，"➔✛"是指准备测量，可按测量键【●✛/◎】实现；回车时可按【回车键】；储存时可按【回车键】储存测量信息；接受时可按【回车键】接受；继续时可按【回车键】继续；结束时可按【回车键】结束测量；需要第二页时可按【回车键】进入下一页；"↑↓"可按【导航键】向上向下选择信息。

DINI 电子水准仪的开、关机可通过【开关键】实现开/关。电池恰当充电对仪器操作十分重要，使用【开关键】开机，开机几秒钟后仪器准备测量，主菜单或者"仪器超过倾斜范围"将会持续显示。

DINI 电子水准仪的补偿器是其核心器件之一，其用途是使用机械补偿器对仪器倾斜进行校正。自动补偿器可保证仪器的倾斜自动调平，补偿器不仅作用于目视观测而且作用于仪器内部，是电子测量部分，补偿器不能被解除。补偿器补偿范围在 $\pm 15'$，根据仪器型号的不同其补偿精度有 $\pm 5''$ 或 $\pm 2''$ 之分，如果超过倾斜范围时会在屏幕上端显示不居中的气泡（图 4.10），重新整平仪器之后将出现警告信息（图 4.11）。补偿器对仪器视准轴有决定性影响，校正菜单有 4 个选项对 DINI 进行校正，校正应在固定的时间间隔进行以达到仪器的测量精度要求。

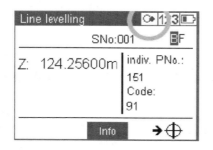

图 4.10　超过倾斜范围

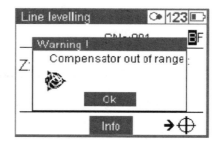

图 4.11　警告信息

图 4.12　简易角度测量系统

DINI 电子水准仪带有简单的角度测量系统（图 4.12），从而实现 DINI 的方向测量能力，借助其可进行简单的方向测量和放样，可通过仪器下部的度盘直接读取角度，最小读数是 1° 和 1gon，可估读到 0.1° 和 0.1gon。DINI 电子水准仪还具有高程/距离测量系统，这部分将在后面做详细介绍。

DINI 电子水准仪带有声音信号发生器，其作用是当系统信息显示时对功能和警告信号进行确认。用"嘀"声反映仪器所处状态：连续测量"嘀"；测量完成"嘀"持续3s；错误信息"嘀"一直持续；低电量"嘀嘀嘀"；连接仪器或打开通信口"嗒嘀"；断开仪器或打开通信口"嘀嗒"。提示音可在仪器设置菜单界面打开或者关闭。

DINI 电子水准仪带有存储器，仪器关闭以后存储卡仍可存储计算信息、操作模式、测量单元，测量数据以及其他信息存储在仪器内存卡内。DINI 电子水准仪具有数据安全保障功能，数据存储在内存储器中可保证数据的安全。DINI 电子水准仪具有足够的存储量，内存卡的内存取决于选择的测量模式，在线路测量中如果选用 BFFB 形式将比单点测量占用更多的空间。

DINI 电子水准仪的安装应符合要求，仪器安置稳定可提高测量精度，可使 Trimble-DINI 的测量精度利用达到最大。如图 4.13 所示，稳定安置仪器应遵守相关要领，安置仪器时一定要注意以下 3 点，即：应尽量将脚架腿架展宽一些以增加仪器的稳定性，一条架腿在沥青里而其他两条架腿在土里时若仪器脚架架的宽则仪器仍然可以很稳定，若周围障碍物不允许架腿架的很宽，则可降低脚架以增加稳定性；应确认所有脚架螺旋均拧紧以防止仪器滑落；所有符合标准的脚架头都可以使用，Trimble 建议使用钢铁、铝合金或类似材料的脚架头的脚架，玻璃丝或其他相关材料的脚架头不建议使用。

DINI 电子水准仪测量的稳定性非常关键。考虑到仪器需要时间进行温度修正，根据经验，为达到高精度测量要求，温度修正应在规定的时间内调节到新的温度，应避免强光照射仪器（尤其是在中午）。

DINI 电子水准仪的安装和粗平应符合要求，为保证测量稳定性应使用配套的 Trimble 三脚架。

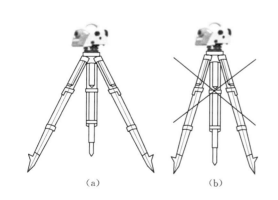

图 4.13 稳定安置仪器
（a）正确架法；（b）错误架法

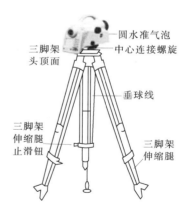

图 4.14 电子水准仪的架设

4.1.3 电子水准仪的架设

如图 4.14 所示，电子水准仪的架设应依序进行。安装时应将脚架打开到适合观测的高度并用螺旋拧紧，将仪器放在脚架盘中间并拧紧，脚架的螺旋应在中心。粗平时应将仪器安装到脚架，粗略对准地面点，粗略整平。在固定螺丝上挂住铅垂线，将脚架粗略对准地面点。

水准测量与精平应遵守相关规定。粗平的圆水准器如图 4.15 所示，应调动脚螺旋使气泡粗平。如图 4.16 所示，精平时应同时向里或向外转动与仪器视准轴垂直的两个脚螺旋，使气泡在此方向上居中；调整第 3 个螺旋使气泡居中；然后在各个方向上转动仪器看是否居中，若不居中则应重复上一动作；倾斜补偿器可对仪器进行倾斜补偿、补偿范围为 $\pm15'$。精确对中时可转动三脚架顶板螺旋使铅垂线正好对准地面点，如果有必要则应相应的重复整平数次。

图 4.15 圆水准器

图 4.16 精平

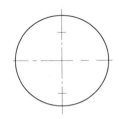

图 4.17 望远镜十字丝

望远镜调焦应准确，可采用十字丝调焦（图 4.17），即将镜头找准光亮地区或彩色的表面，调节目镜，直到十字丝变得十分清晰。注意，望远镜调焦时一定不能将镜头对准太阳，因这样可造成对眼睛的伤害。

瞄准目标点应准确，通过转动望远镜控制器直到瞄准目标点，应注意检查视差，应确保移动目光的同时目标点与十字丝没有移动，如果有必要则需要重新对焦。需要注意的是，调节圆水准气泡之后仍产生的倾斜通过补偿器可以减小，但补偿器对范围过大的倾斜不起作用，因此要对气泡进行检查确认其是否居中。

仪器的开关机应遵守规定，按【开关键】对仪器进行开/关机，无意间关闭电源不会导致测量数据丢失。

4.1.4 电子水准仪测量时的相关操作及设置

如图 4.18 所示，按键盘上的【测量触发键】【⊕】和仪器右侧的【测量触发键】

测量
触发键
Trigger key

测量触发键 Trigger key

图 4.18 测量触发键位置

【◉】可以开始测量。需要强调的是，为达到高精度测量，Trimble 建议使用仪器右侧的【测量触发键】进行测量，此按键可减少由于按键造成的仪器振动所带来的误差。

配置菜单应遵守规定，在配置菜单可以设置时间、日期、单位等信息以及进行仪器校正，相关的操作如图 4.19 所示，其中，图 4.19（a）反映的是选择配置；图 4.19（b）反映的是输入，即在输入菜单可以输入大气折射、加常数、日期、时间，应在配置菜单中进入输入菜单；图 4.19（c）反映的是使用【导航键】选择大气折射、加常数、日期时间，按【回车键】储存。

DINI 电子水准仪的"限差/测试"功能仅限于水准线路测量。DINI 电子水准仪的"限差/测试"功能操作应遵守规定，相关的操作如图 4.20 所示，其中，图 4.20（a）反映的是在配置菜单中选择"限差/测试"菜单；图 4.20（b）反映的是用【导航键】选择最大视距、最小视距高、最大视距高，按【回车键】键进入第二页，最大视距范围 0～

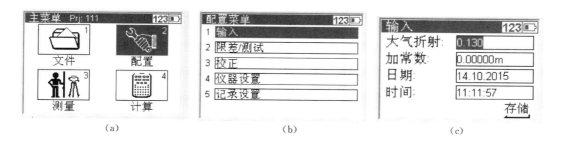

图 4.19 配置菜单的相关操作
(a) 界面 1；(b) 界面 2；(c) 界面 3

100m，最小视距范围 0～1m，最大视距高 0～5m；图 4.20（c）反映的是用【导航键】上下选择限差，"一个测站"为 B1－F1 到 B2－F2，"单次测量"为 B1－B2 和 F1－F2；图 4.20（d）反映的是用【导航键】向下翻到第二页，可输入最大限差以及选择或清除 30cm 检测，最大限差范围 0～0.01m；图 4.20（e）反映的是向下翻到第三页，可选择单站前后视距差、水准线路前后视，视距差范围 0～5m，前后视范围 0～100m。

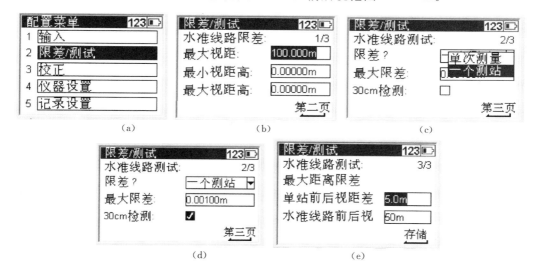

图 4.20 DINI 电子水准仪"限差/测试"功能的操作
(a) 界面 1；(b) 界面 2；(c) 界面 3；(d) 界面 4；(e) 界面 5

DINI 电子水准仪的"校正"功能操作应遵守规定，相关的操作如图 4.21 所示，其中，图 4.21（a）反映的是在配置菜单中选择校正；图 4.21（b）反映的是屏幕显示旧值/新值，校正时选择地球曲率改正、大气折射改正开或关，按【回车键】继续；图 4.21（c）反映的是选择确定或取消以及继续或退出校正，需要说明的是，完成校正以后将不能继续已有的水准线路；图 4.21（d）反映的是选择校正方法。

DINI 电子水准仪仪器设置的操作应遵守规定，相关的操作如图 4.22 所示，其中，图 4.22（a）反映的是在配置菜单中选择仪器设置；图 4.22（b）反映的是选择高度单位，m＝米、ft＝英尺、in＝英寸；图 4.22(c)反映的是选择输入单位，m＝米、ft＝英尺、

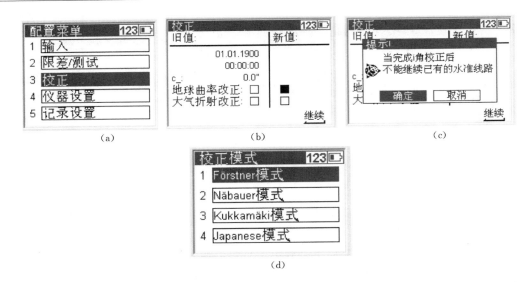

图 4.21　DINI 电子水准仪的"校正"功能操作

(a) 界面 1；(b) 界面 2；(c) 界面 3；(d) 界面 4

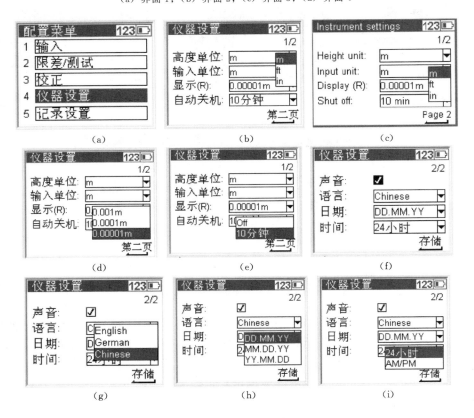

图 4.22　DINI 电子水准仪仪器设置的相关操作

(a) 界面 1；(b) 界面 2；(c) 界面 3；(d) 界面 4；(e) 界面 5；(f) 界面 6；(g) 界面 7；
(h) 界面 8；(i) 界面 9

in=英寸；图 4.22（d）反映的是显示选择的十进制单位，需要说明的是，仪器将测量并储存选择的十进制单位的结果；图 4.22（e）反映的是选择 10min，仪器将在 10min 以后自动关机，在以下两种情况下仪器不会自动关机，即继续测量或与电脑或记忆卡连接时；图 4.22（f）反映的是利用复选框进行选择或开/关声音；图 4.22（g）反映的是选择显示语言，当确认选择后语言将改变；图 4.22（h）反映的是选择日期，D=天、M=月、Y=年；图 4.22（i）反映的是选择时间。

　　DINI 电子水准仪记录设置的操作应遵守规定，相关操作如图 4.23 所示，其中，图 4.23（a）反映的是在配置菜单选择记录设置；图 4.23（b）反映的是选择或清除记录复选框，开/关数据记录；图 4.23（c）反映的是选择数据记录，R－M 只保存测量数据，RMC 既保存测量数据又保存计算数据；图 4.23（d）反映的是选择记录附加数据，按【回车键】进入下一页；图 4.23（e）反映的是线路测量，输入"点号自动增加"和起始点号按【回车键】键确认，点号自动增加以起始点算起；图 4.23（f）反映的是线路测量，输入"点号自动增加"和起始点号按【回车键】确认，点号以起始点算起自动增加。

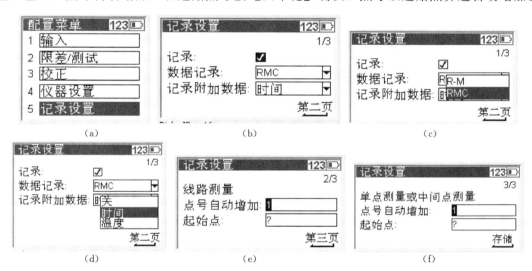

图 4.23　DINI 电子水准仪记录设置的相关操作
(a) 界面 1；(b) 界面 2；(c) 界面 3；(d) 界面 4；(e) 界面 5；(f) 界面 6

　　DINI 电子水准仪具有独特的"Trimble 功能"，按【回车键】键可进入如图 4.24 所示菜单。需要说明的是，并不是一次就可以获得所有功能，所获得的功能与所选择的程序有关，应对选择的图标键按【回车键】。其中的"放样点功能"是指在水准线路测量中可以放样标出点，可通过选择"Sout"实现，如图 4.25 所示。其中的"中间点测量功能"是指在水准线路测量中可以进行单点测量，可通过选择"中间点测量"实现，如图 4.26 所示。其中的"距离测量功能"是为满足特殊需要而设置的，如有时工作人员在测量之前

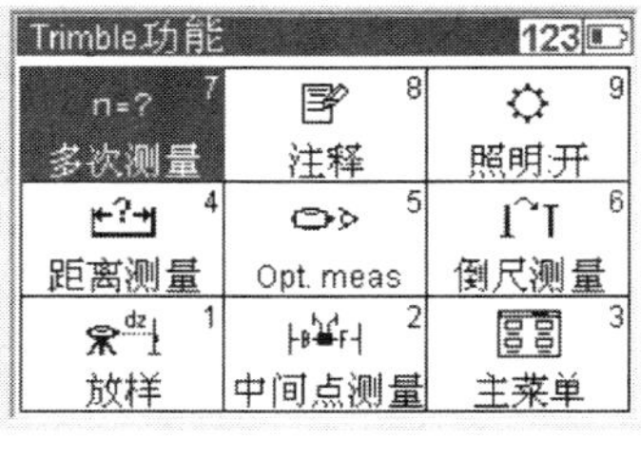

图 4.24　Trimble 功能界面

要知道距离，再如在水准线路测量中必须知道距离以调整前后视距，在距离测量中只能量到一个点的距离，可通过选择"距离测量"实现，如图 4.27 所示，进入界面后可按【测量触发键】进行测量，按退出键【Esc】退出程序。

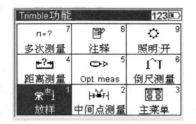

图 4.25　放样点功能界面

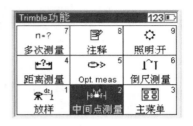

图 4.26　中间点测量功能界面

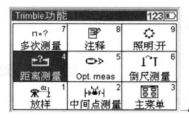

图 4.27　距离测量功能界面

DINI 电子水准仪具有光学测量能力，某些情况下不能进行数字测量时测量员就必须进行光学测量，测量结果可以手工输入到该点信息中。光学测量的过程如图 4.28 所示，其中，图 4.28（a）反映的是选择光学测量；图 4.28（b）反映的是可以键入距离值，也可以选择视距读数；图 4.28（c）反映的是选择键入读数，可以输入平距，按【回车键】

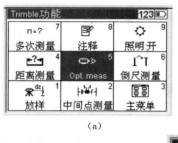

（a）

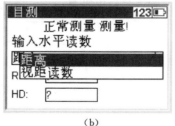

（b）

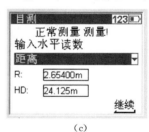

（c）

（d）

图 4.28　光学测量过程

（a）界面 1；（b）界面 2；（c）界面 3；（d）界面 4

键继续；图 4.28（d）反映的是如果选择视距读数，键入读数值按【回车键】继续。

DINI 电子水准仪具有倒尺测量能力，地下测量和室内测量要求用倒尺测量，倒尺测量模式一旦被选择，在进行测量时即进入此模式，必须切换到正常测量模式才可以进行正常测量。倒尺测量的过程如图 4.29 所示，其中，图 4.29（a）反映的是选择倒尺测量；图 4.29（b）反映的是选择"是"进入倒尺测量模式，"是"代表进入倒尺测量、"否"代表进入正常模式；图 4.29（c）反映的是当设置为倒尺测量时，屏幕右下角显示"↓"。

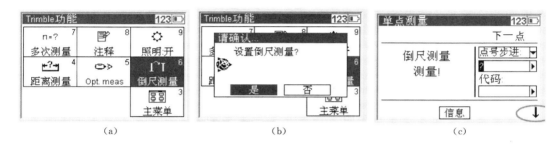

图 4.29　倒尺测量过程
(a) 界面1；(b) 界面2；(c) 界面3

DINI 电子水准仪具有多次测量能力，在重复测量中可以设置测量次数和最大标准差以限制所要达到的测量精度，"nM＝1"代表只进行一次测量，"nM＞1、mR＝0"代表可以进行任何测量，"nM＞1、mR＞1"代表可以进行设定的测量次数和精度的测量。重复测量中测量完毕后屏幕会显示测量员的读数、距离、标准偏差。如果设定标准偏差则最少需要 3 次测量。多次测量的过程如图 4.30 所示，其中，图 4.30（a）反映的是选择多次测量键；图 4.30（b）反映的是键入测量点号，"nM"代表测量次数，最多测量次数为10；图 4.30（c）反映的是输入标准偏差按【回车键】存储，"mR"代表测量结果接受之前的最大标准偏差，至少要进行 3 次测量。

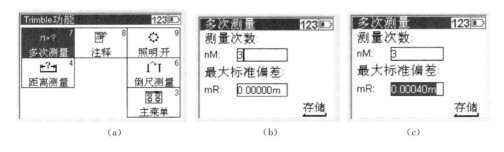

图 4.30　多次测量过程
(a) 界面1；(b) 界面2；(c) 界面3

DINI 电子水准仪具有输入注释能力，在测量中，如有需要的话可以输入文本信息，包括日期、时间等。输入注释的过程如图 4.31 所示，其中，图 4.31（a）反映的是选择注释；图 4.31（b）反映的是选择输入更多信息；图 4.31（c）反映的是现在就可以输入希腊字母和数字；图 4.31（d）反映的是如想输入当前日期时间，可选择追加当前日期/追加当前时间；图 4.31（e）反映的是按【回车键】储存信息；图 4.31（f）反映的是执行此命令将记录仪器的基本信息。

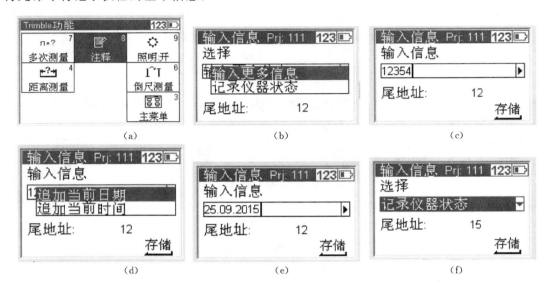

（a）　　　　　　　　　　（b）　　　　　　　　　　（c）

（d）　　　　　　　　　　（e）　　　　　　　　　　（f）

图 4.31　输入注释过程

（a）界面 1；（b）界面 2；（c）界面 3；（d）界面 4；（e）界面 5；（f）界面 6

DINI 电子水准仪具有照明灯功能，在此菜单可以选择开/关照明灯。照明灯功能的操作过程如图 4.32 所示，其中，图 4.32（a）反映的是用【回车键】或者数字键 9 开/关照明灯；图 4.32（b）反映的是照明灯打开，屏幕上方会显示此图标，使用安全模式会在 30s 关闭照明灯且太阳图标将变成月亮。

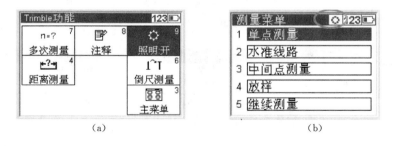

（a）　　　　　　　　　　　　（b）

图 4.32　照明灯功能的操作

（a）界面 1；（b）界面 2

DINI 电子水准仪具有照明和对比度功能，在此菜单可以设置屏幕或者气泡照明的开/关，可以设置照明亮度、显示器对比度、省电模式。照明和对比度功能的操作过程如图 4.33 所示，其中，图 4.33（a）反映的是按【0】键；图 4.33（b）反映的是在照明下拉菜单中可以选择仅气泡、仅屏幕、所有；图 4.33（c）反映的是若增加或降低气泡亮度可按【导航键】向左/向右进行；图 4.33（d）反映的是若增加或降低屏幕亮度可以按【导航键】向左/向右进行；图 4.33（e）反映的是增加或降低对比度可以用【导航键】向左/向右进行；图 4.33（f）反映的是在复选框中选择打开/关闭"省电模式"。

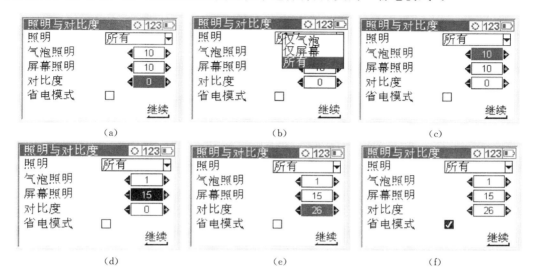

(a)　　　　　　　　　　(b)　　　　　　　　　　(c)

(d)　　　　　　　　　　(e)　　　　　　　　　　(f)

图 4.33　照明和对比度功能的操作
(a) 界面 1；(b) 界面 2；(c) 界面 3；(d) 界面 4；(e) 界面 5；(f) 界面 6

DINI 电子水准仪可选择版本及序列号，其操作过程如图 4.34 所示，其中，图 4.34（a）反映的是按【逗号/句号】键；图 4.34（b）反映的是显示版本和序列号，按【回车键】回到主对话框。

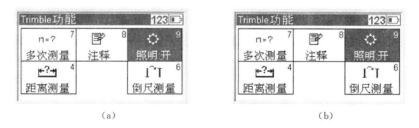

(a)　　　　　　　　　　　　　(b)

图 4.34　版本及序列号操作过程
(a) 界面 1；(b) 界面 2

4.2　电子水准仪的测量方法

4.2.1　电子水准仪测量的基本原则

如图 4.35 所示，重复测量的操作应依序进行。其中，图 4.35（a）反映的是选择测量菜单，按【回车键】进入；图 4.35（b）反映的是选择水准线路测量，按【回车键】进入；图 4.35（c）反映的是选择相应的功能。

如图 4.36 所示，搜索已知高程的操作应依序进行。其中，图 4.36（a）反映的是键

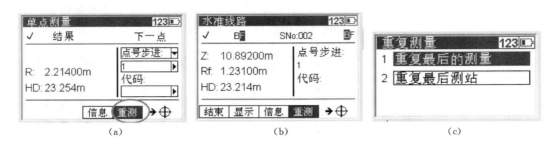

图 4.35　重复测量的操作过程
(a) 界面 1；(b) 界面 2；(c) 界面 3

入点号，输入功能可以在任何区域进行输入；图 4.36（b）反映的是从项目中选择已知高程，同时可以在其他项目中选择已知高程；图 4.36（c）反映的是选择要选择的项目，项目根据创建时间进行排列；图 4.36（d）反映的是键入数据行，向左或向右选择搜寻标准、定义点，选择的项目会显示在屏幕；图 4.36（e）反映的是确定所选择的点或选择下一点，使用【导航键】上下移动按储存顺序显示数据行；图 4.36（f）反映的是键入点号步进点号或点号间隔点号，此功能可在点号间隔和点号步进间转换，步进数字根据设定增加，一般为 1，用户有线路水准点、中间点两种计算系统，起始点和间隔量必须预先定义，中间点测量完毕后系统会切换到之前的步进点，线路测量中必须输后视点和终点点号。

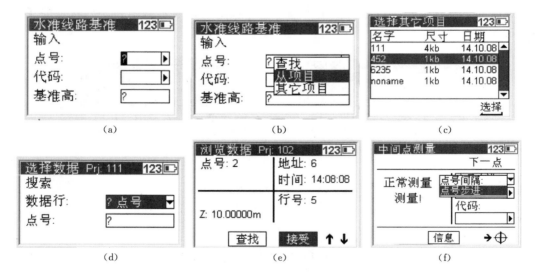

图 4.36　搜索已知高程的操作
(a) 界面 1；(b) 界面 2；(c) 界面 3；(d) 界面 4；(e) 界面 5；(f) 界面 6

如图 4.37 所示，输入代码的操作应依序进行，图中反映的是在此处可以输入代码，代码可以是数字字母、不超过 5 个字符。

如图 4.38 所示，字母和数字输入的操作应依序进行。其中，图 4.38（a）反映的是在输入栏键入，状态栏显示当前字体；图 4.38（b）、（c）反映的是选择字母输入，在同一按键上连续按键即可选所要输入的字母。

图 4.37　输入代码的操作

4.2.2　电子水准仪不使用已知高程的单点测量

如图 4.39 所示。通过主菜单可以进入此功能，测量→单点测量。当不使用已知高测量时，读数可以独立显示出来，如果点号和点号步进被激活，测量结果会相应的保存起来。"R"代表读数，"HD"代表水平距离。作业应依序进行，选择测量然后进入单点测量，输入点号代码，按【测量触发键】开始测量。开始下一点测量，信息显示电池电量、时间、日期。

图 4.38　字母和数字输入的操作
（a）界面 1；（b）界面 2；（c）界面 3

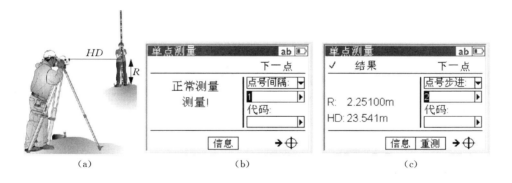

图 4.39　电子水准仪不使用已知高程的单点测量
（a）工作现场；（b）界面 1；（c）界面 2

4.2.3　电子水准仪的水准线路测量

电子水准仪的水准线路测量过程如图 4.40 所示。单站高差可以测量出来并经过累加。当输入起点高和终点高时就可以算出理论高差与实际高差的差值，即闭合差。结果中，"Sh"为高差总和，"DbDf"为前后视距和，"dZ"为闭合差。

电子水准仪"开始新线路/继续"功能的操作如图 4.41 所示，其中，图 4.41（a）反映的是选择测量；图 4.41（b）反映的是选择 2 水准线路；图 4.41（c）反映的是选择

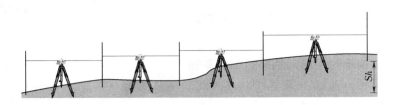

图 4.40　电子水准仪的水准线路测量过程

"线路?",如果选择继续则继续未完成的测量,如选从项目需输入线路名则可对数据进行平差;图 4.41（d）反映的是键入线路名;图 4.41（e）反映的是选择测量模式;图 4.41（f）反映的是选择复选框确定是否奇偶站交替,按回车进入下一页;图 4.41（g）反映的是在下拉菜单中选择或键入点号,选择"查找"则查找下一点号;选择"从项目"则从当前项目中选择;选择"其他项目"则从其他项目中选择;图 4.41（h）反映的是在下拉菜单中选择代码或键入代码,比如在下拉菜单中选择代码;图 4.41（i）反映的是输入基准高,如果从下拉菜单中选择点号则基准高会自动给出。

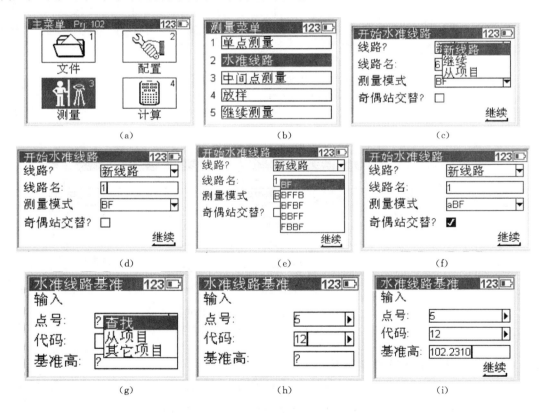

图 4.41　电子水准仪"开始新线路/继续"功能的操作

(a) 界面 1；(b) 界面 2；(c) 界面 3；(d) 界面 4；(e) 界面 5；(f) 界面 6；(g) 界面 7；
(h) 界面 8；(i) 界面 9

电子水准仪"后视和前视测量"功能的操作如图 4.42 所示，其中，图 4.42（a）反映的是瞄准水准尺，按【测量触发键】进行后视测量，右下角图标显示仪器准备测量；图 4.42（b）反映的是测量完后视将显示读数，测量完毕自动记录并自动增加；图 4.42（c）反映的是选择点号步进或点号间隔；图 4.42（d）反映的是在下拉菜单中选择或键入点号，在此对话框可以选择查找/从项目/从其他项目；图 4.42（e）反映的是在下拉菜单中选择代码或键入代码；图 4.42（f）反映的是因视距和已知，所以在以下测站中适当调整前后视距使得线路结束时前、后视距和基本相等，其他信息包括日期、时间、电池状态，"Db"代表后视距，"Df"代表前视距；图 4.42（g）反映的是如果想要重复最后一次测量，选择该菜单。

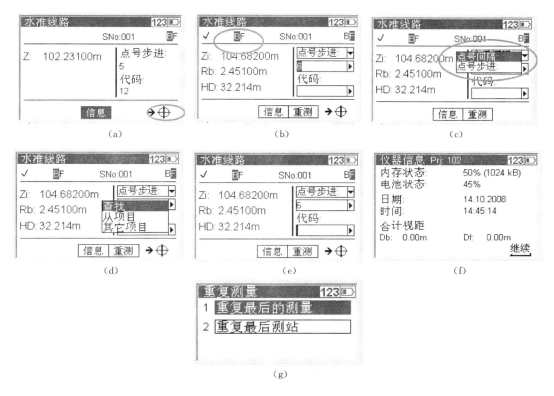

图 4.42 电子水准仪"后视和前视测量"功能的操作
（a）界面 1；（b）界面 2；（c）界面 3；（d）界面 4；（e）界面 5；（f）界面 6；（g）界面 7

4.2.4 电子水准仪水准线路测量中的中间点测量

当完成后视测量或者完成一站的测量时可以进行中间点测量。电子水准仪"中间点测量"功能的操作如图 4.43 所示，其中，图 4.43（a）反映的是按【Trimble】键选择中间点测量；图 4.43（b）反映的是按【测量触发键】进行测量，按退出键【Esc】退出并回到水准线路，所标点号要区别于水准线路点号，平差程序对中间点只参照相应测站进行计算。

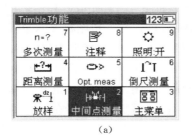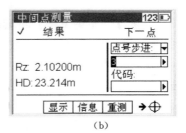

(a) (b)

图 4.43 电子水准仪 "中间点测量" 功能的操作

(a) 界面 1; (b) 界面 2

4.2.5 电子水准仪水准线路测量中的放样功能

当进行完后视测量或者完成一站的测量之后可以进行放样。水准线路测量中的放样功能操作如图 4.44 所示,其中,图 4.44 (a) 反映的是按【Trimble】键选择放样;图 4.44 (b) 反映的是在此项目中或在其他项目中选择放样,或键入点号/代码/基准高,按退出键【Esc】退出,平差程序不会对所放样点进行平差或改变所放样点的高程。

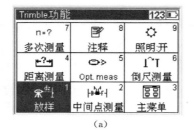

(a) (b)

图 4.44 电子水准仪水准线路测量中的放样功能操作

(a) 界面 1; (b) 界面 2

4.2.6 电子水准仪线路水准测量中的可选和自动限差功能

"可选功能" 的操作如图 4.45 所示,其中,图 4.45 (a) 反映的是在每一个测站可以观看视距和选择信息按【回车键】进入;图 4.45 (b) 反映的是视距和显示后视视距和前视视距,按【回车键】继续,如果视距和已知则前视视距和后视视距在线路结束时应基本

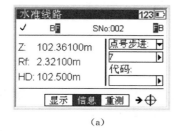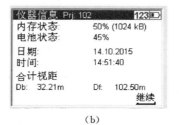

(a) (b)

图 4.45 电子水准仪线路水准测量中的 "可选功能" 操作

(a) 界面 1; (b) 界面 2

相等。

"自动限差"功能的操作如图 4.46 所示，其中，图 4.46（a）、（b）、（c）反映的是可以进入配置菜单然后进入限差/测试，可以设置以下限差，即最大视距、最小视距高、最大视距高、最大限差、30cm 检测、单站前后视距差、水准线路前后视；图 4.46（d）反映的是如果测量结果超限仪器将出现提示信息，选择"是"或"否"储存或放弃储存测量数据。

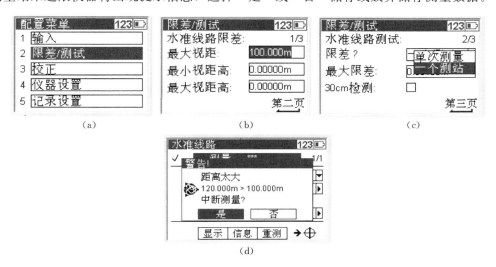

图 4.46 电子水准仪线路水准测量中的"自动限差"功能操作

（a）界面 1；（b）界面 2；（c）界面 3；（d）界面 4

4.2.7 电子水准仪结束线路水准测量的相关操作

结束线路水准测量时的操作如图 4.47 所示，其中，图 4.47（a）反映的是选择结束；图 4.47（b）反映的是选择"是"在已知点结束测量，选择"否"在未知点结束测量。

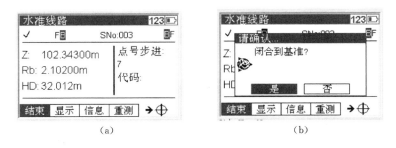

图 4.47 电子水准仪结束线路水准测量时的操作

（a）界面 1；（b）界面 2

电子水准仪结束线路水准测量时已知高程的操作如图 4.48 所示，其中，图 4.48（a）反映的是选择"A"不作任何改变；"B"输入点号/代码/高程；"C"选择存储点的高程，选择继续，一般在此步骤会出现起始点、代码、高程；图 4.48（b）反映的是选择结束后结束水准线路测量，结果中"Sh"为高差总和；"Db"和"Df"为后视视距和前视视距和；"dZ"为闭合差。

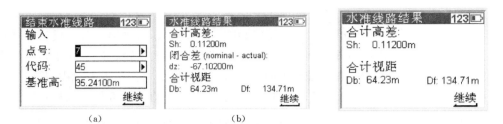

図 4.48　已知高程的操作
(a) 界面 1；(b) 界面 2

图 4.49　未知高程的操作

电子水准仪结束线路水准测量时未知高程的操作如图 4.49 所示，选择结束完成水准线路测量，结果中"Sh"为高差总和，"Db"和"Df"为后视视距和前视视距和。

测量完毕即可根据带已知高的后视点确定未知点的高程，结果中的"Z"为中间点的高程，"h"为后视点和中间点的高差。电子水准仪结束线路水准测量时中间点测量的操作如图 4.50 所示，其中，图 4.50 (a) 反映的是测量现场；图 4.50 (b) 反映的是选择测

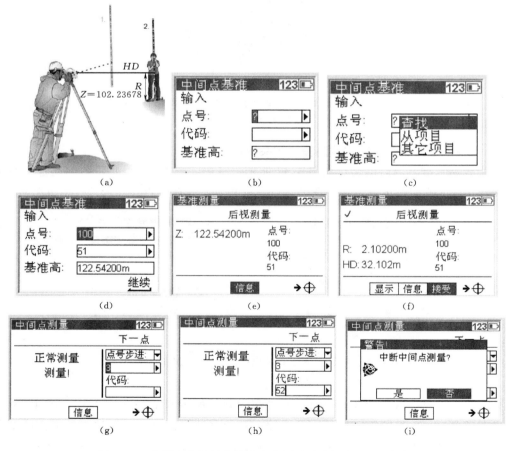

图 4.50　电子水准仪结束线路水准测量时中间点测量的操作
(a) 工作现场；(b) 界面 1；(c) 界面 2；(d) 界面 3；(e) 界面 4；(f) 界面 5；
(g) 界面 6；(h) 界面 7；(i) 界面 8

量→中间点测量；图 4.50（c）反映的是在下拉菜单中选择或键入点号/代码/基准高，查找选择下一点，从项目从当前项目中选择点号，其他项目从其他项目中选择点号；图 4.50（d）反映的是按【回车键】继续，被选择的基准高可以对代码和点号进行修改；图 4.50（e）反映的是瞄准已知后视点，按【测量触发键】测量已知后视点；图 4.50（f）反映的是接受测量结果或重复测量；图 4.50（g）、（h）反映的是输入新点的点号和代码，按【测量触发键】测量，点号步进/点号间隔确定点号类型；图 4.50（i）反映的是按退出键【Esc】选择"是"，按【回车键】终止程序。

4.3　电子水准仪的放样方法

当测量完已知高以后，放样点的理论高和已知点高差即可计算出来，并可计算出放样点理论高和实际高的差值，测量员通过上下移动水准尺，直到理论值和实际值的差值为零。结果中的"dz"为理论高与实际高的差值。放样的操作如图 4.51 所示，其中，图

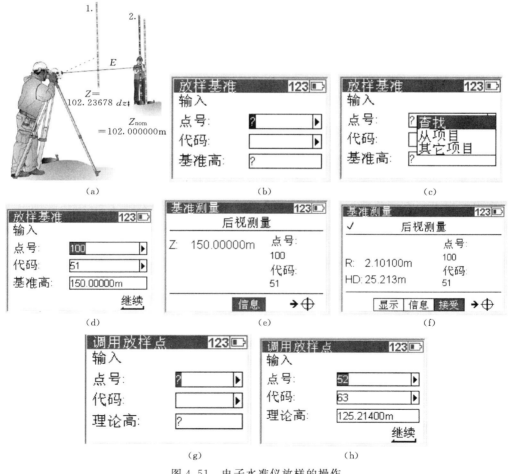

图 4.51　电子水准仪放样的操作

（a）工作现场；（b）界面 1；（c）界面 2；（d）界面 3；（e）界面 4；

（f）界面 5；（g）界面 6；（h）界面 7

4.51 (a) 反映的是放样现场；图 4.51 (b) 反映的是选择测量放样；图 4.51 (c) 反映的是在下拉菜单中选择点号，或直接输入点号、代码、基准高，下拉菜单中有"查找""从项目""其他项目" 3 个选项；图 4.51 (d) 反映的是按【回车键】继续，选择的基准高可以修改代码、点号；图 4.51 (e) 反映的是瞄准后视目标按【测量触发键】测量；图 4.51 (f) 反映的是接受测量结果或继续测量；图 4.51 (g) 反映的是在下拉菜单中选择点号，或键入要放样的点号代码、基准高；图 4.51 (h) 反映的是按【回车键】继续，可以修改所选放样点点号、代码。

测量放样点的操作如图 4.52 所示，其中，图 4.52 (a) 反映的是瞄准放样点，按【测量触发键】测量；图 4.52 (b) 反映的是选择接受按【回车键】确认并保存结果，根据偏移量移动尺子并重复测量直到 dz 减到满足要求；图 4.52 (c) 反映的是选择下拉菜单按【回车键】放样下一点或按退出键【Esc】退出，键入下一点，或查找确定下一点。

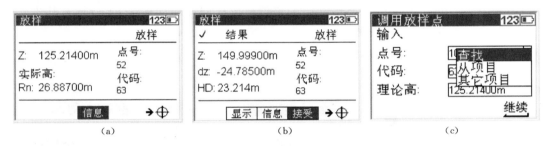

图 4.52　测量放样点的操作
(a) 界面 1；(b) 界面 2；(c) 界面 3

用水准尺带刻度一面放样时应遵守相关规定，司尺员将带有刻度的一面朝向观测者，观测者指挥司尺员上下调整尺的位置。其操作如图 4.53 所示，其中，图 4.53 (a) 反映

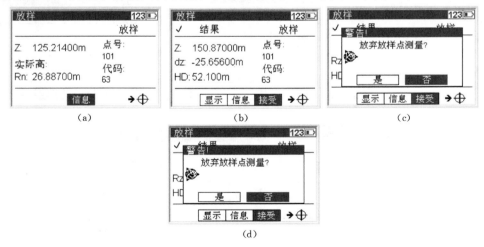

图 4.53　用水准尺带刻度一面放样时的操作
(a) 界面 1；(b) 界面 2；(c) 界面 3；(d) 界面 4

的是使用【测量触发键】测量，司尺员将带有刻度的一面朝向观测者，司尺员接到观测者的指令，上下调整尺的位置，调节结束后司尺员将带有条码的一面朝向观测者；图 4.53 (b) 反映的是按【回车键】接受并保存测量结果，选择显示改变视图；图 4.53 (c) 反映的是按退出键【Esc】退出，选择"是"按【回车键】结束放样；图 4.53 (d) 反映的是按退出键【Esc】退出，选择"是"按【回车键】终止放样测量。

4.4　电子水准仪的线路平差

线路平差通常只适合 0.3mm/km 的仪器。水准线路中由于起点和终点高程已知，所以可将测量高差和理论高差做比较得到一个差值，电子水准仪的"线路平差"程序可根据视距按比例将该差值分配到每一站上得到平差后的高程即为结果，在此操作中测量值没有被改变，转点的视距改正根据各自的仪器站点改正。线路平差只有在水准路线完整并连同转点高程一起保存在存储器上时才可以进行。线路测量可能发生终点高程不知道的情况，这种情况平差时可输入理论高程。电子水准仪的"线路平差"程序也可以平差环形线路，环形水准线路指的是起点和终点高程相同的线路。

电子水准仪线路平差的必要条件有 8 个，即：整条水准路线需要记录在 PC 记忆卡上一个工程下面；无论何种情况均应使仪器处于 RMC 模式，否则线路平差不能进行，因为在该工程中没有空间存储平差后的高程数据；在一站测量中水准路线不能中断，比如跳过了某一步；几个水准片段的平差只有在"继续线路"选项连接时才可以进行公共连续平差，但它们可在工程中按顺序任意存放，不同的水准片段如果以"新路线"开始则只能分别平差；线路平差不包括前后读数；线路不能重复；开始线路平差之前应确保电池电量充足；在线路测量和平差时不能改动存储器上的测量数据。事实上水准平差开始以后，平差后的路线会对比平差前的路线，程序会接受原始数据和计算后数据的以下不同，即高程 0.00002m、距离 0.02m。

电子水准仪的线路平差的过程如图 4.54 所示，其中，其中，图 4.54 (a) 反映的是在主对话框选择计算；图 4.54 (b) 反映的是选择线路平差；图 4.54 (c) 反映的是选择要平差的工程并按回车继续，程序默认 \ "Working" \ 工程，所有工程中的所有线路都是可平差的；图 4.54 (d) 反映的是定义搜索标准，输入选择的项目并按回车继续，可以搜索点号、点代码、行号；图 4.54 (e) 反映的是选择接受并按【回车键】接受默认的线路，按【导航键】向上或向下选择同样标准的线路；图 4.54 (f) 反映的是选择回车按 OK 继续，程序会自动查找线路的终点及附加部分，并显示所选路线的数据范围；图 4.54 (g) 反映的是键入或确认默认的水准点高程，按回车继续；图 4.54 (h) 反映的是键入或确认改变后水准点的默认的代码，按【回车键】继续，改变后的点代码有助于识别改变后的高程；图 4.54 (i) 反映的是按【回车键】继续，在这一步有助于检查人为误差；图 4.54 (j) 反映的是按【回车键】接受；图 4.54 (k) 反映的是按【回车键】继续，程序会检查线路是否改变，改变后的路线不能再次进行平差；图 4.54 (l) 反映的是按【回车键】结束，完成平差。

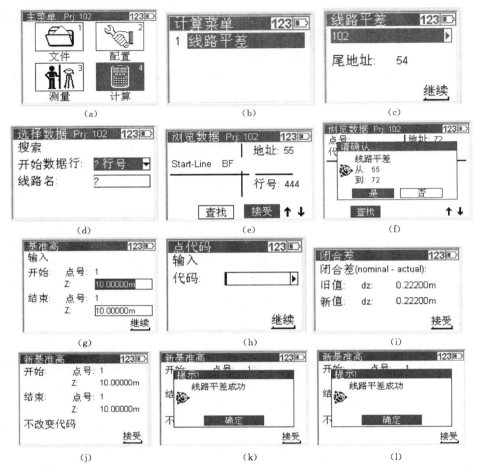

图 4.54　电子水准仪的线路平差的过程

（a）界面 1；（b）界面 2；（c）界面 3；（d）界面 4；（e）界面 5；（f）界面 6；（g）界面 7；（h）界面 8；
（i）界面 9；（j）界面 10；（k）界面 11；（l）界面 12

4.5　电子水准仪的数据管理

DINI 为一个项目（文件）提供针对性的数据储存。数据以一种内在的格式储存在内部储存器上。通过电缆可将数据直接传输到 PC 或记忆棒上（图 4.55），在传输时数据会转换为常用的 ASCII 格式 M5，当然高版本的 DINI 向下兼容以前版本的 DINI。输出项目的度量单位和当前设置有关（配置/仪器设置/高程单位）。输出文件的度量单位可以根据用户的选择采用不同的格式。

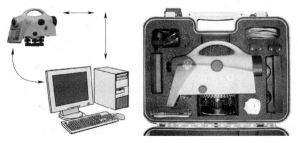

图 4.55　数据传输

4.5.1 电子水准仪的数据管理

在项目管理子菜单可以选择/创建/删除/重命名项目，另外，一个完整项目中的内容可以拷贝到另一个项目中。项目管理的操作过程如图 4.56 所示，其中，图 4.56（a）反映的是在主菜单选择文件 1；图 4.56（b）反映的是选择项目菜单 1；图 4.56（c）反映的是选择一个项目，选择选择项目 1；图 4.56（d）反映的是从项目列表中高亮被选择的项目按回车继续，所有按创建顺序排列的项目都是可以用的；图 4.56（e）反映的是选择的项目会在主菜单和大部分测量菜单中显示；图 4.56（f）反映的是创建一个项目，选择新项目 2；图 4.56（g）反映的是键入项目名称，也可以键入操作者名字和备注，按【回车

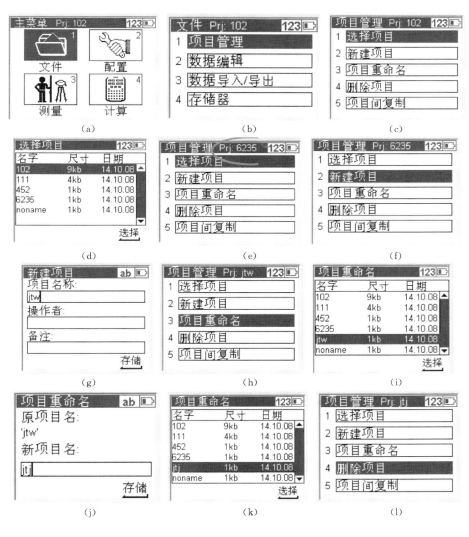

图 4.56（一） 项目管理的操作过程

（a）界面 1；（b）界面 2；（c）界面 3；（d）界面 4；（e）界面 5；（f）界面 6；（g）界面 7；（h）界面 8；
（i）界面 9；（j）界面 10；（k）界面 11；（l）界面 12

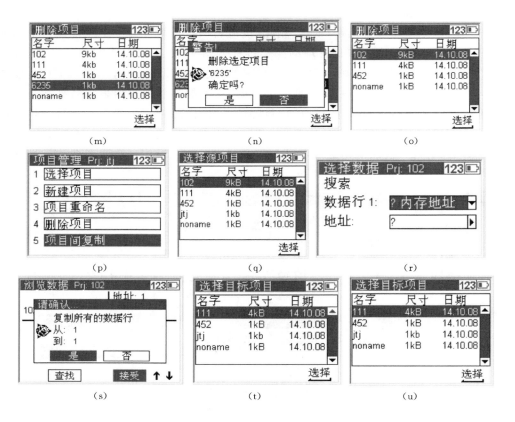

图 4.56（二）　项目管理的操作过程
（m）界面 13；（n）界面 14；（o）界面 15；（p）界面 16；（q）界面 17；（r）界面 18；
（s）界面 19；（t）界面 20；（u）界面 21

键】储存项目则该项目就会在项目列表中显示，输入栏可以输入字母和数字，名称栏不能超过 8 个字符；图 4.56（h）反映的是重命名一个项目，选择重命名项目 3；图 4.56（i）反映的是选择待选项目按回车选择；图 4.56（j）反映的是键入新文件名按回车储存；图 4.56（k）反映的是按退出键回到项目菜单，在项目列表中会显示改变后的项目；图 4.56（l）反映的是删除一个项目，选择删除项目 4；图 4.56（m）反映的是高亮要选择的项目按回车选择；图 4.56（n）反映的是选择是并按回车删除选择的项目，选择"否"并按回车退出；图 4.56（o）反映的是选择下一个要删除的项目或者按退出键回到项目菜单；图 4.56（p）反映的是项目间复制，选择项目间复制（5）；图 4.56（q）反映的是高亮源文件按回车选择；图 4.56（r）反映的是所有的数据行将会从数据行 1 传送到数据行 2；图 4.56（s）反映的是在最后传送之前数据行会在编辑页面显示，选择部分仍可以改；图 4.56（t）反映的是选择"是"确认、"否"退出，确认选择部分"行-行"；图 4.56（u）反映的是高亮目标项目，按【回车键】选择。

电子水准仪的数据编辑菜单可以搜索数据行以查看或修改，输入数据行（高程/点号/代码），删除数据行，创建修改三代码。电子水准仪数据编辑的操作过程如图 4.57 所示，

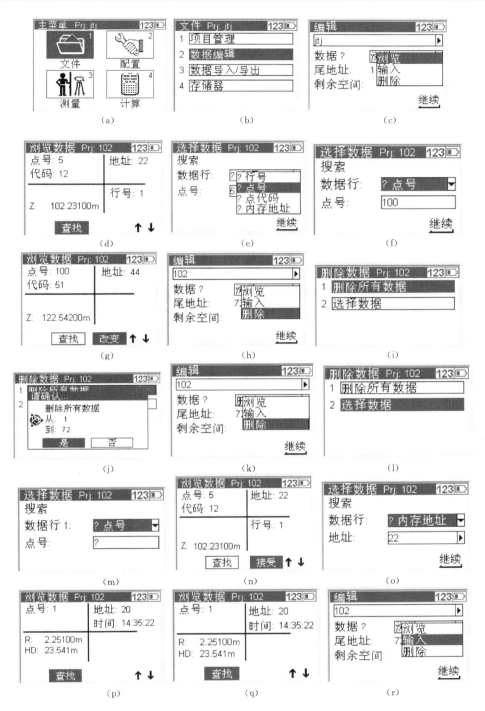

图 4.57 (一) 电子水准仪数据编辑的操作过程

(a) 界面 1; (b) 界面 2; (c) 界面 3; (d) 界面 4; (e) 界面 5; (f) 界面 6; (g) 界面 7; (h) 界面 8;
(i) 界面 9; (j) 界面 10; (k) 界面 11; (l) 界面 12; (m) 界面 13; (n) 界面 14; (o) 界面 15;
(p) 界面 16; (q) 界面 17; (r) 界面 18

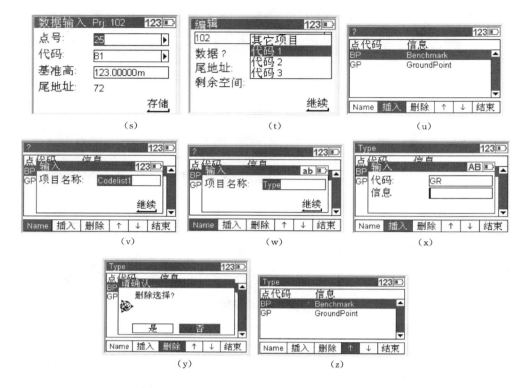

图 4.57（二）　电子水准仪数据编辑的操作过程

（s）界面 19；（t）界面 20；（u）界面 21；（v）界面 22；（w）界面 23；（x）界面 24；

（y）界面 25；（z）界面 26

其中，图 4.57（a）反映的是在主菜单选择文件 1；图 4.57（b）反映的是选择数据编辑 2；图 4.57（c）反映的是搜索数据行，选择"数据?"，从下拉菜单选择查看，按回车继续；图 4.57（d）反映的是选择搜索，按【回车键】继续，项目的最后一条数据行会显示出来；图 4.57（e）反映的是从下拉菜单选择数据行，选择点号/点代码/内存地址/行号，按回车继续；图 4.57（f）反映的是键入点号按回车继续；图 4.57（g）反映的是按【导航键】向上或向下按相同的标准搜索行，选择修改可修改高程/点号/点代码；图 4.57（h）反映的是选择删除所有数据 1；图 4.57（i）反映的是选择是按回车删除内存地址范围内的所有数据；图 4.57（j）反映的是删除选定的数据行，选择"数据?"，从下拉菜单选择删除，按回车继续；图 4.57（k）反映的是选择选择删除 2；图 4.57（l）反映的是从数据行 1 下拉菜单选择搜索标准，按回车确认，键入点号按回车确认，按回车继续；图 4.57（m）反映的是选择接受按回车确认；图 4.57（n）反映的是从数据行 2 下拉菜单选择搜索标准按回车确认，键入地址按回车确认，按回车继续；图 4.57（o）反映的是选择查找按回车确认；图 4.57（p）反映的是选择按回车确认；图 4.57（q）反映的是输入数据行，选择"数据?"，从下拉菜单，选择输入按回车继续；图 4.57（r）反映的是键入点号/点代码/水准点高程，按【回车键】保存，当所有点都已经输入按退出键返回至数据编辑菜单；图 4.57（s）反映的是创建或者修改三代码，从下拉菜单选择代码并按回车确认；图 4.57 （t）反映的是预览当前代码列表；图 4.57 （u）反映的是若要改变名字则高亮名字按【回车键】；图 4.57 （v）反映的是输入代码列表的新名字按回车继续；图 4.57 （w）反映的是选择插入，按回车插入一个新的条目；图 4.57 （x）反映的是选择一个条目按回车删除，选择是按回车继续或者否按回车放弃；图 4.57 （y）反映的是若要改变列表中条目顺序，用【导航键】选择条目，当条目高亮时选择向上、向下箭头，按回车移动该条在列表中的顺序；图 4.57 （z）反映的是选择结束，按【回车键】确认所有的改变。

4.5.2 电子水准仪的数据传输

1）电子水准仪向电脑传输数据。如图 4.58 所示，DINI 电子水准仪向电脑（PC）传输数据时通过电缆（PN73840019）将 DINI 连接到 PC，在 PC 端运行数据传输软件，选择设备"DINIUSB"，使用"接受"键，选择要传输到 PC 的文件，定义 PC 端文件保存目录即可开始传输。

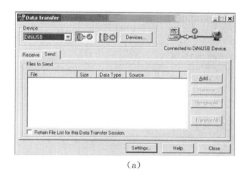 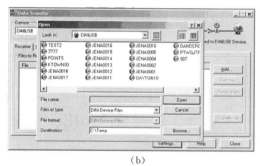

（a） （b）

图 4.58　电子水准仪向电脑传输数据

（a）界面 1；（b）界面 2

2）电脑向电子水准仪传输数据。如图 4.59 所示，使用"发送"键，选择要传输到 DINI 的文件，开始传输。

 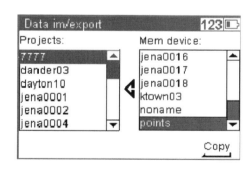

图 4.59　电脑向电子水准仪传输数据　　图 4.60　电子水准仪向 USB 记忆棒传输数据

3）电子水准仪向 USB 记忆棒传输数据。如图 4.60 所示，通过电缆连接 USB 记忆棒到 DINI，在仪器上就可以直接打开数据输入和输出菜单并可以双向复制。以下 4 点问题需要特别说明，即：当一个测量正在运行时仪器不能打开此菜单；当复制文件时出现同名时仪器会提示更名；数据传输之前仪器会检查剩余空间，如果太小则传输不能进行；空文件会弹出警告并拒绝复制。

4.5.3　电子水准仪的存储器

电子水准仪的存储器使用如图 4.61 所示，其中，图 4.61（a）反映的是选择文件和储存器4；图 4.61（b）反映的是选择格式化内部储存器或者外部储存器，按【回车键】确定；图 4.61（c）反映的是选择"是"，按回车确认，所有内部储存器上的数据将被删除；图 4.61（d）反映的是选择"是"，按回车确认，所有外部储存器上的数据将被删除。

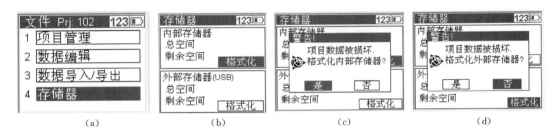

图 4.61　电子水准仪的存储器使用

（a）界面1；（b）界面2；（c）界面3；（d）界面4

4.6　电子水准仪的校正

为避免长途运输、长期储存、温度改变等对仪器测量结果的影响，要对电子水准仪进行校正。校正功能的选择操作如图 4.62 所示，其中，图 4.62（a）反映的是在主菜单中选择配置；图 4.62（b）反映的是选择校正；图 4.62（c）反映的是屏幕显示旧值，选择地球曲率改正，大气折射改正，按【回车键】继续；图 4.62（d）反映的是选择确定或取

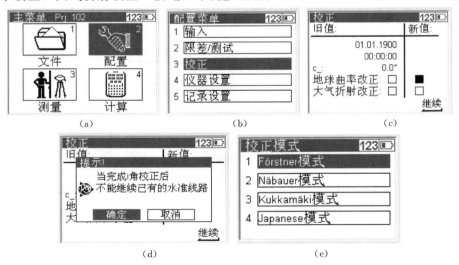

图 4.62　校正功能的选择操作

（a）界面1；（b）界面2；（c）界面3；（d）界面4；（e）界面5

消，继续或退出校正；图 4.62（e）反映的是选择校正方法按【回车键】继续。

如图 4.63 所示，Forstner 模式的特点是在距离 45m 的地点放两把水准尺，将距离分成 3 份，将仪器分别摆放在站 1 和站 2 分别在两站测量两个尺子的读数。如图 4.64 所示，Nahbauer 模式的特点是将两把水准尺放在距离约 15m 的地方分别在距离尺子 15m 的地点测量。如图 4.65 所示，Kukkamaki 模式的特点

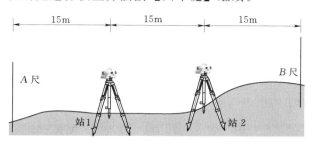

图 4.63　Forstner 模式

是在 A、B 两点距离约 20m 的地方立尺，首先在大概位于两尺中间的地方进行测量，然后在两个尺延长线外，距离约 20m 的地方测量。Japanese 模式与 Kukkamaki 模式大致相同，不同的是，第一站 AB 两尺距离 30m 左右，第二测站在 A 尺后距 A 尺 3m。

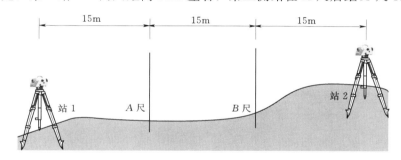

图 4.64　Nahbauer 模式

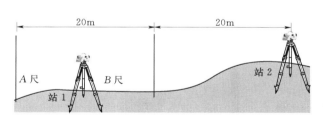

图 4.65　Kukkamaki 模式

Forstner 模式的校正操作如图 4.66 所示，其中，图 4.66（a）反映的是在主菜单中选择模式；图 4.66（b）反映的是在 Station1 瞄准 A 尺按【测量触发键】测量；图 4.66（c）反映的是瞄准 B 按【测量触发键】测量；图 4.66（d）反映的

是在测站 2 瞄准 B 尺按【测量触发键】测量；图 4.66（e）反映的是瞄准 A 尺按【测量触发键】测量；图 4.66（f）反映的是屏幕显示校正结果，如果接受新值按回车确定；图 4.66（g）反映的是将 A 尺的另一面转过来或换一个带有刻度的水准尺进行读数，如果所读数据与实际相差 2mm，则需进行校正；图 4.66（h）反映的是打开目镜下面的橡皮塞进行调节，直到理论读数与实际读数相等。

圆气泡的作用不可低估。电子水准仪补偿器的自动校正保证了在工作范围之内不管是对于观测还是内部电子测量倾斜的视线都是经过自动整平的。当围绕竖轴转动仪器时圆气泡必须保持在补偿圆圈之内。在精确测量过程中，圆气泡必须始终停留在补偿圈中心，如果出现明显变动就需要重新校正。如图 4.67 所示，应按以下 3 个步骤检查

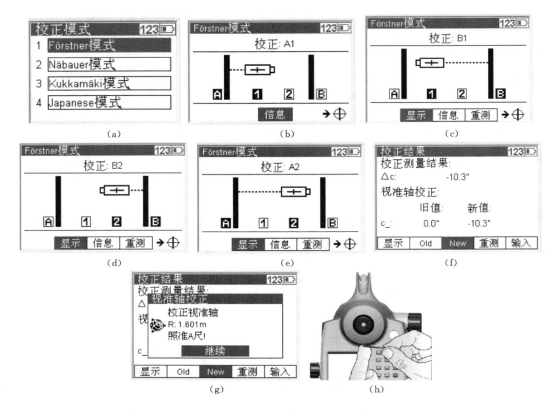

图 4.66 Forstner 模式的校正操作

（a）界面 1；（b）界面 2；（c）界面 3；（d）界面 4；（e）界面 5；（f）界面 6；（g）界面 7；（h）界面 8

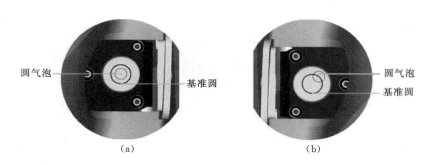

图 4.67 圆气泡功能的检查

（a）居中；（b）照准部旋转 180°

圆气泡的功能，即：通过 3 个脚螺旋整平仪器直到圆气泡移动到补偿圆圈中心；转动仪器 180°之后圆气泡应该仍停留在圆圈之内；如果圆气泡偏离就需要对圆水准器进行校正。圆气泡校正如图 4.68 所示，除去保护盖螺丝 2，取下保护帽；通过 3 个脚螺旋整平仪器（位置 1）；转动仪器 180°至位置 2；估计圆气泡偏移量，一半通过脚螺旋调整，一半通过 J1/J2/J3 螺丝调整；重复以上步骤并检查偏移量；重新装上保护盖并确保橡皮帽的脚放入凹槽。

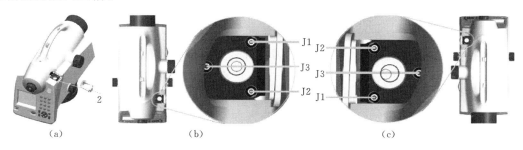

（a）　　　　　　　　　（b）　　　　　　　　　（c）

图 4.68　圆气泡校正
（a）位置 1；（b）位置 2；（c）校正

4.7　电子水准仪使用的注意事项

应重视检查集装箱。应检查货运包装，如果集装箱是在不好的条件下运输过来就应该检查外观是否有可见损坏，如发现损坏情况应立即联系运输者和经销商并保存好集装箱和包装材料以便运送者检查。应重视仪器箱检查，拆封之后应立即检查所要求的附属品是否都有收到，通常情况下仪器箱里应该有以下物品（可对照装箱清单清点），即数字水准仪、电池（标配为一个电池）、电缆（电子水准仪与电脑）、电池充电器、防雨布、指南、使用手册、合格证、电池充电器、十字丝调节扳手等。

4.7.1　电子水准仪维护与保养的常规注意事项

电子水准仪能够支持野外作业环境，但像所有精密仪器一样也需要维护与保养，应采用以下步骤使仪器达到最好的使用效果。

1）清洁。清洁仪器时一定要非常小心，尤其是在清洁仪器镜头和反射器的时候，千万不要用粗糙或不干净的布和较硬的纸去清洁，建议使用抗静电镜头纸、棉花块或者镜头刷来清洁仪器。

2）防潮。仪器在潮湿的天气中使用过，将仪器放入室内时应从仪器箱中取出仪器，自然晾干，如果在仪器镜头上有水滴则让仪器自然蒸发即可。

3）仪器的运输。运输仪器时一定要锁好仪器箱，长途运输仪器应将仪器放在仪器箱中且应使用运输集装箱。

4）维修。应到厂家授权的维修站点维修且应每年进行一次校准以保证仪器的精度。将仪器送往维修中心时应在仪器箱上注明发货人和收货人。如果仪器必须维修应在仪器箱中装入说明，说明中应明确指出仪器的故障和经常发生的错误现象且指出仪器必须维修。

4.7.2　电池的维护与保养

在充电和使用电池之前一定要先阅读电池安全和环境信息电池安全和环境信息。不要损坏锂电池，被损坏的电池可能引起爆炸和火灾，可以造成人身伤害和财产损失。为避免不必要的伤害和损坏，不要使用损坏的电池，损坏的迹象包括变色、扭曲变形、漏液。不要让电池接触火焰、高温以及阳光直射。不要将电池浸入水中。天气炎热时不要将电池在车辆内储存。不要重击或者刺破电池，不要将电池短路，不要接触漏液的锂电池以免造成人身伤害和财产损失。为避免以上后果注意以下几点，即：如果电池漏液不要接触该液体；如果液体不慎进入眼睛应及时用清水冲洗且应迅速就医，不要用手擦眼睛；如果液体溅到衣服或皮肤上应及时用清水冲洗；应严格按说明书对电池进行充电，使用未授权的充电器充电可能引起爆炸和火灾且会造成人身伤害和财产损失。为避免不必要的损害应注意以下 5 点，即：不要对损坏的或者漏液的电池进行充电；应用指定的充电器进行充电，一定要仔细按照说明书进行充电；如果电池过热或出现燃烧气味应立刻断电；应使用厂家指定的电池；应按照说明书使用电池。

电池的处理应妥当，在处理之前应将电池放电，应严格按照当地和国家的标准处理电池。电池的充电应符合要求，蓄电池充电器通常仅适用于普通电源 18V、3A、额定功率 P（N48800 - 00）的情况，不使用厂家指定的电源可能导致充电器外壳损坏或由于电压不足而减少电池寿命。应注意观察指示灯，充电器指示灯显示充电过程。应关注电量信号（绿色），如果充电器与电源连接好则绿色电源灯闪烁，如没有连接电源或电压不足则电源灯不闪烁。应关注警告灯信号（红色），充电器开启，充电器开始监控单元的温度，如果温度过高红灯闪烁。如果周围环境温度过高，红灯闪烁，充电器停止充电，如果周围温度不在指定范围内不要强制继续对电池进行充电。应关注连接信号（黄色），当电池插入充电器，连接灯闪烁，指示充电器识别电池将要对电池充电。电池必须正好放入充电器的槽内，否则接触灯不闪烁。如果将电池正确插入充电器槽内接触灯仍不闪烁则可能是充电电压低于 5.6V，如果出现此情形应用 12V 电源供电大约 5s 后再将电池放入槽内，充电器对电池进行识别然后开始充电。应关注充电信号（绿色），将电池插入充电器槽内，充电器开始识别，然后就会对电池进行充电，充电灯有 3 种模式指示电池充电情况，即：指示灯反映充电情况；绿灯持续亮表示电已充满；不闪烁表示等待充电；每秒闪烁一次表示正在充电。不同的电池充电时间也不同，电池插入之后经过验证即开始充电，通常情况下的电池预计充电时间见表 4.3。

表 4.3　　　　　　　　　　电池预计充电时间

电池/Ah	1.8	2.0	2.2	2.4
估计充电时间/h	2.0～2.5	2.5～3.0	3.3～4.0	<3.3

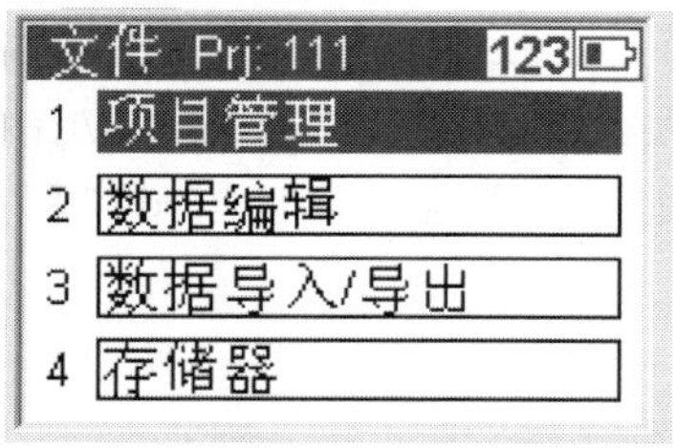

图 4.69　电池电量显示

仪器电池处理应遵守相关规定，应关注电池容量。因为执行动力管理和使用液晶显示器，所以电子水准仪通常非常省电，根据电池年龄和情况，一个充满的 7.4V、2.4Ah 电池在不开启照明的情况下可持续工作 3 天。应及时查询电池电量，当前电池电量可以在屏幕右上角粗略地显示出来（图 4.69），电池的精确电量可以在测量菜单下的函数域信息中显示（图 4.70）。

应重视电量低的问题。如果电池用完则信息显示电量低于 10%。如果显示此信息，许多测量功能仍然可以继续，提示此警告信息出现以后应尽快插入充满的电池，更换电池时要确定切断电源，这样做可避免丢失数据，如果没有及时更换电池，仪器将自动关机，当电池达到最低电量时不会丢失数据。

图 4.70　电池的精确电量　　　　　　图 4.71　连接内部电池

连接内部电池时应遵守相关规定，如图 4.71 所示，松开锁、打开电池盒；打开电池盒；接下来就可以安装和拆卸电池了；当锁在正确的位置发出"嘀"的一声即可关闭电池盒。充电时如果打开电池盒的锁注意不要将电池掉落。

4.7.3　土建测量电子水准仪的技术指标要求

土建测量电子水准仪 1km 往返测量标准偏差可为 0.3mm 或 0.7mm。采用电子测量时对铟钢条码尺 0.3mm/km 或 0.7mm/km；对可折叠条码尺 1.0mm/km 或 1.3mm/km。采用光学测量时对可折叠条码尺及米尺为 1.5mm/km 或 2.0mm/km。可测量距离的范围对电子测量、铟钢条码尺或可折叠条码尺均为 1.5～100m，对光学测量可折叠条码尺或米尺应从 1.3m 开始有效。20m 距离测量精度对电子测量、铟钢条码尺 20mm 或 25mm；对电子测量、可折叠条码尺 25mm 或 30mm；对光学测量、可折叠条码尺及米尺为 0.2m 或 0.3m。最小显示单位对高程测量为 0.01mm/0.0001ft/0.0001in 或 0.1mm/0.001ft/0.001in；对距离测量 1mm 或 10mm。测量时间对电子测量为 3s 或 2s。望远镜放大倍数可为 32 倍或 26 倍，孔径 40mm，100m 距离视野范围 2.2m，100m 电子测量范围 0.3m。补偿器补偿范围 ±15′，补偿精度 ±0.2″ 或 ±0.5″。灯光照明情况下圆气泡精度 8′/2mm。显示屏像素 240（W）×160（H），黑白屏，带照明灯。水平度盘刻度类型 400 分格或 360°，最小刻度读数 1 格或 1°，估读位 0.1 格或 0.1°。键盘有 19 个键、1 个【导航键】。

电子水准仪内置测量程序应包括普通测量；放样；水准线路中间点测量、放样点测量和放样；水准平差。水准测量方法应包括 BF、BFFB、BFBF、BBFFBF、BFFB、FBBF、aBF、aBFFB、aBF、aBFFB、aBFBF、aBBFF、aFBBF。测量数据改正应包括地球曲率和折射改正。记录内存应可存 30000 个数据，数据传输应采用 USB 传输，可扩充存储应支持 USB 记忆棒。时钟和温度感应器应能记录时间以及感应温度。电池供电在未开照明灯的情况下、内部 7.4V、2.4Ah 锂电池可开机 3 天。工作温度范围 −20～+50℃。仪器尺寸 155mm×235mm×300mm，塑箱尺寸 240mm×380mm×470mm，净重量 3.5kg、带塑箱重量 3.7kg。

4.7.4　电子水准仪的相关公式和常数

条码尺读取以及视距的改正公式为 $L = L_0 \pm L_x - K_1 + K_2 - K_3$，其中：地球曲率改正

$K_1 = E^2/(2R)$；折射率改正 $K_2 = r_k E^2/(2R)$；视距误差校正 $K_3 = C'E/206265''$；L_0 为条码尺估读值；E 为视距；C' 为视距误差；R 为地球曲率，$R = 6380000\text{m}$；L_x 为条码尺读数补偿，正常测量下 $+L_x$，反向测量时 $-L_x$；r_k 为折射系数；$E = E_0 + A$；E_0 为估读视距；A 为附加距离常数。

视距的估计公式为

$$C' = [(L_{a2} - L_{b2}) - (L_{a1} - L_{b1})]/[(E_{a2} - E_{b2}) - (E_{a1} - E_{b1})] \times 206265''$$

前后视误差公式为

$$dL = |(L_{b1} - L_{f1}) - (L_{b2} - L_{f2})|$$

线性调整的基本计算应遵守相关规定。线性调整是基于水准线测量过程中的测量、计算数据得出的。可能时在线性调整前应先输入相关高程。在水准线测量中条码尺的高度应根据以下各个公式进行合理的调整，即：前视点 $E_n = E_{n-1} + E_b + E_f$、$Z_f = Z_{fu} + E_n\Delta_z/(S_b + S_f)$；中间视点 $E_n = E_{n-1} + E_b + E_i$、$Z_z = Z_{iu} + E_n\Delta_z/(S_b + S_f)$，其中，$n$ 为站号、E 为视距、E_b 为后视距、E_f 为前视距、E_n 为中间视距、S_b 为后视点线程距离之和、S_f 为前视点线程距离之和、Δ_z 为线性闭合差分、Z_{fu} 为前视点高度粗略值、Z_{iu} 为中间点高度粗略值，工程中 Z_f 和 Z_i 将覆盖掉 Z_{fu} 和 Z_{iu} 值。

为了对功能进行扩充，制造商会在网站上提供软件升级，必要时经销商会提供下载地址。升级包括仪器设备的升级，其他语言种类的导入（通常有 3 种语言可以导入）。从网站上下载的文件可根据说明上传给电子水准仪。

思 考 题 与 习 题

1. 简述电子水准仪的主要特征及原理。

2. 简述电子水准仪的架设方法。

3. 电子水准仪测量时的相关操作及设置应注意哪些问题？

4. 电子水准仪测量的基本原则是什么？

5. 如何进行电子水准仪不使用已知高程的单点测量？

6. 如何进行电子水准仪的水准线路测量？

7. 如何进行电子水准仪水准线路测量中的中间点测量？

8. 如何利用电子水准仪水准线路测量中的放样功能？

9. 如何使用电子水准仪线路水准测量中的可选和自动限差功能？

10. 如何进行电子水准仪结束线路水准测量的相关操作？

11. 简述电子水准仪的放样方法。

12. 电子水准仪的线路平差应注意哪些问题？

13. 电子水准仪数据管理的特点是什么？

14. 如何进行电子水准仪的数据传输？

15. 电子水准仪的校正应注意哪些问题？

16. 简述电子水准仪维护与保养的常规注意事项。

17. 如何做好电子水准仪电池的维护与保养工作？

18. 简述电子水准仪相关公式的作用。

第5章　角度测量与光学经纬仪

5.1　光学经纬仪的构造及测角原理

角度测量是确定地面点位置的基本测量工作之一，角度测量中的水平角和竖直角均可由来完成。当然，电子全站仪也能测水平角和竖直角。17世纪以前人们用简单绳尺、木杆尺等工具进行测量并以量测距离为主。17世纪初人类发明了望远镜，1617年创立的三角测量法并开始了角度测量。1730年英国的西森制成了世界第一架经纬仪，促进了三角测量的发展。1794年德国的C.F.高斯发明了最小二乘法，开启了观测数据处理之门。1859年法国的A.洛斯达首创摄影测量方法。20世纪初随航空技术发展出现了自动连续航空摄影机，从而可将航摄像片在立体测图仪上加工成地形图，促进了航空摄影测量的发展。1948年起各种电磁波测距仪的出现使导线测量得到重视和应用。20世纪50年代以后测绘技术才开始朝电子化、自动化发展发展。因此，20世纪50年代以前测绘在人们内心中一直是"蓝领"行业。人造地球卫星应用于测绘行业后，在测绘科学中开辟了卫星大地测量和航天摄影测量等若干新领域，为传统的航空摄影测量和工程测量赋予了新的技术手段。卫星导航、卫星遥感、电子计算机等技术应用于测绘领域引发了观测数据获取与处理技术的革命，测绘逐渐由"蓝领"行业转变为"白领"行业。现代测绘学研究范围已扩大到外层空间，成为研究与地理空间分布有关的信息采集、处理、管理、表达和利用的科学与技术。经纬仪也在这种社会生产力的不断变革与进步中经历了游标经纬仪→光学经纬仪→电子经纬仪→电子全站仪→超站仪的转变，如图5.1所示。

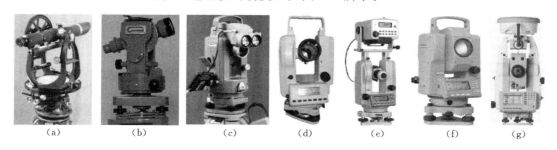

(a)　　　(b)　　　(c)　　　(d)　　　(e)　　　(f)　　　(g)

图5.1　经纬仪的演变

(a) 游标经纬仪；(b) 光学经纬仪；(c) 测距经纬仪；(d) 电子经纬仪；(e) 组合式全站仪；

(f) 电子全站仪；(g) 超站仪

光学经纬仪是一种历史悠久的经纬仪，其不需要供电和能源，是一种不依赖外来能源的、绿色化的、可靠度高的经纬仪，但由于其不符合信息化时代的要求已逐渐被电子全站仪所取代。电子全站仪、电子经纬仪、超站仪均需要依赖外来能源，一旦失去了电能供应会马上瘫痪。因此，光学经纬仪有电子全站仪、电子经纬仪、超站仪不具备的优势。

5.1.1　光学经纬仪的结构特征

图 5.2 为一个典型光学的经纬仪。经纬仪的精度等级用"一测回水平角测量平均值的最大偶然中误差"表示，其反映的是经纬仪仪器本身固有的系统性误差，我国也习惯采用 DJ_6 或 J_6、DJ_2 或 J_2、DJ_1 或 J_1、DJ_{05} 或 J_{05} 代表 6″级、2″级、1″级、0.5″级经纬仪，数值越小精度越高。

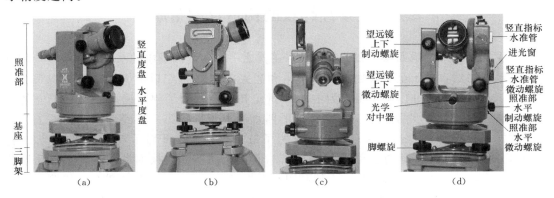

图 5.2　光学经纬仪的 4 个侧面
（a）左侧面；（b）右侧面；（c）背面；（d）正面

图 5.3 和图 5.4 分别是我国曾经生产的 DJ_6 级、DJ_2 级光学经纬仪的外貌。经纬仪有"盘左"和"盘右"两个位置，所谓"盘左"是指观测时竖盘位于经纬仪望远镜目镜的左侧，这种测量位置也称"正镜"；所谓"盘右"是指观测时竖盘位于经纬仪望远镜目镜的右侧，这种测量位置也称"倒镜"。所谓"一测回"是指盘左、盘右各测一次的集合，盘左测量称"上半测回"，盘右测量称"下半测回"。光学经纬仪通常由对中整平、照准、读

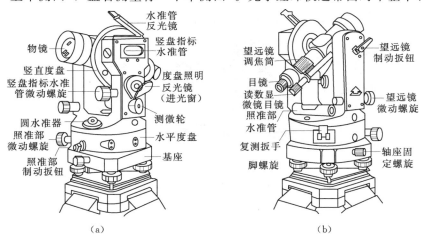

图 5.3　DJ_6 级光学经纬仪
（a）盘左；（b）盘右

数等 3 大基本部件组成。对中整平部件的作用是将经纬仪水平度盘中心（即仪器中心）安置在过所测角度顶点的铅垂线上并使该度盘处于水平位置。照准部件的作用是提供一个望远镜以照准目标（即建立方向线），且望远镜可上下旋转形成一铅垂面，以确保照准同一铅垂面上的不同目标时其在水平面上的投影位置不变，它也可水平旋转以确保不在同一铅垂面上的目标在水平面上有不同的投影位置。读数部件的作用是读取在照准某一方向时的水平度盘、竖直度盘读数。笼统地讲经纬仪也与水准仪一样由 2 大部分构成：第一部分是基座，样子与水准仪相似；第二部分是照准部，包括平盘系统、竖盘系统、读数系统、望远镜系统等，照准部是经纬仪的核心。

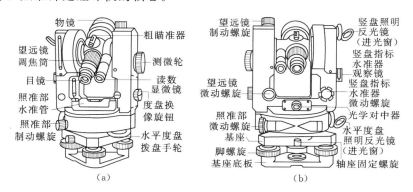

图 5.4 DJ₂ 级光学经纬仪

（a）盘左；（b）盘右

5.1.2 经纬仪水平角测量原理

从空间一点出发的两个方向线的铅垂面间的二面角称为该两个方向线间的水平角，其数值范围是 $0°\sim360°$，当角度为 $360°$ 时应记为 $0°$。也可将水平角说成从空间一点出发的两个方向线铅垂投影到水平面上的夹角。图 5.5 中 A'、B'、C' 为地面上高程不同的任意 3 点，将此 3 点沿铅垂线投影到水平面 P 上可得 A、B、C 3 点，水平线 BA 与 BC 间的夹角 β 即为地面上 $B'A'$ 与 $B'C'$ 两方向线间的水平角，测定水平角 β 时可在两面角的交线上任一高度处水平安置一个带有刻度的全圆形量角器（称为"度盘"），过 $B'A'$ 和 $B'C'$ 的铅垂面在度盘上截得的读数为 b 和 a，则 $\beta=b-a$。b、a 值本身没有实际意义，它们只是一个刻度值，测量上称为水平方向值。b、a 值可以是度盘上的任一刻度数，即 $B'A'$ 和 $B'C'$ 所在的竖直面可位于度盘的任何位置，亦即 b、a 值的大小决定于度盘的安放位置，安放位置不同其数值也不同，但 b、a 间的差值却并不会因度盘安放位置的不同而发生改变，b、a 间的差值才具有实际意义，其差值反映了水平角 β 的大小，其差值即为水平角值。虽然测量水平角时度盘可放在任意水平面内，但其刻划中心（即全圆形量角器圆心或中心）必须与过角顶点 B' 的铅垂线重合，只有这样才能根据两方向读数之差求出水平角值。经纬仪内部专门设置有专供水平角测量用的全圆形度盘称为"水平度盘"，简称平盘。光学经纬仪水平度盘采用顺时针注记方式，即水平度盘的角度注记顺时针增大。在利用经纬仪测量水平角的过程中水平度盘固定不动，水平方向值的读数指针（称平盘指标线）随瞄准设备（称经纬仪照准部）的旋转而旋转，因此瞄准设备一动其水平方向值就相应发生变化，水平方向值读数指针位于经纬仪水平度盘的上方且通过经纬仪竖轴并与经纬仪的竖轴垂直，经纬仪水平度盘圆心也通过经纬仪竖轴且盘面与该竖轴垂直。由于 2 条直线间的夹角有 2 个，除了图 5.5 中的 β 外还有 β 的补角 γ（图 5.6），不难理解 $\gamma=a-b$。因 $\beta=b-a$、$\gamma=a-b$，可见 a、b 水平方向值哪个减哪个的问题是一个非常关键的问题，若减错则 β 就会变成了其补角 γ。根据经纬仪水平度盘顺时针注记的特点可得经纬仪测量水平角的计算方法，即"水平角等于沿顺时针方向前一方向的水平方向值减后一方向的水平方向值，若减出的结果是负值则应加 360°"，用一句顺口溜来讲叫做"水平角等于顺时针方向前减后，不够减加 360"。图 5.6 中 A 方向的水平方向值 $a=290°$，B 方向的水平方向 $b=65°$，对 β 角来讲 B 为顺时针前方向、A 为顺时针后方向，故有 $\beta=b-a=65°-290°=-225°$，由于减出的 β 为负值，故应再加上 360°，这样真正的 β 为 135°，即 $\beta=b+360°-a=135°$。同样，对 γ 角来讲 A 为顺时针前方向、B 为顺时针后方向，因此，有 $\gamma=a-b=290°-65°=225°$。β 与 γ 的关系为 $\beta+\gamma=360°$。

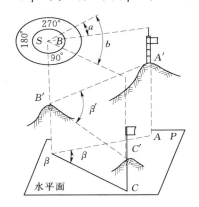 

图 5.5　水平角测量原理　　　　　图 5.6　经纬仪平盘与水平角

5.1.3　经纬仪竖直角测量原理

如图 5.7 所示。测量上的竖直角 α 是指空间一方向线的倾角，即从空间一点出发的一个方向线与同一铅垂面内过该点的水平线间的夹角，竖直角一般是指从水平线起算的角度，水平线竖直角为 0°，方向线从水平线开始向上仰者（向上倾斜）称仰角，α 取正值，范围 0°～90°；方向线从水平线开始向下俯者（向下倾斜）称俯角，α 取负值，范围 -90°～0°。若竖直角用方向线与铅垂线的夹角表示则称为天顶距，用 Z 表示，其角值大小由 0°～180°，没有负值。显然，同一方向线的天顶距与仰（或俯）角之和等于 90°，即 $\alpha=90°-$

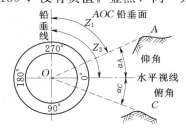

图 5.7　竖直角测量原理

Z。经纬仪内部专门设置有侧立的、与水平度盘面垂直的、圆心通过望远镜旋转轴（横轴）的竖直度盘（简称竖盘）专供竖直角测量用，竖盘也是一个带有刻度的全圆形度盘。竖盘与经纬仪望远镜固连在一起，竖盘盘面（刻划面）垂直于望远镜的旋转轴。竖盘方向值读数指针（称竖盘指标线）是固定在经纬仪上不动的（与竖盘指标水准器连为一体），指针的方向线与经纬仪竖盘盘面（刻划面）

平行且通过望远镜旋转轴（即横轴），竖盘的圆心（刻划中心）也通过横轴且盘面与该轴垂直。竖直角测量过程中竖盘方向值读数指针不动，竖盘随经纬仪望远镜的旋转而旋转，因此，经纬仪望远镜一动其竖盘方向值就相应发生变化。经纬仪望远镜水平时竖盘方向值读数指针是指向 90°（盘左）或 270°（盘右）的，这一点是经纬仪制造时竖盘安装必须保证做到的。旋转经纬仪望远镜瞄准目标点后可得到一个竖盘方向值（称倾斜方向值），该值与望远镜水平时的竖盘方向值（90°或 270°）间差值的绝对值即为该方向的竖直角值（即经纬仪望远镜视准轴的倾角），仰俯角可根据该方向的倾斜方向值判断（通常是根据竖盘结构及对应的计算公式直接计算得出的，见本书 5.3 节部分）。跟水平度盘道理一样，竖盘也不一定必须在所测方向的铅垂面内，只要位于与其平行的铅垂面内且使刻划中心位于过空间该点并垂直于该铅垂面的直线上即可。

5.2 光学经纬仪的使用

5.2.1 光学经纬仪各个部件的功能及使用方法

图 5.3 中的 DJ$_6$ 光学经纬仪，3 个脚螺旋的作用是整平照准部。照准部整平后将水准管反光镜打开面向观测者时可以看到竖盘指标水准管的气泡影像，此时转动竖盘指标水准管微动螺旋可使竖盘指标水准管的气泡居中，竖盘指标水准管气泡居中时竖盘方向值读数指针（即竖盘指标线）的位置才正确，竖盘方向值读数才有效。竖盘指标水准管的作用类似于水准仪的长水准器，微倾式水准仪有个读数原则是"读数必调抛物线"，经纬仪同样有个竖直度盘读数原则"读'竖'必调指标管"。圆水准器的作用是确保照准部概略水平（粗平），用处不大，照准部水准管的作用是确保照准部严格水平（精平），圆水准器和照准部水准管的气泡居中均借助 3 个脚螺旋实现。照准部严格水平时水平度盘才会水平，竖盘才会铅直，竖盘指标水准管的气泡才能调整，通过脚螺旋使照准部严格水平的操作称为"整平"。照准部能够横向转动，可通过照准部制动扳钮锁定照准部使其无法横向转动。照准部微动螺旋在制动照准部后才有效，搬下照准部制动扳钮制动照准部后旋转照准部微动螺旋可使照准部在一定范围内左、右移动。照准部微动螺旋有一个移动范围，微动螺旋应轻拧、缓慢拧，拧不动时应反扭以免损坏仪器。经纬仪望远镜上有物镜、目镜、望远镜调焦筒，物镜、目镜的作用及调节方法同水准仪，望远镜调焦筒的作用与水准仪的调焦螺旋相同，旋转望远镜调焦筒即可调焦使目标清晰。望远镜调焦筒也有一个移动范围，调焦筒应轻拧、缓慢拧，拧不动时应反扭以免损坏仪器。经纬仪望远镜旁边有读数显微镜，读数显微镜是用来读平盘及竖盘方向值的，由于经纬仪竖盘、平盘均密闭在仪器腔内，必须有光进入才能看到度盘的刻度，因此，借助读数显微镜读数时必须先打开度盘照明反光镜（进光窗），使光线照亮度盘，进光窗不打开读数显微镜里一片漆黑，度盘照明反光镜可以纵向 360°旋转、横向 180°仰俯，通过旋转、仰俯度盘照明反光镜可使读数显微镜中亮度适中，读数显微镜目镜的作用及操作方法同水准仪目镜，通过旋转读数显微镜目镜可使经纬仪度盘的影像清晰以便利读数。望远镜与读数显微镜连在一起，二者可在经纬仪照准部的 U 形架中纵转，望远镜纵转的旋转轴即为横轴，望远镜纵转可通过望远镜制动扳钮锁

定。望远镜微动螺旋在制动望远镜后才有效，搬下望远镜制动扳钮制动望远镜后旋转望远镜微动螺旋可使望远镜在一定范围内上、下移动。望远镜微动螺旋也有一个移动范围，微动螺旋应轻拧、缓慢拧，拧不动时应反扭以免损坏仪器。光学经纬仪基座的形式及作用与水准仪相同。光学经纬仪的轴座固定螺旋是锁紧基座与照准部的，测量时应务必确保轴座固定螺旋处于锁紧状态，否则会导致水平角测量结果出现错误。测微轮的作用是移动读数显微镜中的度盘影像使其满足读数条件，类似于精密水准仪的测微轮，有测微轮的测量仪器（包括水准仪、经纬仪等）读数前均必须转动测微轮满足读数条件后才能读数。光学经纬仪的复测扳手是用来锁定水平度盘的，复测扳手搬下时水平度盘会被锁定在照准部上（即与照准部连为一体），此时照准部转动、读数指标线及水平度盘也同步转动，任何位置的水平度盘读数均是相同的、水平角无法测量；复测扳手搬上时水平度盘与照准部脱离，此时照准部转动、读数指标线同步转动但水平度盘不动，水平角可以测量。经纬仪配盘就是借助复测扳手实现的。其粗瞄器的形式和操作跟水准仪一样。

　　图 5.4 中的 DJ$_2$ 级光学经纬仪的外观部件与图 5.3 中的 DJ$_6$ 光学经纬仪差不多，同种部件的操作方法相同，下面只介绍不同之处。粗瞄准器为十字型光瞄准器，瞄准时应睁开双眼同时兼顾目标和光瞄准器十字竖丝，当十字竖丝与目标在一条线上时就瞄准了。DJ$_2$ 光学经纬仪平盘、竖盘光路相互独立，即从读数显微镜里只能看到一个盘的像（要么平盘，要么竖盘），因此，读数时要选择盘类，盘类选择借助度盘换像旋钮实现。度盘换像旋钮上有一条直径线，直径线竖起来时读数显微镜里可看到竖盘影像，直径线横起来时读数显微镜里可看到平盘影像。DJ$_2$ 光学经纬仪平盘、竖盘光路相互独立导致其必须有两个进光窗，对竖盘读数时必须打开与调整竖盘照明反光镜（进光窗）；对平盘读数时必须打开与调整水平度盘照明反光镜（进光窗）。水平度盘拨盘手轮的作用是旋转水平度盘，移开水平度盘拨盘手轮护盖，用手拨动拨盘手轮可使读数显微镜里的水平度盘影像移动、读数改变，从而可使水平度盘读数变成你想要的任何一个数。经纬仪配盘就是借助水平度盘拨盘手轮实现的。DJ$_2$ 级光学经纬仪的竖盘指标水准器采用了同水准仪一样的抛物线形式，从竖盘指标水准器观察镜中可观察与拼合抛物线。DJ$_2$ 级光学经纬仪的光学对中器是用来对中的，所谓"对中"就是使经纬仪的水平度盘圆心位于水平角顶点的铅垂线上。光学对中器实际是个小型望远镜，其使用方法与水准仪望远镜类似，其屈光度调节通过旋转光学对中器目镜实现，其调焦通过抽拉光学对中器实现。现代测量仪器光学对中器的使用与经纬仪望远镜完全相同，对中器既有屈光度调节螺旋也有调焦螺旋。

图 5.8　常见经纬仪的十字丝

　　经纬仪的望远镜十字丝的刻划方式如图 5.8 所示。

5.2.2　常见光学经纬仪的读数方法

　　（1）J$_6$ 经纬仪的分微尺法读数。

　　分微尺法也称带尺显微镜法或显微带尺法，从读数显微镜中看到的图像为图 5.9，其中 H 代表水平度盘、V 代表竖直度盘，每个度盘图像内均有一个貌似 6cm 长的小尺子（即显微带尺），H 中当度盘 31°刻度线移动到到 6cm 处时 32°刻度线就会移动到 0cm 处，即 6cm 长与度盘 1°的刻划宽度相同，因此有关系式 1°＝6cm＝60mm，即 1′＝1mm，也就是说"显微带尺一小格（1mm）相当于角度 1′"，读数时在 6cm 小尺子上的刻划值即为要读的"度"（从尺子起点 0 开始到该刻划值的 mm 格数就是要读的"分"，可估读到 0.1mm，即估读到 0.1′＝6″），图 5.9 中水平度盘读数为 32°03.7′、竖直度盘读数为 91°37.3′。

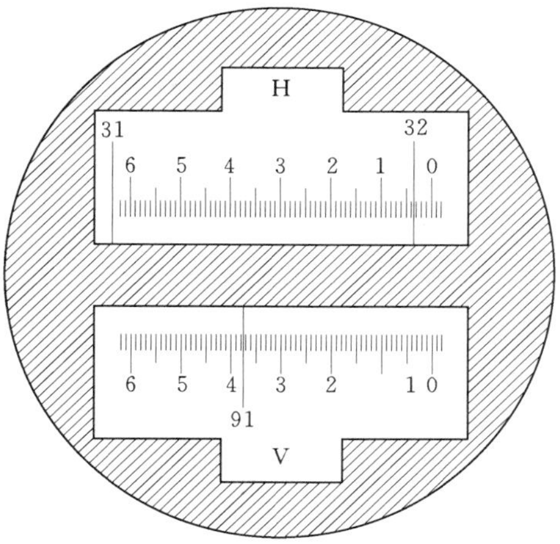

图 5.9　分微尺法读数

（2）J_6 经纬仪的单平板玻璃测微器法读数。

如图 5.3 所示经纬仪采用单平板玻璃测微器法读数，其读数显微镜中看到的影像（也称读数窗影像）如图 5.10 所示，3 个方窗中间的贯通线（单线或双线）为读数线。该仪器水平度盘和竖直度盘各均匀刻划了 720 条分划线，即将一个圆周均分了 720 份，相邻分划线的间隔是 0.5°＝30′。其测微窗分划尺基本分划的总格数是 30 个大格，每个大格再均分成 3 个小格，总计 90 个小格，30 个大格对应度盘一格的格值 30′，即测微窗分划尺基本分划一大格格值为 1′、一小格格值为一大格的 1/3（即 20″），估读测微分划尺时可读到一小格格值的 1/10（即测微分划尺最小读数为 2″）。图 5.10（b）为双指标线未夹住任何一个度盘分划线的情况，此时不能读数；图 5.10（a）为转动测微手轮使双指标线夹住水平度盘一个分划线的情况，此时可读水平度盘读数，读数为 317°（母盘读数）＋14′14″（测微读数）＝317°14′14″；图 5.10（c）为再次转动测微手轮使双指标线夹住竖直度盘一个分划线的情况，此时可读竖直度盘读数，读数为 92°30′（母盘读数）＋5′44″（测微读数）＝92°35′44″。

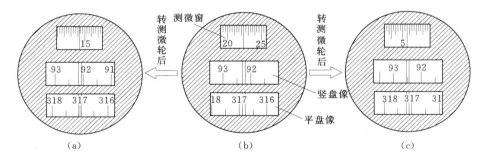

图 5.10　国产 DJ_6-1 型光学经纬仪的读数窗影像
（a）平盘已夹线；（b）未夹线；（c）竖盘已夹线

（3）J_2 经纬仪的对径符合读数法读数。

所谓"对径"是指度盘一根直径线两侧的刻度值，即盘对径刻划线是指相差 180°的 2 个度盘刻划线。对径符合读数的读数方法如图 5.11 所示，其只能看到一个度盘的影像，要看另一个度盘时必须借助度盘换像旋钮换像。图 5.11（a）是不能读数的，因底窗横线上下的度盘刻划线未对齐。转动测微手轮使底窗横线上下的度盘刻划线对齐后方可读数，即将图 5.11（a）变成图 5.11（b）。读数的要领是：①在底窗上找度盘对径刻划线，图 5.11（b）中有 2 对对径刻划线，一对是 139°和 319°、另一对是 140°和 320°；②底窗上度盘对径刻划线符合正像在左、倒像在右、相距最近标准的那对对径刻划线的正像刻划注记值就是要读的度（°），很显然，在 2 对对径刻划线中只有 139°和 319°符合标准，故度数值为 139°；③符合标准的那对对径刻划线间夹的格数就是要读的整拾分数，对径刻划线 139°和 319°之间夹了 4 个格，故整拾分数值为 40′；④从顶窗（测微窗）上读出不足拾分的值，测微窗上注记数字有 2 排，上边一排是分值（′）、下边一排是秒值（″），不难理解，测微窗每小格的格值是 1″（可估读到 0.1″），因此，顶窗读数为 4′11.8″；⑤将②、③、④值相加即为最终度盘读数（方向值），图 5.11（b）的正确读数为 139°＋40′＋4′11.8″＝139°44′11.8″。

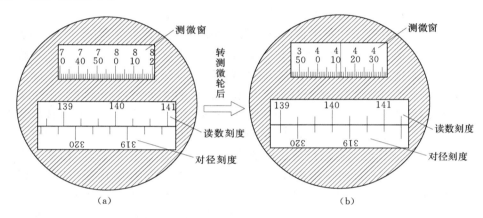

图 5.11　对径符合读数的读数窗影像
(a) 底窗刻线未对齐；(b) 底窗刻线已对齐

（4）J_2 经纬仪的光学半数字化读数。

光学半数字化读数如图 5.12 所示，中间小窗为度盘直径两端的刻划影像，上面的小窗可直接读取度数及整拾分数值，下面小窗即为测微分划尺的影像。图 5.12（a）是不能读数的，因中间小窗横线上下的度盘刻划线未对齐。转动测微手轮使中间小窗横线上下的度盘刻划线对齐方可读数，即使图 5.12（a）变成图 5.12（b）。读数的要领是：①上面小窗（T 型）第一排显示完全的 3 位数的度盘刻划注记值就是要读的度（°），上面小窗下端扣住并显示的数字就是要读的整拾分数，图 5.12（b）读数为 39°50′；②从底窗（测微窗）上读出不足拾分的值，测微窗上注记数字有 2 排，上边一排是分值（′）、下边一排是秒值（″），不难理解，测微窗每小格的格值是 1″（可估读到 0.1″），因此，顶窗读数为 9′19.8″；③将①、②值相加即为最终度盘读数（方向值），图 5.11（b）的正确读数为 39°50′＋9′19.8″＝39°59′19.8″。

"光学半数字化读数"有很多变异形式，不仅 2″级光学经纬仪有"光学半数字化读数"方式，3″级、5″级和 6″级光学经纬仪也都有"光学半数字化读数"方式，限于篇幅，在此不作过多介绍，大家熟悉了上述各种读数方法后，其他的触类旁通应该是没有问题的。

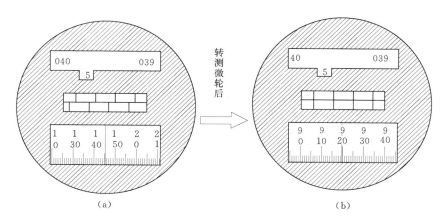

图 5.12 "光学半数字化读数"的读数窗影像

（a）中窗刻线未对齐；（b）中窗刻线已对齐

（5）Wild（威特）T3 经纬仪平盘读数方法。

由光学经纬仪光路和测微器结构原理可知，精密光学经纬仪一般都采用对径分划（即度盘某直径两端的刻度值）同时成像方式，通过测微器使度盘对径分划线作相向移动并作精确重合，用测微盘量取对径分划像的相对移动量，这种读数方法叫做重合读数法。重合读数法的基本步骤有 4 步，即：先从读数窗中了解度盘和测微盘的刻度与注记并确定度盘的最小格值，度盘对径最小分格值 $G=1°/$（2×度盘上 1°的总格数），测微盘的格值 $T=$ 度盘对径最小分格值 G/测微盘总格数；转动测微螺旋使度盘正倒像分划线精确重合后读取靠近度盘指标线左侧正像分划线的度数 $N°$；读取正像分划线 $N°$ 到其右侧对径 180°的倒像分划线（即 $N°\pm180°$）之间的分格数 n；读取测微盘上的读数 c（c 等于测微盘零分划线到测微盘指标线的总格数乘测微盘格值 T）。最终的读数 M 为 $M=N°+nG+c$。

Wild（威特）T3 经纬仪的平盘读数窗如图 5.13 所示，图 5.13（a）的度盘读数为 55°28′、测微尺第一次读数为 37.7″、测微尺第二次读数为 38.0″，完整读数为 55°28′75.7″

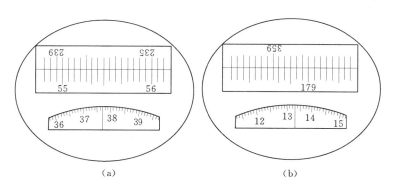

图 5.13 Wild（威特）T3 经纬仪平盘读数

（a）典型窗口 1；（b）典型窗口 2

（即 55°29′15.7″）；图 5.13（b）的度盘读数为 178°48′、测微尺第一次读数为 13.3″、测微尺第二次读数为 13.0″，完整读数为 178°48′26.3″。

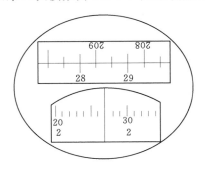

图 5.14　Wild（威特）T2 经纬仪平盘读数

（6）Wild（威特）T2 经纬仪平盘读数方法。

如图 5.14 所示，平盘读数为 28°42′27.0″。

（7）ZEISS（蔡司）010 经纬仪平盘读数方法。

如图 5.15 所示，平盘读数为 218°49′56.0″（其中，度盘读数为 218°40′、测微尺第一次读数为 9′57.0″、测微尺第二次读数为 9′55.0″，完整读数为 218°49′56.0″）。

（8）第二代 Wild（威特）T2 经纬仪读数方法。

第二代 Wild（威特）T2 经纬仪采用"光学半数字化读数"，如图 5.16 所示，一看便知读数应为 94°12′46.0″。

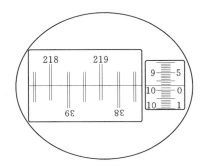

图 5.15　ZEISS（蔡司）010 经纬仪平盘读数

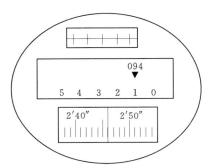

图 5.16　第二代 Wild（威特）T2 经纬仪读数窗

5.3　经纬仪的安置方法

经纬仪的安置方法与电子全站仪、GNSS 接收机、陀螺经纬仪大同小异，电子全站仪、GNSS 接收机、陀螺经纬仪的安置方法可参照经纬仪。

5.3.1　经纬仪安置的基本要求

所谓经纬仪的安置就是把经纬仪安置在设置有地面标志的测站上，测站就是所测角度的顶点（水平角）或起点（竖直角）。经纬仪安置的目的是确保经纬仪的水平度盘圆心位于测站地面标志点的铅垂线上且水平度盘面与该铅垂线垂直。使经纬仪水平度盘圆心位于测站地面标志点铅垂线上的工作称为"对中"，使经纬仪水平度盘面与测站地面标志点铅垂线垂直的工作称为"整平"。因此，经纬仪的安置工作包括两项内容，一是"对中"，二是"整平"。经纬仪的安置应在测量角度以前进行。电子全站仪、陀螺经纬仪、GPS 接收机的安置方法同经纬仪。经纬仪的安置方法随经纬仪结构的不同而不同，一些老式的低精度（6″及以下）经纬仪利用垂球进行"对中"（称垂球对中经纬仪），大多数经纬仪利用光学对中器（也称光学铅垂）进行"对中"（称光学对中经纬仪），现在的经纬仪全部采用光学对中器"对中"（有些经纬仪则采用更加先进的激光对点器进行"对中"）。

5.3.2 垂球对中经纬仪的安置方法

（1）放架（安放三脚架）。

1）先将经纬仪三脚架打开，钮松3个架腿的伸缩腿固定螺丝，抽出伸缩腿，使架腿高度与观测者身高匹配（即观测者能够不躬腰，不踮脚，灵活方便地使用仪器），然后稍微旋紧架腿的固定螺旋。这步工作称为"高适中"。

2）平地安放三脚架如图5.17（a）所示，将经纬仪三脚架的3个架腿张开安放在测站上，使3个架腿的腿尖到测站地面标志点的水平距离相等（即3个架腿的腿尖在以测站地面标志点为中心的等边三角形的角顶上，可用手大概丈量）。这步工作称为"等距"。若是起伏较大的地面，则应在相互垂直的2个方向目视三脚架头几何中心与测站点在一个铅垂线上，如图5.17（b）所示。

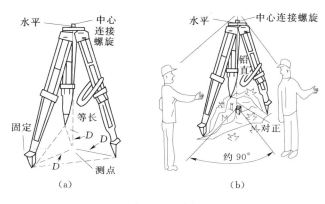

图 5.17 放架
(a) 平地上安放三脚架；(b) 斜坡地上安放三脚架

3）将脚踏在经纬仪三脚架伸缩腿腿尖踏脚板上小腿贴近伸缩腿面沿伸缩腿的方向用力下踩（千万不能沿铅垂方向下踩，以免踩断架腿），使3个架腿的腿尖均牢固地扎入土中。这步工作称为"尖入土"。

4）钮松经纬仪三脚架3个架腿的伸缩腿固定螺丝，伸缩伸缩腿，使经纬仪三脚架架头顶面水平，然后旋紧架腿固定螺旋。这步工作称为"顶平"。

5）用手分别对经纬仪三脚架的3个架腿加压（即用双手抓住三脚架伸缩腿固定螺丝上方的2根主杆略微用力往下压，压力方向应与杆长度方向一致），看3个架腿是否向下滑动，若滑动则应再次旋紧架腿固定螺旋、直到不滑为止。这步工作称为"腰牢靠"。

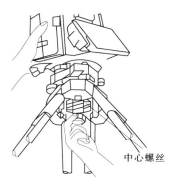

图 5.18 联仪

（2）联仪（将经纬仪固定在三脚架上）。

从仪器箱中取出经纬仪，旋松经纬仪的全部制动螺旋，左手抓住经纬仪照准部U形支架细的一侧（抓牢），将经纬仪放到三脚架顶面上（不松手），右手钮动三脚架头上的中心连接螺旋，将中心连接螺旋旋入经纬仪基座的中心螺孔并旋紧，右手轻推经纬仪基座看经纬仪基座是否能在三脚架顶面上移动，若不动则说明经纬仪与三脚架间已经可靠连接（此时才可以松开抓牢经纬仪的左手），联仪工作结束，否则应重新连接并旋紧三脚架头上的中心连接螺旋、直到满足要求为止。联仪工作的基本要求是"可靠"，如图5.18所示。

（3）垂球"对中"。

在三脚架头中心连接螺旋上挂上垂球，调整垂球线的长度，使垂球尖最大限度地靠近测站地面标志点（但不接触、垂球可以自由摆动），用手不断对摆动的垂球进行阻尼使垂球自己停止摆动并稳定，观察垂球尖是否正对测站地面标志点（即测站地面标志点位于过垂球尖的铅垂线上），若正对则"对中"工作完成，否则应调整经纬仪在三脚架顶面上的位置。调整经纬仪在三脚架顶面上位置的方法是：稍微旋松三脚架头上的中心连接螺旋（只松半个螺距），左手抓住经纬仪照准部 U 形支架细的一侧（抓牢），右手推动经纬仪基座，此时，旋入经纬仪基座的三脚架头中心连接螺旋会带动垂球移动，当垂球尖正对测站地面标志点时钮紧三脚架头中心连接螺旋（重新使经纬仪与三脚架间可靠连接），"对中"工作完成。对中误差一般应小于 2mm。

（4）整平。

转动经纬仪照准部，使照准部水准管平行于两个脚螺旋（1、2）的连线，两手按箭头的方向（或反方向）同时对向转动脚螺旋（1、2），如图 5.19（a）所示，使照准部水准管气泡居中（气泡移动方向与左手大拇指转动方向一致）。将经纬仪照准部顺时针旋转 90°，如图 5.19（b）所示，使照准部水准管垂直于 1、2 脚螺旋的连线，转动另一只（第三个）脚螺旋（3），再使气泡居中。再将经纬仪照准部顺时针旋转 90°，使照准部水准管反向平行于两个脚螺旋（1、2）的连线，两手按箭头的方向（或反方向）再同时对向转动脚螺旋（1、2），如图 5.19（c）所示，使照准部水准管气泡居中。将经纬仪照准部顺时针再次旋转 90°，如图 5.19（d）所示，使照准部水准管反向垂直于 1、2 脚螺旋的连线，转动另一只（第三个）脚螺旋（3），再次使气泡居中。再次将经纬仪照准部顺时针旋转 90°恢复到第一次转动脚螺旋时的位置，经纬仪照准部水准管气泡应居中（气泡偏离值不得大于半个刻划），若气泡满足居中要求则"整平"工作结束。否则应重新调整，若再次调整仍不行则说明仪器需要校正或维修。经纬仪整平后仪器的水平度盘就处于了水平位置，竖轴也就铅直了。

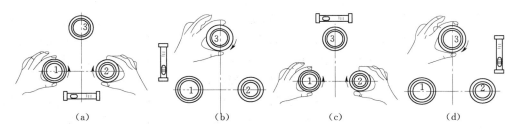

图 5.19　经纬仪整平方法示意

（a）初始双螺旋调中；（b）转 90°单螺旋调中；（c）再转 90°双螺旋调中；（d）回归调中

5.3.3　光学对中经纬仪的安置方法

光学对中经纬仪的安置步骤如下。利用激光对点器进行"对中"的经纬仪的安置方法同光学对中经纬仪，区别在于光学对中经纬仪的对中线不可见、激光对点经纬仪的对中线可见。

（1）放架（安放三脚架）。

具体方法同 5.3.2 的（1）。

（2）联仪（将经纬仪固定在三脚架上）。

具体方法同 5.3.2 节（2）

（3）操作光学对中器。

1）调整经纬仪照准部下方的光学对中器，像水准仪操作望远镜一样，先转动光学对中器目镜调焦螺旋，使十字丝（或对中圆）清晰（称视度调节，简称调屈）。

2）转动对光螺旋（一般通过抽拉光学对中器完成，也有些新仪器通过转动光学对中器调焦螺旋实现），使对中点（测站地面标志点）清晰（简称调焦）。

3）将眼睛在光学对中器目镜附近上下移动观察目镜，看对中点的像与十字丝间是否有位移现象出现，若有则说明有视差（简称观察视差）。若有视差则通过调焦、调屈＋调焦、调屈＋调焦……的方式消除视差（简称消除视差）。如图 5.20 所示。

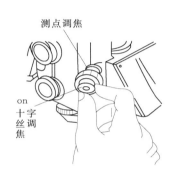

图 5.20　操作光学对中器

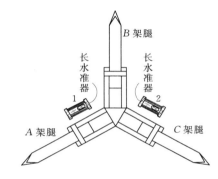

图 5.21　伸缩三脚架 2 支架腿整平（俯视图）

（4）脚螺旋对中。

一边任意转动如图 5.19 所示 3 只脚螺旋（1、2、3），一边通过光学对中器观察地面对中点的移动情况，使地面对中点位于光学对中器十字丝交点处（或对中圆的圆心位置）。

（5）伸缩三脚架 2 支架腿整平。

转动照准部，使照准部长水准管的铅直投影与某一个三脚架架腿的铅直投影平行（图 5.21 中 1，此时照准部长水准管与 A 架腿平行），左手抓牢三脚架伸缩腿（A 架腿）固定螺丝上方的 1 根主杆（拇指紧贴伸缩腿顶部确保伸缩腿不能滑动），右手稍松该架腿的伸缩腿固定螺丝，然后将右手放在伸缩腿的顶端压住伸缩腿，左手提或压主杆使三脚架架腿升高或降低，使照准部长水准管气泡居中（伸缩架腿时应仔细，切勿摔了仪器），然后左手抓牢并控制住该三脚架架腿的滑动（拇指紧贴伸缩腿顶部确保伸缩腿不能滑动），右手拧紧该架腿的伸缩腿固定螺丝。

转动照准部 120°，使照准部长水准管的铅直投影与另一个三脚架架腿的铅直投影平行（图 5.21 中 2，此时照准部长水准管与 C 架腿平行），重复上述调整动作，使照准部长水准管气泡再次居中。

（6）脚螺旋严格整平。

具体方法同 5.3.2 的（4）。该动作称为"脚整"。

（7）平移经纬仪基座对中。

稍松经纬仪三脚架中心连接螺旋（只松一个螺距，保持中心连接螺旋与经纬仪始终连接在一起），一边在三脚架顶面上平移经纬仪基座（保持经纬仪基座与三脚架顶面间处于平移状态而非扭转状态。切勿扭转），一边通过光学对中器观察地面对中点的移动情况，使地面对中点位于光学对中器十字丝交点处（或对中圆的圆心位置），然后拧紧三脚架中心连接螺旋。该动作称为"推中"。

（8）"脚整"。

具体方法同 5.3.3 节（6）。

（9）"推中"。

具体方法同 5.3.3 节（7）。

不断重复"脚整""推中"动作，直到经纬仪又"对中"（误差小于 0.2mm）又"整平"（气泡偏离值不得大于半个刻划）为止。最后一个动作是"脚整"。

5.4　经纬仪水平角测量

经纬仪水平角测量方法很多，有测回法、方向法、全圆方向法、高斯全组合测角法等。土木建筑测量常用测回法，如图 5.22 所示。图 5.22 中欲测角为 OA 方向与 OB 方向间的水平角 β，则 O 为欲测角的顶点，为此，需要将经纬仪安置在 O 点上。由于经纬仪安置在 O 点上后一般是无法看到 A、B 点的，因此，必须通过一个工具将 A、B 点的铅垂线在实地标定出来（以便能被 O 点上经纬仪看到），这个工具就是测钎、花杆或觇标（图5.23）。为使目标醒目，人们常常在花杆的顶部绑上一面红白（或红黄）相间的小旗（称测旗）。花杆是一种圆形断面红白相间的直木杆，底端为一个圆锥状铁尖，铁尖的尖端（P）在花杆的中轴线（QT）上。将花杆铁尖放到 A（或 B）点上后立直花杆，则花杆的中轴线即为 A（或 B）点的铅垂线。花杆的长度一般为 1.5m、2m、3m。当花杆的长度不足竖立后无法被经纬仪看到时，人们就采用觇标标定目标点的铅垂线（GNSS 技术出现后

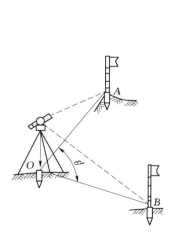

图 5.22　水平角观测现场布置示意

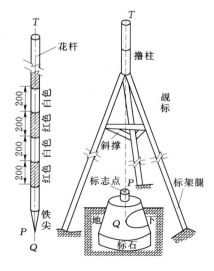

图 5.23　花杆与觇标

人们已不再新设置觇标）。测钎是用 $\varphi5mm$ 的高强、高碳钢丝加工而成的，先将钢丝冷拔抻直，然后在砂轮上将钢丝一端磨成圆锥状（同花杆铁尖），再利用台虎钳将钢丝的另一端弯曲成圆环状，测钎尖端通过测钎直杆部分的中轴线（图 5.24），测钎在工程定位中使用较多，其长度一般不超过 50cm。经纬仪水平角观测时瞄准目标读数前从望远镜中看到的影像如图 5.24 所示，瞄准目标后应观察视差（图 5.25）与消除视差（方法同水准测量，本书 3.2 节）。

5.4.1 经纬仪测回法测量水平角

如图 5.22 所示，用经纬仪进行水平角观测前必须先把仪器安置在欲测角的顶点，即测站地面标志点，图 5.22 中 O）上（安置方法见本书 5.3 节），另外两个点（A、B）上则铅直竖立花杆（或测钎），欲测水平角 β 时 OA 方向为后方向（称后视方向），OB 方向为前方向（称前视方向）。以下是测回法 1 个测回的测量过程。1 个测回是由 2 个半测回构成的，这 2 个半测回分别称为上半测回（采用盘左位置观测）和下半测回（采用盘右位置观测）。测量过程中务必记住"转动必先松制动"的基本操作规程，如要想转动照准部则必须先松开照准部制动螺旋后才能转动。

（1）上半测回测量。

1）O 点经纬仪瞄准 A 点，使经纬仪单线竖丝照准花杆（或测钎）中轴线，或使花杆（或测钎）中轴线位于双线竖丝中央，如图 5.24 所示，配置水平度盘读数（称配盘）。

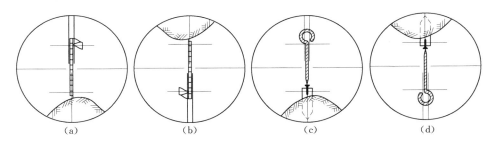

图 5.24 经纬仪水平角观测时瞄准目标
（a）正像仪器瞄准花杆；（b）倒像仪器瞄准花杆；（c）正像仪器瞄准测钎；（d）倒像仪器瞄准测钎

2）顺时针旋转经纬仪照准部 2 周再次瞄准 A 点（应注意观察并消除视差，方法同水准测量）后读取水平度盘读数 A_L（打开对应的度盘进光窗反光镜，旋转与仰俯反光镜使读数显微镜最明亮、最清晰，调节读数显微镜调焦螺旋，使度盘成像清晰，然后读取度盘读数）。若转过了头应再顺时针转回（不得逆时针转动）。

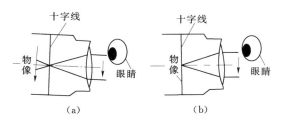

图 5.25 望远镜视差观察
（a）有视差现象 （b）无视差现象

3）继续顺时针旋转经纬仪照准部瞄准 B 点花杆（或测钎），注意消除视差后读取水平度盘读数 B_L。若转过了头也应再顺时针转回（不得逆时针转动）。至此，上半测回结束。

（2）下半测回。

1）经纬仪望远镜倒转 180°变盘右。

2）逆时针旋转经纬仪照准部 2 周半瞄准 B 点（花杆或测钎，注意消除视差）后读取水平度盘读数 B_R。若转过了头应再逆时针转回（不得顺时针转动）。

3）继续逆时针旋转经纬仪照准部瞄准 A 点（花杆或测钎，注意消除视差）后读取水平度盘读数 A_R。若转过了头也应再逆时针转回（不得顺时针转动）。至此，下半测回结束。

（3）一个测回的数据处理。

通过上半测回获得的水平角 β_L 为 $\beta_L = B_L - A_L$，通过下半测回获得的水平角 β_R 为 $\beta_R = B_R - A_R$，β_L 与 β_R 间的差值不超限为合格，否则应重测。若合格则一个测回的水平角 β_C 为 $\beta_C = (\beta_L + \beta_R)/2$。$\beta_L$ 与 β_R 间的差值 $\Delta\beta$ 限差对 2″级经纬仪为 9″，6″级经纬仪为 24″。

（4）测回法中一些问题的说明。

水平角测量过程中务必保持轴座固定螺旋处于顶紧轴座的状态。若 β 角需要测量 n 个测回，则重复 5.4.1 节（1）、（2）、（3）动作 n 次，每个测回观测时的不同点在于上半测回第一个动作中 [5.4.1 节（1）] 配盘值的不同，测量规定对第一个测回配盘值必须是 $0°0'uf''$（u、f 可为任意数字但 $u \neq 0$），其余相邻测回间的配盘值差值必须为（$180/n°+60/n'+60/n''$）。所谓"配盘"就是使瞄准方向的水平度盘读数等于一个设定值（可以是规范规定的，也可以是观测者想要的）。

如图 5.4 所示 DJ₂ 经纬仪的配盘方法是，先转动测微轮使如图 5.11 所示读数窗中的测微窗的分、秒值符合设定，再瞄准目标后打开经纬仪拨盘转轮（见）的护盖，用手拨动拨盘转轮，水平度盘读数就会随着手的拨动而不断变化，当水平度盘读数变化到配盘值后停止拨动，盖上经纬仪拨盘转轮护盖（观测中务必注意盖上护盖）。

如图 5.3 所示经纬仪的配盘方法是将复测卡搬上去，人随着照准部转动，当水平度盘读数变化到配盘值后停止拨动，通过照准部制、微动螺旋和测微轮的配合精确调出配盘值后将复测卡搬下来（此时，不管照准部怎样转动经纬仪的水平度盘读数始终不变），旋转照准部精确瞄准目标后再把复测卡搬上去。

n 个测回测量结束后会得到 n 个一测回水平角 β_C（为了区别测回可表达为 β_{Ci}），β_{Ci} 间的互差不超限为合格，否则应重测相应的超限测回。若合格则最终（n 个测回的）水平角值 β 为 $\beta = \sum \beta_{Ci}/n$。测回互差限差对 2″级经纬仪为 9″，6″级经纬仪为 24″。

5.4.2　经纬仪方向观测法测量水平角

方向观测法适用于观测 3 个以上的方向（图 5.26），其观测步骤与测回法基本相同，差别在于首先要选择一个距离适中、背景清晰的目标作为"零方向"（即配盘方向）（假设为 A），然后，从该方向开始顺次观测各方向，最后还要回到"零方向"上（称为归零）。如图 5.26 所示图形一个测回的观测过程如下。

（1）上半测回。

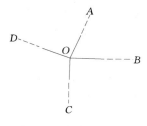

图 5.26　方向观测法的方向示意

1) O 点经纬仪瞄准 A 点，配置水平度盘读数（称配盘）。

2) 顺时针旋转经纬仪照准部 2 周再次瞄准 A 点后读取水平度盘读数 A_L。若转过了头应再顺时针转回（不得逆时针转动）。

3) 继续顺时针旋转经纬仪照准部依次瞄准 B、C、D、A 点后读取水平度盘读数 B_L、C_L、D_L、A_L'。若转过了头也应再顺时针转回（不得逆时针转动）。至此，上半测回结束。

（2）下半测回。

1) 经纬仪望远镜倒转 $180°$ 变盘右。

2) 逆时针旋转经纬仪照准部 2 周半瞄准 A 点后读取水平度盘读数 A_R。若转过了头应再逆时针转回（不得顺时针转动）。

3) 继续逆时针旋转经纬仪照准部依次瞄准 D、C、B、A 点后读取水平度盘读数 D_R、C_R、B_R、A_R'。若转过了头也应再逆时针转回（不得顺时针转动）。至此，下半测回结束。

（3）一个测回的数据处理。

A_L 与 A_L' 间（或 A_R 与 A_R' 间）的差值称为"半测回归零差"，限差见表 5.1。大家知道，盘左瞄准某方向读数为 L，变盘右需将望远镜倒转 $180°$，然后需照准部转动 $180°$ 后才能再次瞄准该方向获得盘右读数 R，故 L 和 R 是相差 $180°$ 的。即对同一方向（i）来讲，盘左、盘右读数相差 $180°$，亦即 $i_L = i_R \pm 180°$。同一方向（i）盘左、盘右读数的差值与 $180°$ 的差称为两倍照准误差（$2C$），即 $2C = i_L - (i_R \pm 180°)$。一个测回各方向 $2C$ 互差（即最大的 $2C$ 与最小的 $2C$ 间的差值）不能超过表 5.1 的规定。计算各方向的平均读数（以盘左为准，盘右值应相应 $\pm 180°$ 后再与盘左取平均）i 为 $i = [i_L + (i_R \pm 180°)]/2$。起始方向 A 的平均读数有两个，其差数在容许范围内时取其平均值作为最终的 A 方向平均读数 A_P。令最终的 A 方向平均读数为"零"，则各方向的平均读数 i 减去 A_P 即为归零后的方向值 i_0（称归零方向值）。沿顺时针相邻方向的前方向归零方向值减去后方向归零方向值即为两个方向间的顺时针水平角（不够减加 $360°$）。若该测回测量过程中有一项指标超过表 5.1 规定，则整个测回重测。若需要测量 n 个测回，则重复 5.4.2 节（1）、（2）、（3）动作 n 次，每个测回观测时的不同点在于上半测回第一个动作中 [5.4.2 节（1）] 配盘值的不同，第一个测回配盘值同样必须是 $0°0'uf''$（u、f 可为任意数字但 $u \neq 0$），其余相邻测回间的配盘值差值同样必须为（$180/n° + 60/n' + 60/n''$）。各测回同一方向的归零方向值互差（同一方向值各测回互差）不得超过表 5.1 的规定（若超限则重测相关超限测回），合格后，将各测回同一方向的归零方向值取平均得到该方向的最终归零方向值，利用各方向最终归零方向值相减得到的顺时针水平角为最终的水平角。

表 5.1　　　　　　　　　　　**水平角方向观测法各项限差**　　　　　　　　单位：（″）

项　　目	经纬仪精度等级		
	$\pm 1''$ 级	$\pm 2''$ 级	$\pm 6''$ 级
光学测微器两次重合读数差	1	3	—
半测回归零差	6	8	18
一测回内 $2C$ 互差	9	13	—
同一方向值各测回互差	6	9	24

5.4.3　经纬仪观测水平角时的注意事项

对中要尽量精确（特别对短边测角，对中要求应更加严格）；当观测目标间高低相差较大时应注意仪器的整平状态；照准标志（指花杆、测钎、橹柱）要竖立铅直；经纬仪瞄准时应尽量瞄准标志的底部；水平角观测过程中若水准管气泡偏离中央超过 2 格时应重新整平仪器，重新观测。

5.5　竖直角测量的工程意义

竖直角的观测方法也是测回法，根据竖直角观测时采用的十字丝测量位置又分三丝法和中丝法两种，测量中惯常采用的竖直角观测方法是中丝测回法。对测量来讲测量一个空间直线的竖直角是没有实际意义的，测量工作中测量一个空间直线的竖直角的目的是获得空间直线起终点间的高差（测量上称之为三角高程测量）。利用三角高程测量方法获得的高差不是正常高高差（即不同于水准测量测得的高差）。三角高程测量时经纬仪瞄准目标的影像如图 5.27 所示（即十字丝中丝近中央处切准目标的顶部），电子全站仪瞄准目标的影像如图 5.28 所示。

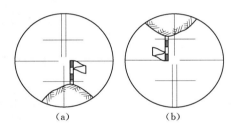

图 5.27　竖直角观测时经纬仪瞄准目标
(a) 正像仪器瞄准；(b) 倒像仪器瞄准

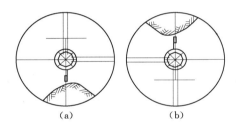

图 5.28　竖直角观测时全站仪瞄准目标
(a) 正像仪器瞄准；(b) 倒像仪器瞄准

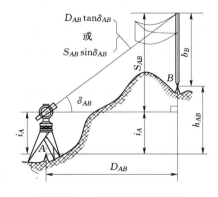

图 5.29　三角高程测量原理

如图 5.29 所示，测量竖直角时将经纬仪安置在起点 A 上（安置方法见本书 3.2 节），在终点 B 上铅直竖立一根花杆（竖立前先丈量花杆的长度 b_B，亦即竖立后的高度）。然后丈量经纬仪仪器高 i_A。经纬仪仪器高是指经纬仪望远镜旋转轴（横轴）与地面对中点 A 间的铅直距离。经纬仪瞄准目标 B（即十字丝中丝近中央处切准目标 B 花杆的顶部）获得如图 5.28 所示的竖直角 δ_{AB}。若 A、B 点间的水平距离 D_{AB} 已知则有 $b_B + h_{AB} = i_A + D_{AB} \tan\delta_{AB}$，即 A、B 点间的近似高差 h_{AB} 为

$$h_{AB} = i_A + D_{AB}\tan\delta_{AB} - b_B \tag{5.1}$$

同样，若斜距 S_{AB} 已知则有 $b_B + h_{AB} = i_A + S_{AB}\sin\delta_{AB}$，即 A、B 点间的近似高差 h_{AB} 为

$$h_{AB} = i_A + S_{AB}\sin\delta_{AB} - b_B \tag{5.2}$$

很显然，式（5.1）、式（5.2）既没有考虑水准面的弯曲，也没有考虑大气折射对竖

直角的影响，只有对式（5.1）、式（5.2）增加一个地球曲率与大气折光联合改正数 f 才能得到一个理论上比较精确的三角高程测量高差计算公式（但计算结果仍不是正常高高差，是一个非常接近正常高高差的高差），即

$$h_{AB} = i_A + D_{AB}\tan\delta_{AB} - b_B + f \tag{5.3}$$

$$h_{AB} = i_A + S_{AB}\sin\delta_{AB} - b_B + f \tag{5.4}$$

人们给出的三角高程测量地球曲率与大气折光联合改正数 f（简称两差改正）的近似计算公式为

$$f = c + \gamma = 0.43D_{AB}^2/R \tag{5.5}$$

式（5.5）中，R 为地球的平均曲率半径，$R = 6371000\text{m}$，地球曲率改正 $c = D_{AB}^2/(2R)$，大气折光改正 $\gamma = -0.14D_{AB}^2/(2R)$。

式（5.3）是经纬仪三角高程测量（普通三角高程测量）的高差计算公式，式（5.4）是电子全站仪三角高程测量的高差计算公式，此时花杆被反射棱镜代替。反射棱镜见图5.30。因式（5.5）是经验公式，人们在进行三角高程测量时大多采用对向观测（或叫直、反觇观测），即由 A 点观测 B 点，再由 B 点观测 A 点，通过取对向观测所得高差的平均值以抵消两差 f 的影响，因 $h_{BA} = i_B + D_{BA}\tan\delta_{BA} - b_A + f$，$h_{BA} = i_B + S_{BA}\sin\delta_{BA} - b_A + f$，故对向观测高差的最或然值 h'_{AB} 为 $h'_{AB} = (h_{AB} - h_{BA})/2$，两差改正 f 得以抵消。直、

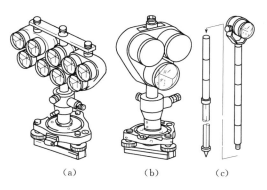

图 5.30　电子全站仪反射棱镜
（a）九棱镜组；（b）三棱镜组；（c）单棱镜

反觇观测可抵消 f 只是纸面上的，实际是不可能的。故三角高程测量的测量精度是不高的，工程建设中必须采用水准仪测量高差。

我国科技工作者经过几十年的大量野外试验给出了一个大气折射角 $\Delta\delta$ 的估算公式，即 $\Delta\delta = 0.1386S_{AB}(1 - \sin|\delta|)\rho''/(2R)$。若三角高程测量中的观测竖直角为 δ，则真实竖直角 δ' 应为 $\delta' = \delta - \Delta\delta$。比较合理的经纬仪三角高程测量（普通三角高程测量）高差计算公式应为 $h_{AB} = i_A + D_{AB}\tan\delta'_{AB} - b_B + D_{AB}^2/(2R)$，比较合理的电子全站仪三角高程测量高差计算公式应为 $h_{AB} = i_A + S_{AB}\sin\delta'_{AB} - b_B + D_{AB}^2/(2R)$。

研究大气折射问题必须了解大气的基本特征。标准大气（Standard Atmospheric）特征可概括为以下6个方面，即：大气干洁，竖直方向上化学组成不变，平均分子量 $\mu = 28.9644$（C12为标准）；具有理想气体的性质；标准海平面重力加速度 $g_0 = 9.80665\text{m/s}^2$；在平均海平面上温度 $T_0 = 15^\circ\text{C} = 288.15\text{K}$，气压 $P_0 = 1013.25$ 百帕（hPa）$= 1$ 大气压，因而该处空气密度为 1.225kg/m^3；处于流体静力平衡状态；在海拔11000m以下（对流层）时温度直减率每100m为 0.65°C，$11000 \sim 20000\text{m}$ 温度不变，为 -56.5°C，再向上到32000m温度直减率每100m为 -0.1°C。

5.6　经纬仪竖直角测量

如图 5.31 所示。经纬仪竖直角测量中丝法一个测回的具体观测步骤如下，以盘左照准目标 B 花杆（用十字丝中丝近中央处切准目标 B 花杆的顶部）后转动竖盘指标水准器微动螺旋使竖盘指标水准器气泡居中，读取竖盘读数 L（称"上半测回"）；将望远镜倒转 $180°$ 变盘右照准目标 B 花杆（用十字丝中丝近中央处切准目标 B 花杆的顶部）后，转动竖盘指标水准器微动螺旋，使竖盘指标水准器气泡居中，读取竖盘读数 R（称"下半测回"）。若经纬仪带竖盘指标水准器自动补偿装置，则在安置好经纬仪后应立即打开自动补偿装置工作钮（此时若转动经纬仪照准部可听到自动补偿装置工作时的轻微"滴答"声），竖直角测量结束后应马上关闭自动补偿装置工作钮（以保护自动补偿装置），然后才能卸仪器。带竖盘指标水准器自动补偿装置的经纬仪测量竖直角照准目标后可直接读取竖盘读数。若需要对竖直角测量 n 个测回则重复"上半测回""下半测回"动作 n 次。

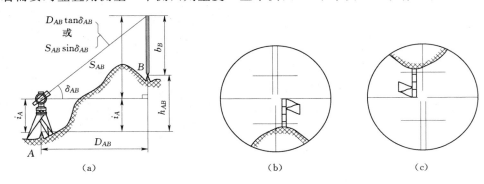

图 5.31　经纬仪竖直角观测

（a）工作现场；（b）正像经纬仪瞄准；（c）倒像经纬仪瞄准

光学经纬仪有两种竖盘结构：盘左仰角竖盘读数小于 $90°$ 的经纬仪，其天顶竖盘读数为零，称为"Ⅰ类经纬仪"；盘左仰角竖盘读数大于 $90°$ 的经纬仪，其天顶竖盘读数为 $180°$，称为"Ⅱ类经纬仪"。

一测回竖直角观测的数据处理方法如下。首先计算竖盘指标差 x，$x=(L+R-360°)/2$，然后根据竖盘结构选择竖直角计算公式，Ⅰ类经纬仪的竖直角计算公式为 $\delta=90°-L+x$，或 $\delta=R-270°-x$；Ⅱ类经纬仪的竖直角计算公式为 $\delta=L-90°-x$，或 $\delta=270°-R+x$。x 是盘左、盘右读数的公共误差，盘左、盘右读数减去 x 即为读数最或然值。

若对竖直角测量了 n 个测回则可计算出 n 个 δ（为了便于表达改写为 δ_i），n 个 δ_i 计算时的竖盘指标差不得超限，若超限则重测超限测回，若不超限则取平均值作为最终的竖直角 δ' 为 $\delta'=\sum\delta_i/n$。$2''$ 级经纬仪指标差变化容许值为 $\pm15''$，$6''$ 级经纬仪为 $\pm25''$。

所谓竖盘指标自动归零补偿装置就是当经纬仪稍有倾斜时，这种装置会自动调整光路使读数相当于水准管气泡居中时的读数，这时的指标差为零。竖盘自动归零补偿装置的基本原理与自动安平水准仪的补偿装置原理大致相同。补偿装置使用日久也会发生变动，因此观测竖直角前也需要对指标差进行检验，若发现指标差超限，可打开照准部支架上调节指标差的盖板，调整里面的两个调整螺丝，使读数窗指标对准正确的竖盘读数即可。

5.7 经纬仪的检验校正方法

经纬仪主要轴线（图 5.32）是照准部水准管轴 $L—L$、竖轴 $V—V$、望远镜视准轴 $C—C$、横轴 HH，经纬仪主要轴线应满足 4 个基本条件，即照准部水准管轴垂直于仪器的竖轴（$L—L⊥V—V$）、十字丝竖丝垂直于横轴、望远镜视准轴垂直于横轴（$C—C⊥H—H$）、横轴垂直于竖轴（$H—H⊥V—V$）。精度不高于 $2''$ 的经纬仪的检校应按以下顺序依次进行。

（1）各主要螺旋的检查与调整。

将仪器取出整置在脚架上，对仪器进行一般性检视，然后对仪器的各主要螺旋进行检查和调整。应检查 3 个脚螺旋松紧是否适度（脚螺旋过松则仪器基座稳定性差，仪器照准部旋转时还会使基座产生位移和偏转，从而给水平角观测结果带来系统误差。过紧则脚螺旋转动困难），脚螺旋松紧度不合适时可转动脚螺旋上的小调整螺旋直到脚螺旋松紧合适为止。脚架上的螺丝也要检查（它们应是固紧的不能稍有松动，否则会使脚架松动给观测带来影响），微动螺旋（包括水平微动螺旋、垂直微动螺旋、指标水准器微动螺旋）是与弹簧共同起作用的，使用微动螺旋过程中若微动螺旋旋入过多会使弹簧过分压缩，弹力过强；若旋入过少则弹簧过分伸张，弹力不足。上述两种情况都容易产生"后效"作用而给观测带

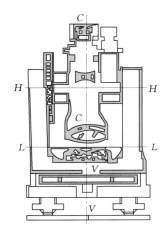

图 5.32 经纬仪的几何轴线

来误差。长期使用的仪器其微动螺旋的弹簧由于长期的压缩和锈蚀容易产生弹力不足问题，应注意检查其弹力，弹力不足应及时修理。

（2）照准部水准管轴应垂直于竖轴的检验和校正。

1）检验。将仪器大致整平，转动照准部使其水准管平行于两个脚螺旋的连线，转动该两个脚螺旋使气泡居中，然后将照准部转动 $180°$，若气泡仍居中则说明此条件满足。否则应进行校正。

2）校正。转动两个脚螺旋使气泡向中央移动偏离格数的一半，然后用校正针拨动水准管的校正螺丝使气泡居中（图 5.33）即可。此项校正须反复进行直到气泡居中后，再转动 $180°$ 时气泡偏离在一格以内为止。

有的仪器上装有圆水准器，校正圆水准器时可利用校正好的长水准管进行，利用校正好的长水准管严格整平仪器，若圆水准器不居中则可拨动其校正螺丝使圆水准泡居中即可。

（3）十字丝竖丝应垂直于横轴的检验和校正。

1）检验。用十字丝的交点精确瞄准远处一清晰目标点后制动水平制动和望远镜制动螺旋，再慢慢转动望远镜微动螺旋，若目标点始终沿着竖丝上下移动不离开竖丝则说明此条件满足，否则需校正。

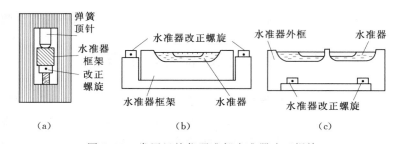

图 5.33 常用经纬仪照准部水准器改正螺旋

（a）侧立面校正机构；（b）顶面校正机构；（c）底面校正机构

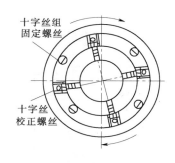

图 5.34 十字丝校正分划板

2）校正。旋下目镜分划板护盖，松开 4 个十字丝组固定螺丝（图 5.34），转动十字丝环使竖丝处于竖直位置，然后拧紧 4 个螺丝，旋上护盖即可。有些光学经纬仪没有十字丝固定螺丝（其利用十字丝校正螺丝把十字丝环与望远镜筒相连接），这类经纬仪可旋松相邻两个十字丝校正螺丝后转动十字丝环，直至竖丝处于竖直位置，再拧紧松开的螺丝，旋上护盖、完成校正工作。

（4）望远镜视准轴应垂直于横轴的检验与校正（视准误差 C 的检校）。

1）精度低于 $2''$ 的经纬仪的检校。安置仪器后使望远镜大致水平后盘左瞄准远处一目标点 P 后读取平盘读数 M_1、再盘右瞄准 P 点后读取平盘读数 M_2，若两次读数的差值正好等于 $180°$ 则 $C=0$（此条件满足），否则就需要校正。校正时应首先计算出视准误差 C，$C=[M_1-(M_2\pm180°)]/2$，再计算出 P 点的正确读数（盘左正确读数 $M_1'=M_1-C$，盘右正确读数 $M_2'=M_2+C$），然后旋转水平微动螺旋使盘右的水平度盘读数对准正确读数 M_2'（这时的十字丝交点会偏离目标点 P），继而拨动图 5.34 中的十字丝左右两校正螺旋（一松一紧，推动十字丝环左右移动）直到十字丝交点对准目标点为止。这项检校正往往也要反复进行（直到 C 小于规定值为止，$6''$ 级仪器 C 应不超过 $30''$）。

2）精度不低于 $2''$ 的经纬仪的检校。如图 5.35 所示，找一个长约 100m 的平坦地面，将仪器架设于中间 O 处并将其整平，先以盘左位置照准设于离仪器约 50m 的一点 A 固定照准部，然后将望远镜倒转 $180°$ 在 A 点的对面离仪器约 50m 处视线上标出一点 B_1（若视准轴垂直于横轴则 A、O、B_1 3 点必在同一直线上，此种

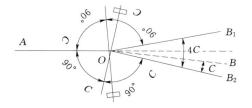

图 5.35 精度不低于 $2''$ 的经纬仪的 C 值检校

情况下，用同样方法以盘右照准 A 点再倒转望远镜后，视线也应落于 B_1 点上。若第二次的视线未落于 B_1 点而是落于另一点 B_2，即说明视准轴不垂直于横轴，需要进行校正）。从图 5.35 可以看出，如果视准轴与横轴不垂直而有一偏差角 C，则 $\angle B_1OB_2=4C$，将 B_1B_2 距离分为 4 等份后取最靠近 B_2 点的等分点 B 可近似地认为 $\angle BOB_2=C$，在照准部

不动的条件下将视线从 OB_2 校正到 OB 则视准轴垂直于横轴（由于视线是由物镜光心和十字丝交点构成的，所以校正的部位仍为十字丝分划板。先稍微旋松图 5.34 中上下两个校正螺旋，再拨动图 5.34 中十字丝左右两校正螺旋可使视准轴左右摆动。旋转校正螺旋时可先松一个再紧另一个，待校正至正确位置后应将两个螺旋旋紧、以防松动）。

（5）横轴应垂直于仪器竖轴的检验和校正。

1）检验。如图 5.36 所示，在距一高目标（如墙壁）20～30m 处安置经纬仪。盘左瞄准高处一点 P 后将望远镜下倾到大致水平位置后将十字丝交点标在墙上（如图 5.36 的 $P1$ 点），倒转望远镜再瞄 P 后再次放平望远镜在墙上标出另一点 $P2$，若 $P1$ 与 $P2$ 重合则此条件满足，否则需要校正。

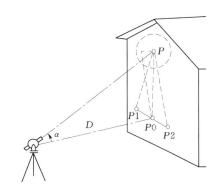
图 5.36　横轴垂直于竖轴的检验

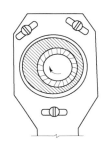
图 5.37　横轴支架偏心瓦示意

2）校正。在墙上量取 $P1$、$P2$ 的中点 $P0$ 后用十字丝交点对准 $P0$ 点，然后将望远镜向上仰视 P 点，因横轴不垂直视准轴故十字丝交点必然对不到 P 点上。此时用校正望远镜右支架的偏心轴环（图 5.37）升高或降低横轴的右端使十字交点精确对准 P 点即可。光学经纬仪横轴通常都是密封的，在仪器不摔伤的情况下均能满足此项条件，故使用时通常只需检验、不需校正。

（6）竖盘指标差的检验与校正。

1）检验。用盘左、盘右两个位置瞄准同一明显目标并使竖盘指标水准管气泡居中读取竖盘读数 L 和 R，然后用式 $x=(L+R-360°)/2$ 计算出 x 值，若 x 值超过限差则需要校正。

2）校正。经纬仪位置不动，盘右位置瞄准原目标点，用指标差 x 求得盘右正确读数 R'（$R'=R-x$），转动竖盘指标水准管微动螺旋使竖盘读数等于 R'，此时竖盘指标水准管气泡将不居中，用校正针拨动水准管校正螺丝使气泡居中即可。然后再照准另一明显目标进行观测重新计算指标差 x，若 x 已接近零则可不再校正；若 x 值还超限则应继续采

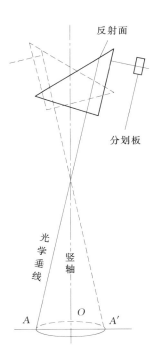
图 5.38　光学对点器检验

用上述方法进行校正（直至 x 小于限差为止）。

（7）光学对点器的检验与校正。

1）检验。安置仪器于平坦地面，将仪器架设在距地面 1.3～1.5m 处严格整平仪器，在仪器下安放一块小平板，用光学对点器中心在板上定出一点 A（图 5.38），然后使对点器绕竖轴旋转 180°再定出一点 A'，若 A 与 A' 重合则条件满足，否则应校正。

2）校正。求出 $A'A$ 连线的中点后调整转向棱镜的位置使刻划圈中心对准 O 点即可。

除了上述 7 项基本检校项目外，对精密光学经纬仪还应进行偏心差检校、照准部旋转误差检校、平盘分划误差检校、光学测微器行差测定、垂直微动螺旋使用正确性检验等内容。

5.8　角度测量注意事项

经纬仪或电子全站仪测角过程中，由于多种原因会使测量结果含有误差，研究这些误差产生的原因、性质和大小，减少其对测量成果的影响对于提高测量精度具有重要意义。根据观测经验，影响经纬仪或电子全站仪测角精度的因素主要有 3 类，即仪器误差、观测误差和外界条件影响。水平角测量观测目标高差较大时应注意整平问题，提高整平精度，边长较短时应特别注意减小目标的偏心（若观测目标有一定高度时应尽量瞄准目标的底部以减小目标偏心的影响），观测时对长边应特别注意选择有利观测时间（如阴天），且视线离障碍物应在 1m 以外，视线离地高度一般应大于 1m，观测时必须打伞保护仪器，仪器从箱子里拿出来后应放置半小时以上，使仪器适应外界温度后再开始观测。竖直角测量时竖盘指标水准管气泡居中误差应通过仔细操作、打伞、避免仪器局部受热等措施加以削弱，布点时应尽可能避免长边，视线应尽可能离地面高一些（大于 1m）并避免视线从水面上方通过，应尽可能选择对竖直角测量有利的观测时间进行观测，并采用对向观测方法以削弱其影响。

5.9　激光经纬仪与激光铅垂仪

图 5.39　激光电子经纬仪

激光经纬仪（Laser Theodolite）是指带有激光指向装置的经纬仪，激光经纬仪是将激光器发射的激光束导入经纬仪的望远镜筒内，使其沿视准轴方向射出，以此为准进行定线、定位和测设角度、坡度以及进行大型构件装配和划线、放样等。激光电子经纬仪（图 5.39）使用微型计算机技术完成测量、计算、显示、存储等多项功能，可用于较高精度的角度坐标测量和定向准直测量场合，[如大型船舶的制造（船体放样划线）、中小型水坝坝体位移测量，重型机器的床身校正（重型机器、大型设备的床身校准）、机件变形测量（大型机件的变形测量），港口、桥梁工程（港口、大型桥梁施工中的坐标指示与交会定位），大型管道、管线的铺设，隧道、井巷工程（特别是盾构法隧道施工），高层建筑施工（在电视塔、烟囱等中心建筑、高楼电梯的建筑安装工程施工中为确保建筑大厦的垂直度和各层放样精度，需要把基础轴线一层向上传递。应用激光经纬仪进行垂准测量是最方便的。可以有方便直观的激光指示垂准线的位置，从而提高作业工效），大型塔架、飞机机架安装，天顶方向的垂线测量、水准测量等]。大多数激光电子经纬仪的有效射程（白天）在 200m 左右、光斑大小在 5mm/100m 左右、激光束聚集时光斑中心与望远镜视准轴偏差≤5″。高层施工中，激光经纬仪可以用在高层建筑测量竖向轴线引测、基坑、楼地面抄平、电梯、大型垂直运输机械安装的控制测量及工作中发挥重要作用。在高层电梯安装轨道时，只需将激光经纬仪整平使竖盘水泡吻合，接上激光电源，激光束照准底部的基准点，然后将视准轴上仰，同时逐渐调节仪器焦距，使激光束在电梯井筒墙面经过一条清晰的轨迹，即为轨道的安装位置，施工人员可在不受光线的影响下，精确、迅速地记录下轨道位置。

激光铅垂仪（Laser Plummet Apparatus）也叫激光垂准仪（图5.40），它目前多利用半导体激光器（635nm，2级）作为激光对点器代替光学对中器，具有结构紧凑、设计稳定、操作简单、使用方便及密封、防尘等特点，可广泛应用于建筑施工、工程安装、工程监理、变形观测（比如高层建筑、电梯、矿井、水塔、烟囱、大型设备安装、飞机制造、造船等行业）。其一测回

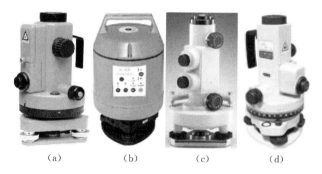

图 5.40　各种各样的激光垂准仪
(a) 中精度；(b) 傻瓜型；(c) 高精度；(d) 多功能型

垂直测量标准偏差一般在 1/40000 左右、度盘全圆（360°）4 等分、视准轴与竖轴同轴误差≤5″、激光光轴与视准轴同轴误差≤5″、激光光轴与视准轴同焦误差≤1 届光度、100m 处光斑直径≤6mm、激光测量距离白天≥120m（夜晚≥300）、仪器工作环境－10～＋40℃、放大倍数 25 倍、物镜有效口径 30mm、视场角 1°30′最短视距 1m、长水准器 20″/2mm、圆水准器 8′/2mm、对点误差（1.5m 以内）≤1mm。目前的激光铅垂仪多具备电子自动安平功能，能自动提供高精度的向上和向下的铅垂线，可自动进行超范围报警并配有红外遥控器可对仪器的所有功能实行遥控（遥控距离 30m），可同时向上和向下发射垂直激光（工作范围上下 150m），所以用户可很方便地从一个已知点找到它的垂直投影点，其上下对点精度在±2″左右，自动安平范围±3°。

思 考 题 与 习 题

1. 简述经纬仪的构造与测角原理。

2. 经纬仪的常见读数方法有哪些？如何读取？

3. 经纬仪安置的目的是什么？简述光学对中经纬仪的安置方法。

4. 简述经纬仪测回法测量水平角一测回的过程及数据处理方法。

5. 简述经纬仪方向观测法测量水平角一测回的过程及数据处理方法。

6. 竖直角测量的目的是什么？简述三角高程测量的原理及数据处理方法。

7. 简述经纬仪竖直角测量（中丝法）一测回的观测过程及数据处理方法。

8. 经纬仪的常规检校项目有哪些？

9. 角度测量的注意事项有哪些？

10. 用一台盘左仰角竖盘读数小于 90° 的经纬仪（即本书中的 Ⅰ 类经纬仪）对某点进行测量时一测回的竖盘盘左读数 $L = 86°23'48.9''$，竖盘盘右读数 $R = 273°36'04.7''$，试计算出其竖直角 δ。若假设上述 L、R 是采用盘左仰角竖盘读数大于 90° 的经纬仪（即本书中的 Ⅱ 类经纬仪）获得的观测读数，则竖直角 δ 的计算结果又会如何？

11. 激光经纬仪与激光铅垂仪的特点是什么？其应用领域有哪些？

第6章　电子经纬仪的构造与使用

6.1　电子经纬仪的特点及基本构造

6.1.1　电子经纬仪的特点

人类进入信息社会以来，智能化、自动化、数字化是重要的助推剂，如何实现测量作业仪器的智能化、自动化、数字化就成了测绘领域进入信息时代的重要风向标，于是，人们首先将在电子技术、计算技术基础上发展起来的数字测角技术应用到经纬仪上，实现了经纬仪的电子化，电子经纬仪应运而生，继而将电子经纬仪与电子测距仪集成诞生了现代测量的主流武器——电子全站仪。电子全站仪的出现为测量工作的自动化创造了有利条件。可以说，电子经纬仪是光学经纬仪向电子全站仪过渡的中间产品。电子全站仪出现后电子经纬仪和光学经纬仪开始逐渐淡出了人们的视野。

电子经纬仪的特点是测角精度高，能自动显示角度值，能自动记录、计算和储存数据，配有接口可把野外采集的数据输入计算机。电子经纬仪测角采用仍然是度盘，其特殊之处在于将角度这个模拟量转换为数字，并能在观测现场将角值以数字形式显示和储存。其原理是通过度盘取得光信号，再由光电信号转换为角值。根据取得信号方式的不同分为编码度盘测角和光栅度测角两种，按测角方式的不同又可分为绝对式、增量式和动态式3大类。

（1）编码度盘测角原理。

编码度盘为绝对式测角系统，即度盘的每一个位置都可读出绝对的数值。图6.1为一个纯二进制编码度盘的示意图，度盘的整个圆周被均匀地分为16个区间，从里到外有4道环（称为码道），称为四码道度盘。每个区间的码道黑色部分为透光区（或为导电区），白色部分为不透光区（或非导电区），各区间的各个码道透光（或导电）状态不同导致各区间由码道组成的状态也各不相同。里圈为高位数，外圈为低位数，设透光为1、不透光为0，或导电为1、不导电为0，则各区间的状态见表6.1，因此利用这种度盘就可以测量

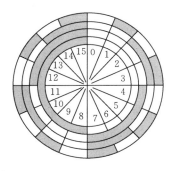

图6.1　纯二进制编码度盘

角度。若测角零方向a在区间1内，某照准方向b在区间8内，则所转过的6个区间所相应的角度值就是ab之间的夹角。由于这种度盘不管照准方向b停在什么位置（即不管是顺时针转动还是逆时针转动）都能给出ab之间的夹角，故这种测角方式称绝对式。识别照准方向落在那个区间是绝对式测角的关键设备。

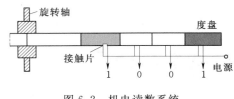

图 6.2　机电读数系统

编码度盘有机电读数系统和光电读数系统等类型。图 6.2 是机电读数系统示意，在度盘半径方向的直线上对每一码道设置 2 个接触片（一个为电源，另一个为输出），测角时设接触片固定不动，度盘随照准部旋转固定后接触片和度盘的某一区间相接触，由于黑色区间导电、白色区间不导电，在四个输出端就可得到某一区间 4 个码道的状态，对照表 6.1 就可知道图 6.2 为 9 区间，输出状态为 1001。若度盘旋转某一个角度，接触片的输出状态为 1110，则度盘 14 区间与接触片接触，那么 14 区间与 9 区间的夹角就是度盘转动的角度，由于各区间所相应的角度是已知的，角度方向值经处理运算就可以译码显示出来。

表 6.1　　　　　　　　　　　　**纯二进制度盘编码**

区间	0	1	2	3	4	5	6	7
编码	0000	0001	0010	0011	0100	0110	0111	0111
区间	8	9	10	11	12	13	14	15
编码	1000	1001	1010	1011	1100	1101	1110	1111

　　这种编码度盘所得到的角度分辨率 δ 与区间数 S 有关，而区间数 S 又取决于码道数 n，它们之间关系为 $S = 2n$、$\delta = 360°/S$。由此可知，图 6.1 这样的编码度盘的角度分辨率为 22.5°，如将编码道数增加到 9 则角度分辨率为 42.2′，可见这样的分辨率是不适用于精密测角的。要使达到分辨率 20″ 左右 n 应为 16。在度盘半径为 80mm、码道宽度 1mm 的条件下，最里面一圈的码道在一个区间的弧长将为 0.006mm。要制作这样小的接收元件非常困难，因此，电子经纬仪是用码道和各种细分方法结合进行读数的。美国早期生产的 HP-3820A 型全站仪采用 8 条码道读数、正弦光缝的 1/1000 电子细分读数、1/1000 光栅细分读数实现最小读数为 0.32″ 的目标。德国 Opton 厂早期生产的 Elta 二型全站仪把光学平行玻璃板测微机构与码盘读数结合起来得到了 0.65″ 的最小读数。

　　（2）光测度盘测角原理。

　　如图 6.3 所示，在光学玻璃上均匀地刻划出许多线条就构成了光栅，在玻璃圆盘的径向上刻线就形成了光栅度盘。将两块密度相同的光栅相叠并使它们的刻线相互倾斜一个很小角度，就会出现如图 6.4 所示明暗相间的条纹，称莫尔条纹。莫尔条纹有以下 3

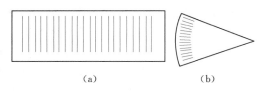

图 6.3　光栅及光栅度盘
（a）光栅；（b）光栅度盘

个特点：即两光栅之间的倾角越小条纹越粗，亦即相邻明条纹（或暗条纹）之间的间隔越大；在垂直于光栅构成的平面的方向上条纹亮度按正弦规律周期性变化；当光栅在水平 φ 方向移动时莫尔条纹会上下移动。光栅在水平方向上相对移动一条刻线，莫尔条纹就会在垂直方向上移动一周，即明条纹移动到上一条或下一条的明条纹的位置上，其移动量 Y 为 $Y = X\cot\varphi$，其中 Y 为条纹上下移动距离，X 为光栅水平相对移动距离，φ 为两光栅之间的夹角。由上述关系式可见，只要两光栅夹角小，则很小的光栅移动量会产生很大的条纹移动量。

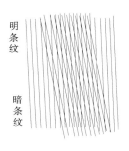 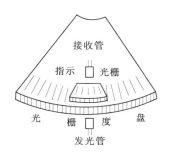

图 6.4 莫尔条纹   图 6.5 光栅度盘测角原理

图 6.5 中，下面为一反射式光栅度盘，上面是一个与光栅度盘形成莫尔条纹的指标光栅。若照明二极管与指示光栅固定，仪器照准归零方向后让仪器中计数处于 0°状态，那么在度盘随经纬仪照准部转动时，度盘每转动一条光栅则莫尔条纹就会移动一周期，通过莫尔条纹的光信号强度也会变化一个周期。因此，测角时通过光信号的周期数就是两个方向之间的光栅数。由于光栅之间的夹角已知，因此经过数据处理后就可显示出两个方向之间的夹角。这种测角方式测定的是光栅增加量，故被称增量式测角。

（3）动态测角原理。

如图 6.6 所示，瑞士威尔特厂（即今天的 Leica）早期生产的 T-2000 电子经纬仪采用的是具有旋转光栅的动态测角系统，其主要部件是一个旋转的玻璃度盘，度盘上总刻划数为 1024 条栅线，栅距分划值为 φ_0，其由一条反射带和一条空白带组成。另外，其还有用于扫描的固定光栅 L_S 和活动光栅 L_R 及电子部件，如图 6.7 所示。

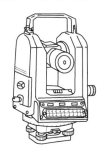 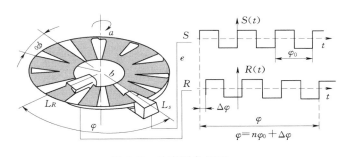

图 6.6 T-2000 电子经纬仪   图 6.7 动态测角原理

度盘旋转时每一等分划通过光栅 L_S 和 L_R 后产生 2 个信号 S 和 R，这 2 个信号是以时间函数代替度盘分划的。光栅 L_S 相当于普通经纬仪度盘的零位置，光栅 L_R 则相当于望远镜照准的方向，φ 即为所测量和显示的角度，亦即 L_S 和 L_R 间的夹角。

角度测量时，因为 φ_0 为一个栅距分划值，若度盘总刻划数为 N，则 $\varphi_0 = 2\pi/N$，任意角度 φ 可表示为 $\varphi = n\varphi_0 + \Delta\varphi$，其中 n 为正整数，$0 \leqslant \Delta\varphi < \varphi_0$。由上式可以看出，若测定了 n 和 $\Delta\varphi$ 则 φ 角即可算出。通常把对 $\Delta\varphi$ 的测定称为精测，n 的测定称为粗测。由于 φ 值的信息是通过信号 S 和 R 的相位关系获得，若 L_S 和 L_R 光栅位于同一位置或相隔 n 个完整的栅距分划值 φ_0，即信号 S 和 R 在相位上是一致的，则此时 S 和 R 之间所测定的相

位差为零，即 $\Delta\varphi$ 为零。若 L_S 和 L_R 错开一个不等于零的相位差 $\Delta\varphi$ 且 $\Delta\varphi$ 又由计时脉冲计数，则在已知一个脉冲所代表的角值情况下就可求得 $\Delta\varphi$ 的角度值。每一个栅距可测得一个 $\Delta\varphi$，度盘转 1 周则可测得 1024 个 $\Delta\varphi$，取其平均值即可求得不足整栅距分划值的角度值。为确定 n 值，在度盘同一径向内外缘设置了 2 个识别标志 a 和 b，度盘旋转 1 周从标志 a 通过 L_S 时计数器开始记录 φ_0 的个数，当标志 b 通过 L_R 时计数器停止计数，此时所计数值即为 φ_0 的个数 n。对水平度盘 L_S 与普通光学经纬仪零分划线一致，对竖直度盘 L_S 总是指向天顶，两度盘的 L_R 始终与望远镜方向一致，故称该系统也为绝对测角系统。待粗测、精测完成后即可由微处理进行衔接处理，从而得到完整的角度值测量成果。

6.1.2 典型电子经纬仪的构造特征

普通电子经纬仪的构造如图 6.8 所示，普通激光电子经纬仪的构造如图 6.9 所示。

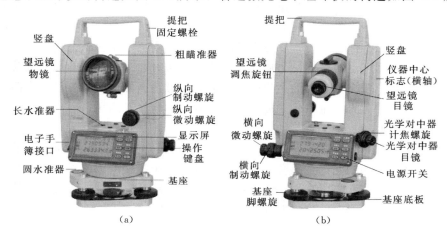

图 6.8 普通电子经纬仪的构造
（a）盘右正面；（b）盘右背面

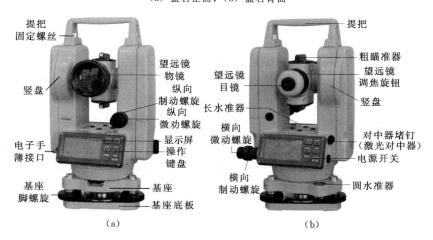

图 6.9 普通激光电子经纬仪的构造
（a）盘右正面；（b）盘右背面

仪器的开箱和存放应遵守相关规定。开箱时应轻放下仪器箱，让箱盖朝上，打开箱子的锁栓，开启箱盖，取出仪器。存放时应将望远镜垂直朝下（或朝上），使照准部与基座的装箱标记对齐，将仪器装箱标记朝上平卧放入箱中，轻轻旋紧垂直自动螺旋，盖好箱盖并关上锁栓。

电池装卸应遵守相关规定。取下电池盒时应按下电池盒顶部的按钮，顶部朝外向上将电池盒取出。安装电池盒时应先将电池盒底部凸起插入仪器上的凹槽中，按压电池盒顶部按钮，使其卡入仪器中固定归位。

应关注电池信息。电池充满电时可供仪器使用 8~10h。显示屏右下角的符号"电量"显示电池电量的消耗信息，"电量"及"电量"表示电量充足，可操作使用；刚出现"电量"信息时表示尚有少量电源，但应准备随时更换电池或充电后再使用；"电量"从闪烁到缺电关机大约可持续几分钟，此时应立即结束操作，更换电池并充电。

电池充电应遵守相关规定。电子经纬仪多使用 10A、NiMH 高能可充电电池，应采用 10A 专用充电器充电。充电时先将充电器接好 220V 的电源，电源红灯亮，从仪器上取下电池盒将充电器插头插入电池盒的充电插孔，充电器上的充电灯为红色表示正在充电，充电 6h 或充电灯转为绿色时表示充电结束，然后拔出插头。需要注意的是，如果电池放置不当就可能引起爆炸，应按用户手册规定处理已使用的电池。

取下机载电池盒时应遵守相关规定，每次取下电池盒时都必须先关掉仪器电源，否则容易损坏仪器。

充电过程应符合要求，尽管充电器有过充电保护回路，但过充电会缩短电池寿命，因此在电池充满电后应及时结束其充电；要在 0~+45℃ 温度范围内充电，超出此范围可能出现充电异常；禁止使用任何已经损坏的充电器或电池。

充电电池的存放应符合要求，充电电池可重复充电 300~500 次，电池完全放电会缩短其使用寿命；为更好地获得电池的最长使用寿命应保证每月充电 1 次；不要将电池存放在高温、高热或潮湿的地方，更不要将电池短路，否则会损坏电池。应根据当地的规定妥善处理电池，最好回收，务必不要将电池投入火中。

如图 6.10 所示，仪器与机座的拆卸应遵守相关规定，需要时仪器可从三角基座上卸下，先用螺丝刀松开基座锁定钮固定螺丝，然后逆时针转动基座锁定钮约 180°，即可使仪器与基座分离。仪器与机座的安装应遵守相关规定，将仪器的定向凸出标记与基座定向

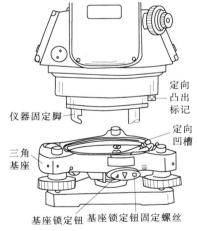

图 6.10 仪器与机座的拆卸和安装

凹槽对齐，把仪器上的 3 个固定脚对应放入基座的孔中，使仪器装在 3 个基座上，顺时针转动基座锁定钮约 180°，使仪器与基座锁定，再用螺丝刀将基座锁定钮固定螺丝旋紧。

6.1.3 典型电子经纬仪的键盘功能与信息显示

（1）电子经纬仪的键盘符号与功能。

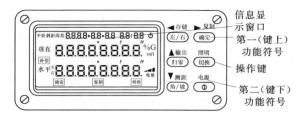

图 6.11　电子经纬仪的键盘与显示屏

如图 6.11 所示，电子经纬仪键盘通常具有一键双重功能，一般情况下仪器执行按键上所标示的第一（基本）功能，当按下【切换】键后再按其余各键则执行按键上方面板上所标示的第二（扩展）功能。

"存储【左/右】"键借助"←向黑三角"完成存储或左/右角转换功能。第一功能是显示左旋/右旋水平角的选择键，连续按此键两种角值会交替显示，长按（3s）后有激光对中器功能的仪器激光点亮起，再长按（3s）后熄灭。切换模式下按此键即执行第二功能"存储键"功能，当前角度闪烁 2 次，然后当前角度数据存储到内存中，在特种功能模式中按此键可使显示屏中的光标左移。

"复测【锁定】"键借助"→向黑三角"完成复测或锁定功能。第一功能是水平角锁定键，按此键两次可锁定水平角，再按一次则解除，长按（3s）后激光经纬仪的仪器的激光指向功能亮起、再长按（3s）后熄灭。第二功能是复测键，切换模式下按此键进入复测状态，在特种功能模式中按此键可使显示屏中的光标右移。

"输出【置零】"键借助"↑向黑三角"完成输出或置零转换功能。第一功能是水平角置零键，按此键两次水平角置零。切换模式下按此键执行第二功能"输出键"功能，输出当前角度到串口，也可以令电子手簿执行记录。其还具有"减量键"功能，在特种功能模式中按此键显示屏中的光标可向上移动或数字向下减少。

"测距【角/坡】"键借助"↓向黑三角"完成输出或置零转换功能。第一功能是竖直角和斜率百分比显示转换键，连续按此键交替显示。在切换模式下按此键执行第二功能"测距键"功能，按此键每秒跟踪测距一次，精度至 0.01m（连接测距仪时有效，连续按此键则交替显示斜距、平距、高差、角度）。其还具有"增量键"功能，在特种功能模式中按此键显示屏中的光标可向上移动或数字向上增加。

"照明【切换】"键的作用是切换照明。属于模式转换键，连续按键则仪器会交替进入一种模式，分别执行键上或面板标示功能。在特种功能模式中按此键可以退出或者确定。该键还是望远镜十字丝和显示屏照明键，长按（3s）切换开灯照明，再长按（3s）则关、闭照明。

"电源"键是电源开关键，按键开机，按键大于 2s 则关机。

（2）电子经纬仪的操作面板与操作键。

"存储【左/右】"第一功能是"水平角右旋增量或左旋增量"，第二功能"测量数据存储"。"复测【锁定】"第一功能是"水平角锁定"，第二功能是"重复测角测量"。"输出【置零】"第一功能是"水平角清零"，第二功能是"测量数据串口输出"功能。"测距【角/坡】"第一功能是"第二功能选择"，第二功能是"显示器照明和分划板照明"。"照明【切换】"第一功能是"竖直角/坡度角百分比"，第二功能是"斜/平/高距离测量"。"电源"键是电源开关。

（3）电子经纬仪的信息显示符号。

电子经纬仪液晶显示屏通常采用线条式液晶，常用符号全部显示时其位置如图 6.12

所示。中间两行各 8 个数位显示角度或距离观
测结果数据或提示字符串。左右两侧所示的符
号或字母表示数据的内容或采用的单位名称。
"垂直"是指竖直角，　"水平"是指水平角，
"水平、右"是指水平右旋（顺时针）增量，
"水平、左"是指水平左旋（顺时针）增量，
"斜距"是指斜距，　"平距"是指水平距离，

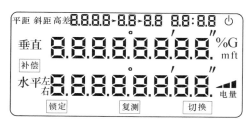

图 6.12　常用符号全部显示时的位置

"高差"是指高差，"补偿"是指倾斜补偿功能，"复测"是指复测状态，"％"是指斜率百
分比，"G"是指角度单位"格（gon）"，角度采用度及密位时无符号显示，"m"是指距
离单位为"米"，"ft"是指距离单位为"英尺"，"梯段状躺式直角三角形"是指电池电
量，"锁定"是指锁定状态，"圆加一竖半径图案"是自动关机标志，"切换"是指第二功
能切换。

（4）电子经纬仪的初始设置。

电子经纬仪通常有多种功能项目供选择以适应不同作业性质对成果的需要，因此，在
仪器使用前应按不同作业需要对仪器采用的功能项目进行初始设置。

1）设置项目。角度测量单位可选 360°、400gon、6400mil，出厂设为 360°。竖直角零
方向的位置可选水平为 0°或天顶为 0°，仪器出厂设天顶为 0°。自动断电关机时间可选
30min 或 10min，出厂设为 30min。角度最小显示单位可选 1″或 5″，出厂设为 1″。竖盘指
标零点补偿可选自动补偿或不补偿，出厂设为自动补偿，无自动补偿的仪器此项设置无
效。水平角读数经过 0°、90°、180°、270°象限时可选蜂鸣或不蜂鸣，出厂设为蜂鸣。下
激光对中强度等级出厂设置为 4，强度分 0、1、2、3、4 五档，有激光下对中仪器此项内
容选择有效。当前时间设置可酌情选择，出厂设置为当前时间、时间格式为"YYYY -
MM - DD - HH：MM"，即"年-月-日-小时：分钟"。

2）设置方法。按住【左/右】键打开电源开关，至 3 声蜂鸣后松开【左/右】键，仪
器进入初始设置模式状态，显示器第一行显示"LASER0"，第二行显示"11011110"并
闪烁，显示器第二行的 8 个数位分别表示初始设置的内容（图 6.13）。

按（左向黑三角形）或键（右向黑三角形），使闪烁的光标向左或向右移动到要改变
的数字位。按（下向黑三角形）或（上向黑三角形）键改变数字，该数字所代表的设置内
容在显示器上行以字符代码的形式予以提示。重复前述 2 步操作进行其他项目的初始设置
直至全部完成。设置完成后按【切换】键予以确认，然后仪器进入时间设置界面。时间格
式按【年-月-日-小时：分钟】设置，比如【2007 - 01 - 01 - 00：00】，然后按（左向黑三
角形）或（右向黑三角形）使闪烁的光标向左或向右移动到要改变的数字位。按（下向黑
三角形）或（上向黑三角形）键改变数字，该数字所代表的设置内容在显示器上行以字符
代码的形式予以提示。比如设置时间为【2007 - 01 - 01 - 00：00】首先设置年为 2007，此
时时间格式年对应的位置光标闪烁，通过按（下向黑三角形）或（上向黑三角形）键改变
数字，选择为 2007，其他月、日、小时、分钟的设置类似，秒值不用设置。设置完成后
按【切换】键予以确认，将新的时间设置存入仪器。设置完成后，一定要按【切换】键予
以确认，把设置存入仪器内，否则仪器仍保持原来的设置。

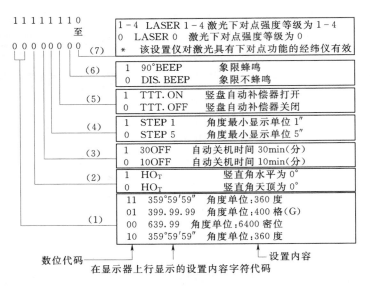

图 6.13 初始设置的内容

由于仪器在长期的使用过程中可能出现实时时钟电池的意外断电或电量不足，并会造成此时显示的时间可能和当前实际时间相差较大。另外，按前面所述方法设置时间非常不方便，如由于某种意外情况会导致当前的年份显示为 1234，而实际年份却是 2007，显然用前面介绍的方法来设置非常麻烦，此时可在时间设置界面中长按【左/右】键超过 5s，仪器将自动将时间初始化为 2007－01－01－00：00，然后在这个时间的基础上再用前面的方法设置就方便多了。有激光对中的仪器激光点强度设置出厂前已经设置为 4，表示激光点强度最大，用户可适当调小。用户调整激光点强度的时候最好不要将其强度调为 0，否则在测量主界面里即使打开了对中功能，但由于其强度为 0 也还是相当于没打开，也就是说设置时强度设置成 0 后就相当于仪器禁用了对中功能。

6.2　电子经纬仪的测量准备工作

6.2.1　电子经纬仪的安置、对中和整平

1）安置三脚架和仪器。应选择坚固地面放置脚架的三脚，应架设脚架头至适当高度以方便观测操作。将垂球挂在三脚架的挂钩上，使脚架头尽量水平地移动脚架位置并让垂球粗略对准地面测量中心，然后将脚尖插入地面使其稳固。检查脚架各固定螺丝固紧后，将仪器置于脚架头上并用中心连接螺丝联结固定。

2）使用光学对中器对中。调整仪器三个脚螺旋使圆水准器气泡居中。通过对中器目镜观察，调整目镜调焦螺旋，使对中分划标记清晰。调整对中器的调焦螺旋，直至地面测量标志中心清晰并与对中分划标记在同一成像平面内。松开脚架中心螺丝（松至仪器能移动即可），通过光学对中器观察地面标志，小心地平移仪器（勿旋转），直到对中十字丝（或圆点）中心与地面标志中心重合。再调整脚螺旋使圆水准器的气泡居中。再通过光学

对中器观察在面标志中心是否与对中器中心重合，否则应重复前面两步操作，直至重合为止。确认仪器对中后将中心螺丝旋紧固定好仪器。仪器对中后不要再碰三脚架的 3 个脚以免破坏其位置。

3）使用激光对中器对中。仅对有激光对中功能的仪器有效。过程如下，即调整仪器3 个脚螺旋使圆水准器气泡居中。按住【左/右】键 3s 以上，激光对中器点亮。松开脚架中心螺丝（松至仪器能移动即可），通过观察激光光斑点与地面标志，小心地平移仪器（勿旋转），直到激光光斑的中心与地面标志中心重合。再次调整脚螺旋使圆水准器的气泡居中。再次观察地面标志中心是否与激光光斑中心重合，否则应重复前面两步操作直至重合为止。确认仪器对中后将中心螺丝旋紧固定好仪器。按住【左/右】键 3s 以上，激光对中器熄灭。仪器对中后不要再碰三脚架的 3个脚以免破坏其位置。

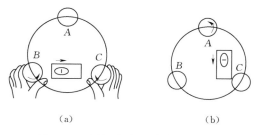

（a）　　　　　　　　　（b）

图 6.14　用长水准器精确整平仪器
（a）双螺旋调中；（b）转 90°单螺旋调中

4）用长水准器精确整平仪器。如图 6.14 所示，旋转仪器照准部让长水准器与任意两个脚螺旋连线平行，调整这两个脚螺旋，使长水准器气泡居中。调整两个脚螺旋时旋转方向应相反。将照准部转动 90°，用另一脚螺旋使长水准器气泡居中。重复前面两步操作，使长水准器在该两个位置上气泡都居中。在开始位置将照准部转动 180°，如果气泡居中且照准部转动至任何方向气泡都居中则长水准器安置正确且仪器已整平，若气泡不居中则应校正长水准器，校正方法本章后面有详细介绍。整平时应注意观察脚螺旋旋转方向与气泡移动方向的关系。

6.2.2　电子经纬仪望远镜的目镜调整和目标照准

1）目镜调整。方法是取下望远镜镜盖。将望远镜对准天空，通过望远镜观察，调整目镜螺旋，使分划板十字丝最清晰。

观察目镜时眼睛应放松，以免产生视差和眼睛疲劳。当光亮度不足难以看清十字丝时应长按【切换】键照明。

2）目标照准。方法是用粗瞄准器的准星对准目标。调整望远镜调焦螺旋直至看清目标。旋紧横向与纵向制动螺旋，微调两微动螺旋将十字丝中心精确照准目标，眼睛左右上下轻微移动观察，若目标与十字丝两影像间有相对移位现象，则应再微调望远镜调焦螺旋，直至两影像清晰且相对静止时为止。

通常对较近目标调焦时应顺时针转动调焦螺旋，较远目标则应逆时针方向旋转。若视差未调整好会歪曲目标与十字丝中心的关系，从而导致观测误差。用微动螺旋对目标作最后精确照准时应保持螺旋顺时针方向旋转，如果转动过头最好返回再重新按顺时针方向旋转螺旋进行照准。即使不测竖直角也应尽量用十字丝中心位置照准目标。

6.2.3　电子经纬仪打开或关闭电源

打开或关闭电源借助按键式电源开关进行。如图 6.15 所示，按住【电源】键至显示屏显示全部符号，电源打开。2s 后显示出水平角值，即可开始测量水平角。按【电源】

键大于 2s 至显示屏显示 OFF 符号后松开，显示内容消失，电源关闭。开启电源显示的水平角为仪器内存的原角值，若不需要此值时可用"水平角置零"。若设置了"自动断电"功能，30min 或 10min 内不进行任何操作仪器会自动关闭电源并将水平角自动存储起来。

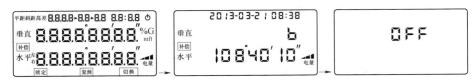

图 6.15　打开或关闭电源

6.2.4　电子经纬仪指示竖盘指标归零（垂直置零）

如图 6.16 所示，开启电源后如果显示"b"，提示仪器的竖轴不铅直，将仪器精确置平后"b"消失。仪器精确置平后开启电源，直接显示竖盘角值。当望远镜通过水平视线时将指示竖盘指标归零，显示出竖盘角值。仪器可以进行水平角及竖直角测量。采用了竖盘指标自动补偿归零装置的仪器，当竖轴不铅直度超出设计规定时竖盘指标将不能自动补偿归零，仪器显示"b"，将仪器重新精确置平，待"b"消失后仪器方恢复正常。若设置了"自动断电"功能，30min 或 10min 内不进行任何操作，仪器会自动关闭电源并将水平角自动存储起来。

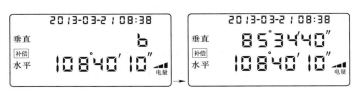

图 6.16　指示竖盘指标归零

6.3　电子经纬仪的基本测量方法

6.3.1　盘左/盘右观测

如图 6.17 所示，"盘左"是指观测者用望远镜观测时竖盘在目镜的左边。如图 6.18 所示，"盘右"指的是观测者用望远镜观测时竖盘在目镜的右边。取盘左和盘右读数的平均数作为观测值可有效消除仪器相应的系统误差对成果的影响。因此，在进行水平角和竖

图 6.17　盘左观测　　　　图 6.18　盘右观测

直角观测时，要在完成盘左观测之后纵转望远镜180°再完成盘右观测。

6.3.2 水平角置"0"（置零）

将望远镜十字丝中心照准目标 A 后按【置零】键两次，即可使水平角读数为"0°00′00″"。如：照准目标 A，水平角显示为【50°10′20″】→按两次【置零】键→显示目标 A 水平角为【0°00′00″】。【置零】键只对水平角有效。除已锁定【锁定】键状态外，任何时候水平角均可置"0"。若在操作过程中误按【置零】键，只要不按第二次就没关系，当鸣响停止便可继续以后的操作。

6.3.3 水平角与竖直角测量

设置水平角右旋与竖直角天顶为0°。顺时针方向转动照准部（水平右）以十字丝中心照准目标 A，按两次【置零】键，目标 A 的水平角度设置为0°00′00″，作为水平角起算的零方向。照准目标 A 时的具体步骤及显示如图 6.19 所示。顺时针方向转动照准部（水平右），以十字丝中心照准目标 B 时显示如图 6.20 所示。

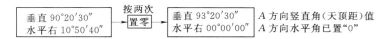

图 6.19 右旋照准目标 A 时的显示

| 垂直 91°05′10″
水平右 50°10′20″ | B 方向竖直角（天顶距）值
AB 方向间右旋水平角值 | | 垂直 91°05′10″
水平左 309°49′40″ | B 方向竖直角（天顶距）值
AB 方向间左旋水平角值 |

图 6.20 右旋照准目标 B 的显示　　　　　图 6.21 左旋照准目标 B 的显示

按【左/右】键后，水平角设置成左旋测量方式。逆时针方向转动照准部（水平左），以十字丝中心照准目标 A，按两次【置零】键将 A 方向水平角置"0"。步骤和显示结果与 6.3.3 的 A 目标相同。逆时针方向转动照准部（水平左），以十字丝中心照准目标 B 时显示如图 6.21 所示。

6.3.4 水平角锁定与解除（锁定）

观测水平角过程中若需保持所测（或对某方向需预置）水平角时按【锁定】键两次即可。水平角被锁定后显示"锁定"符号，再转动仪器水平角也不发生变化。当照准至所需方向后再按【锁定】键一次解除锁定功能，此时仪器照准方向的水平角就是现锁定的水平角值。【锁定】键对竖直角或距离无效。若在操作过程中误按【锁定】键，只要不按第二次就没有关系，当鸣响停止便可继续以后的操作。

6.3.5 水平角象限鸣响设置

设置方法是照准定向的第一个目标，按【置零】键 2 次，使水平角置"0"。将照准部转动约90°至有鸣响时停止，显示【89°59′20″】。旋紧横向制动螺旋，用微动螺旋使水平读数显示为【90°00′00″】，用望远镜十字丝确定象限目标点方向。用同样的方法转动照准部确定180°、270°的象限目标点方向。当读数值经过0°、90°、180°、270°各象限时蜂鸣器鸣响，鸣响从上述值±1′范围开始至±20″范围停止。鸣响可以在初始设置中取消。

6.3.6　竖直角的零方向设置

竖直角作业开始前就应依作业需要而进行初始设置，可选择天顶方向为 0° 或水平方向为 0°。方法参阅前面介绍的初始设置说明，设置的两种竖盘结构如图 6.22 所示。

6.3.7　天顶距与竖直角的测量

1）天顶距测量。若竖直角选择天顶方向为 0°，则测得（显示）的竖直角 V 为天顶距，如图 6.23 所示。天顶距 $=(L+360°-R)/2$，指标差 $=(L+R-360°)/2$。

2）竖直角测量。若竖直角选择水平方向为 0°，则测得（显示）的竖直角 V 为竖直角，如图 6.24 所示。竖直角 $=(L\pm180°-R)/2$，指标差 $=(L+R-180°$ 或 $540°)/2$。

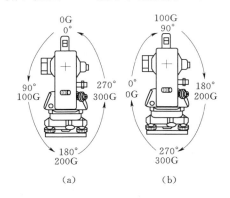

图 6.22　设置的两种竖盘结构
（a）天顶方向为 0°；（b）水平方向为 0°

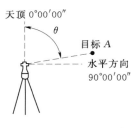

图 6.23　天顶距测量
θ—天顶距

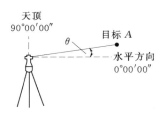

图 6.24　竖直角测量
θ—竖直角

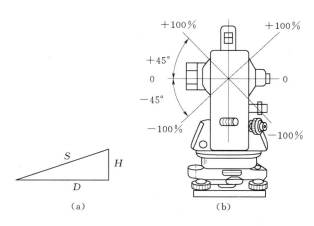

图 6.25　斜率百分比
（a）斜率关系；（b）望远镜的斜率位置

若指标差 i 超过 $16''$，则应按本书后面介绍的方法进行检验与校正。

6.3.8　斜率百分比测量

如图 6.25 所示，斜率百分比应在测角模式下测量。竖直角可转换成斜率百分比。按【角/坡】键，显示器交替显示竖直角和斜率百分比。斜率百分比值 $=(H/D)\times100\%$。斜率百分比范围从水平方向至 $\pm45°$（$\pm50G$），若超过此值则仪器显示斜率值超限 EEE.EEE%。

6.3.9　重复角度测量

重复角度测量应依序进行。首先开机使仪器处于测量角度模式，然后依次进行以下 10 步操作。即按下【切换】键；按下【复测】键，仪器置于复测模式；照准第一目标 A；按下【左/右】键，将第一目标读数置为 $0°00'00''$；用横向制动螺旋和微动螺旋照准第二目标 B；按下【锁定】键，将水平角保持并存入仪器中；用横向制动螺旋和微动螺旋再次照准目标 A；按下【左/右】键，将第

一目标读数置为 $0°00'00''$；用横向制动螺旋和微动螺旋再次照准目标 B；按下【锁定】键，将水平角保持并存入仪器。这时显示出角度平均值。重复前述第 6 到第 10 步的步骤可进行所需要的复测次数的测量。测量完成后按下【切换】键退出复测模式。相关原理如图 6.26 所示，相关显示如图 6.27 所示。

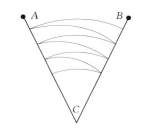

图 6.26 重复角度测量原理

在复测模式时复测次数应该限定在 8 次以内，超过 8 次将自动退出复测模式。再次进行复测时对准目标应从第 3 步开始。不要忘记按下【切换】键退出复测模式，返回测角模式。

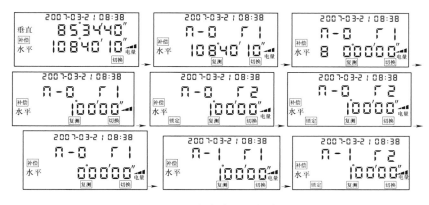

图 6.27 重复角度测量相关显示

6.3.10 角度输出功能

开机进入测角模式后先按【切换】键进入第二功能选择模式，然后按【输出】键选择输出当前角度到串口或电子手簿（波特率设置为 1200），输出成功后仪器会显示 "----" 1s，表示仪器已经将当前角度输出到了串口或电子手簿。

6.3.11 角度存储功能

开机进入测角模式后先按【切换】键进入第二功能选择模式，然后按【存储】键选择存储角度，此时，当前角度将闪烁两次，表示将当前角度存入了内存中。如果想再次存储角度，调整好角度后，再次按【存储】键即可。

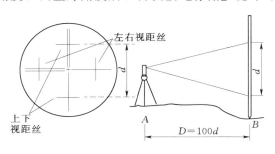

图 6.28 望远镜测距丝测距

如果想查看存储下来的角度数据，可参看本章 6.4 节介绍的内存功能。电子经纬仪通常一般只提供 256 组（512 个，一组角度包括 1 个竖直角和 1 个水平角）角度数据，存储的角度组数超过 256 时仪器将在界面中显示 "FULL." 提示用户存储区已满，此时就应该由用户手动清除存储区了才能重新存储，具体可参看本章 6.4 节介绍的内存功能。

6.3.12 望远镜测距丝测距

利用望远镜分划板上的视距丝（上下或左右视距丝）可测量目标与仪器间的距离，测量精度不超过 $0.4\% D$。如图 6.28 所示，方法是将仪器安置在 A 点，标尺竖立（平放）在目标 B 点；读出分划板在上下或左右两视距丝在标尺上的截距 d；AB 两点之间的水平距离 $D=100d$。此种测距精度不是很高，不可用此法测高精度的距离。

6.4 电子经纬仪的内存功能

6.4.1 查看仪器电子序列号

查看仪器电子序列号应依序进行操作。即按住【切换】键，然后按【电源】键开机，蜂鸣 3 下后进入仪器内存查看界面，主界面里显示的是仪器电子序列号，此号码应该与机身上所印制的号码一致，比如图 6.29 所示显示的序列号为 T53056，用户应仔细核对以确保用户利益受到保护。按【切换】键退出内存查看界面。

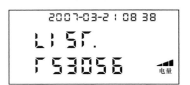

图 6.29 显示屏显示的序列号

6.4.2 查看内存角度数据

如图 6.30 所示，查看内存角度数据应依序进行操作。即按住【切换】键，然后按【电源】键开机，蜂鸣 3 下后进入仪器内存查看界面。按【角/坡】键，显示内存模式中的角度数据，N.000 表示内存中无角度数据。如果显示 N.001 表示内存中有角度数据，此时可以用左向黑三角形或右向黑三角形来选择查看内存中的角度，用上向黑三角形或下向黑三角形来选择第二行显示的是竖直角或水平角，图 6.30 表示这是内存中的第 4 组竖直角数据。按【切换】键退出内存角度查看界面，回到查看仪器序列号界面，再次按【切换】键退出内存查看模式，返回正常测角状态。

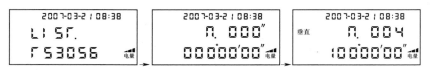

图 6.30 查看内存角度数据

6.4.3 清除内存角度数据

按本书 6.4.2 节中查看内存角度数据的步骤进入后，在查看角度的界面中长按下向黑三角形键超过 5s，蜂鸣 3 下，同时界面上出现 CLEAR，表示内存中的角度数据清空了。电子经纬仪内存中通常最多存储 256 组共 512 个角度数据，存储区满后系统会提示内存已满，此时用户就应该将有用的角度通过串口发出，然后自己手动清除内存。

6.4.4 向串口发送内存数据

按本书 6.4.2 节中查看内存角度数据的步骤进入后，每次按左向黑三角形、右向黑三角形或下向黑三角形、上向黑三角形查看内存中的角度数据时，串口同时都输出了该角度

（第二行瞬间显示"—"表示串口输出了当前角度，可以通过串口精灵之类的串口工具查看，波特率设置为9600）。

另外，电子经纬仪通常也提供了将内存中的所有角度数据一次输出到串口的功能。可按本书6.4.2节中查看内存角度数据的步骤进入后，在查看角度的界面中长按上向黑三角形键超过5s，蜂鸣3下，表示内存中所有的角度数据开始发送到串口，波特率设置为9600，发送时间由内存中的角度个数决定。

内存中的单个角度发送到串口中的格式为当前角度＋0×0D＋0×0A。内存中所有角度发送到串口的格式为"竖直角＋0×0D＋0×0A＋水平角＋0×0D＋0×0A"。角度是按照内存中角度存储的顺序发送的，即存储的最早的数据（内存中的第一组数据）最先发送。

6.5　电子经纬仪的其他功能

6.5.1　电子经纬仪的激光指向功能

电子经纬仪的激光指向功能仅对激光经纬仪有效。激光经纬仪的特点是在望远系统中增加激光系统，在望远镜中激光光斑与望远镜的十字丝重合又可视且与望远镜成像同步作为可见视准线，其可方便地应用在各种工程施工中。

1）激光指向的打开与关闭。长按（超过3s）【锁定】键激光被点亮；再长按（超过3s）【锁定】键激光被关掉。

2）激光指向。旋转望远镜调焦手轮看清目标，当激光点亮后，十字丝的中心就是激光光点的中心，此时激光光斑最小也最亮。当光线昏暗时应先瞄目标，后点亮激光，否则无法看清目标。

使用激光指向功能时应注意安全。激光对人眼有伤害，切勿用眼睛直接观看激光光源。

6.5.2　电子经纬仪与电子手簿的连接

电子经纬仪及激光电子经纬仪通常都有一个数据输入输出接口，可用仪器配套电缆与配套电子手簿连接，以便将仪器观测数据输入电子手簿进行记录。

6.6　电子经纬仪的检验与校正

6.6.1　长水准器的检验与校正

1）检验。方法可参考本书6.1.1节中的"用长水准器精确整平仪器"。

2）校正。校正应依序进行，即在检验位置若长水准器的气泡偏离了中心，先用与长水准器平行的脚螺进行调整，使气泡向中心移近一半的偏离量。剩余的一半用校正针对水准器校正螺丝进行调整。将仪器旋转180°检查气泡是否居中，如果气泡仍不居中则应重复上述步骤直至气泡居中。将仪器旋转90°用第3个脚螺旋调整气泡居中，重复检验与校正步骤直至照准部转至任何方向气泡均居中为止。

6.6.2　圆水准器的检验与校正

1）检验。长水准器检校正确后，若圆水准器气泡也居中就不必校正。

2）校正。若水泡不居中则用校正针或内六角扳手调整气泡下放的校正螺丝使气泡居中。校正时应先松开气泡偏移方向对面的校正螺丝（1 或 2 个），然后拧紧偏移方向的其余校正螺丝使气泡居中。气泡居中时 3 个校正螺丝的紧固力均应一致。

6.6.3　望远镜分划板倾斜的检验与校正

1）检验。检验应依序进行，即整平仪器后在望远镜视线上选定一目标点 A，用分划板十字丝中心照准 A 并固定横向和纵向制动螺旋。转动望远镜纵向微动螺旋，使 A 点移动至视场的边沿（A'点）。若 A 点是沿十字丝的竖丝移动，即 A' 点仍在竖丝之内的，则十字丝不倾斜、不必校正。如图 6.31 所示，若 A' 点偏离竖丝中心，则十字丝倾斜，需对分划板进行校正。

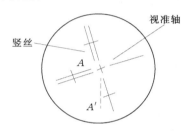

图 6.31　望远镜分划板检校

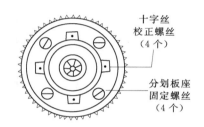

图 6.32　分划板座

2）校正。校正应依序进行，即首先取下位于望远镜目镜与调焦螺旋之间的分划板座护盖，便看见四个分划板座固定螺丝（图 6.32）。用螺丝刀均匀地旋松该 4 个固定螺丝，绕视准轴旋转分划板座，使 A' 点落在竖丝的位置上。均匀地旋转紧固螺丝，再用上述方法检验校正结果。将护盖安装回原位。

6.6.4　视准轴与横轴垂直度（2C）的检验与校正

1）检验。检验应依序进行，即在距离仪器同高的远处设置目标 A，精确整平仪器并打开电源。在盘左位置将望远镜照准目标 A，读取水平角，比如水平角 $L=10°13'10''$。松开纵向及横向制动螺旋纵转望远镜，旋转照准部盘右照准同一 A 点并读取水平角，比如水平角 $R=190°13'40''$，照准前应旋紧横向及纵向制动螺旋。$2C=L-(R\pm180°)=-30''$，$2C$ 超过 $20''$ 需校正。

2）校正。校正应依序进行，即用横向微动螺旋将水平角读数调整到消除 C 后的正确读数，比如 $R+C=190°13'40''-15''=190°13'25''$。取下位于望远镜目镜与调焦螺旋之间的分划板座护盖（图 6.32），调整分划板水平左右两个校正螺丝，先松一侧后紧另一侧的螺丝，移动分划板使十字丝中心照准目标 A。重复检验步骤，校正至 $2C$ 不超过 $20''$ 符合要求为止。将护盖安装回原位。

6.6.5　竖盘指标零点自动补偿

1）检验。竖盘采用了电容式指标零点自动补偿装置的仪器，指标零点是否能自动补偿，可用下述简要方法检验。检验应依序进行，即安置和整平仪器后，使望远镜的指向和仪器中心与任一脚螺旋（X）的连线相一致，旋紧横向制动螺旋。开机后指示竖盘指标零点，旋紧纵向制动螺旋，仪器显示当前望远镜指向的竖直角值。朝一个方向慢慢转动脚螺旋（X）至10mm（圆周距）左右时，显示的竖直角由相应随着变化到消失出现"b"信息，表示仪器竖轴倾斜已大于$3'$，超出竖盘补偿器的设计范围。当反向旋转脚螺旋复原时，仪器又复现竖直角（在临界位置可反复实验观其变化），表示竖盘补偿器工作正常。

2）校正。当发现仪器补偿失灵或异常时应送厂检修。

有些电子经纬仪没有竖盘指标零点自动补偿装置，测量竖直角读数前必须调整竖盘指标水准器使其居中。

6.6.6 竖盘指标差（i角）和竖盘指标零点设置

该项检验工作应在完成6.6.3节和6.6.5节的检验项目后进行。

1）检验。检验应依序进行，即安置整平好仪器后开机，将望远镜照准任一清晰目标得竖直角盘左读数L。纵转望远镜再照准A得竖直角盘右读数R。若竖直角天顶为$0°$则$i=(L+R-360°)/2$；若竖直角水平为$0°$则$i=(L+R-180°)/2$或$(L+R-540°)/2$。若i超过$16''$则需对竖盘指标零点重新设置。

2）校正（竖盘指标零点设置）。校正应依序进行，即整平仪器后，按住【置零】键开机，三声蜂鸣后松开按键，显示图6.33界面。转动仪器精确照准与仪器同高的远处任一清晰稳定目标A，按【置零】键，显示图6.34界面。

垂直 90°20′30″
补偿 SET－－1

垂直 90°20′30″
补偿 SET－－2

图 6.33 界面 1　　　　图 6.34 界面 2

纵转望远镜，盘右精确照准同一目标A，按【置零】键，设置完成，仪器返回测角模式。重复检验步骤重新测定指标差（i）。若指标差仍不符合要求则应检查校正（指标零点设置）的最前面的3个步骤的操作是否有误，以及目标照准是否准确等，并按要求再重新进行设置。经反复操作仍不符合要求时应送厂检修。

需要说明的是，零点设置过程中所显示的竖直角是没有经过补偿和修正的值，只供设置中参考不能作为他用。

6.6.7 光学对中器的检验与校正

1）检验。检验应依序进行，即将仪器安置到三脚架上，在一张白纸上画一个十字交叉并放在仪器正下方的地面上。调整好光学对中器的焦距后，移动白纸使十字丝交叉位于视场中心。转动脚螺旋，使对中器的中心标志与十字交叉点重合。旋转照准部，每转90°，观察对中点的中心标志与十字交叉点的重合度。如果照准部旋转时，光学对中器的中心标志一直与十字交叉点重合，则不必校正。否则需按以下方法进行校正。

2）校正。校正应依序进行，即将光学对中器目镜与调焦螺旋之间的改正螺丝护盖取下。固定好十字交叉白纸并在纸上标记出仪器每旋转90°时对中器中心标志落点，如图6.35中所示的A、B、C、D点。用直线连接对角点AC和BD，两直线交点为O。用校正

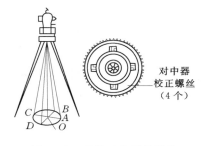

图 6.35　光学对中器的检校

针调整对中器的 4 个校正螺丝，使对中器的中心目标与 O 点重合。重复检验前一步骤，检查校正至符合要求，将护盖安装回原位。

6.6.8　激光对中器的检验与校正

激光对中器的检验与校正仅对带激光对中器的仪器有效。

1）检验。检验应依序进行，即将仪器安置到三脚架上，在一张白纸上画一个十字交叉并放在仪器正下方的地面上。点亮激光对中器后，移动白纸使十字交叉位于激光光点上。转动脚螺旋，使激光对中器的光点中心与十字交叉点重合。旋转照准部，每转 90°，观察激光光点的中心与十字交叉点的重合度。如果照准部旋转时，激光对中器的光点中心一直与十字交叉点重合，则不必更换。否则需按下方法进行更换。大多数电子经纬仪的激光对中器件是不可调的。

2）更换。更换应依序进行，即将仪器从三脚基座上取下。用内六角扳手拧开 3 个 M4 的螺钉将下壳取下，露出竖轴下面的激光对中器。再用内六角扳手拧开 3 个 M3 的螺钉，将激光对中器取下。拔下电线插头。换上新的激光对中器，安装回原位即可。

6.6.9　激光指向与视准轴同轴的检验与校正

1）检验。检验应依序进行，即在距仪器约 20～30m 远处安置一个十字标记。将望远镜对准标记，调焦清晰，且将望远镜中的十字丝对准十字标记。点亮指向激光，观察激光光点与十字标记是否重合，也可察看望远镜中的视距十字丝与里面的激光光点是否重合。如果不重合则须校正就需按下面方法进行校正。

2）校正。如图 6.36 所示，校正应依序进行，即用改锥将上面 3 个紧固螺钉的粗瞄准器取下。有 4 个调整螺钉露出。左右调节望远镜调焦手轮，检查激光光斑是否达到最小，当光斑最小时，十字标记应最清晰，否则应更换修正垫以达到激光光斑最

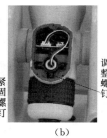

图 6.36　激光指向与视准轴同轴的校正

(a) 开盖；(b) 校正

小（此步骤出厂时已经做到最佳，只有激光管更换时才进行此操作）。调节调整螺钉使最小光斑与望远镜中的视距十字丝重合，重复此步骤以达到最佳状态。调校完成后点螺钉胶胶住。再装上粗瞄准器并调校。

校正要求是激光束和视准轴共轴；激光发光点与望远镜十字丝中心共轭，即望远镜瞄准目标最清晰时激光的汇聚点同时照在此目标中心上且汇聚点应达到最小。

6.6.10　其他调整

若脚螺旋出现松动现象可调整机座上脚螺旋两侧的 2 个校正螺丝，拧紧螺丝的压紧力到合适的力度为止。

6.7 电子经纬仪使用的注意事项

大多数电子经纬仪及激光电子经纬仪均具有结构合理、美观大方、功能齐全、性能可靠、操作简单、易学易用的特点，很容易实现仪器的所有功能。大多数电子经纬仪均可与电子手簿连接，可与配套电子手簿联机完成野外数据的自动采集工作。电子经纬仪按键操作简单，通常仅借助 6 个功能键即可实现各种测量功能，且可将测距仪的距离数据显示在电子经纬仪的显示器上。大多数电子经纬仪可在黑暗环境下操作，即望远镜十字丝和显示屏有照明光源，以便利在黑暗环境中操作。激光电子经纬仪具有激光指向功能，激光经纬仪可以发射激光作为可见视准线以方便应用在各工程施工中。

6.7.1 电子经纬仪使用应预防的事项

阳光下测量应避免将物镜直接瞄准太阳。若在太阳下作业应安装滤光器。应避免在高温和低温下存放和使用仪器，也应避免温度骤变（使用时气温变化除外）。仪器不使用时应将其装入箱内，置于干燥处并应注意防震、防尘和防潮。若仪器工作处的温度与存放处的温度差异太大，应先将仪器留在箱内，直到它适应环境温度后再使用仪器。仪器长期不使用时应将仪器上的电池卸下分开存放。电池应每月充电 1 次。仪器运输应将仪器装于箱内进行，运输时应小心避免挤压、碰撞和剧烈震动，长途运输最好在箱子周围使用软垫。仪器安装至三脚架或拆卸时要一只手先握住仪器以防仪器跌落。外露光学件需要清洁时应用脱脂棉或镜头纸轻轻擦净，切不可用其他物品擦拭。不可用化学试剂擦拭塑料部件及有机玻璃表面，可用浸水的软布擦拭。仪器使用完毕后应用绒布或毛刷清除仪器表面灰尘，仪器被雨水淋湿后切勿通电开机而应及时用干净软布擦干并在通风处放一段时间。作业前应仔细全面检查仪器，确定仪器各项指标、功能、电源、初始设置和改正参数均符合要求时再进行作业。即使发现仪器功能异常，非专业维修人员也不可擅自拆开仪器，以免发生不必要的损坏。激光亮起时不要用眼睛直视激光光源，以免伤害人的眼睛。

6.7.2 土建测量电子经纬仪应具备的基本技术指标

望远镜成像正像，放大倍率 30X，有效孔径 45mm，分辨率 $3''$，视场角 $1°30'$，最短视距 1.4m 或 1m，视距乘常数 100，视距加常数 0，视距精度优于 $0.40\%L$，筒长 157mm 或 154mm。角度测量的测角方式为绝对编码式，光栅码盘直径（水平、竖直）79mm，最小显示读数 $1''$ 或 $5''$，探测方式为双探测（包括水平角、竖直角），测角单位 $360°/400gon/6400mil$，精度 $2''$。长水准器 $30''/2mm$，圆水准器 $8'/2mm$。竖盘零点自动补偿器系统为液体电容式，工作范围 $±3'$，精度 $±3''$。光学对中器成像正像，放大倍数 3X，调焦范围 $0.5m\sim\infty$，视场角 $5°$。激光对中器精度 $±0.15mm$（1.5m 处），激光点光斑直径 3mm（1.5m 处），波长 $630\sim670nm$，出光功率不超过 0.9mW。显示器类型为 LCD、双行、线段式。数据输入输出接口为 RS-232C。机载电池电源为可充电镍-氢电池，电压直流 4.8V，连续工作时间 8h，使用环境温度 $-20\sim+50℃$。仪器外形尺寸 160mm×150mm×330mm，仪器重量 5.2kg。激光经纬仪激光管技术指标应合理，即波长 $630\sim670nm$，望远镜出光功率不超过 0.9mW，最大测量距离 150m（白天遮阳），中心光斑直径不超过

Φ5mm/100m，激光轴与视准轴不共轴误差不超过 $10''$。

6.7.3　电子经纬仪的错误代码信息提示

当操作仪器不当或仪器内部电路出现故障时显示屏上会显示错误信息，其常见内容和处理办法见表 6.2。出现错误信息后应全面检查仪器的操作是否符合程序，检校后仍然出现错误信息时应请将仪器送修。

表 6.2　　　　　　　　　　　　显示屏上显示的错误信息内容和处理办法

错误代码	代码含义及处理方法
Err04	竖直光电转换器（Ⅰ）出错需送修
Err05	水平光电转换器（Ⅰ）出错需送修
Err06	水平光电转换器（Ⅱ）出错需送修
Err07	竖直光电转换器（Ⅱ）出错需送修
Err08	竖盘测量出错。关机后重新置平仪器，开机后若仍出现"Err08"则需送修
Err20	竖盘指标零点设置错误。按本书 6.6.6 节的步骤重新操作。仍出现"Err20"，按【锁定】【置零】【锁定】强制设置
Err21	竖直角电子补偿器零点超差。关机后重新置平仪器，开机后若仍出现"Err21"则需送修

6.7.4　电子经纬仪的附件

电子经纬仪的标配通常包括包装箱 1 个、主机（含一块电池）1 台、充电器 1 个、AA 电池盒 1 个、垂球 1 个、校正针 2 只、软毛刷 1 把、螺丝刀 1 把、内六方扳手 2 把、绒布 1 块、干燥剂 1 袋、合格证 1 张、使用说明书 1 本、波罗板（仅对激光经纬仪）1 套。选配附件包括弯管目镜 1 套、太阳镜 1 套。重要零部件包括竖轴系组（1 组/台）。

思　考　题　与　习　题

1. 简述电子经纬仪的测角原理。
2. 简述电子经纬仪的键盘功能。
3. 电子经纬仪测量应做好哪些准备工作？
4. 电子经纬仪有哪些基本测量方法？如何进行？
5. 如何利用电子经纬仪的内存功能？
6. 如何利用电子经纬仪的激光指向功能？
7. 电子经纬仪有哪些主要检校项目？
8. 电子经纬仪使用应注意哪些问题？

第7章 距 离 测 量

7.1 钢 尺 量 距

距离丈量是指采用钢尺、皮尺、测绳、等测长量具直接勘丈获得距离的过程，测长量具通常都是不准确的，我国优质钢尺的最高精度为 1/5000，一般钢尺为 1/2000，一些劣质钢尺甚至只能达到 1/1000 的水平，皮尺（纤维尺）的精度一般在 1/1000 左右，测绳精度最低，一般在 1/500 左右，因此，测量时应根据精度要求选择测长量具。我国土木建筑工程施工中要求的轴线测量精度为 1/6000，因此，土木建筑工程施工是不能采用距离丈量方法获得距离的，硬要采用距离丈量方法获得距离时必须使用经过鉴定的钢尺，经过鉴定的钢尺的精度通常可达 1/20000。鉴定钢尺的目的是获得钢尺的真实长度，即高精度的最或然长度。钢尺鉴定通常是通过与高精度基线比长实现的，钢尺鉴定的结果是获得标准拉力下钢尺的尺长方程式，标准拉力为 $F=100N$。通过钢尺鉴定可以得到标准拉力 F、鉴定温度 t_0 时钢尺的真长关系式 $L_0=L+KL$，其中，L 为钢卷尺的名义全长，K 为 t_0 温度下钢卷尺每米长度改正数。人们习惯将 KL 用 ΔL 表示并称 ΔL 为钢卷尺的全长改正数，即 $\Delta L=KL$，于是有关系式 $K=\Delta L/L$，ΔL 可以通过与标准长度比对获得，L_0、L、ΔL 单位均为 m，K 的单位为 m/m。

钢尺线膨胀系数 $\mu=(1.15\sim1.26)\times10^{-5}/℃$，通常取 $\mu=1.2\times10^{-5}/℃$。若借助鉴定后钢卷尺在标准拉力 F、温度 t 情况下量距，则该种情况下该钢卷尺真实全长 L_t 为 $L_t=L_0+\Delta L_t=L_0+\mu L\Delta t=L_0+\mu L(t-t_0)=L+KL+\mu L(t-t_0)$，于是就有了钢卷尺鉴定后的尺长方程式 $L_t=L+KL+\mu L(t-t_0)$ 或 $L_t=L+\Delta L+\mu L(t-t_0)$，尺长方程式是钢卷尺鉴定后唯一结论和技术成果。若使用鉴定后钢卷尺在标准拉力 F、温度 t 情况下量距得到的钢卷尺名义长度为 S，则该种情况下名义长度 S 的真实长度 S_t 为 $S_t=S+KS+\mu S(t-t_0)$ 或 $S_t=S+S\Delta L/L+\mu S(t-t_0)$。

钢卷尺是一种经典的传统长度丈量工具，土木建筑工程测量用钢卷尺自身的精度对施工精度具有决定性影响，经济发达国家的工程建设施工现场已不见钢卷尺的踪影，钢卷尺已被手持式激光测距仪取代。工程建设测量用钢卷尺必须选用高精度的、全钢架的、带钢插尖的、带钢摇把的、尺面镀镍的、全毫米刻划的、有单一零位点的、超耐磨、防腐蚀、总长不短于 50m 的优质长钢卷尺，如图 7.1（a）、（b）所示。超高土木建筑工程结构施工或超深土木建筑工程结构施工为了传递标高应该选用满足前述要求的超长钢卷尺，如图 7.1（c）所示，图 7.1（c）为总长 1000m 的优质超长钢卷尺。工程建设测量用钢卷尺必须经过鉴定并获得尺长方程式 $L_t=L+KL+\mu L$ $(t-t_0)$ 或 $L_t=L+\Delta L+\mu L$ $(t-t_0)$。

测量上要求的距离通常是指两点间的水平距离（简称平距），若测得的是倾斜距离

  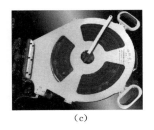

(a)　　　　　　　　　　(b)　　　　　　　　　　(c)

图 7.1　工程建设测量用钢卷尺

(a) 典型钢尺 1；(b) 典型钢尺 2；(c) 超长钢卷尺

（简称斜距）还须将其改算为平距。丈量距离的工具除钢尺外还有标杆（或花杆）［图 7.2 (a)］、测钎［图 7.2 (b)］、垂球、弹簧秤［图 7.3 (a)］、温度计［图 7.3 (b)］等，标杆一般长 2～3m（杆上涂有以 20cm 为间隔的红、白漆，以便远处清晰可见，用于标定方向），测钎（一般长 0.3m 左右）用于标定尺子端点的位置及计算丈量过的整尺段数，垂球用来投点，弹簧秤和温度计用以控制丈量拉力和测定温度。

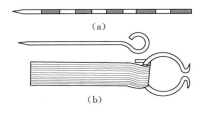

(a)

(b)

图 7.2　花杆与测钎

(a) 花杆；(b) 测钎

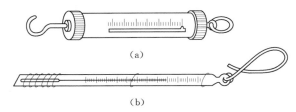

(a)

(b)

图 7.3　弹簧秤与温度计

(a) 弹簧秤；(b) 温度计

　　测量用钢卷尺长度有限，当测量距离大于钢卷尺全长时就必须将待量距离分成若干短的线段（称分段），然后逐段丈量，最后再将各段数据相加，从而完成距离丈量工作。将待量距离分成若干短线段的工作称为直线定线工作，直线定线就是使若干空间点位于同一个铅垂面内的工作。因此，钢尺量距的主要工序有 3 个，即直线定线、分段丈量、数据处理。分段丈量要求往返进行，即先由 A 一段接一段地丈量到 B，再由 B 一段接一段地丈量到 A。直线定线的方法通常有目估定线和仪器定线两种，仪器定线借助经纬仪、电子全站仪、水准仪等测绘仪器进行。直线定线分段点的基本要求可概括为以下 4 点，即：相邻分段点间的空间直线距离应略小于钢卷尺的最大量程（短半米左右）；相邻分段点间的空间连线上不能有起伏的土丘等不可动障碍物，若有则必须在不可动障碍物的最高点增加一个分段点；分段点处的地面要硬，以确保分段木桩钉入后的稳定性；分段点的位置应便于量距。根据往测水平距离 D_{AB} 和返测水平距离 D_{BA} 可计算往返丈量的较差 ΔD 与相对较差 K_D，当 K_D 满足规定要求（限差）后（即 $K_D \leqslant K_{\max}$），取往测水平距离 D_{AB} 和返测水平距离 D_{BA} 的平均值 D'_{AB} 作为 A、B 点间的最终水平距离，若 K_D 不满足规定要求（限差），则应重新测量一个往测或返测，直到满足要求为止。相关计算公式为 $\Delta D = |D_{AB} - D_{BA}|$，$K_D = \Delta D /[(D_{AB} + D_{BA})/2] = |D_{AB} - D_{BA}|/[(D_{AB} + D_{BA})/2]$，$D_{AB}' = (D_{AB} + D_{BA})/2$。

　　目估定线时在需丈量距离的两端点（设两点为 A 和 B）上竖立标杆，由一测量员站在 A 点标杆后 1m 处，观察另一测量员所持标杆大致在 AB 方向附近移动，当其与 AB 两点的标杆重合时即在同一直线上。

经纬仪定线时应首先清除影响距离丈量的两端点（设两点为 A 和 B）间连线上的障碍物，然后安置经纬仪或电子全站仪或水准仪等测绘仪器于 A 点上，对中整平瞄准 B 点，将照准部制动，利用微动螺旋准确瞄准 B 花杆（使十字丝单竖丝平分花杆或花杆中线平分双竖丝），此时，经纬仪望远镜纵转形成的面就是 A、B 点所在的铅垂面，然后转动经纬仪望远镜进行定线，将花杆依次放在各个中间分段点附近移动到花杆被单竖丝平分或花杆中线平分双竖丝时花杆尖所在的位置就是分段点的位置，该位置即位于 A、B 点所在的铅垂面内，在分段点位置处用锤子将标定点位用的木桩铅直打入土中，然后再将花杆放在木桩上微动到花杆被单竖丝平分或花杆中线平分双竖丝时，在木桩与花杆尖的接触位置处钉上一个小头的钉子（或用细铅笔划个十字叉，十字叉的交点位于木桩与花杆尖的接触位置），则小头钉子的中心或十字叉的交点即为分段点，该分段点位于 A、B 点铅垂面内。这种定木桩位置、钉小头钉子、划十字叉的方法就是各项工程建设测量放样时惯常采用的手法。

钢尺距离丈量时往返丈量的两次结果一般不完全相等，这说明丈量中不可避免地存在误差。为保证丈量所要求的精度，必须了解距离丈量中的主要误差源并采取相应措施消减其影响。钢尺距离丈量误差可概括为以下 7 点，即尺长误差、温度变化误差（一般量距，若丈量时的温度与鉴定时的温差超过 10℃ 就应进行温度改正）、拉力误差（拉力偏差 50N 对 50m 长的钢尺将产生 ±3.2mm 的误差，因此在精密直线丈量时应采用弹簧秤使拉力与鉴定时的拉力相同）、钢尺不水平误差（50m 钢尺两端高差达 0.5m 时会产生 2.5mm 的误差）、定线误差（特点与钢尺不水平时的误差相似）、风力影响误差（风速较大将对丈量产生较大误差，故风速较大时不宜进行距离丈量）、其他误差（量距中采用测钎或垂球对点均会产生较大误差，因此操作时应加倍仔细）。

7.2 激 光 测 距

激光测距是电磁波测距技术的一种，激光测距具有测程长、精度高、操作简便、自动化程度高的特点，目前激光测距的最高精度已可达 ±（0.1mm＋0.1mm/km）。目前，人们习惯将激光测距仪与电子经纬仪集成在一起构成电子全站仪，亦即将激光测距仪变成电子全站仪的一个部件。单独用于测的激光测距仪已非常罕见，只在计量领域、超级精度距离测量或短距测量中才会看到，计量领域和超级精度距离测量采用的激光测距仪一般都非常笨大。短距测量采用的激光测距仪一般都非常小巧，手持式激光测距仪就是目前最常见、使用最普遍的激光测距仪，国外发达或较发达国家或地区已经用手持式激光测距仪代替了钢卷尺。图 7.4 为几种典型手持式激光测距仪的外貌及 LEICA DISTO pro 手持式激光测距仪的操作面板，其中，1 为菜单键；2 为启动和测量键；3 为乘/延迟测量键；4 为清除键；5 为文字与数字键盘 0～9；6 为加/前进键；7 为减/后退键；8 为等于/回车键。DISTO pro 手持式激光测距仪的零位一般为底部平面（特殊需要时也可设定在腰部或顶部平面）。手持式激光测距仪测量不需要反射镜，利用目标对测距激光的自然反射就可获得高精度的距离，其最远测程 300m、精度优于 1/30000。手持式激光测距仪应用领域很广，测量不便时可采用、环境干扰时可采用、建筑装修时可采用、房产测量时也可采用。

图 7.4 典型手持式激光测距仪的外貌及操作面板示意

(a) Ⅰ型；(b) Ⅱ型；(c) Ⅲ型；(d) Ⅳ型；(e) Ⅴ型；(f) Ⅵ型；(g) 操作面板

激光测距仪测距值的归算应遵守相关规定。将测距值归算为椭球面上的距离应合理处理数据，短距时可采用简便方法归算到大地水准面上，即 $S=D(1-H/R)$，这也是电子全站仪广泛采用的形式，其中，D 为处在反射镜高程面上的水平距离，H 为反射镜处的高程，R 为地球平均曲率半径（应注意 R 的取值，R 的取值应与国家椭球相一致），S 为大地水准面（平均海水面）上的距离。将测距值归算为高斯平面上的距离也应合理处理数据，归算到高斯平面上的距离公式为 $s=S\{1+[m-1+Y^2/(2R^2)]\}$，其中，$s$ 为高斯平面上的距离，S 为椭球面上的距离，m 为尺度因子（通常 $m=1$），Y 为测距边两端点近似横坐标的平均值，R 为地球平均曲率半径（应注意 R 的取值，R 的取值应与国家椭球相一致）。

手持式激光测距仪可用于尺寸角度施工，国外发达国家习惯用徕卡 Disto 和 Prexiso 系列手持式测距仪完成土木建筑工程中所有的尺寸施工（图 7.5），最远测程可达 200m，从而抛弃了单一、麻烦、易生锈的钢卷尺。

图 7.5 Disto 和 Prexiso 手持式测距仪进行土木建筑工程尺寸施工

(a) 测角度（360°角及倾角测量）；(b) 测高度；(c) 测长度；(d) 间接测量；
(e) 抗摔（IP65 防护等级）；(f) 小巧（携带方便）

7.3 视 距 测 量

视距测量是光学近似测距技术的典型代表。视距测量借助经纬仪、水准仪、电子全站仪、罗盘仪等测量仪器望远镜中的视距丝、配合视距尺根据几何光学及三角学原理同时测定两点间的水平距离和高差的。视距测量操作简单、速度快、不受地形起伏限制，但测程较近（不超过 100m）、测距精度较低（最高精度只能达到 1/200），故只能用于低精度大比例尺地形测图和估测距离。视距尺一般为普通塔尺。

如图 7.6 所示，若欲测定 A、B 两点间水平距离 D_{AB} 和高差 h_{AB}，则在 A 点安置经纬仪或水准仪或电子全站仪或罗盘仪等测量仪器，在 B 点竖立视距尺，丈量 A 点经纬仪的仪器高 i（即经纬仪横轴到 A 点的铅直距离，见本书 5.5 节）后转动经纬仪望远镜瞄准 B 点竖立的视距尺，在确保经纬仪望远镜十字丝 3 根丝上（上丝、中丝、

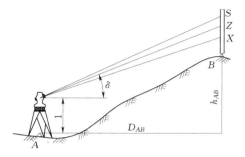

图 7.6 经纬仪三维视距测量

下丝）均能读出视距尺刻划值的前提下全面制动经纬仪照准部和望远镜（即将经纬仪水平制动钮或竖直制动钮均制动，见本书 5.5 节），转动经纬仪竖盘指标水准器微动螺旋使竖盘指标水准器气泡居中后连读竖盘读数 L 或 R、上丝读数 S、中丝读数 Z、下丝读数 X，然后将 L 或 R 换算为竖盘角 δ（换算方法见本书 5.6 节），则 $A \rightarrow B$ 的水平距离 D_{AB} 和高差 h_{AB} 为

$$D_{AB} = K \mid X - S \mid \cos^2\delta + C\cos\delta \tag{7.1}$$
$$h_{AB} = [K \mid X - S \mid \sin(2\delta)]/2 + C\sin\delta + i - Z + f \tag{7.2}$$

式中：δ 为观测竖直角；K 为经纬仪望远镜视距乘常数（一般为 100）；C 为经纬仪望远镜视距加常数（一般为 0）；f 为地球曲率与大气折射联合改正系数（简称球气差改正或两差改正），$f = 0.43D^2/R$，R 为地球的平均半径（$R = 6371$km）。

由于视距测量精度很低，故可忽略 f（即认为 $f = 0$），同时由于绝大多数经纬仪的 $C = 0$，故实际应用时多采用式（7.1）、式（7.2）的简化近似形式，即

$$D_{AB} = K \mid X - S \mid \cos^2\delta \tag{7.3}$$
$$h_{AB} = [K \mid X - S \mid \sin(2\delta)]/2 + i - Z \tag{7.4}$$

视距测量误差主要由仪器误差、观测误差和外界影响等 3 类因素引起。仪器误差中视距乘常数 K 对视距测量的影响较大且其误差不能采用相应的观测方法加以消除，故使用一架新仪器之前应对 K 值进行鉴定。仪器误差中的竖盘指标差对竖盘角 δ 影响较大，应通过经纬仪检校最大限度地消除与削弱。进行视距测量时若视距尺竖得不铅直将使所测得距离和高差存在误差，且其误差会随视距尺的倾斜而增加，故测量时应注意使尺子铅直。由于风沙和雾气等原因会造成视场不清晰进而影响读数的准确性，因此最好避免在这种天气进行视距测量。另外，从上、下两视距丝出来的视线通过不同密度的空气层将产生竖向折光差，尤其在接近地面时光线折射更大，因此距地最近的视距丝读数最好离地面 0.3m

以上。还需要说明的是视距丝并非绝对细丝、其本身有一定宽度，因而会掩盖视距尺格子中的一部分从而产生读数误差，为消减这种误差应适当缩短视距。通常来讲，读取视距丝处视距尺刻划值的误差是视距测量误差的主要来源，因为视距间隔乘以常数 K 后其误差也随之扩大了 100 倍，故其对水平距离和高差的影响均很大，进行视距测量时认真读取视距丝处视距尺的刻划值非常关键。从视距测量原理可知，竖直角误差对水平距离影响不显著而对高差影响较大，故用视距测量方法测定高差时应注意准确测定竖直角，读取竖盘读数时应严格使竖盘指标水准管气泡居中并确保竖盘指标差为零。

思 考 题 与 习 题

1. 钢尺量距的设备和工具有哪些？它们各自的作用是什么？

2. 为什么要对钢尺进行长度鉴定？尺长方程式的含义是什么？

3. 何谓"直线定线"？"直线定线"有什么要求？如何进行"直线定线"？

4. 简述钢尺量距的主要工序及数据处理方法。

5. 影响钢尺丈量精度的因素有哪些？如何消除？

6. 手持式激光测距仪的特点是什么？其应用领域有哪些？

7. 视距测量的精度如何？怎样进行视距测量？

8. 已知某钢尺的尺长方程式为 $S = 50\text{m} + 0.021\text{m} + 1.25 \times 10^{-5}$（$t - 20\text{℃}$）$\times 50\text{m}$，若量得的名义斜长为 43.5196m、丈量时的温度 $t = -5\text{℃}$、两端点间的高差为 4.429m，试计算两端点间的实际水平距离 D。

9. 由 $A \rightarrow B$ 进行经纬仪视距测量中获得的观测值为 $\delta = 5°32'21.9''$、上丝读数 $S = 4.836\text{m}$、中丝读数 $Z = 4.490\text{m}$、下丝读数 $X = 7.141\text{m}$、仪器高 $i = 1.467\text{m}$、$K = 100$、$C = 0.021\text{m}$，试计算 $A \rightarrow B$ 的水平距离 D_{AB} 和高差 h_{AB}。

第 8 章 方位测量与平面坐标计算法则

8.1 直 线 定 向

地面上任意 2 点的连线都具有方向性，确定直线方向的工作称为直线定向，要确定地面上任意 2 点的连线方向必须有一个参照物（即实地存在的基准方向）。地球上我们能够大致找到的方向就是地球的自转轴（即地球南北方向线）和地磁极，因此，南北方向线就是我们在地球上确定直线方向的基准方向（这也就是我们的先人为什么要发明司南和磁勺的原因）。为确定地面点平面位置，不但要知道直线的长度还要知道直线的方向。直线的方向也是确定地面点位置的基本要素之一，所以直线方向测量也是一项必不可少的基本测量工作。

如前所述，地球上确定直线方向的基准方向除了地球的自转轴和地磁极外，另一个南北方向就是经过高斯投影后的南北方向（X 轴）（因为我们画的地图几乎都是以高斯投影面为基准的）。这样，地球上确定直线方向的常用基准方向也就有了 3 个，即真南北方向、磁南北方向和坐标南北方向（高斯坐标系）。某点真子午面内过该点与真子午线相切向北的方向称为真北方向（可用天文测量方法或陀螺经纬仪或 GPS 测定）。某点磁子午面内过该点与磁子午线相切向北的方向称为磁北方向（磁南北方向可理解为正常地磁场地区磁针水平静止时所指的方向线，即磁南北方向可用罗盘等带磁针的装置或仪器来测定。陆地上确定磁南北方向大多采用罗盘仪。磁南北方向常在小面积独立地区测量中用作基准方向）。高斯投影带内坐标纵轴的方向即为该带内的坐标南北方向。

由于地球的磁南、磁北点与地球的真南、真北点不重合，因此地面上某一点的真子午线方向与磁子午线方向通常是不重合的，它们之间的夹角称为磁偏角，用 δ 表示（图 8.1。地球上不同地点的磁偏角并不相同，我国磁偏角的变化大约在 $+6°\sim-10°$ 之间，当磁北方向偏于真北方向以东时称东偏、δ 取正值，偏于真北方向以西时称西偏、δ 为负值。我国北京地区的磁偏角大约西偏 $6°$，即 $\delta=-6°$）。中央子午线在高斯平面上是一条直线并作为该投影带的坐标纵轴，而其他子午线投影后为收敛于两极的曲线（图 8.2），图 8.2 中地面点 M、N 等的真子午线方向与中央子午线之间的夹角称为子午线收敛角（用 γ 表示。γ 角有正有负。在中央子午线以东地区，各点的坐标北偏在真北的东边、γ 取正值，在中央子午线以西地区，γ 为负值。某点的子午线收敛角 γ，可以该点的高斯平面直角坐标为引数，在测量计算用表中查到）。磁北与坐标北的夹角称为磁坐偏角（用 ω 表示。磁坐偏角很少用，因为知道了 δ、γ 也就自然知道了 ω）。测量中常用方位角、象限角来表示直线的方向。

8.1.1 方位角

从直线一端做一个定向基准方向，从该定向基准方向北端起沿顺时针方向到该直线的

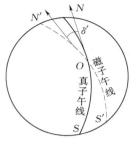

图 8.1　磁偏角

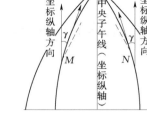

图 8.2　子午线收敛角

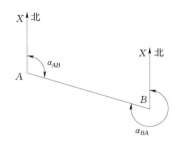

图 8.3　正、反方位角

角度（水平角或球面角），称为该直线相对于该定向基准方向的方位角，角值从 $0°\sim360°$（当等于 $360°$ 时记为 $0°$），用 $\alpha_{××}$ 表示（如 AB 直线的方位角则记为 α_{AB}）。很显然，方位角有 3 种。如果以真南北线为基准方向则称为真方位角，以磁南北线为基准方向称为磁方位角，以高斯坐标纵轴为基准方向称为坐标方位角。测量中经常讲的方位角是指坐标方位角。图 8.3 为 AB 直线和 BA 直线的方位角 α_{AB} 与 α_{BA}。同名 α_{AB} 与 α_{BA} 互称正、反方位角。当 A、B 点定向基准北方向线平行时（只有坐标北方向具备这种条件），α_{AB} 与 α_{BA} 相差 $180°$，即正、反坐标方位角相差 $180°$，关系式为

$$\alpha_{AB} = \alpha_{BA} \pm 180° \tag{8.1}$$

8.1.2　象限角

直线与定向基准方向线间所夹的小于或等于 $90°$ 的角，称为该直线相对于该定向基准方向的象限角，角值从 $0°\sim90°$，用 $R_{××}$ 表示（如 AB 直线的象限角则记为 R_{AB}）。象限角按直线的走向分别用 $NE××°$、$SE××°$、$SW××°$、$NW××°$ 表达，相应读作北东××°、南东××°、南西××°、北西××°。很显然，象限角也有 3 种。如果以真南北线为基准方向则称为真象限角，以磁南北线为基准方向称为磁象限角，以高斯坐标纵轴为基准方向称为坐标象限角。测量中经常讲的象限角是指坐标象限角。

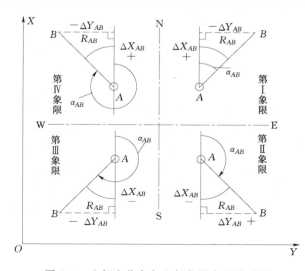

图 8.4　坐标方位角与坐标象限角的关系图

8.1.3　坐标方位角与坐标象限角的关系

坐标方位角与坐标象限角的关系是我们进行地面坐标计算的基础和关键。如图 8.4 所示。我们知道，测量中实际使用的平面直角坐标系是实用高斯平面直角坐标系 XOY，在实用高斯平面直角坐标系 XOY 里，所有的地面点均位于第一象限（即 X、Y 坐标均为正值），当地面上任意 2 点 A、B 发生联系时（即地面上任意 2 点构成直线）就会构成具有实际意义的象限角（R_{AB}），象限角（R_{AB}）有 NE、

SE、SW、NW 4 个方向,因此,我们可建立具有重要实际意义和科学价值的象限坐标系(NSEW 坐标系)(图 8.4)。象限坐标系的象限为顺时针顺序,如图 8.4 所示。假设 A 点到 B 点的坐标增量为 ΔX_{AB}、ΔY_{AB},不难理解:

$$\Delta X_{AB} = X_B - X_A \tag{8.2}$$

$$\Delta Y_{AB} = Y_B - Y_A \tag{8.3}$$

式(8.2)、式(8.3)称为坐标增量公式。ΔX_{AB} 的含义是由 A 点到 B 点 X 坐标增加了多少,ΔY_{AB} 的含义是由 A 点到 B 点 Y 坐标增加了多少。由图 8.4 可以得到表 8.1。由表 8.1 可以看出,坐标增量正、负的变化规律与解析几何中坐标正、负的变化规律是完全相同的,这就是象限坐标系的象限为顺时针顺序的原因,因此,可以建立测量坐标计算与解析几何坐标计算方式的统一。

表 8.1   坐标方位角与坐标象限角的关系表

象 限	坐标增量的正、负		R_{AB} 的表达方式	R_{AB} 与 α_{AB} 的关系
	ΔY_{AB}	ΔX_{AB}		
I	+	+	NE××°	$R_{AB} = \alpha_{AB}$
II	+	−	SE××°	$R_{AB} = 180° - \alpha_{AB}$
III	−	−	SW××°	$R_{AB} = \alpha_{AB} - 180°$
IV	−	+	NW××°	$R_{AB} = 360° - \alpha_{AB}$

当 A、B 点间的水平距离 D_{AB} 已知时,由图 8.4 和表 8.1 不难得出:

$$\Delta X_{AB} = D_{AB} \cos\alpha_{AB} \tag{8.4}$$

$$\Delta Y_{AB} = D_{AB} \sin\alpha_{AB} \tag{8.5}$$

式(8.4)、式(8.5)也称为坐标增量公式〔为区别式(8.2)、式(8.3)将其称为坐标增量变形公式〕。不难看出,式(8.4)、式(8.5)与解析几何坐标计算公式极其相似。

坐标方位角与坐标象限角的关系〔即图 8.4,表 8.1,式(8.2)、式(8.3)、式(8.4)、式(8.5)〕也被称为测量坐标计算的指南针(简称一图、一表、两公式,图为核心)。

8.1.4 方位角的测量方法

真方位角测量通常借助天文观测法或陀螺经纬仪进行。天文观测法测量直线的真方位角可借助北极星或太阳进行。由于天文方法测量真方位角受天气、时间和地点等许多条件限制,观测和计算比较麻烦,因此,人们发明了陀螺经纬仪,目前,陀螺经纬仪已广泛应用于采矿、隧道施工等地下工程中。陀螺经纬仪是由陀螺仪和经纬仪组合而成的一种定向仪器。它利用陀螺仪本身的物理特性及地球自转的影响,实现自动寻找真北方向从而测定地面和地下工程中任意测站大地方位角的目的。没有任何外力作用并具有 3 个自由度的陀螺仪称为自由陀螺仪。陀螺是一个悬挂着的能作高速旋转的转子。自由陀螺仪在高速旋转时会表现出定轴性和进动性两个重要特性。陀螺仪的定轴性是指在无外力矩作用下,陀螺轴的方向保持不变(始终指向其初始恒定方向)。陀螺仪的进动性是指陀螺轴在受到外力矩作用时,陀螺轴将按一定的规律产生进动。因此,在转子高速旋转和地球自转的共同作用下,陀螺轴可以在测站的真北方向两侧作有规律的往复运动,从而可以得出测站的真北

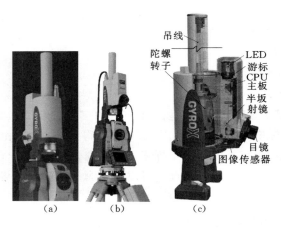

图 8.5　自动全站式陀螺仪及陀螺仪单元
(a) 陀螺部；(b) 整机；(c) 陀螺构造

方向。陀螺经纬仪分光学陀螺经纬仪和自动陀螺经纬仪 2 种。光学陀螺经纬仪由经纬仪、陀螺仪和陀螺电源 3 大部分组成。光学陀螺经纬仪采用人工观测方法，为了精确测定真北方向，一般采用逆转点法或中天法进行。光学陀螺经纬仪观测对观测员的操作技术要求较高，存在效率低、劳动强度大、易出错等缺点。随着科学技术的发展，20 世纪 80 年代开始，世界上开始研制并使用全自动陀螺经纬仪。目前，全自动陀螺经纬仪的典型代表是德国威斯特发伦采矿联合公司（WBK）的 Gyro-mat2000 和日本索佳公司（SOKKIA）的 GYRO - X（图 8.5），定向精度可达 6″左右。

实际生活中想随时随地确定地面某点的真子午线方向是非常困难的，但其磁子午线方向却可利用装有磁针的便携式罗盘仪（简称罗盘、地质罗盘、手罗盘或手持式罗盘仪）迅速获得，因此，罗盘在科学考察、线路踏勘、森林普查、地质调查以及独立测区控制网定向中得到了广泛应用。

野外夜间利用北极星定向时可参考图 8.6。北极星始终位于地球北天极的上方，其与地球自转轴的夹角不超过 15′。

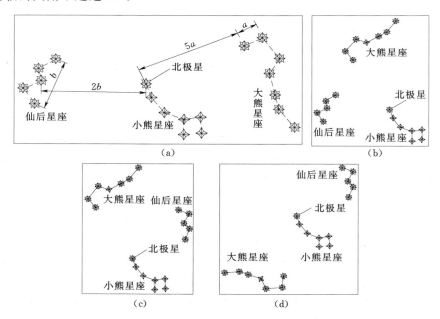

图 8.6　不同日期北极星的时空变换
(a) 位置 1；(b) 位置 2；(c) 位置 3；(d) 位置 4

8.2 测量平面直角坐标计算的基本法则

测量平面直角坐标计算的基本法则有 3 个，即坐标正算、坐标反算、坐标方位角的连续推算。我国的测量工作者在平面直角坐标计算图中习惯将已知点（坐标已知的点）用三角形表示、未知点（坐标未知的点）用小圆圈表示。

8.2.1 坐标正算

如图 8.7 所示，A 点坐标 X_A、Y_A 已知，A、B 的方位角（坐标方位角 α_{AB}）和水平距离（D_{AB}）也已知，求 B 点坐标 X_B、Y_B。这个过程称为坐标正算。首先，根据 α_{AB} 和 D_{AB} 计算 A、B 的坐标增量 ΔX_{AB}、ΔY_{AB}（计算公式为 $\Delta X_{AB} = D_{AB}\cos\alpha_{AB}$；$\Delta Y_{AB} = D_{AB}\sin\alpha_{AB}$），然后，根据 A、B 的坐标增量（ΔX_{AB}，ΔY_{AB}）以及 A 点坐标（X_A，Y_A）计算 B 的坐标（X_B，Y_B），计算公式为 $X_B = X_A + \Delta X_{AB}$，$Y_B = Y_A + \Delta Y_{AB}$。

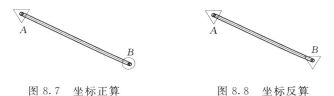

图 8.7 坐标正算　　　　　图 8.8 坐标反算

8.2.2 坐标反算

如图 8.8 所示，A、B 两点的坐标 X_A、Y_A、X_B、Y_B 已知，求 A、B 的方位角（坐标方位角 α_{AB}）和水平距离（D_{AB}）。这个过程称为坐标反算。首先根据 A、B 两点的坐标 X_A、Y_A、X_B、Y_B 计算 A、B 的坐标增量 ΔX_{AB}、ΔY_{AB}（计算公式为 $\Delta X_{AB} = X_B - X_A$；$\Delta Y_{AB} = Y_B - Y_A$）并根据表 8.1 和图 8.4 判别 AB 的象限（即根据 A、B 坐标增量 ΔX_{AB}，ΔY_{AB} 的正、负判别 A、B 象限角 R_{AB} 所属的象限）；然后根据 A、B 的坐标增量（ΔX_{AB}，ΔY_{AB}）计算 A、B 的水平距离 D_{AB} ［计算公式为 $D_{AB} = (\Delta X_{AB}^2 + \Delta Y_{AB}^2)^{1/2}$］；再根据 A、B 的坐标增量（ΔX_{AB}，ΔY_{AB}）计算 A、B 的象限角值（坐标象限角的绝对值）$|R_{AB}|$，由图 8.7 不难看出 $|R_{AB}| = \tan^{-1}|\Delta Y_{AB}/\Delta X_{AB}|$；最后根据 A、B 象限角值 $|R_{AB}|$、R_{AB} 所属的象限及该象限 R_{AB} 与 α_{AB} 的关系（借助表 8.1 或图 8.7）计算 A、B 的方位角 α_{AB}。

8.2.3 坐标方位角的连续推算

实际测量中，图 8.7 中 A、B 的方位角 α_{AB} 不是实际测量的，而是通过观测水平角推算的（图 8.9）。由平面解析几何知识可以知道，图 8.9 中，当两个地面点 A、B 的平面直角坐标已知后，若想获得 1 点的坐标只需要测量 AB 直线与 $B1$ 直线间的水平角 β_B 及 $B1$ 直线的水平距离 D_{B1} 即可。1 点坐标的计算方法是，首先利用 8.2.2 节介绍的坐标反算原理获得 A、B 的方位角 α_{AB}，然后根据 α_{AB} 及 β_B 求出 $B1$ 的方位角 α_{B1}，最后利用 8.2.1 节介绍的坐标正算原理获得 1 点坐标 X_1、Y_1。1 点坐标获得后，我们可以用同样的方法依次获得图 8.9 中 2、3、…、$i-1$、i、$i+1$、…、各点坐标。由此可见，获得 1 点坐标

的关键是如何根据 α_{AB} 及 β_B 求出 $B1$ 的方位角 α_{B1}。图 8.9 中，根据 α_{AB} 及 β_B 求 $B1$ 方位角 α_{B1} 的过程称为坐标方位角的推算，根据 α_{AB} 及 β_B、β_1、β_2、β_3、$\cdots$、β_{i-1}、β_i、$\cdots$、求 $B1$、12、23、$\cdots$、$(i-1)i$、$i(i+1)$、$\cdots$、各直线方位角 $\alpha_{i(i+1)}$ 的过程称为坐标方位角的连续推算。

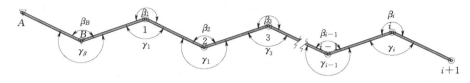

图 8.9　坐标方位角的连续推算

（1）左、右角问题。

图 8.9 中，β_B、β_1、β_2、β_3、$\cdots$、β_{i-1}、β_i 及 γ_B、γ_1、γ_2、γ_3、$\cdots$、γ_{i-1}、γ_i 均为实际测量观测获得的水平角（测量上称为转折角或折角）。若坐标方位角的连续推算路线依次为 A、B、1、2、3、$\cdots$、$i-1$、i、$i+1$、$\cdots$，很显然，β_B、β_1、β_2、β_3、$\cdots$、β_{i-1}、β_i 均位于推算路线的左侧（测量上称为左角，用 β_i 表示）；γ_B、γ_1、γ_2、γ_3、$\cdots$、γ_{i-1}、γ_i 均位于推算路线的右侧（测量上称为右角，用 γ_i 表示）。测量领域在各类测量坐标计算中习惯用左角（因此本书介绍的各类坐标计算方法也均采用左角）。同一点的左、右转折角的和等于 $360°$，即

$$\beta_i + \gamma_i = 360° \tag{8.6}$$

（2）坐标方位角的连续推算公式。

坐标方位角的连续推算公式有 2 个，一个是根据左角推算方位角的公式（称左角公式）；一个是根据右角推算方位角的公式（称右角公式），2 个公式的计算结果完全相同。

如图 8.9 所示，左角公式的形式是：

$$\alpha_{i(i+1)} = [\alpha_{(i-1)i} + \beta_i] \pm 180° \tag{8.7}$$

式（8.7）中，当 $[\alpha_{(i-1)i} + \beta_i] \geqslant 180°$ 时 "$\pm$" 用 "$-$"、反之用 "$+$"，当 $[\alpha_{(i-1)i} + \beta_i] \pm 180° \geqslant 360°$ 时应再减 $360°$。

同样如图 8.9 所示，右角公式的形式是：

$$\alpha_{i(i+1)} = [\alpha_{(i-1)i} - \gamma_i] \pm 180° \tag{8.8}$$

式（8.8），当 $[\alpha_{(i-1)i} - \gamma_i] \geqslant 180°$ 时 "$\pm$" 用 "$-$"、反之用 "$+$"。

8.3　计算器在测量计算中的应用

比较适用于测量计算的计算器是如图 8.10 所示的 CASIO 计算器。简单函数型计算器适用于简单计算，程序型计算器适用于重复性计算。

8.3.1　计算器的基本功能及使用要点

计算器的基本功能包括开机【ON】、关机【OFF】，存储，运算，统计等。

计算器具有清除输入或清除全部运算功能。清除输入键为【C】或【CE】，没按运算键以前按此键可消除刚键入的数字，若按过运算键就无效了。比如需要进行连加运算 "1＋2＋

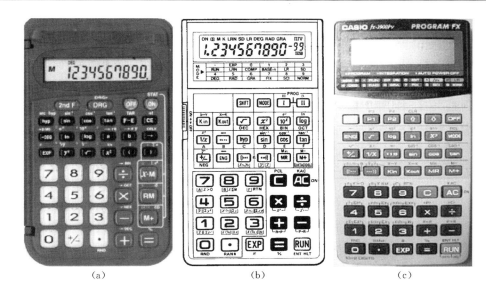

图 8.10 比较适用于测量计算的计算器

(a) 简单函数型计算器；(b) 高级程序型计算器 FX – 3800P；(c) 高级程序型计算器 Fx – 3900pv

3+4+5" 时可依次按键 "1【+】2【+】"（屏幕显示 3）"3【+】"（屏幕显示 6）"4【+】"（屏幕显示 10）"5＝"（屏幕显示 15），若按键过程中 4 按成了 9，可在按完 4 后按【C】或【CE】再按 4，此时前面的运算结果保留在计算器中不影响连加运算，其按键过程依次为 "1【+】2【+】3【+】9【C】4【+】5＝"（屏幕显示 15）。清除全部运算功能的键为【AC】或【ON】，按了【AC】或【ON】后则按【AC】或【ON】键以前的所有的计算过程均被删除，比如上述连加过程若依次按键 "1【+】2【+】3【+】9【AC】4【+】5＝" 则屏幕显示 9。

计算器的很多按键均具有两个或两个以上的功能，键内的符号为第一功能，键上方的符号为第二功能和第三功能，执行第二功能和第三功能时必须先按上档键再按第一功能键。常见计算器的上档键由很多种标注方法，如【2ndF】【SHIFT】【INV】【2nd】【F】等。上档键的颜色一般与标注第二功能的字符颜色一致。比如，第一功能为【sin】的按键，其第二功能为反正弦 arcsin，标注为（sin^{-1}）；第一功能为【ln】的按键，其第二功能为 e 指数，标注为（e^x）；第一功能为【log】的按键，其第二功能为 10 的 x 次方，标注为（10^x）；第一功能为【tan】的按键，其第二功能为反正切 arctan，标注为（tan^{-1}）。

若要求 57° 的正切，对如图 8.10 所示计算器应依次按键 "57【tan】" 屏幕会显示 "1.539864964"。若 $\tan\alpha = 1.539864964$，要求 α，则对图 8.10 (a) 应依次按键 "1.539864964【2ndF】【tan】" 屏幕会显示 "57"，对图 8.10 (b) 和 (c) 则应依次按键 "1.539864964【SHIFT】【tan】" 屏幕会显示 "57"。

计算器均有一个独立存储器 M。图 8.10 (a) 存入键为【x→M】、提取键为【RM】，还可通过【M+】键使 M 存储器中的数字加上屏幕数字后重新存入。如要把 9 存入 M 存储器可依次按键 "9【x→M】"，屏幕左上角会出现 "M"（意思是 M 存储器中有不为零的数字，若存入零或 M 存储器中的数字变成了零则 M 不会出现，因为存零跟没存一样），要想知道 M 存储器中的数字是多少按【RM】即可在屏幕上显示 M 存储器中的数字。若想把 9 存入 M 存储器则按"9【x→M】",若想使 M 存储器中的数字增加 9 则应继续按键"9【M+】",此时 M 存储器中的数字变成了"9+9",若按【RM】屏幕上显示"18",若要继续使 M 存储器中的数字增加"−18"则应依次按键"18【±】【M+】",此时屏幕左上角的"M"消失,按【RM】屏幕上显示"0"。图 8.10 (b)、(c) 将 9 存入 M 存储器中应依次按键"9【SHIFT】【MR】"(即执行第二功能【Min】),需要知道 M 存储器中的数字是多少按【MR】,也可通过【M+】键或其第二功能键【M−】使 M 存储器中的数字加上或减去屏幕数字后重新存入。

图 8.10 (b) 和 (c) 这类高级程序型计算器通常还有 6 个寻址存储器 $K_1 \sim K_6$。把一个数字存入 K_i 寻址存储器的方法是依次按键"数字【Kin】i",需要知道 K_i 存储器中的数字是多少则依次按键"【kout】i"。如把 9 存入 K_5 寻址存储器的方法是依次按键"9【Kin】5",需要知道 K_5 存储器中的数字是多少则依次按键"【kout】5"。要将寻址存储器 $K_1 \sim K_6$ 全部清空可按"【SHIFT】【AC】",即执行【KAC】指令。

所有计算器均具有角度模式选择功能,可选模式有"角度模式""弧度模式""新度模式(或称梯度模式、称斜率模式)"。角度模式是通用模式(代号"DEG"),即 1 个圆周等于 360°、1 度等于 60′、1′等于 60″。弧度模式(代号"RAD")是 1 个圆周等于 2π。新度模式(代号"GRAD"或"GRA")是 1 个圆周等于 400gon(gon 称新度)、1 新度等于 100c(c 称新分)、1 新分等于 100cc(cc 称新秒)。因此,角度模式必须正确选择,即选择"角度模式"。不同的角度模式会在屏幕上方显示,即角度模式为【D】、弧度模式为【R】、新度模式为【G】。图 8.10 (a) 通过【DRG】键选择角度模式,连续按【DRG】键屏幕上方会循环显示【D】【R】【G】【D】【R】【G】…图 8.10 (b) 和 (c) 则通过【MODE】键实现,按键"【MODE】4"屏幕上方显示角度模式【D】;按键"【MODE】5"屏幕上方显示弧度模式【R】;按键"【MODE】6"屏幕上方显示新度模式【G】。

计算器认为输入的数字均是十进制的,在按运算符后计算器会首先自动将十进制数字转换成二进制然后再进行相关运算,运算完成后计算器会先将二进制运算结果转换为十进制再显示在屏幕上。也就是说计算器只识别十进制且其显示结果也是十进制。采用角度模式(度、分、秒模式)时必须将度、分、秒转换为以度为单位的十进制角度才能进行三角函数运算,同样,计算器反三角函数运算结果显示的角度也是十进制角度,必须通过相应的操作使其变成度、分、秒。图 8.10 (a) 将度、分、秒转换为度借助【→DEG】键,将计算器显示的度转换为度、分、秒借助【→D.MS】键,比如求 12°12′12.86″正切的按键方法是在【D】角度模式下依次按"12.121286【→DEG】【tan】",按完【→DEG】后屏幕显示"12.20357222"(即 12.20357222°),按完【tan】后屏幕显示"0.216272915"(即 tan12°12′12.86″的值);再比如 tanα=0.216272915,要求 α,则应依次按键"0.216272915【2ndF】【tan】【2ndF】【→DEG】",按完【2ndF】【tan】后屏幕显示"12.20357222"(即 12.20357222°),按完【2ndF】【→DEG】后屏幕显示"12.121286"(小数点前面为度,小数点后两位为分,小数点 3 位以后为秒,即显示的是 12°12′12.86″的值)。【2ndF】【tan】执行的功能是【tan⁻¹】,【2ndF】【→DEG】执行的功能是【→D.MS】。图 8.10 (b) 和 (c) 将度、分、秒转换为度借助连续按【°′″】键实现,将计算器显示的度转换为度、分、秒借助【°′″】的第二功能【←】实现,比如求 12°12′12.86″正切的按键方法是在

【D】角度模式下依次按"12【°′″】12【°′″】12.86【°′″】【tan】",按完第一次【°′″】后屏幕显示"12"（即12°），按完第二次【°′″】后屏幕显示"12.2"（即12.2°），按完第三次【°′″】后屏幕显示"12.20357222"（即12.20357222°），按完【tan】后屏幕显示"0.216272915"（即tan12°12′12.86″的值）；再比如tanα=0.216272915，要求α，则应依次按键"0.216272915【SHIFT】【tan】【SHIFT】【°′″】",按完【2ndF】【tan】后屏幕显示"12.20357222"（即12.20357222°），按完【SHIFT】【°′″】后屏幕显示"12°12°12.86"（即显示的是12°12′12.86″的值）。【SHIFT】【tan】执行的功能是【tan^{-1}】，【SHIFT】【°′″】执行的功能是【←】。图8.10（b）和（c）需要求0°0′12.86″的正切的按键方式是依次按"0【°′″】0【°′″】12.86【°′″】【tan】",亦即0°、0′的按键过程是不能省略的。

如图8.10（b）和（c）所示高级程序型计算器有一个模式键【MODE】，按【MODE】再按小数点或【EXP】或数字1～9可使计算器进入不同的操作状态。【MODE】【.】可以进行手动计算或结束编程进行程序计算，即执行【RUN】功能。【MODE】【EXP】可以进行编程，即执行【LRN】功能。【MODE】【0】可以对编制的程序进行修改，即执行【EDIT】功能。【MODE】【1】可以进行积分运算，即执行【∫dx】功能。【MODE】【2】可以进行回归分析运算，即执行【LD】功能。【MODE】【3】屏幕会显示"SD"，进行标准偏差值计算，即执行【SD】功能。【MODE】【4】选择角度模式，即执行【DEG】功能。【MODE】【5】选择弧度模式，即执行【RAD】功能。【MODE】【6】选择新度模式，即执行【GRA】功能。【MODE】【7】可以接着按0～9的数字键以指定需要显示的小数位数，屏幕会显示"FIX"，即执行【FIX】功能。【MODE】【8】可以接着按从1（1位数）至0（10位数）的数字键以指定需要显示的有效位数，屏幕会显示"SCI"，即执行【SCI】功能。【MODE】【9】可将【MODE】【7】和【MODE】【8】中输入的指令解除，同时也可改变指数显示的范围，即执行【NORM】功能。

8.3.2 高级程序型计算器 Fx-3900pv 的基本测量计算程序

（1）坐标反算程序。

已知 A、B 的坐标 X_A、Y_A、X_B、Y_B 求 AB 的水平距离 D_{AB} 和方位角 α_{AB}。

1）程序输入。【MODE】【EXP】【P1】【SHIFT】【MODE】【Kout】4【SHIFT】【°′″】【HLT】【（）】【ENT】【—】【ENT】【）】【R→P】【（）】【ENT】【—】【ENT】【）】【=】【HLT】【x→y】【Kin】4【x>0】【+】360【=】【Kin】4【RTN】【MODE】【.】。

2）程序运行。【P1】【RUN】X_B【RUN】X_A【RUN】Y_B【RUN】Y_A【RUN】→显示 D_{AB}【RUN】→显示 α_{AB}。若需进行反算其他点则可继续按【RUN】X_D【RUN】X_C【RUN】Y_D【RUN】Y_C【RUN】→显示 D_{CD}【RUN】→显示 α_{CD}……

（2）余弦定理求角程序。

已知三角形$\angle A$、$\angle B$、$\angle C$ 的对边长度 a、b、c，要求计算出$\angle A$值。

1）程序输入。【MODE】【EXP】【P2】【SHIFT】【MODE】【（）】【ENT】【Kin】1【x^2】【+】【ENT】【Kin】2【x^2】【—】【ENT】【Kin】3【x^2】【）】【÷】2【÷】【Kout】1【÷】【Kout】2【=】【SHIFT】【cos】【=】【SHIFT】【°′″】【MODE】【.】。

2）程序运行。【P2】c【RUN】b【RUN】a【RUN】→显示$\angle A$值。

（3）根据左角推算方位角的程序。

左角公式的形式是 $\alpha_{i(i+1)} = [\alpha_{(i-1)i} + \beta_i] \pm 180°$。

1) 程序输入。首先将 360° 预存到 M 存储器后再编程，即 360【SHIFT】【MR】。编程【MODE】【EXP】【SHIFT】【P3】【SHIFT】【MODE】【Kout】4【SHIFT】【°′″】【HLT】【ENT】【+】【ENT】【+】180【=】【Kin】4【$x<=$M】【−】360【=】【Kin】4【$x<=$M】【−】360【=】【Kin】4【RTN】【MODE】【.】。

2) 程序运行。【P3】【RUN】 $\alpha_{(i-1)i}$【RUN】 β_i【RUN】 →显示 $\alpha_{i(i+1)}$。若需连续进行推算则可继续按【RUN】 $\alpha_{(i-1)i}$【RUN】 β_i【RUN】 →显示 $\alpha_{i(i+1)}$……

（4）坐标正算程序。

计算公式的形式是 $X_B = X_A + D_{AB}\cos\alpha_{AB}$；$Y_B = Y_A + D_{AB}\sin\alpha_{AB}$。

1) 程序输入。【MODE】【EXP】【SHIFT】【P4】【SHIFT】【MODE】【ENT】【Kin】1【+】【ENT】【Kin】2【×】【ENT】【Kin】3【cos】【=】【HLT】【ENT】【Kin】4【+】【Kout】2【×】【Kout】3【sin】【=】【HLT】【MODE】【.】。

2) 程序运行。【P4】 X_A【RUN】 D_{AB}【RUN】 α_{AB}【RUN】 →显示 X_B【RUN】 Y_A【RUN】 →显示 Y_B。

（5）视距测量程序。

计算公式的形式是 $D_{AB} = K \mid X - S \mid \cos^2\delta + C\cos\delta$；$h_{AB} = [K \mid X - S \mid \sin(2\delta)]/2 + C\sin\delta + i - Z + f$。

1) 程序输入。首先将仪器加常数 C 预存到 K6 存储器、仪器高 i 预存到 K5 存储器后再编程，即依次按键 C【Kin】6i【Kin】5。编程【MODE】【EXP】【P1】【SHIFT】【MODE】【ENT】【Kin】1【−】【ENT】【Kin】2【=】【×】100【=】【Kin】3【ENT】【Kin】4【cos】【x_2】【×】【Kout】3【+】【Kout】6【×】【Kout】4【cos】【=】【SHIFT】【MR】【HLT】【Kout】4【×】2【=】【sin】【×】【Kout】3【÷】2+【Kout】6【×】【Kout】4【sin】【+】【Kout】5【−】【ENT】【+】0.43【×】【MR】【x_2】【÷】6371000【=】【HLT】【RTN】【MODE】【.】。

2) 程序运行。【P1】【RUN】以米为单位的读数大的视距丝读数【RUN】以米为单位的读数小的视距丝读数【RUN】根据盘左或盘右竖盘读数折算的竖直角 δ【RUN】 →显示 D_{AB}【RUN】中丝读数【RUN】 →显示 h_{AB}。若需连续进行计算则可继续按【RUN】以米为单位的读数大的视距丝读数【RUN】以米为单位的读数小的视距丝读数【RUN】根据盘左或盘右竖盘读数折算的竖直角 δ【RUN】 →显示 D_{AB}【RUN】中丝读数【RUN】 →显示 h_{AB}……

思 考 题 与 习 题

1. 何谓"直线定向"？简述三个定向基准方向线的定义及其相互关系。

2. 何谓"方位角"？何谓"象限角"？坐标方位角与坐标象限角的关系是什么？

3. 已知 A 点坐标为 $X_A = 26537.639\text{m}$，$Y_A = 8990.014\text{m}$，AB 间的水平距离 $D_{AB} = 1055.386\text{m}$，坐标方位角 $\alpha_{AB} = 296°57'38.6''$，试求 B 点的坐标。

4. 已知 A 点坐标为 $X_A = 26537.639\text{m}$，$Y_A = 8990.014\text{m}$，B 点的坐标为 $X_B = 24026.821\text{m}$，$Y_B = 10244.636\text{m}$，试求 AB 间的水平距离 D_{AB} 和坐标方位角 α_{AB}。

5. 如图 8.9 所示，已知 A 点坐标为 $X_A = 10286.513\text{m}$，$Y_A = 3344.652\text{m}$，B 点的坐标为 $X_B = 9114.040\text{m}$，$Y_B = 4296.007\text{m}$，各转折角依次为 $\beta_B = 352°28'31.9''$，$\beta_1 = 339°52'03.0''$、$\gamma_2 = 95°34'28.5''$、$\beta_3 = 207°42'14.0''$、$\beta_4 = 6°06'52.1''$、$\beta_5 = 188°04'44.7''$，试求坐标方位角 α_{B1}、α_{12}、α_{32}、α_{34}、α_{45}、α_{56}。

第9章 控 制 测 量

9.1 控制测量的作用与国家大地网

控制测量的作用是限制测量误差的传播和累积，保证必要的测量精度，使分区的测图能拼接成整体，使整体设计的工程建筑物能分区施工放样。控制测量贯穿在工程建设的各阶段，包括在工程勘测的测图阶段的控制测量；在工程施工阶段的施工控制测量；在工程竣工后的营运阶段为建筑物变形观测进行的专用控制测量。控制测量分平面控制测量和高程控制测量两类，平面控制测量的目的是确定控制点的平面位置（X、Y），高程控制测量的目的是确定控制点的高程（H）。

国家平面控制网采用逐级控制、分级布设的原则，分一等、二等、三等、四等 4 个等级，目前的国家平面控制网基本借助 GPS 技术构建。在城市地区为满足大比例尺测图和城市建设施工的需要须布设城市平面控制网，城市平面控制网是在国家控制网的控制下布设的，城市按范围大小可布设不同等级的平面控制网（如按国家二等、三等、四等精度布置或按一级、二级区域控制布置），目前的城市平面控制网基本借助 GPS 技术构建或借助电子全站仪测量实现。

国家高程控制网是用精密水准测量方法建立的，所以又称国家水准网。国家水准网的布设也是采用从整体到局部，由高级到低级，分级布设逐级控制原则的。我国国家水准网也分一等、二等、三等、四等 4 个等级。一等水准网沿平缓的交通路线环形布设，一等水准网是精度最高的高程控制网，是国家高程控制的骨干，也是地学科研工作的主要依据。二等水准网则布设在一等水准环线内，是国家高程控制网的全面基础。三等、四等水准网主要是为地形测图或各项工程建设提供高程控制点。城市高程控制网也是用水准测量方法建立的（称为城市水准测量），其精度一般可采用国家二等、三等、四等的标准，城市高程控制网的布设应满足城市各项基本建设的需要。

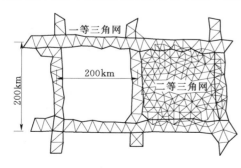

图 9.1　传统国家平面控制网的细部构造

9.1.1 传统大地测量手段建立的国家控制网

中华人民共和国成立初期利用传统大地测量手段建立的国家平面控制网的细部构造特征如图 9.1 所示。

9.1.2 土木建筑工程中经常遇到的几种高程系统间的高程互换方法

土木建筑工程中经常会遇到各种高程系统，包括 1949 年以前的高程系统，这些高程系统零

146

点高程的互换关系如图 9.1 所示。图 9.1 中所列数值均为正值，吴淞零点为最低。同一点的高程值在图 9.1 几种高程系统中以吴淞零点的高程值为最大且远离零点地区的两个系统高程值之差会略有不同。相邻两种高程系统零点差值可直接从图 9.1 中查取，所列数值均为正值。如 1956 年黄海平均海水面高程值＝1985 国家高程基准高程值＋0.029m。不相邻两种高程系统零点差值换算按表 9.1 中对应数值进行，如吴淞零点高程值＝1956 年黄海平均海水面高程值＋1.807m。

表 9.1　　　　　　　　　　几种高程系统零点高程互换表　　　　　　　　单位：m

吴淞零点高程							
＋0.511	大沽口零点						
＋1.677	＋1.166	胶济铁路零点					
＋1.744	＋1.233	＋0.067	废黄河零点				
＋1.807	＋1.296	＋0.130	＋0.063	1956 年黄海平均海水面			
＋1.836	＋1.325	＋0.159	＋0.092	＋0.029	1985 国家高程基准		
＋1.890	＋1.379	＋0.213	＋0.146	＋0.083	＋0.054	1954 年黄海平均海水面	
＋2.044	＋1.533	＋0.367	＋0.300	＋0.237	＋0.208	＋0.154	坎门零点

9.1.3　我国现代国家控制网的基本情况

我国现代国家控制网称为我国的测绘基准，其采用了当代最新的测绘技术。我国的测绘基准主要由大地基准、高程基准、重力基准等构成，它们都是测绘成果的起算依据。测绘成果要客观、真实地反映地理位置及有关的各种信息，要求测绘数据必须具有唯一性和可靠性，要达到这些要求所有的测绘成果必须要有统一的起算依据，即统一测绘基准、统一测绘系统、统一技术标准。现代测绘基准体系是为地理空间信息的获取提供空间位置、高程以及重力等方面的起算依据。它由相应的参考系统及其相应的参考框架构成，提供空间位置起算依据的是大地测量参考系统和大地测量参考框架，国际上几乎所有发达国家都在采用国际地球参考系统（ITRS）和国际地球参考框架（ITRF）。我国利用空间观测技术形成了 2000 国家大地坐标系（CGCS2000），并建成了 CGCS2000 国家 GPS 大地控制网，完成了该网与全国天文大地网的联合平差工作，使 CGCS2000 坐标系不仅有明确的定义而且成为具有高精度的参考框架。

我国的高程基准采用 1985 黄海高程系统，基准是青岛水准原点及其高程值。其参考框架则为国家一等、二等水准网。高程基准的另一种表现形式是海拔高程（正高或者正常高）的起算面，我国采用分米级（1～10dm）精度大地水准面—CQG2000 似大地水准面。关于重力基准，国际上有波茨坦重力系统和国际重力标准网（IGSN71）。我国目前采用 2000 国家重力基准网作为重力基准。

大地坐标系是国家地理信息表达的基准，也是国家测绘基准比例尺地图的基础，直接服务于国家经济建设、国防建设与社会活动。大地坐标系根据其原点位置的不同，分为地心坐标系和参心坐标系。我国先后于 20 世纪 50 年代和 80 年代建设了基于参考地球质心的国家大地坐标系统，测绘了各种比例尺地图，并应用于国民经济、国防建设和社会发展的各个领域，起到了良好的测绘保障作用。

国家测绘基准体系在形式上包括国家空间坐标基准框架、国家高程基准框架、国家重力基准框架、高分辨率的地球重力场和似大地水准面。国家空间坐标基准框架由国家 GNSS 连续运行参考网站、国家 GNSSA 级网、国家 GNSSB 级网、地方 GNSSC 级网等组成。国家 GNSS 连续运行网站是构成国家空间坐标基准框架的基础，是现代大地测量坐标基准框架的骨干和技术支撑。通过国家 GNSS 连续运行网站与国际 GPS 服务（IGS）联网可获得我国及邻区大范围地壳运动边界条件的变化信息，推进我国地球科学等基础性研究；通过独立自主的卫星定轨计算可具备提供精密星历的能力，从而推动 GNSS 动态、实时、高精度的定位服务，促进空间定位技术应用的社会化、产业化进程。

国家 GNSS 大地控制网尚待加密。大地坐标系统的应用和维持通过足够密度、均匀分布的、覆盖整个国土的大地控制点来体现。我国 1980 西安大地坐标系在大陆的分布密度约为 1/（15km×15km）。而 2000 国家大地控制网（GPS2000）的点位只有 2482 点，平均 3860km^2 才有一个点，且 73.5% 的点位密集地布设在地壳断裂带处，新疆、青藏、东北、华南等大部分区域点位只占 26.5%。GPS2000 网的点位分布不均匀致使我国部分区域 8000km^2 也难找到一个点，此外 GPS2000 网未能对陆海国土面积进行覆盖。为此，应对 GPS2000 网进行加密，布设国家现代 GNSS 点位，使建立的国家现代大地控制网能覆盖全部陆海国土。目前不可能按天文大地网那样每幅 1∶5 万地形图上布设 1~3 个高精度的大地控制点，但在 1∶10 万地形图幅内布设一个高精度的大地控制点还是有必要的，若按照 1∶10 万地形图幅内布设一个国家 GNSS 大地控制点计算在我国大陆上应布设 5726 个点。若再在近 7000 个岛礁上首先选取有人居住的 433 个岛以及能控制整个海域的其他岛礁上布设 600 个 GNSS 大地控制网点，则我国现代大地控制网点位数量应有 6300 个左右。考虑到 GPS2000 网有的点位重合或相距太近（1~10km）以及个别点位的破坏，经济发达的东部地区点位应适当加密。现代大地控制网应在 GPS2000 网的基础上增加点位 5100 个左右为宜，其中 600 个在海岛上布点，4500 在大陆上布测。大地控制网必须定期进行复测，通过对不同时期观测的数据进行处理、分析，才能够发现点位所在的板块运动的速率及地壳变化趋势。如果将布设的所有 GNSS 大地控制点全部进行定期复测则工作量大、经费投入高。因此对加密的 GNSS 大地控制点应分 A、B 级布设。

国家高程基准框架有待完善。应在已布设的水准网基础上以全新的思维进行布设。在布设时应顾及网的结构并改进埋石方法。应在已布的国家一等、二等水准路线的基础上充分考虑经改造后的国道、省级公路、铁路等国家骨干交通路线，还应根据我国地壳板块的划分适当增补部分路线使高程控制网能兼顾各部门的需求。新布线路除应增加基岩点外还应在埋石方法上有大的改进，应针对我国冻土地区水准标石存在的较大升降现象着重解决冻土地区标石的埋设深度问题。"国家空间数据基础框架设计"建议国家高程基准框架由

379 条水准路线、241 个结点、147 个闭环组成，线路总长度为 120000km。全网布点应按使用目的和规范要求设置基岩点、基本点、普通点和验潮站。此外，还应联合国家有关部门共建或改造现有的 42 个验潮站以组成全国验潮站网，每个验潮站均应进行重力测量和 GNSS 测量，以便为确定国家陆海统一高程基准奠定基础。

国家重力基准框架由国家重力基准网、加密重力测量、卫星重力测量、航空重力测量等部分组成，其主要作用是对重力基准点进行适量的补充。其目的是利用地面重力测量、卫星重力测量等技术逐步消灭西部重力空白区，为我国提供 $30' \times 30'$ 平均重力异常格网成果，为国民经济建设各部门提供高精度、高分辨率的重力场信息数据。

似大地水准面是一个最接近平均海水面的重力位等位面，是我国法定高程起算面。不断精化全球和区域大地水准面是大地测量学的一项长期战略性任务。在 GNSS 定位时代精化似大地水准面与建设传统国家高程控制网同等重要。我国似大地水准面的精化目标是东部 ±（5～10cm）、中部 ±（10～20cm）、西部 ±（20～30cm），达到上述目标后中小比例尺测图可以用 GNSS 卫星定位技术取代传统的、低等级的水准测量工作。

9.2 导 线 测 量

导线测量是目前工程平面控制测量惯常采用的形式。导线是由若干条直线连成的折线，每条直线叫导线边，相邻两直线之间的水平角叫做转折角。测定了转折角和导线边长之后即可根据已知坐标方位角和已知坐标算出各导线点的坐标。按照测区条件和需要，导线可布置成附合导线、闭合导线、支导线、结点导线、导线网的形式，如图 9.2～图 9.7 所示。图 9.2～图 9.7 中英文字母表示的点为坐标已知的点（称为已知点），阿拉伯数字表示的点为坐标未知的点（称为未知点），导线测量的目的就是确定未知点的坐标。附合导线（图 9.2）的特点是导线起始于一个已知控制点而终止另一个已知控制点，控制点上可以有一条边或几条边是已知坐标方位角的边也可以没有已知坐标方位角的边。闭合导线（图 9.3、图 9.4）的特点由一个已知控制点出发最后仍旧回到这一点，形成一个闭合多边形，在闭合导线的已知控制点上必须有一条边的坐标方位角是已知的。支导线（图 9.5）也称自由导线，其特点是从一个已知控制点出发，既不符合到另一个控制点，也不回到原来的始点（由于支导线没有检核条件，故一般只限于地形测量的图根导线中采用且布设时一般不得超过 3 条边）。结点导线（图 9.6）是由若干个附合导线交叉（交点称为结点，图 9.6 中用英文加数字表示的点）构成的枝杈状的导线簇，具有很多自由度，计算复杂（需借助最小二乘法进行）。导线网（图 9.7）是由若干个闭合导线连接构成的网状导线团，与结点导线一样也具有很多自由度，计算同样复杂（也需借助最小二乘法进行）。导线测量也分内业和外业两大工作内容。

图 9.2 附合导线

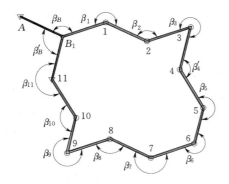

图 9.3 外伸式闭合导线

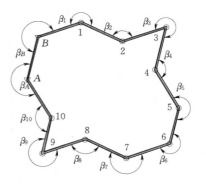

图 9.4 内敛式闭合导线

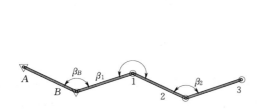

图 9.5 支导线

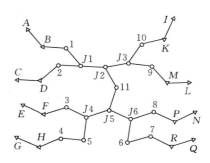

图 9.6 结点导线

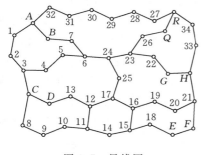

图 9.7 导线网

9.2.1 导线测量外业和内业的基本要求

导线测量的外业工作包括踏勘、选点、埋石、造标、角度（水平角）测量、边长（水平距离）测量、方向测定以及导线连接测量等。导线边长最好大致相等并应尽量避免过短过长，经纬仪半数字化测图时不同测图比例尺的导线平均边长及边长范围为 1：500 为 40～150m（75m 左右）；1：1000 为 80～250m（110m 左右）；1：2000 为 100～300m（180m 左右）。导线点位置选定后，要在每一点位上打一木桩，桩顶钉一小铁钉或划"＋"作点的临时性标志，必要时在木桩周围灌上混凝土。一、二、三级导线点或需长期保存的导线点应埋设混凝土桩或标石〔为了便于寻找，应在附近房角或电线杆等明显处用红漆写明导线点方位和编号，量出导线点与附近固定地物点的距离绘一个草图（称点之记），并注明相关尺寸位置关系〕。为保证测量精度，地下导线每隔一定距离要加测陀螺边，这些工作称为方向测定。

导线测量内业的主要工作是根据外业观测数据计算出未知点的坐标。导线的布设形式不同其计算方法也不同，目前结点导线、导线网人们通常借助计算机软件完成计算工作，附和导线、闭合导线、支导线因计算简单可通过人工计算完成，因此本书主要介绍附和导线、闭合导线、支导线的计算方法。支导线没有检核条件、不存在不符值问题，其计算可以利用坐标反算、方位角的连续推算、坐标正算轻易完成，故本书不做过多介绍。

9.2.2 附和导线计算

如图 9.2 所示，已知点 A、B、C、D 4 点坐标已知，β_B、β_1、β_2、β_3、β_4、β_5、β_C 为通过观测获得的转折角（左角，水平角），D_{B1}、D_{12}、D_{23}、D_{34}、D_{45}、D_{5C} 为通过观测获得的导线边长（水平距离），欲通过计算获得未知点 1、2、3、4、5 点的最或然坐标。计算过程如下。

（1）反算首、尾方位角 $[\alpha_{AB}]$、$[\alpha_{CD}]$。

根据 A、B、C、D 4 点坐标，利用坐标反算原理，反算 AB、CD 的方位角 $[\alpha_{AB}]$、$[\alpha_{CD}]$，应算 2 次，以免出错。

（2）计算各导线边的近似方位角 $\alpha_{i(i+1)}$。

从已知边 AB 开始，沿着 $A \to B \to 1 \to 2 \to 3 \to 4 \to 5 \to C \to D$ 的顺序，按照方位角的连续推算原理，利用观测获得的转折角 β_i，以首方位角 $[\alpha_{AB}]$ 为基础，获得各导线边的近似方位角 $\alpha_{i(i+1)}$，直到 α_{CD}。计算公式为

$$\alpha_{i(i+1)} = [\alpha_{(i-1)i} + \beta_i] \pm 180° \tag{9.1}$$

由于观测获得的转折角 β_i 包含误差，因此，根据 β_i 推算的各导线边的方位角为近似方位角且最后推算的已知边 CD 的方位角 α_{CD} 肯定不等于它的真实方位角 $[\alpha_{CD}]$，α_{CD} 与 $[\alpha_{CD}]$ 的差值反映的就是 7 个转折角 β_i 的总误差，该总误差被称为方位角闭合差。

（3）计算导线的方位角闭合差 ω_a。

计算公式为

$$\omega_a = \alpha_{CD} - [\alpha_{CD}] \tag{9.2}$$

测量工作中，对任何误差都规定有限差，方位角闭合差也不例外，若 ω_a 超限说明某个（或某几个）转折角测量有错误、应重新测量。只有当 ω_a 不超限时方可进行下一步计算。即要求：

$$|\omega_a| \leqslant |\omega_{aX}| \tag{9.3}$$

ω_{aX} 可根据导线等级查相关规范。对三级导线：

$$\omega_{aX} = \pm 24'' n^{1/2} \tag{9.4}$$

式（9.4）中，n 为测站数（或转折角的个数）。对图 9.2 来讲，$n=7$。

（4）计算各转折角 β_i 的改正数 $v_{\beta i}$。

方位角闭合差 ω_a 是 n 个（图 9.2 为 7 个）转折角 β_i 的总误差，由于测量时 β_i 是等精度观测的，因此，n 个转折角 β_i 的误差是相等的，其改正数也应该相等，因此，各个转折角 β_i 的改正数 $v_{\beta i}$ 均为

$$v_{\beta i} = -\omega_a / n \tag{9.5}$$

$v_{\beta i}$ 的取位同 β_i，即 β_i 取位到秒，则 $v_{\beta i}$ 也取位到秒，秒以后的值进行凑整处理（处理方法仍为"四舍六入、恰五配偶"）。$v_{\beta i}$ 凑整处理后会带来一个方位角闭合差分摊不完全的问题，因此，必须求出方位角闭合差分摊后的残余误差 δ_ω（或残余改正量 $\delta_{v\omega}$），即

$$\delta_{\omega} = \left(\sum_{i=1}^{n} v_{\beta i} \right) + \omega_{\alpha} \tag{9.6}$$

若根据式（9.6）计算出的 $\delta_{\omega}=0$ 则说明分摊完善，若 $\delta_{\omega}\neq 0$ 则需要进行二次分摊。当 $\delta_{\omega}\neq 0$ 时 δ_{ω} 的值通常也都很小（数值在最小保留位数档，数目字远小于转折角个数），二次分摊的原则是将 δ_{ω} 拆单（拆成若干个以 1 为单位的基本量。所谓"基本量"是指改正数的最小取位单位）按照 β_i 值的大小由大到小顺序依次分摊（也可随意分摊，因为 β_i 是等精度观测的）、直到全部分摊完毕为止。例如图 9.2 计算的 $\delta_{\omega}=-3''$（说明欠 $3''$），则给最大的 β_i 的改正数增加 $1''$，给第二大的 β_i 的改正数增加 $1''$，给第三大的 β_i 的改正数增加 $1''$，其余 β_i 的改正数不变。这样，二次分摊后各 β_i 的改正数就变成了 $v'_{\beta i}$，应再次校核一下

$$\sum_{i=1}^{n} v'_{\beta i} = -\omega_{\alpha} \tag{9.7}$$

校核无误方可进行下一步计算

（5）计算各转折角 β_i 的最或然值 β'_i。

计算公式为

$$\beta'_i = \beta_i + v'_{\beta i} \tag{9.8}$$

（6）计算各导线边的最或然方位角 $\alpha'_{i(i+1)}$。

从已知边 AB 开始，沿着 $A \rightarrow B \rightarrow 1 \rightarrow 2 \rightarrow 3 \rightarrow 4 \rightarrow 5 \rightarrow C \rightarrow D$ 的顺序，按照方位角的连续推算原理，利用 9.2.2 中（5）计算的各转折角 βi 的最或然值 β'_i，以首方位角 $[\alpha_{AB}]$ 为基础，获得各导线边的最或然方位角 $\alpha'_{i(i+1)}$，直到 α'_{CD}。计算公式为

$$\alpha'_{i(i+1)} = [\alpha'_{(i-1)i} + \beta'_i] \pm 180° \tag{9.9}$$

由于此时的 β'_i 已不包含误差，因此，根据 β'_i 推算的各导线边的方位角为最或然方位角且最后推算的已知边 CD 的最或然方位角 α'_{CD} 肯定应该等于它的真实方位角 $[\alpha_{CD}]$，即

$$\alpha'_{CD} = [\alpha_{CD}] \tag{9.10}$$

若式（9.10）不满足要求，说明 9.2.2 中（6）或 9.2.2 之（5）计算过程有误，应重新认真计算。

（7）计算各导线边的近似坐标增量 $\Delta X_{i(i+1)}$、$\Delta Y_{i(i+1)}$。

利用观测获得的导线边长（水平距离）$D_{i(i+1)}$ 和 9.2.2 中（6）计算的各导线边的最或然方位角 $\alpha'_{i(i+1)}$ 进行，计算公式为

$$\Delta X_{i(i+1)} = D_{i(i+1)} \cos \alpha'_{i(i+1)} \tag{9.11}$$

$$\Delta Y_{i(i+1)} = D_{i(i+1)} \sin \alpha'_{i(i+1)} \tag{9.12}$$

由于观测获得的导线边长（水平距离）$D_{i(i+1)}$ 包含误差，因此，根据 $D_{i(i+1)}$ 计算的各导线边的坐标增量 $\Delta X_{i(i+1)}$、$\Delta Y_{i(i+1)}$ 为近似坐标增量，且由 B 到 C 的近似坐标增量之和肯定不等于 C、B 间的真实坐标之差，B 到 C 的近似坐标增量之和与 C、B 间的真实坐标之差反映的就是 6 条观测导线边长（D_{B1}、D_{12}、D_{23}、D_{34}、D_{45}、D_{5C}）误差引起的坐标增量总误差，该总误差被称为坐标闭合差。坐标闭合差有 2 个，一个是横坐标（Y）闭合差 f_Y、另一个是纵坐标（X）闭合差 f_X。

（8）计算坐标闭合差 f_Y、f_X。

横坐标闭合差 f_Y 的计算公式是

$$f_Y = \sum_{i=B}^{C-1} \Delta Y_{i(i+1)} - (Y_C - Y_B) \tag{9.13}$$

纵坐标闭合差 f_X 的计算公式是

$$f_X = \sum_{i=B}^{C-1} \Delta X_{i(i+1)} - (X_C - X_B) \tag{9.14}$$

由于导线有长有短，跟距离测量一样，对纵、横坐标闭合差 f_X、f_Y 规定限差也是没有意义的（应看其相对误差）。不难理解，f_X、f_Y 就是根据近似坐标增量 $\Delta X_{i(i+1)}$、$\Delta Y_{i(i+1)}$ 算得的 C 点位置（称假 C 点）与 C 点真实位置的纵、横坐标差，假 C 点与真实 C 点的直线距离 f 即为导线的总闭合差（全长闭合差）。

（9）计算导线的总闭合差（全长闭合差）f。

计算公式为

$$f = \sqrt{f_X^2 + f_Y^2} \tag{9.15}$$

同样，导线有长有短，对总闭合差 f 规定限差也是没有意义的。应该看其相对误差。

（10）计算导线的总相对闭合差（全长相对闭合差）K。

计算公式为

$$K = f / \sum_{i=B}^{C-1} D_{i(i+1)} \tag{9.16}$$

K 不得超限。若 K 超限则说明某个（或某几个）导线边长测量有错误、应重新测量。只有当 K 不超限时方可进行下一步计算。即要求

$$K \leqslant K_X \tag{9.17}$$

K_X 可根据导线等级查相关规范。对三级导线：

$$K_X = 1/6000 \tag{9.18}$$

（11）计算各导线边的近似坐标增量改正数 $v_{\Delta Xi(i+1)}$、$v_{\Delta Yi(i+1)}$。

1）X 坐标增量改正数 $v_{\Delta Xi(i+1)}$ 的计算。f_X 是导线上各个边长测量误差综合作用产生的，导线边长越长对 f_X 的影响越大，因此，其分摊的误差量也应该越大，故，各导线边的 X 坐标增量改正数与其导线边长成正比。因此，有：

$$v_{\Delta Xi(i+1)} = -\left\{ f_X / \left[\sum_{i=B}^{C-1} D_{i(i+1)} \right] \right\} D_{i(i+1)} \tag{9.19}$$

$v_{\Delta Xi(i+1)}$ 的取位同 A、B、C、D 坐标值，即 A、B、C、D 坐标取位到 "mm"、则 $v_{\Delta Xi(i+1)}$ 也取位到 "mm"，"mm" 以后的值进行凑整处理（处理方法 "四舍六入、恰五配偶"）。$v_{\Delta Xi(i+1)}$ 凑整处理后会带来一个坐标闭合差 f_X 分摊不完全的问题，故必须求出坐标闭合差 f_X 分摊后的残余误差 δ_{vx}（或残余改正量 δ_{vx}），即

$$\delta_{vX} = \sum_{i=B}^{C-1} v_{\Delta Xi(i+1)} + f_X \tag{9.20}$$

若根据式（9.20）计算出的 $\delta_{vX} = 0$ 则说明分摊完善，若 $\delta_{vX} \neq 0$ 则需要进行二次分摊。

当 $\delta_{vX} \neq 0$ 时 δ_{vX} 的值通常也都很小（数值在最小保留位数档，数目字远小于测量导线边的个数），二次分摊的原则是将 δ_{vX} 拆单（拆成若干个以 1 为单位的基本量。所谓"基本量"是指改正数的最小取位单位）按照 $v_{\Delta Xi(i+1)}$ 值的大小由大到小顺序依次分摊、直到全部分摊完毕为止。比如图 9.2 计算的 $\delta_{vX} = 3$mm（说明多分了 3mm），则给最大的 $v_{\Delta Xi(i+1)}$ 减少 1mm、给第二大的 $v_{\Delta Xi(i+1)}$ 减少 1mm、给第三大的 $v_{\Delta Xi(i+1)}$ 减少 1mm、其余的 $v_{\Delta Xi(i+1)}$ 不变。这样，二次分摊后各 $v_{\Delta Xi(i+1)}$ 就变成了 $v'_{\Delta Xi(i+1)}$，应再次校核一下

$$\sum_{i=B}^{C-1} v'_{\Delta Xi(i+1)} = -f_X \tag{9.21}$$

校核无误方可进行下一步计算。

2）Y 坐标增量改正数 $v_{\Delta Yi(i+1)}$ 的计算。$v_{\Delta Yi(i+1)}$ 的计算方法同 $v_{\Delta Xi(i+1)}$。计算公式为

$$v_{\Delta Yi(i+1)} = -\left[f_Y / \left(\sum_{i=B}^{C-1} D_{i(i+1)} \right) \right] D_{i(i+1)} \tag{9.22}$$

同样应处理残余误差 δ_Y（或残余改正量 δ_{vY}），进行必要的二次分摊，获得 $v'_{\Delta Yi(i+1)}$。

$$\delta_{vY} = \sum_{i=B}^{C-1} v_{\Delta Yi(i+1)} + f_Y \tag{9.23}$$

最后也应再次校核一下计算结果，即

$$\sum_{i=B}^{C-1} v'_{\Delta Yi(i+1)} = -f_Y \tag{9.24}$$

校核无误方可进行下一步计算。

（12）计算各导线边的最或然坐标增量 $\Delta X'_{i(i+1)}$、$\Delta Y'_{i(i+1)}$。

将 9.2.2 的（7）计算的各导线边的近似坐标增量 $\Delta X_{i(i+1)}$、$\Delta Y_{i(i+1)}$ 加上 9.2.2 之（11）计算的各导线边的近似坐标增量改正数 $v'_{\Delta Xi(i+1)}$、$v'_{\Delta Yi(i+1)}$ 即得各导线边的最或然坐标增量 $\Delta X'_{i(i+1)}$、$\Delta Y'_{i(i+1)}$，计算公式为

$$\Delta X'_{i(i+1)} = \Delta X_{i(i+1)} + v'_{\Delta Xi(i+1)} \tag{9.25}$$

$$\Delta Y'_{i(i+1)} = \Delta Y_{i(i+1)} + v'_{\Delta Yi(i+1)} \tag{9.26}$$

为防止计算错误，应校核

$$\sum_{i=B}^{C-1} \Delta Y'_{i(i+1)} = (Y_C - Y_B) \tag{9.27}$$

$$\sum_{i=B}^{C-1} \Delta X'_{i(i+1)} = (X_C - X_B) \tag{9.28}$$

若式（9.27）、式（9.28）不满足，则说明 9.2.2 中（12）部分计算有误，若经检查 9.2.2 中（12）部分计算正确则说明 9.2.2 中（1）计算有误。

（13）计算各导线点的最或然坐标 X'_{i+1}、Y'_{i+1}。

计算公式为

$$X'_{i+1} = X'_i + \Delta X'_{i(i+1)} \tag{9.29}$$

$$Y'_{i+1} = Y'_i + \Delta Y'_{i(i+1)} \tag{9.30}$$

从已知点 B 开始，沿着 $B \rightarrow 1 \rightarrow 2 \rightarrow 3 \rightarrow 4 \rightarrow 5 \rightarrow C$ 的顺序进行计算，最后一对计算结果

是 C 点最或然坐标 X_C'、Y_C'。C 点最或然坐标 X_C'、Y_C' 应该与其真实坐标 X_C、Y_C 相同，即

$$X_C' = X_C \qquad (9.31)$$

$$Y_C' = Y_C \qquad (9.32)$$

式 (9.31)、式 (9.32) 不满足则说明 9.2.2 节中 (13) 部分计算有误，应重新认真计算。

9.2.3 闭合导线计算

闭合导线的计算方法与附合导线完全相同，只需根据具体情况将 9.2.2 中的 A、B、C、D 点进行相应替换即可。图 9.2 与图 9.3、图 9.4 的替换关系是：

1）图 9.2 中的 A 就是图 9.3 中的 A、同样也是图 9.4 中的 A。

2）图 9.2 中的 B 就是图 9.3 中的 B、同样也是图 9.4 中的 B。

3）图 9.2 中的 C 就是图 9.3 中的 B、同样也是图 9.4 中的 A。

4）图 9.2 中的 D 就是图 9.3 中的 A、同样也是图 9.4 中的 B。

图 9.3、图 9.4 计算时只需按上述替换原则用相应 A、B 替换图 9.2 中 C、D 即可。

9.2.4 支导线计算

支导线内业计算只须进行 9.2.2 中 (1)、(2)、(7)、(13) 4 步计算，不存在近似值和不符值的问题。

9.2.5 附合导线算例

仍如图 9.2 所示。导线精度为三级导线。已知点 A、B、C、D 4 点坐标为 $X_A =$ 326751.593m、$Y_A = 541623.089$m；$X_B = 326183.152$m、$Y_B = 542240.249$m；$X_C =$ 325098.299m、$Y_C = 542354.307$m；$X_D = 324430.580$m、$Y_D = 541994.915$m。转折角（左角，水平角）观测值 $\beta_B = 157°47'15''$、$\beta_1 = 230°22'06''$、$\beta_2 = 160°41'56''$、$\beta_3 = 241°57'17''$、$\beta_4 = 141°35'47''$、$\beta_5 = 252°47'14''$、$\beta_C = 150°26'40''$。导线边长（水平距离）测量值 $D_{B1} =$ 246.138m、$D_{12} = 215.831$m、$D_{23} = 197.219$m、$D_{34} = 284.681$m、$D_{45} = 226.450$m、$D_{5C} =$ 301.811m。求未知点 1、2、3、4、5 点的最或然坐标。计算过程如下。

1）反算首、尾方位角 $[\alpha_{AB}]$、$[\alpha_{CD}]$。计算结果是 $[\alpha_{AB}] = 132°38'49''$；$[\alpha_{CD}] =$ $208°17'27''$。

2）计算各导线边的近似方位角 $\alpha_{i(i+1)}$。计算结果依次是 $\alpha_{B1} = 110°26'04''$；$\alpha_{12} =$ $160°48'10''$；$\alpha_{23} = 141°30'06''$；$\alpha_{34} = 203°27'23''$；$\alpha_{45} = 165°03'10''$；$\alpha_{5C} = 237°50'24''$；$\alpha_{CD} =$ $208°17'04''$。

3）计算导线的方位角闭合差 ω_a。计算结果是 $\omega_a = \alpha_{CD} - [\alpha_{CD}] = -23''$，对三级导线 $\omega_{aX} = \pm24''\sqrt{n} = \pm63''$，$|\omega_a| \leqslant |\omega_{aX}|$，故，转折角观测结果合格。

4）计算各转折角 β_i 的改正数 $v_{\beta i}$。计算结果是 $v_{\beta i} = -\omega_a / n = 23''/7 = 3.28'' = 3''$，$\delta_{v\omega} =$ $\sum\limits_{i=1}^{n} v_{\beta i} + \omega_a = 3'' \times 7 - 23'' = -2''$。故 $v_{\beta 3} = v_{\beta 5} = 3'' + 1'' = 4''$；$v_{\beta B} = v_{\beta 1} = v_{\beta 2} = v_{\beta 4} = v_{\beta C} = 3''$；$\sum\limits_{i=1}^{n} v'_{\beta i} = -\omega_a$。校核证明计算无误。

5）计算各转折角 β_i 的最或然值 β'_i。根据公式 $\beta'_i = \beta i + v'_{\beta i}$ 得各转折角（左角，水平角）的最或然值 β'_i。计算结果依次是 $\beta'_B = 157°47'18''$；$\beta'_1 = 230°22'09''$；$\beta'_2 = 160°41'59''$；$\beta'_3 = 241°57'21''$；$\beta'_4 = 141°35'50''$；$\beta'_5 = 252°47'18''$；$\beta'_C = 150°26'43''$。

6）计算各导线边的最或然方位角 $\alpha'_{i(i+1)}$。计算结果依次是 $\alpha'_{B1} = 110°26'07''$；$\alpha'_{12} = 160°48'16''$；$\alpha'_{23} = 141°30'15''$；$\alpha'_{34} = 203°27'36''$；$\alpha'_{45} = 165°03'26''$；$\alpha'_{5C} = 237°50'44''$；$\alpha'_{CD} = 208°17'27''$。$\alpha'_{CD} = [\alpha_{CD}]$，计算过程无误。

7）计算各导线边的近似坐标增量 $\Delta X_{i(i+1)}$、$\Delta Y_{i(i+1)}$。计算结果依次是 $\Delta X_{B1} = -85.939\text{m}$，$\Delta Y_{B1} = 230.648\text{m}$；$\Delta X_{12} = -203.831\text{m}$、$\Delta Y_{12} = 70.964\text{m}$；$\Delta X_{23} = -154.354\text{m}$、$\Delta Y_{23} = 122.760\text{m}$；$\Delta X_{34} = -261.149\text{m}$、$\Delta Y_{34} = -113.334\text{m}$；$\Delta X_{45} = -218.792\text{m}$、$\Delta Y_{45} = 58.391\text{m}$；$\Delta X_{5C} = -160.625\text{m}$、$\Delta Y_{5C} = -255.518\text{m}$。

8）计算坐标闭合差 f_Y、f_X。计算结果是 $f_X = \sum\limits_{i=B}^{C-1} \Delta X_{i(i+1)} - (X_C - X_B) = 0.163\text{m}$；

$f_Y = \sum\limits_{i=B}^{C-1} \Delta Y_{i(i+1)} - (Y_C - Y_B) = -0.147\text{m}$。

9）计算导线的总闭合差（全长闭合差）f。计算结果是 $f = \sqrt{f_X^2 + f_Y^2} = 0.219\text{m}$。

10）计算导线的总相对闭合差（全长相对闭合差）K。计算结果是 $K = f / [\sum\limits_{i=B}^{C-1} D_{i(i+1)}] = 0.219\text{m} / 1472.130\text{m} = 1/6700$。对三级导线 $K_X = 1/6000$，$K \leqslant K_X$，导线边长（水平距离）测量合格。

11）计算各导线边的近似坐标增量改正数 $v_{\Delta X i(i+1)}$、$v_{\Delta Y i(i+1)}$。计算结果依次是 $v_{\Delta XB1} = -0.027\text{m}$、$v_{\Delta YB1} = 0.024\text{m}$；$v_{\Delta X12} = -0.024\text{m}$、$v_{\Delta Y12} = 0.022\text{m}$；$v_{\Delta X23} = -0.022\text{m}$、$v_{\Delta Y23} = 0.020\text{m}$；$v_{\Delta X34} = -0.032\text{m}$、$v_{\Delta Y34} = 0.028\text{m}$；$v_{\Delta X45} = -0.025\text{m}$、$v_{\Delta Y45} = 0.023\text{m}$；$v_{\Delta X5C} = -0.033\text{m}$、$v_{\Delta Y5C} = 0.030\text{m}$。$\delta_{vX} = [\sum\limits_{i=B}^{C-1} v_{\Delta X i(i+1)}] + f_X = 0$；$[\sum\limits_{i=B}^{C-1} v'_{\Delta X i(i+1)}] = -f_X$。$\delta_{vY} = [\sum\limits_{i=B}^{C-1} v_{\Delta Y i(i+1)}] + f_Y = 0$；$[\sum\limits_{i=B}^{C-1} v'_{\Delta Y i(i+1)}] = -f_Y$。经校核，计算无误。

12）计算各导线边的最或然坐标增量 $\Delta X'_{i(i+1)}$、$\Delta Y'_{i(i+1)}$。计算结果依次是 $\Delta X'_{B1} = -85.966\text{m}$、$\Delta Y'_{B1} = 230.672\text{m}$；$\Delta X'_{12} = -203.855\text{m}$、$\Delta Y'_{12} = 70.986\text{m}$；$\Delta X'_{23} = -154.376\text{m}$、$\Delta Y''_{23} = 122.780\text{m}$；$\Delta X'_{34} = -261.181\text{m}$、$\Delta Y'_{34} = -113.306\text{m}$；$\Delta X'_{45} = -218.817\text{m}$、$\Delta Y'_{45} = 58.414\text{m}$；$\Delta X'_{5C} = -160.658\text{m}$、$\Delta Y'_{5C} = -255.488\text{m}$。$\sum\limits_{i=B}^{C-1} \Delta Y'_{i(i+1)} = (Y_C - Y_B)$；$\sum\limits_{i=B}^{C-1} \Delta X'_{i(i+1)} = (X_C - X_B)$。经校核，计算无误。

13）计算各导线点的最或然坐标 X'_{i+1}、Y'_{i+1}。计算结果依次是 $X'_1 = 326097.186\text{m}$、$Y'_1 = 542470.921\text{m}$；$X'_2 = 325893.331\text{m}$、$Y'_2 = 542541.907\text{m}$；$X'_3 = 325738.955\text{m}$、$Y'_3 = 542664.687\text{m}$；$X'_4 = 325477.774\text{m}$、$Y'_4 = 542551.381\text{m}$；$X'_5 = 325258.957\text{m}$、$Y'_5 = 542609.795\text{m}$；$X'_C = 325098.299\text{m}$、$Y'_C = 542354.307\text{m}$。$X'_C = X_C$，$Y'_C = YC$。经校核计算无误。导线计算结束。

以上计算过程也可在表格中进行，见表 9.2。

表9.2

附 合 导 线 计 算

点号	折角观测值/改正数	近似方位角	折角最或然值 β	最或然方位角	导线边长 /m	近似ΔX/改正数 /m	近似ΔY/改正数 /m	最或然 ΔX	最或然 ΔY	X坐标 /m	Y坐标 /m
A										326751.593	541623.089
		132°38′49″		132°38′49″							
B	157°47′15″		157°47′18″							326183.152	542240.249
	+3″/+0″	110°26′04″		110°26′07″	246.138	−85.939 / −0.027	230.648 / 0.024	−85.966	230.672		
1	230°22′06″		230°22′09″							326097.186	542470.921
	+3″/+0″	160°48′10″		160°48′16″	215.831	−203.831 / −0.024	70.964 / 0.022	−203.855	70.986		
2	160°41′56″		160°41′59″							325893.331	542541.907
	+3″/+0″	141°30′06″		141°30′15″	197.219	−154.354 / −0.022	122.760 / 0.020	−154.376	122.780		
3	241°57′17″		241°57′21″							325738.955	542664.687
	+3″/+1″	203°27′23″		203°27′36″	284.681	−261.149 / −0.032	−113.334 / 0.028	−261.181	−113.306		
4	141°35′47″		141°35′50″							325477.774	542551.381
	+3″/+0″	165°03′10″		165°03′26″	226.450	−218.792 / −0.025	58.391 / 0.023	−218.817	58.414		
5	252°47′14″		252°47′18″							325258.957	542609.795
	+3″/+1″	237°50′24″		237°50′44″	301.811	−160.625 / −0.033	−255.518 / 0.030	−160.658	−255.488		
C	150°26′40″		150°26′43″							325098.299	542354.307
	+3″/+0″	208°17′04″		208°17′27″							
D										324430.580	541994.915
Σ	−23″					−1084.690	113.911	−1084.853	114.058		

备注：$X_A = 326751.593$m，$Y_A = 541623.089$m；$X_B = 326183.152$m，$Y_B = 542240.249$m；$X_C = 325098.299$m，$Y_C = 542354.307$m，$X_D = 324430.580$m，$Y_D = 542430.580$m，$Y_D = 541994.915$m。$[\alpha_{AB}]=132°38′49″$；$[\alpha_{CD}]=208°17′27″$；$\omega_{a容}=±24n^{1/2}=±24·24^{1/2}=±63″$，$\omega_a = 208°17′04″-208°17′27″=-23″$。$|\omega_a| \leq |\omega_{a容}|$，故，转折角观测结果合格。$\sum v_{\beta i}=-\omega_a$。条件满足。$f_X=\sum\Delta X-(X_C-X_B)=-1084.690m-(-1084.853)=0.163$m；$f_Y=\sum\Delta Y-(Y_C-Y_B)=113.911-114.058=-0.147$m，$f=(f_X^2+f_Y^2)^{1/2}=0.219$m；$K=f/\sum D=0.219$m/1472.130m$=1/6700$，$K \leq K_X$，导线边长（水平距离）测量合格。$K_X=1/6000$，$\delta_{aX}=\sum v_{\Delta X}+f_X=0$；$\delta_{aY}=\sum v_{\Delta Y}+f_Y=0$。$\sum v_{\Delta X}+f_X=0$，$\sum v_{\Delta Y}+f_Y=0$。$\sum\Delta X=X_C-X_B$；$\sum\Delta Y=Y_C-Y_B$。经校核，计算无误。$X_C'=325098.299$m，$Y_C'=542354.307$m，$X_C'=X_C$，$Y_C'=Y_C$。经校核计算无误。导线计算结束。

导线略图

9.3 小 三 角 测 量

小三角测量是指在小范围内布设边长较短的三角网的测量，曾是传统平面控制测量主要方法之一，目前已很少应用，但在特殊条件下有时还有应用。小三角测量的特点是在观测所有三角形的内角并测量1～2条必要边长之后，根据起始边已知坐标方位角和起始点的坐标即可求出所有三角点的坐标。小三角测量的特点测角工作量大、测距工作量极少（甚至可以没有），过去主要用于山区或丘陵地区的平面控制。

9.3.1 小三角网的常见形式

根据测区范围、地形条件以及已有控制点情况，小三角网可布置成三角锁、中点多边形、大地四边形、线形锁等形式，如图9.8所示。三角网中直接测量的边称基线（Base Line）。三角锁一般在两端都布设一条基线；线形锁两端附合在高级点上的三角锁，故不需设置基线；起始边附合在高级点上的三角网也不需设置基线。

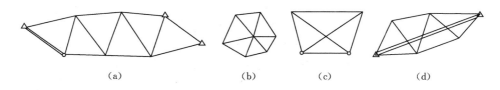

(a)   (b)   (c)   (d)

图 9.8 小三角网的常见形式
（a）三角锁；（b）中点多边形；（c）大地四边形；（d）线形锁

9.3.2 小三角测量外业

小三角测量的外业工作主要包括选点、角度观测、基线测量、起始边定向等。

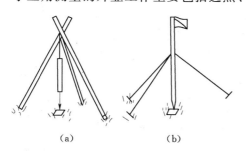

(a)   (b)

图 9.9 照准标志
（a）吊挂大垂球；（b）铁丝拉竖标杆

1）选点。选点时既要考虑各级小三角测量的技术要求，又要考虑测图和用图方面的要求。一般应注意以下4点，即：三角形应接近等边三角形，困难地区内角不应大于120°或小于30°；三角形边长应符合规范规定；三角点应选在地势较高、视野开阔、便于测图和加密的地方，应选在便于观测和便于保存点位的地方且相邻点间应通视良好；基线应选在地势平坦、无障碍且便于丈量的地方，使用测距仪时还应避开发热体和强电磁场的干扰。三角点选定后应埋设标志，可根据需要采用大木桩或混凝土标石，三角点选定后应编号、命名并绘制点之记。如图9.9所示，观测时可用三根竹竿吊挂一大垂球以便利观测，还可在悬挂线上加设照准用的竹筒，也可用三根铁丝竖立一标杆作为照准标志。

2）角度观测。观测前应检校好仪器。观测一般采用方向观测法。各级小三角角度观测的测回数、角度观测误差应遵守相关规范规定，角度观测误差是指包括测角中误差在内的各项限差、三角形闭合差等。测角中误差应按菲列罗公式计算，即 $m_\beta = \pm \{[\omega\omega]/(3n)\}^{1/2}$。

3）基线测量。基线是计算三角形边长的起算数据，应满足必要的精度要求。起始边应优先采用光电测距仪观测，观测前测距仪应经过检定。观测所得斜距应进行气象、加常数、乘常数等改正后化算成平距。用钢尺丈量基线时应按钢尺精密丈量方法进行且钢尺应经过检定，丈量可用单尺进行往返丈量或双尺同向丈量。

4）起始边定向。与高级网联测的小三角网可根据高级点坐标反算获得的高级点间坐标方位角以及所测的连接角推算出起始边的坐标方位角。独立小三角网可直接测定起始边的真方位角或磁方位角进行定向。

9.3.3　小三角测量内业计算

小三角测量的内业计算包括观测角近似平差和三角点坐标计算两项内容。近似平差的特点是将部分几何条件所产生的闭合差分别进行处理，使观测值之间的矛盾能得到较合理解决。如图 9.10 所示单三角锁应满足图形条件要求和基线条件要求，所谓图形条件是指三角形内角之和应等于 180°，所谓基线条件是指从一条基线开始经一系列三角形推算至另一基线时推算值应等于该基线的已知值。三角锁平差的任务就是改正角度观测值使其满足以上两个条件，然后根据平差改正后的角度计算边长和坐标。计算前应先检查角度观测值、各三角形的闭合差、基线的长度等是否超限。然后绘制略图并进行编号。图 9.10 从起始边 B_{I} 开始按推算方向对三角形进行编号，三角形三内角的编号分别用 a、b、c 及其相应三角形号作为下角号，a、b 称为传距角，a 角对推进边、b 角对已知边、c 角对间隔边、

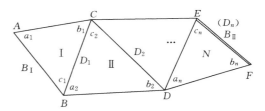

图 9.10　单三角锁内业计算

c 角称间隔角。计算略图上应标明点号、三角形号、角号、基线号。角度和基线的观测值应填写在计算表内（图 9.2）。

9.3.4　单三角锁近似计算

1）角度闭合差的计算与调整。通过计算与调整获得各三角形内角的第一次角度改正数 v_{ai}、v_{bi}、v_{ci}。各三角形内角之和应等于 180°，若不等于 180°则角度闭合差 f_i 为 $f_i = a_i + b_i + c_i - 180°$。角度闭合差不应超过相关规范规定，在限值以内时应将闭合差按相反的符号平均分配到三个内角上，由此可得角度的第一次改正值 $v_{ai} = v_{bi} = v_{ci} = -f_i/3$。各角度观测值加上相应的第一次改正值后得第一次改正后的角值 a'_i、b'_i、c'_i。作为检核，第一次改正后的角值之和应等于 180°。角度闭合差凑整分配后的余数可分在较大的角上以使条件完全满足。

2）基线闭合差的计算与调整。通过计算与调整获得各三角形内角的第二次角度改正数。从基线 B_{I} 推算到基线 B_{II}，推算值 B'_{II} 应等于其已知值 B_{II}，即满足基线条件。按起

始边 B_I 和经第一次改正后的传距角 a_i'、b_i' 依次推算各三角形的边长为 $D_1 = B_I \sin a_1' / \sin b_1'$、$D_2 = D_1 \sin a_2' / \sin b_2' = B_I \sin a_1' \sin a_2' / (\sin b_1' \sin b_2')$、$\cdots$、$D_n = B_{II}' = B_I \sin a_1' \sin a_2' \cdots \sin a_n' /$ $(\sin b_1' \sin b_2' \cdots \sin b_n') = B_I \prod \sin a_i' / \prod \sin b_i'$。若 B_{II}' 不等于其实测长 B_{II} 则产生基线闭合差 W，即 $W = B_{II}' - B_{II} = B_I \prod \sin a_i' / \prod \sin b_i' - B_{II}$，$W$ 不应超过规定的限差 W_J。限差 W_J 可按式 $W_J = \pm 2 B_{II} [(m_\beta^n / \rho'')^2 \sum (\cot^2 a_i' + \cot^2 b_i') + (m_{B_I} / B_I)^2 + (m_{B_{II}} / B_{II})^2]^{1/2}$ 计算，其中，m_β 为容许的测角中误差，a_i'、b_i' 为第一次改正后的各传距角，(m_{B_I} / B_I) 和 $(m_{B_{II}} / B_{II})$ 为基线相对中误差的限值。

由于基线的精度较高，其误差可忽略不计。为使 $W = 0$ 还需对传距角 a_i'、b_i' 进行第二次改正，设第二次改正数为 V_{ai}、V_{bi}，改正后的相应角为 a_i、b_i，则基线条件方程可改写为 $B_I \prod \sin a_i' / \prod \sin b_i' - B_{II} = 0$。为解算改正数 V_{ai}、V_{bi}，需要把前式线性化，即按台劳公式展开取其一次幂项，故有关系式 $F = F_0 + (\partial F / \partial a_1)(V a_1'' / \rho'') + (\partial F / \partial a_2)(V a_2'' / \rho'') + \cdots + (\partial F / \partial b_1)(V b_1'' / \rho'') + (\partial F / \partial b_2)(V b_2'' / \rho'') + \cdots$，其中，$F_0 = B_I \prod \sin a_i' / \prod \sin b_i' - B_{II} = W$；$\partial F / \partial a_i = B_I \cot a_i' \prod \sin a_i' / \prod \sin b_i' = B_{II}' \cot a_i'$；$\partial F / \partial b_i = -B_I \cot b_i' \prod \sin a_i' / \prod \sin b_i' = -B_{II}' \cot b_i'$。于是，有关系式 $W + B_{II}' \sum \cot a_i' (V a_i'' / \rho'') - B_{II}' \sum \cot b_i' (V_{bi}'' / \rho'') = 0$。第二次改正采用平均分配原则，为不破坏已经满足的图形条件，使第二次改正数 V_a'' 和 V_b'' 的绝对值相等而符号相反，即令 $V_a'' = -V_b'' = V''$，于是，有关系式 $V'' = V_a'' = -V_b'' = -W \rho'' / [B_{II}' \sum (\cot a_i' + \cot b_i')]$。将第一次改正后的角值 a_i'、b_i' 分别加第二次改正数 V_a''、V_b'' 得第二次改正后的角值，即平差后的角值分别为 $a_i'' = a_i' + V_a''$、$b_i'' = b_i' + V_b''$、$c_i'' = c_i'$。

3）边长与坐标的计算。根据基线 B_I 的长度及平差后的角值用正弦定理依次推算出三角形的边长。计算三角点坐标时可把各三角点组成一闭合导线 $ACEFDBA$（图 9.10），按起始边的 AB 的坐标方位角推算出各边的坐标方位角，然后计算各边的坐标增量，最后根据起始点 A 的坐标依次计算出其他各点的坐标。计算过程见表 9.3。

表 9.3　　　　　　　　　　　　三角锁近似平差计算表

三角形编号	角度编号	角度观测值	第一次改正数	第一次改正后的角值	第二次改正数	第二次改正后的角值	边长/m
	b_1	60°44′27″	−1″	60°44′26″	+2″	60°44′28″	(B_I)527.853
	c_1	56°06′36″	−1″	56°06′35″		56°06′35″	502.252
I	a_1	63°09′00″	−1″	63°08′59″	−2″	63°08′57″	539.812
	$\sum$	180°00′03″	−1″	180°00′00″		180°00′00″	
	f_i	$f_1 = +3''$					
	b_2	46°44′26″	−3″	46°44′23″	+2″	46°44′25″	539.812
	c_2	63°51′35″	−3″	63°51′32″		63°51′32″	665.42
II	a_2	69°24′08″	−3″	69°24′05″	−2″	69°24′03″	693.849
	$\sum$	180°00′09″	−9″	180°00′00″		180°00′00″	
	f_i	$f_2 = +9''$					

三角形编号	角度编号	角度观测值	第一次改正数	第一次改正后的角值	第二次改正数	第二次改正后的角值	边长/m
	b_3	$102°19'34''$	$+3''$	$102°19'37''$	$+2''$	$102°19'39''$	
	c_3	$39°13'19''$	$+2''$	$39°13'21''$		$39°13'21''$	449.099
Ⅲ	a_3	$38°27'00''$	$+2''$	$38°27'02''$	$-2''$	$38°27'00''$	441.640
	Σ	$179°59'53''$	$+7''$	$180°00'00''$		$180°00'00''$	
	f_i	$f_3 = +7''$					
	b_4	$61°00'26''$	$+2''$	$61°00'28''$	$+2''$	$61°00'30''$	
	c_4	$48°31'44''$	$+2''$	$48°31'46''$		$48°31'46''$	378.327
Ⅳ	a_4	$70°27'44''$	$+2''$	$70°27'46''$	$-2''$	$70°27'44''$	$(B_{Ⅱ})475.837$
	Σ	$179°59'54''$	$+6''$	$180°00'00''$		$180°00'00''$	
	f_0	$f_4 = -6''$					
辅助计算	按二级小三角，$f_{\beta X} = \pm 30''$。$B_Ⅰ = 527853\text{m}$，$B_Ⅱ = 475837\text{m}$。$B'_Ⅱ = B_Ⅰ \prod \sin a'_i / \prod \sin b'_i = 475.858\text{m}$。$W = B'_Ⅱ - B_Ⅱ = +0.021\text{m}$。$W_X = \pm 2 \times 475.858 \times [(10''/\rho'')^2 \times 3.6638 + (1/20000)^2 + (1/20000)^2]^{1/2}$ $= \pm 0.111\text{m}$，$\mid W_X \mid > \mid W \mid$。$V''_a = -V''_b = -W_\rho''/[B'_Ⅱ \sum (\cot a'_i + \cot b'_i)] = -0.021 \rho''/(475.858 \times 4.3332) = -2.1''$。 检验：$W = B_Ⅰ \prod \sin a''_i / \prod \sin b''_i - B_Ⅱ = 475.838 - 475.837 = +0.001\text{m}$						

9.4 交 会 定 点

交会测量（也称交会定点）是加密控制点的常用传统方法，也是特殊环境下获得点位坐标的有效方法。它可通过在数个已知控制点上设站、分别向待定点观测方向或距离实现，也可在待定点上设站向数个已知控制点观测方向或距离实现。交会定点的方法主要有角度前方交会法、边长前方交会法、后方交会法和自由设站法等。

9.4.1 角度前方交会的特点

角度前方交会是用经纬仪在已知点 A、B 上分别向待定点 P 观测水平角 α 和 β（图9.11），进而计算 P 点坐标。实际工作中，为了检核，有时对三角形的 3 个内角都进行观测，或者从 3 个已知点 A、B、C 上分别向待定点 P 进行角度观测（图 9.12），由两个三角形分别解算 P 点的坐标。

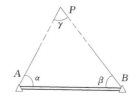
图 9.11 角度前方交会

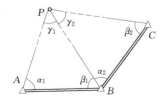
图 9.12 三点前方交会

1）双点角度前方交会。如图 9.11 所示，在已知点 A、B 上设站测定 2 控制点 A、B

对待定点 P 的夹角 α、β 即可得到 $\angle P$ 的角值 γ（$\gamma = 180° - \alpha - \beta$），根据 A、B 坐标可反算 A、B 的方位角 α_{AB} 和水平距离 D_{AB}，根据 D_{AB}、γ、α 利用正弦定理可计算出 BP 的水平距离 D_{BP}，根据 α_{AB}、β 即可得到 BP 边的方位角 α_{BP}。根据 B 点坐标以及 D_{BP}、α_{BP} 按坐标正算原理即可获得 P 点坐标。角度前方交会中相邻两起始点方向与未知点间的夹角称为交会角，交会角过大或过小都会影响 P 点位置的测定精度（通常要求交会角一般应大于 $30°$ 并小于 $150°$）。

2）三点角度前方交会。如图 9.12 所示，是测量中惯常采用的角度前方交会形式，分 ABP 和 BCP 两组按双点角度前方交会方法计算 P 点坐标。设 P 点的两组计算坐标分别为 (X'_P, Y'_P)、(X''_P, Y''_P)，当两组计算的 P 点坐标较差 ΔD 在限差以内时取它们的平均值作为 P 点的最后坐标。ΔD 的限差规定是 $\Delta D = [(X'_P - X''_P)^2 + (Y'_P - Y''_P)^2]^{1/2} \leqslant 0.2M$，其中 M 为测图的比例尺分母、ΔD 单位为 mm。

3）单三角形法。若图 9.11 中观测了三角形的 3 个内角则称单三角形法，计算方法是先将角度闭合差反符号平均分配到这三个角中，然后，按双点角度前方交会计算 P 点坐标。

9.4.2　角度前方交会的通用算法

如图 9.11 所示，前方交会用经纬仪在已知点 A、B 上分别向新点 P 观测水平角 α 和 β，从而可计算 P 点的坐标。但为了检核有时对三角形的 3 个内角都进行观测，或者从 3 个已知点 A、B、C 上分别向新点 P 进行角度观测（图 9.12）由两个三角形分别解算 P 点的坐标。下面仅以 1 个三角形为例介绍角度前方交会的通用算法。

图 9.11 中，如果观测了三角形 3 个内角则应先将角度闭合差反其符号平均分配到这 3 个角中。为使公式具有普遍性假设交会角 γ 没有观测，由图 9.11 可知 $D_{AP} = D_{AB}\sin\beta / \sin(180° - \alpha - \beta) = D_{AB}\sin\beta / \sin(\alpha + \beta)$、$\alpha_{AP} = \alpha_{AB} - \alpha$，$x_P = x_A + D_{AP}\cos\alpha_{AP}$，即 $x_P = x_A + D_{AB}\cos(\alpha_{AB} - \alpha)\sin\beta / \sin(\alpha + \beta) = x_A + D_{AB}\sin\beta(\cos\alpha_{AB}\cos\alpha + \sin\alpha_{AB}\sin\alpha) / (\sin\alpha\cos\beta + \cos\alpha\sin\beta) = x_A + (D_{AB}\sin\beta\cos\alpha_{AB}\cos\alpha + D_{AB}\sin\beta\sin\alpha_{AB}\sin\alpha) / (\sin\alpha\cos\beta + \cos\alpha\sin\beta)$。将前式分子、分母同除 $\sin\beta\sin\alpha$ 并顾及 $D_{AB}\cos\alpha_{AB} = \Delta x_{AB}$ 和 $D_{AB}\sin\alpha_{AB} = \Delta y_{AB}$，则 $x_P = x_A + (\Delta x_{AB}\cot\alpha + \Delta y_{AB}) / (\cot\alpha + \cot\beta)$。同法可证明 $y_P = y_A + (\Delta y_{AB}\cot\alpha + \Delta x_{AB}) / (\cot\alpha + \cot\beta)$。若将 $\Delta x_{AB} = x_B - x_A$、$\Delta y_{AB} = y_B - y_A$ 代入则可得角度前方交会通用计算式 $x_P = (x_A\cot\beta + x_B\cot\alpha + y_B - y_A) / (\cot\alpha + \cot\beta)$、$y_P = (y_A\cot\beta + y_B\cot\alpha - x_B + x_A) / (\cot\alpha + \cot\beta)$。典型算例见表 9.4。

表 9.4　　　　　　　　　　　　前　方　交　会　计　算

略图	图 9.11						
公式	$x_P = (x_A\cot\beta + x_B\cot\alpha + y_B - y_A) / (\cot\alpha + \cot\beta)$，$y_P = (y_A\cot\beta + y_B\cot\alpha - x_B + x_A) / (\cot\alpha + \cot\beta)$						
已知数据	x_A	659.23	y_A	355.537	观测值	α	69°11′04″	(1)$\cot\alpha$	0.380175
						β	59°42′39″	(2)$\cot\beta$	0.584098
	x_B	406.593	y_B	654.051		(3)$\cot\alpha + \cot\beta$		0.964274
(4)$x_A\cot\beta + x_B\cot\alpha + y_B - y_A$		838.147		(6)$y_A\cot\beta + y_B\cot\alpha - x_B + x_A$			708.962
(5)$x_P = $(4)/(3)		869.200		(7)$y_P = $(6)/(3)			735.229

9.4.3 角度后方交会的常用算法

如图 9.13 所示，A、B、C 是已知点，经纬仪安置在新点 P 上，观测 P 至 A、B、C 各方向之间的夹角 α、β，然后根据已知点坐标即可获得新点 P 的坐标，这种方法称为后方交会法。后方交会的计算公式很多，这里仅介绍一种人们使用较多的计算方法。

引入辅助量 a、b、c、d，$a=(x_B-x_A)+(y_B-y_A)\cot\alpha$、$b=(y_B-y_A)-(x_B-x_A)\cot\alpha$、$c=(x_B-x_C)-(y_B-y_C)\cot\beta$、$d=(y_B-y_C)+(x_B-x_C)\cot\alpha$，令 $K=(a-c)/(b-d)$，则坐标增量 $\Delta x_{BP}=(-a+Kb)/(1+K^2)$ 或 $\Delta x_{BP}=(-c+Kd)/(1+K^2)$、$\Delta y_{BP}=-K\Delta x_{BP}$，待定点 P 的坐标为 $x_P=x_B+\Delta x_{BP}$、$y_P=y_B+\Delta y_{BP}$。限于篇幅，本书不再给出以上公式的证明。为检查测量结果的准确性，必须在 P 点上对第四个已知点进行观测，即再观测 γ 角。

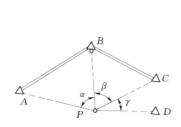

图 9.13　角度后方交会

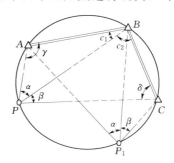

图 9.14　角度后方交会的危险圆

根据 A、B、C 3 点算得 P 点坐标，再与已知点 C 和 D 的坐标反算方位角 α_{PC} 和 α_{PD}，则 $\tan\alpha_{PD}=(y_D-y_P)/(x_D-x_P)$、$\tan\alpha_{PC}=(y_C-y_P)/(x_C-x_P)$，于是可得 $\gamma'=\alpha_{PD}-\alpha_{PC}$，将 γ' 与观测角 γ 相比较得 $\Delta\gamma=\gamma'-\gamma$。交会点是图根等级时 $\Delta\gamma$ 的容许值为 $\pm40''\times2^{1/2}=\pm56''$。

后方交会应注意危险圆问题。如图 9.14 所示，当新点 P 正好落在通过 A、B、C 三点的圆周上时会无解或有无穷多解。因 P 点在圆周任何位置上其 α 和 β 角均不变，此时后方交会点就法无解。因此，把通过已知点 A、B、C 的圆称作危险圆。当 A、B、C、P 4 点共圆时有关系式 $a=c$、$b=d$、$K=(a-c)/(b-d)=0/0$，因此为不定解，因此，以上 3 个关系式就是 P 点落在危险圆上的判别式。

典型后方交会观测数据和计算过程见表 9.5。

9.4.4 边长前方交会的特点

测边交会定点常采用三边交会法，如图 9.15 所示。图中 A、B、C 为已知点，a、b、c 为测定的边长。由已知点 A、B、C 3 点坐标和坐标反算原理可反算方位角 α_{BA}、α_{BC} 及边长 S_{AB}、S_{CB}。在三角形 ABP 中根据 S_{AB}、a、b 利用余弦定理可算出 $\angle A$ 的角值，根据 α_{BA}、$\angle A$ 可计算出 AP 方位角 α_{AP}，根据 A 点坐标以及 a（即 S_{AP}）、α_{AP} 按坐标正算原理即可获得 P 点坐标 $(X'_P，Y'_P)$。按同样的方法，在三角形 CBP 中，根据 S_{CB}、c、b 利用余弦定理可算出 $\angle C$ 的角值，根据 α_{BC}、$\angle C$ 可计算出 CP 方位角 α_{CP}，根据 C 点坐标以及 c（即 S_{CP}）、α_{CP} 按坐标正算原理又可获得 P 点坐标的另一个计算值 $(X''_P，Y''_P)$。当两组计算的 P 点坐标较差 ΔD 在限差以内时取它们的平均值作为 P 点的最后坐标。ΔD 的限差规

定是 $\Delta D=[(X'_P-X''_P)^2+(Y'_P-Y''_P)^2]^{1/2}\leqslant 0.2M$，其中 M 为测图的比例尺分母、ΔD 单位为 mm。

表 9.5 后 方 交 会 计 算 算 例

略 图 (图 9.13)		已知数据	x_A	1406.593	y_A	2654.051
			x_B	1659.232	y_B	2355.537
			x_C	2019.396	y_C	2264.071
		观测值	α	51°06′17″	cotα	0.806762
			β	46°37′26″	cotβ	0.944864
x_B-x_A	+252.639	y_B-y_A	−298.514	x_B-x_C	−360.164	y_B-y_C	+91.466
a	+11.809	b	−502.334	c	−446.587	d	−248.840
$K=(a-c)/(b-d)$	−1.80831	$Kb-a$	896.567	$Kd-c$	896.567	Δx_{BP}	+209.969
Δy_{BP}	+379.690	x_P	896.567	y_P	2753.227		
公式		$a=(x_B-x_A)+(y_B-y_A)\cot\alpha;b=(y_B-y_A)-(x_B-x_A)\cot\alpha;$ $c=(x_B-x_C)-(y_B-y_C)\cot\beta;d=(y_B-y_C)+(x_B-x_C)\cot\alpha;$ $\Delta x_{BP}=(-a+Kb)/(1+K^2);\Delta y_{BP}=-K\Delta x_{BP}$				

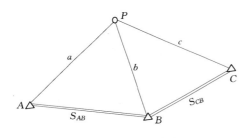

图 9.15 三边测边交会法

9.4.5 测边交会的常用算法

除测角交会法外，还可测边交会定点，通常采用三边交会法，如图 9.15 所示，图中 A、B、C 为已知点，a、b、c 为测定的边长。由已知点反算边的方位角和边长为 α_{AB}、α_{CB} 和 D_{AB} 和 D_{CB}。在三角形 ABP 中，$\cos A=(S_{AB}^2+a^2-b^2)/(2S_{AB}a)$，则 $\alpha_{AP}=\alpha_{AB}-A$、$x'_P=x_A+a\cos\alpha_{AP}$、$y'_P=y_A+a\sin\alpha_{AP}$。同样，在三角形 CBP 中，$\cos C=(S_{CB}^2+c^2-b^2)/(2S_{CB}c)$，则 $\alpha_{CP}=\alpha_{CB}+C$、$x''_P=x_C+c\cos\alpha_{CP}$、$y'_P=y_C+c\sin\alpha_{CP}$。计算的两组坐标较差在容许限差内则取它们的平均值作为 P 点的最后坐标。

9.5 三、四等水准测量

三、四等水准测量是建立测区首级高程控制最常用的方法，通常用 ±3mm/km 级水准仪和双面水准尺进行，各项技术要求见表 9.6。三等、四等水准测量的实施应遵守以下 10 方面规定：①三等水准测量必须往返观测（使用 ±1mm/km 水准仪和因瓦标尺时可采用单程双转点观测），每个测站的观测程序仍按"后-前-前-后（黑-黑-红-红）"进行。②四等水准测量除支线水准必须进行往返和单程双转点观测外，对闭合水准和附合水准路线均可单程观测，每测站的观测程序也可为"后-后-前-前（黑-红-黑-红）"，采用单面尺和"后-前-前-后"读数程序时两次前视之间须重新整置仪器并用双仪高法进行测站检查。③三、四等水准测量每一测段的测站数必须为偶数（否则应加入标尺零位误差改正），由往测转向返测时两根标尺必须互换位置并应重新安置仪器。④每一测站上三等水准测量不得两次对光，四等水准测量应尽量少作两次对光。⑤工作间歇时最好能在水准点上结束观测（否则应选择两个坚固可靠、便于放置标尺的固定点作为间歇点并做出标记。间歇后应进行检查。⑥若检查两点间歇点高差不符值三等水准小于 3mm 或四等小于 5mm 时可继续观测，否则须从前一水准点起重新观测）。⑦在一个测站上只有当各项检核符合限差要求时才能迁站（其中有一项超限时可在本站立即重测，但须变更仪器高。⑧若仪器迁站后才发现超限则应从前一水准点或间歇点重测）。⑨每公里测站数小于 15h 其闭合差按平地限差公式计算；超过 15 站则按山地限差公式计算。⑩成像清晰、稳定时的三、四等水准视线长度可容许按规定长度放大 20%。水准网中结点与结点间或结点与高级点间的附合水准路线长度应为规定的 7/10。采用单面标尺进行三、四等水准观测时，变更仪器高前后所测两尺垫高差之差的限值与红黑面所测高差之差的限差相同。水准测量的主要技术要求见表 9.6。

表 9.6 　　　　　　　　　　　水准测量主要技术要求

等级	高差中误差 /(mm/km)	路线长度 /km	水准仪型号	水准尺	观测次数		往返较差、附合或环线闭合差	
					与已知点联测	附合路线或环线	平地 /mm	山地 /mm
二	2	—	±1mm/km	因瓦	往返各一次	往返各一次	$4L^{1/2}$	—
三	6	≤50	±1mm/km	因瓦	往返各一次	往一次	$12L^{1/2}$	$4n^{1/2}$
			±3mm/km	双面		往返各一次		
四	10	≤16	±3mm/km	双面	往返各一次	往一次	$20L^{1/2}$	$6n^{1/2}$
五	15	—	±3mm/km	单面	往返各一次	往一次	$30L^{1/2}$	—
图根	20	≤5	±3mm/km		往返各一次	往一次	$40L^{1/2}$	$12n^{1/2}$

注 1. 结点之间或结点与高级点之间，其路线的长度、不应大于表中规定的 7/10；

2. L 为往返测段附合或环线的水准路线长度，km；n 为测站数。

　　四等水准测量视线长度应不超过 100m，四等水准测量记录计算见表 9.7。四等水准测量每测站观测及数据记录应按以下步骤顺序进行，即瞄准后视水准尺的黑面读下丝、上丝和中丝读数（1）、（2）、（3）；瞄准后视水准尺的红面读中丝读数（4）；瞄准前视水准尺的黑面读下丝、上丝和中丝读数（5）、（6）、（7）；瞄准前视水准尺的红面读中丝读数（8）。以上观测顺序称"后-后-前-前"（在后视和前视读数时均先读黑面再读红面，读黑面时读三丝读数，读红面时只读中丝读数），括号内数字为读数顺序。表 9.7 中括号内数字表示观测和计算的顺序（同时也说明了有关数字在表格内应填写的位置）。

表 9.7 三、四等水准测量记录

测站编号	点号	后尺 下丝 / 上丝 后视距/m 前后视距离差 d/m		前尺 下丝 / 上丝 前视距/m 累积差 Σd/m		方向及尺号	水准尺读数/m 黑色面	红色面	K 加黑减红/mm	高差中数/m	备注
		(1)		(5)		后	(3)	(4)	(13)		
		(2)		(6)		前	(7)	(8)	(14)	(18)	
		(9)		(10)		后-前	(15)	(16)	(17)		
		(11)		(12)							
1	BM2～ TP1	1.614 1.156 45.8 +1.0		0.774 0.326 44.8 +1.0		后 1 前 2 后-前	1.384 0.551 +0.833	6.171 5.239 +0.932	0 −1 +1	+0.8325	$K_1 = 4.787$ $K_2 = 4.787$
2	TP1～ TP2	2.188 1.682 50.6 +1.2		2.252 1.758 49.4 +2.2		后 2 前 1 后-前	1.934 2.008 −0.074	6.622 6.796 −0.174	−1 −1 0	−0.0740	
3	TP2～ TP3	1.922 1.529 39.3 −0.5		2.066 1.668 39.8 +1.7		后 1 前 2 后-前	1.726 1.866 −0.140	6.512 6.554 −0.042	+1 −1 +2	−0.1410	
4	TP3～ BM7	2.041 1.622 41.9 −1.1		2.220 1.790 43.0 +0.6		后 2 前 1 后-前	1.832 2.097 −0.175	6.520 6.793 −0.273	−1 +1 −2	−0.1740	
校核		Σ(9)=177.6 Σ(10)=177.0 (12)末站=+0.6 总距离=354.6				Σ(3)=6.876 Σ(8)=25.825 Σ(6)=6.432 Σ(7)=25.382 Σ(16)=+0.444 Σ(17)=+0.443 [Σ(16)+Σ(17)]/2 =+0.4435=Σ(18)				Σ(18)= +0.4435	

　　三等水准测量的视线长度应不超过 75m，观测顺序应为"后-前-前-后"，即瞄准后视水准尺的黑面读下丝、上丝和中丝读数；瞄准前视水准尺的黑面读下丝、上丝和中丝读数；瞄准前视水准尺的红面读中丝读数；瞄准后视水准尺的红面读中丝读数。记录计算仍可采用表 9.7。

　　三、四等水准测量的记录、计算和检核应遵守相关规定（表 9.7），计算、检核应依序进行。视距计算中的后视距离(9)＝[(1)−(2)]×100，前视距离(10)＝[(5)−(6)]×100，前、后视距在表内均以 m 为单位，前后视距差(11)＝(9)−(10)，前后视距差对四等水准不得超过 5m、三等水准不得超过 3m。前后视距累积差(12)＝本站的(11)＋上

站的(12)，前后视距累积差对四等水准不得超过 10m、三等水准不得超过 6m。同一水准尺红、黑面读数差为(13)＝(3)＋K－(4)和(14)＝(7)＋K－(8)，K 为水准尺的红面尺常数（4687mm 和 4787mm），红、黑面读数差对四等水准不得超过 3mm、三等水准不得超过 2mm。黑面读数和红面读数所得高差分别为(15)＝(3)－(7)和(16)＝(4)－(8)，黑面和红面所得高差之差(17)可同时按式(17)＝(15)－(16)±100 和(17)＝(13)－(14)计算，其中"±100"为两水准尺红面尺常数 K 之差，"±100"在一个测段的观测中是交替变化的，黑、红面高差之差（17）对四等水准不得超过 5mm、三等水准不得超过 3mm。平均高差（不包含尺常数影响的黑、红面高差平均值）(18)＝[(15)＋(16)±100]/2，计算时以(15) 为基准将（16）加或减 100mm 使之与（15）接近。记录表格每页末或每一测段完成后应进行全面检核，即末站的(12)＝∑(9)－∑(10)、总视距＝∑(9)－∑(10)；测站数为偶数时的总高差＝∑(18)＝[∑(15)＋∑(16)]/2＝{∑[(3)＋(4)]－∑[(7)＋(8)]}/2；测站数为奇数时的总高差＝∑(18)＝[∑(15)＋∑(16)±100]/2。

思 考 题 与 习 题

1. 控制测量的分类及主要作用是什么？简述我国国家控制网的基本情况。

2. 交会测量有哪些主要类型？其数据处理的基本原则和方法是什么？

3. 简述三、四等水准测量的观测过程。

4. 如图 9.16 所示，已知 A、B 点的坐标为 $Y_A＝3241.459$m、$X_A＝1448.098$m；$Y_B＝2463.738$m、$X_B＝862.695$m。闭合导线各内角的测量值（水平角）为 $\angle A＝127°12'19.3''$、$\angle B＝100°36'40.8''$、$\angle 1＝148°27'27.7''$、$\angle 2＝141°59'08.0''$、$\angle 3＝89°28'48.2''$、$\angle 4＝112°15'49.1''$。闭合导线各边的测量值（水平距离）为 $D_{B1}＝420.406$m、$D_{12}＝661.005$m、$D_{23}＝938.261$m、$D_{34}＝998.933$m、$D_{4A}＝821.299$m。试求 1、2、3、4 点的最或然坐标。限差为 $\omega_{aX}＝\pm 12''n^{1/2}$、$K_X＝1/50000$。

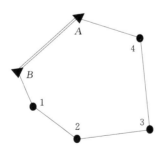

图 9.16 思考题与习题 4 配图

第10章 地形图测绘

10.1 地图的特点

10.1.1 地图及其分类

按一定的数学原理、投影方式、制图规则将地表形态按比例缩小绘制在平面上的图件称为地图。按地图承载平面的不同，地图分为实体地图（如纸质地图、石刻地图等）和虚拟地图（也称数字地图，即将传统地图的数字化形式，可通过计算机显示并无级放大或缩小的地图）。按地图用途的不同，地图又可分为地理图、地形图、地籍图、房产图和专题地图4大类。传统的实体地图又可按比例尺细分为大比例尺地图、中比例尺地图和小比例尺地图。地理图是一种服务于大众的、概略反映地表形态的地图，比如常见的世界地图、中华人民共和国地图、湖南省地图、山东省地图、江苏省地图、烟台市地图、长沙市地图、济南市地图、青岛市地图、无锡市地图、岳阳市地图等。地形图是一种尽可能详细地描述地表三维形态的地图，可满足各行各业的地理需求，是各种地图编制的基础图件，按比例尺的大小分为大比例尺地形图（1∶500、1∶1000、1∶2000、1∶5000）、中比例尺地形图（1∶1万、1∶2万、1∶2.5万、1∶5万）和小比例尺地形图（1∶10万、1∶20万、1∶25万、1∶50万、1∶100万），不同比例尺的地形图有不同的用途，大比例尺地形图多用于各种工程建设的规划和设计，应用于国防和经济建设等多种用途的多属中小比例尺地图。地籍图是一种全面反映土地权属（所有权、使用权）、地理位置、面积、使用状况、用地类型特征等信息的地图，是具有法律效力的土地管理与交易的基础图件。房产图是一种全面反映房屋的权属（所有权、使用权）、地理位置、面积等信息的地图，是具有法律效力的房产管理与交易的基础图件。专题地图是指为特定的行业或人群服务的地图，专题地图是将地形图综合处理后添加专题要素形成的，专题地图是地图家族里最庞大的一个群体，区划图、地质图、水系图、流域图、历史地图、工程分布图（铁路图、公路图等）、旅游图、交通图、自然资源图、航空图、航海图等都属于专题地图。

10.1.2 地形图的基本结构

地形图蕴涵大量地学、生态学信息，其绘制依据是统一的数学框架、统一的语言系统（地图符号系统）。数学框架包括坐标系统（方格网）、高程系统、规制（图幅大小、比例尺、统一编号方式等）等。统一的语言系统是一个统一的或约定的地图符号体系（我国称《地形图图式》，包括地物符号和地貌符号两大类）。地表的自然形态称为地形，有地物和地貌构成。地物是指地面上有天然或人工形成的固定物体，天然形成的称为天然地物或自然地物（例如河流、湖泊），人工形成的称为人工地物（例如运河、堤坝、公路、铁路、房屋等）。地貌是指地面高低起伏的自然形态（即起伏）。《地形图图式》专门规定了表达地物和地貌的符号。

图 10.1 为典型的 1：1000 大比例尺地形图图样，"泉水公社"为图名，"51.8＋73.2"为图号（地形图的编号，以内图廓西南角坐标 $X＋Y$ 表示，$X＋Y$ 以 km 为单位、保留 1 位小数。"51.8＋73.2"指"泉水公社"图内图廓西南角坐标 $X＝51800$m，$Y＝73200$m。这种编号法只用于大比例尺地形图，每幅地形图的内图廓西南角坐标通常是通过《大比例尺地形图高斯投影图廓坐标表》查出来的），紧靠在图号下方的最大的正方形轮廓线称为外图廓（外形尺寸为 524mm×524mm，以前曾采用 526mm×526mm），外图廓里面、紧靠外图廓的最大正方形轮廓线称为内图廓（外形尺寸为 500mm×500mm），四周内、外图廓的间距为 12mm（以前曾采用 13mm），内图廓由边长 100mm 的小正方形构成（对 500mm×500mm 规格的内图廓，有 25 个 100mm×100mm 的小正方形构成），这些小正

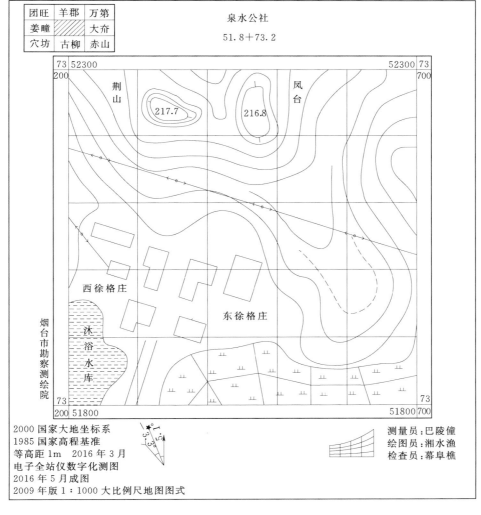

图 10.1 地形图图样

169

方形的轮廓线即为坐标格网线（也称方格网、方里网）、横线上 X 坐标相同、纵线上 Y 坐标相同。内图廓内除了坐标格网线以外的各种线划、数字和符号均为地图符号（用来表示地表的形态）。内、外图廓之间四角位置的数字为最外边一根坐标格网线的坐标值，左下角的"51800""73200"是指过内图廓该角点的横向坐标格网线的坐标值（X）为 51800m、过内图廓该角点的纵向坐标格网线的坐标值（Y）为 73200m。左上角的"52300""73200"是指过内图廓该角点的横向坐标格网线的坐标值（X）为 52300m、过内图廓该角点的纵向坐标格网线的坐标值（Y）为 73200m。右上角的"52300""73700"是指过内图廓该角点的横向坐标格网线的坐标值（X）为 52300m、过内图廓该角点的纵向坐标格网线的坐标值（Y）为 73700m。右下角的"51800""73700"是指过内图廓该角点的横向坐标格网线的坐标值（X）为 51800m、过内图廓该角点的纵向坐标格网线的坐标值（Y）为 73700m，有了这些坐标值就可以根据点的坐标将点画在地图上、同样也可以在地图上量取任意一点的坐标。外图廓外边还有一些附加地图信息，"秘密"反映了该地图的"保密等级"。图名"泉水公社"左侧、内含 9 个扁方格的矩形称为"接图表"（用来指导拼图。中间涂满平行斜线的扁方格代表"泉水公社"图幅，"泉水公社"图幅的正上方应接"羊郡"图幅；"泉水公社"图幅的正下方应接"古柳"图幅；"泉水公社"图幅的正左方应接"姜疃"图幅；"泉水公社"图幅的正右方应接"大夼"图幅；"泉水公社"图幅的左上方应接"团旺"图幅；"泉水公社"图幅的右上方应接"万第"图幅；"泉水公社"图幅的左下方应接"穴坊"图幅；"泉水公社"图幅的右下方应接"赤山"图幅）。外图廓左边的"烟台市勘察测绘院"是指测绘该地图的单位。外图廓左下边的几排文字反映的是地图的一些重要基本数据，采用的坐标系为 2000 国家大地坐标系；高程系为 1985 国家高程基准；等高距 1m；测图时间及方法（反映地图的现势性）为 2016 年 3 月电子全站仪数字化测图；成图时间为 2016 年 5 月；采用的图式为 2009 年版 1∶1000 大比例尺地形图图式。外图廓右下边的 3 排文字反映的是测量员、绘图员和检查员的名字（用于强调责任）。外图廓正下方有图示比例尺和数字比例尺，图示比例尺的左侧有 3 北方向线间的夹角关系（五星代表真北、箭头代表坐标纵线、Y 形代表磁北），图示比例尺的右侧为坡度尺（用来比对等高线测量地形坡度）。地形图内图廓中地物、地貌的真实表示方法如图 10.2 所示。

10.1.3　地形图的比例尺

两点图上长度（q）与实地水平距离（Q）的比称为地形图的比例尺，即地形图的比例尺为 q/Q。常见的地形图比例尺有 3 种，分别为数字比例尺、直线比例尺（图示比例尺）和斜线比例尺（复式比例尺）。用分子为 1 的分数式来表示的比例尺称为数字比例尺，其表示方法为 $1/M$，即 $q/Q=1/M$，其中，M 称为比例尺分母（M 表示地图将地表形态缩小的倍数。M 越小、比例尺越大，图上表示的地物地貌越详尽）。为了用图方便，避免由于图纸伸缩（热胀冷缩）引起的误差，通常在图上还绘制图示比例尺（也称直线比例尺），如图 10.3 所示。图 10.3 为 1∶1000 的图示比例尺，在两条横向平行线上分成若干 1cm 长的线段，称为比例尺的基本单位并标注实际尺寸（每一基本单位相当于实地 10m），最左边一段基本单位细分成 10 等分，每等分相当于实地 1m。正常情况下，人眼能够分辨的最小距离为 0.1mm（这种分辨是有误差的），为确保 0.1mm 测量的准确性人们根据平

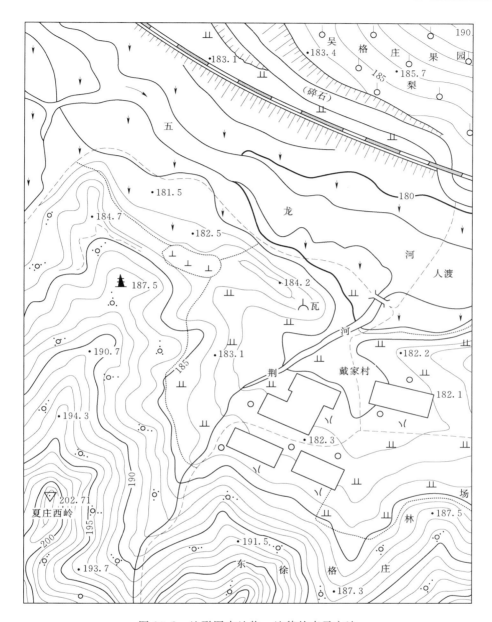

图 10.2 地形图中地物、地貌的表示方法

行线原理发明了复式比例尺（图 10.4），这种比例尺可将距离准确丈量到 0.1mm（很显然，图 10.4 中 A、B 间的距离为 24.6mm）。人眼的正常分辨能力在地图上辨认的长度通常认为是 0.1mm，它代表地面上的实际水平距离是 $0.1\text{mm} \times M$（被称为比例尺精度），利用比例尺精度根据比例尺可推算出测图时量距应准确到什么程度（如 1：1000 地形图的比例尺精度为 0.1m，测图时量距的精度只需到 0.1m，小于 0.1m 的距离在图上表示不出来），同样，根据用户要求的图上表示的实地最短长度可推算测图的比例尺（如欲表示的实地最短线段长度为 0.5m 则测图比例尺不得小于 1：5000），因此，比例尺越大采集的数

据信息越详细、测图要求的精度就越高、测图工作量和投资也会成倍增加。

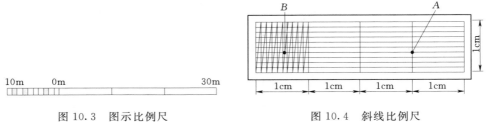

图 10.3　图示比例尺　　　　　　　　图 10.4　斜线比例尺

10.1.4　地形图的分幅与编号

每张地形图的图幅大小是有统一约定的，这种约定称为地形图的分幅。同样，每张地形图的图号编制规则也是有统一约定的，这种约定称为地形图的编号。地形图的图幅规制有 2 种，一种是弧边梯形的称为"梯形分幅"（用于中、小比例尺地形图），一种是矩形的（大多为正方形）称为"矩形分幅"（用于大比例尺地形图）。1∶100 万地形图的分幅沿用国际惯例，其余中、小比例尺地形图的分幅编号均以 1∶100 万地形图为基础按国家规定执行［我国地形图分幅和编号依据《国家基本比例尺地形图分幅和编号》（GB/T 13989—92）］。

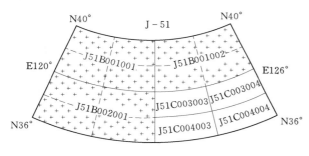

图 10.5　地形图的分幅与编号
（1∶100 万、1∶50 万、1∶25 万）

1）1∶100 万地形图的分幅与编号（国际分幅法）。1∶100 万地形图的图幅大小为经差 6°、纬差 4°，如图 10.5 所示。图 10.5 为我国 J–51 的图幅范围（北纬 36°～北纬 40°、东经 120°～东经 126°）。国际 1∶100 万地图分幅标准（图 10.6，该图不作为确界依据，仅为示意图）是：从赤道开始纬度每 4°为一列（依次用拉丁字母 A、B、C、…、V 表示，列号前冠以 N 或 S，以区别北半球和南半球。我国地处北半球，图号前的 N 可全部省略），从 180°经线开始自西向东每 6°为一纵行将全球分为 60 纵行（依次用 1、2、3、…、60 表示），列号、行号相结合即为该图的编号（每幅 1∶100 万的地形图图号由该图的列数与行数组成，如北京所在的 1∶100 万地形图的编号为 J–50）。

2）1∶50 万地形图的分幅与编号。以 1∶100 万地形图的分幅与编号为基础，将每幅 1∶100 万地形图划分成 2 行 2 列，共 4 幅 1∶50 万地形图（一幅 1∶50 万地形图的范围为经差 3°，纬差 2°），在 1∶100 万地形图编号后加上 1∶50 万地形图的比例尺代码、行代码（3 位数）、列代码（3 位数）即为 1∶50 万地形图的编号（如 J51B002001，图 10.5）。

3）1∶25 万地形图的分幅与编号。以 1∶100 万地形图的分幅与编号为基础，将每幅 1∶100 万地形图划分成 4 行 4 列，共 16 幅 1∶25 万地形图（每幅 1∶25 万地形图的范围为经差 1°30′，纬差 1°），在 1∶100 万地形图编号后加上 1∶25 万地形图的比例尺代码、行代码、列代码即为 1：25 万地形图的编号（如 J51C004003，图 10.5）。

4）1：10 万地形图的分幅与编号。以 1：100 万地形图的分幅与编号为基础，将每幅 1：100 万地形图划分成 12 行 12 列，共 144 幅 1：10 万地形图（每幅 1：10 万地形图的范围为经差为 30′，纬差 20′），在 1：100 万地形图编号后加上 1：10 万地形图的比例尺代码、行代码、列代码即为 1：10 万地形图的编号（如 J51D009011）。

5）1：5 万地形图的分幅与编号。以 1：100 万地形图的分幅与编号为基础，将每幅 1/100 万地形图划分成 24 行 24 列，共 576 幅 1：5 万地形图（每幅 1：5 万地形图经差为 15′，纬差 10′），在 1：100 万地形图编号后加上 1：5 万地形图的比例尺代码、行代码、列代码即为 1：5 万地形图的编号（如 J51E017016）。

6）1：2.5 万地形图的分幅与编号。以 1：100 万地形图的分幅与编号为基础，将每幅 1：100 万地形图划分成 48 行 48 列，共 2304 幅 1：2.5 万地形图（每幅 1：2.5 万地形图经差 7′30″，纬差 5′），在 1：100 万地形图编号后加上 1：2.5 万地形图的比例尺代码、行代码、列代码即为 1/2.5 万地形图的编号（如 J51F032039）。

7）1：1 万地形图的分幅与编号。以 1：100 万地形图的分幅与编号为基础，将每幅 1：100 万地形图划分为 96 行 96 列，共 9216 幅 1：1 万地形图（每幅 1：1 万地形图经差 3′45″、纬差 2′30″），在 1：100 万地形图编号后加上 1：1 万地形图的比例尺代码、行代码、列代码即为 1：1 万地形图的编号（如 J51G093004）。

8）1：5000 地形图的分幅与编号。以 1：100 万地形图的分幅与编号为基础，将每幅 1：100 万地形图划分成 192 行 192 列，共 36864 幅 1：5000 地形图（每幅 1：5000 地形图的范围是经差 1′52.5″、纬差 1′15″），在 1：100 万地形图编号后加上 1：5000 地形图的比例尺代码、行代码、列代码即为 1：5000 地形图的编号（如 J51H093093）。

9）1：500、1：1000、1：2000 地形图的分幅与编号。采用正方形或矩形，其规格为 50cm×50cm 或 40cm×40cm。图号以图廓西南角坐标公里数为单位编号，X 在前 Y 在后，中间用短线连接（如 1：2000 图号 10.0 - 21.0、1：1000 图号 10.5 - 21.5、1：500 图号 10.50 - 21.75 等）。带状或小面积测区的图幅按测区统一顺序进行图幅编号。

10）特殊分幅与编号。当测区未与国家控制网联系时，可按假定的独立直角坐标进行分幅与编号。分幅及编号规则的制订要有利于拼图。

10.1.5 地物的表示方法

地物可按铅直投影的方法缩绘到一张平面图上，按照其特性和大小可分别用比例符号、非比例符号、线形符号（或叫半比例符号）、注记符号、面积符号等表示。根据实际地物的大小，按比例尺缩绘于图上以表示地物的大小、位置和属性特征的符号称为比例符号。尺寸相对较小或无法按照一定比例缩绘的地物（即当地物画在图上太小、不能用比例符号表示时）可用一种象形符号来表示地物的平面位置及属性特征，这类符号称为非比例尺符号（如三角点、水准点、独立树、里程碑、钻孔、水井等，仅表示其平面中心位置）。一些带状延伸的地物其横向宽度不能按照比例绘制可用一条与实际走向一致的线条表示，这类符号称为线形符号（如道路、小溪、通信线、电力线及各种管道等）。有些地物除用一定的符号表示外还需要加以说明和注记（以更准确的表示地物的位置、属性并有利于地形图阅读和应用）的符号形式称为注记符号（如河流和湖泊的水位；村、镇，工厂、铁

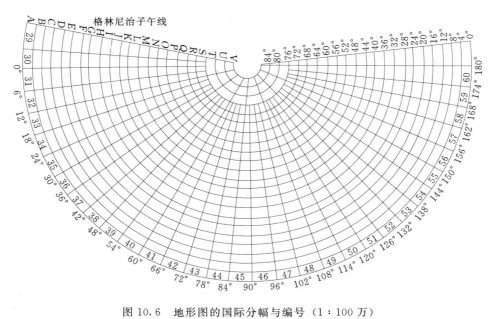

图 10.6 地形图的国际分幅与编号 (1∶100 万)

路、公路；城市或街区的特别标志物等）。面积符号则用来表示区域性地表特征（如水田、旱田、园地等），由范围界线、象形符号、文字构成。常用地物符号见表 10.1。

表 10.1 常用地物符号 (1∶500、1∶1000 地形图图式)

名称	图例	名称	图例	名称	图例	名称	图例
房屋		游泳池	泳	涵洞		乡镇界	—·—·—·—
在建房屋	建	喷水池		隧道、路堑与路堤		坎	
破坏房屋		假山石		铁路桥		山洞、溶洞	
窑洞		岗亭、岗楼		公路桥		独立石	
蒙古包		电视发射塔	TV	人行桥		石群、石块地	
悬空通廊		纪念碑		铁索桥		沙地	

续表

名称	图例	名称	图例	名称	图例	名称	图例
建筑物下通道		碑、柱、墩		漫水路面		砂砾土、戈壁滩	
台阶		亭		顺岸式固定码头		盐碱地	
围墙		钟楼、鼓楼、城楼		堤坝式固定码头		能通行的沼泽	
围墙大门		宝塔、经塔		浮码头		不能通行的沼泽	
长城及砖石城堡（小比例）		烽火台		架空输电线		稻田	
长城及砖石城堡（大比例）		庙宇		埋式输电线		旱地	
栅栏、栏杆		教堂		电线架		水生经济作物	
篱笆		清真寺		电线塔		菜地	
铁丝网		过街天桥		电线上的变压器		果园	
矿井		过街地道		有墩架的架空管道		桑园	
盐井		地下建筑物的地表入口		常年河		茶园	
油井		窑		时令河		橡胶园	
露天采掘场		独立大坟		消失河段		林地	

续表

名称	图例	名称	图例	名称	图例	名称	图例
塔形建筑物		群坟、散坟		常年湖	青湖	灌木林	
水塔		一般铁路		时令湖		行树	
油库		电气化铁路		池塘		阔叶独立树	
粮仓		电车轨道		单层堤沟渠		针叶独立树	
打谷场（球场）	谷（球）	地道及天桥		双层堤沟渠		果树独立树	
饲养场（温室、花房）	牲(温室、花房)	铁路信号灯		有沟堑的沟渠		棕榈、椰子树	
高于地面的水池	水　水	高速公路及收费站	收费站	水井		竹林	
低于地面的水池	水	一般公路		坎儿井		天然草地	
有盖的水池	水	建设中的公路		国界		人工草地	
肥气池		大车路、机耕路		省（自治区、直辖市）界		芦苇地	
雷达站、卫星地面接收站		乡村小路		地区、自治州、盟、地级市界		花圃	
体育场	体育场	高架路		县、自治县、旗、县级市界		苗圃	苗

10.1.6　地貌的成因

地球物质受径向力和切向力的影响，径向力就是地心引力，切向力就是所谓的水平作用力。径向力的来源是地球旋转时的向心力，也就是说地心引力或万有引力是由物质转动时的向心力产生的。切向力的来源是地球旋转的变速运动，变速运动会产生加速度，加速度可正可负，加速度会产生力，这个力就是切向力。宇宙中的星球都是绕椭圆形的轨道进行着变速运动的，在轨道的最远点会达到最大速度，在轨道的最近点会达到最小速度。宇宙中的星球均是密度处处不同的非均值体，具有各向异性特征，因而，星球中各点的引力线不会相交于一点，而是相交于一个区域，这个区域可称为"重心域"，所以，星球是没有固定重心点的且引力线为挠曲线，因而，星球的旋转过程也是不稳定的，即一边旋转、一边颤动（抖动）、一边发生旋转轴的变位（极移，如地极移动）。星球内部一般都存在熔融体，这些熔融体在星球的颤动过程中会发生激荡效应，颤动激变时会形成巨大的激荡效应并产生巨大的激荡能，一旦激荡能超过上覆岩体的抗压强度或遇到上覆岩体的裂隙时就会发生强烈的能量释放，从而形成地震、火山之类的地质现象。颤动会在地壳中产生脉动性的应力，长期的颤动会使地壳不断出现裂隙，比如东非大裂谷。裂隙进一步发展就会使地壳发生碎裂并形成大小不等的块体，比如欧亚大陆、非洲大陆、美洲大陆等。这些大小不等的块体在颤动的作用下会在地幔熔融体上以不同的方向和速度缓慢移动（航行），从而形成大陆漂移现象。大陆的漂移及地球内部物质的移动会改变地球的磁场特性并导致地磁极的脉动性变位及移动。星球的变速椭圆周运动会产生巨大的脉动性切向力。脉动性切向力会使熔融体上方的星壳发生脉动性切向运动，这种脉动性切向运动导致星壳产生褶皱，从而形成一条条山脉。星球的旋转过程中的旋转轴变位会导致脉动性切向力的缓慢偏转，从而使条带状山脉发生缓慢的扭转。星壳表面流体及外来能源的物理作用和化学作用会改变其表面形态。星球旋转的向心力会促使星球物质不断向其中心聚集，从而使星球的体积越来越小、密度越来越大。在上述各种作用下，星壳的表面被不断地进行着各种各样的改造从而形成其外貌轮廓，地球的外在轮廓（地貌）也是这样形成的。

10.1.7 地貌的表示方法

地形图中绘制的地貌应尽可能形象地反映地貌的成因特征。地貌的表示方法很多，包括晕渲法、晕滃法、分层设色法、等高线法等。晕渲法是根据光影原理、借助明暗色块、利用艺术手段、形象地描绘地面起伏的方法，体现出了很高的艺术性，但无法体现地面起伏的数值。晕滃法也是根据光影原理、借助疏密不同晕线、形象地描绘地面起伏的方法，相对降低了地貌描述的艺术性要求，也无法体现地面起伏的数值。分层设色法是将地面高程按区域进行归类，用不同的颜色表达不同高程范围的地面起伏概貌，比如用浅蓝色代表浅海区域、深蓝色代表深海区域、绿色代表平均海拔 100m 以下的平原地区、浅黄色代表平均海拔 100～500m 的丘陵地区、中黄色代表平均海拔 500～1000m 的地区、深黄色代表平均海拔 1000～2000m 的地区、黄褐色代表平均海拔 2000～3000m 的地区、深褐色代表平均海拔 3000m 以上的地区。分层设色法表达地貌既不形象也不精细。等高线法是一种既形象又精细地表达地貌的方法，是地形图表达地貌的主要手段。

10.1.8 等高线描述地貌的方法

图 10.7 为一山丘，设想当水面高程为 90m 时与山头相交得一条交线，交线上各点高程均为 90m。若水面向上升 5m，又可与山头相交得一条高程为 95m 的交线。若水面继续

上涨至 100m，又得一条高程为 100m 的交线。将这些交线垂直投影到水平面得 3 条闭合的曲线，这些曲线称为等高线，注上高程，就可在图上显示出山丘的形状。因此，地面上高程相等的点，按其内在的联系，依次、顺序、圆滑连接而成的封闭曲线称为等高线。按固定步长（高差）绘制的等高线称为基本等高线。两条相邻基本等高线间的高差称为等高距（用 h 表示），常用等高距有 1m、2m、5m、10m 等几种，等高距应根据地形图的比例尺和地面起伏情况确定，在一张地形图上只能采用一种等高距，图 10.7 的等高距 h 为 5m。图上两相邻等高线间的水平距离称为等高线平距（用 d 表示）。等高线的高程应为基本等高距的整倍数。地形图上按规定等高距勾绘的等高线称为首曲线。为便于看图，每隔 4 条首曲线加粗 1 根首曲线，这根加粗的首曲线被称为计曲线（比如等高距为 1m 的等高线，则高程为 5m、10m、15m、20m 等 5m 倍数的等高线为计曲线），计曲线上每隔一定距离要断开并标注高程（其他基本等高线不标注高程）。在地势平坦地区，为更清楚地反映地面起伏可在相邻两首曲线间加绘等高距一半的等高线（称为间曲线）。在地形较为平坦的区域为了能更准确的利用地形图设计工程建筑物，有时还在间曲线的基础上再绘制出高差为四分之一等高距的等高线（通常把这一等高线称为四分之一等高线或助曲线）。间

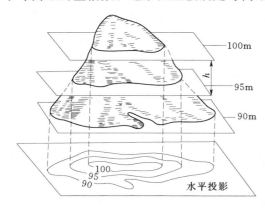

图 10.7　用等高线表示地貌的方法

曲线和助曲线只描绘局部、不封闭，间曲线为比首曲线略细的实线，助曲线则为虚线。地面坡度是指等高距 h 与等高线平距 d 之比，用 i 表示，即 $i=h/d$。等高距应根据地形和比例尺确定，具体可参照表 10.2。

表 10.2　　　　　　　　　　地形图的基本等高距　　　　　　　　　　单位：m

地形类别	比 例 尺				备　　注
	1∶500	1∶1000	1∶2000	1∶5000	
平地	0.5	0.5	1	2	等高距为 0.5m 时特征点高程可注至 cm，其余均注至 dm
丘陵	0.5	1	2	5	
山地	1	1	2	5	

（1）几种典型地貌的等高线。

图 10.8（a）和（b）为山丘和盆地的等高线画法，它由若干闭合的曲线组成，根据注记的高程才能把两者加以区别（自外圈向里圈逐步升高的是山丘，自外圈向里圈逐步降低的是盆地），图中垂直于等高线顺山坡向下画出的短线称为示坡线（示坡线指向坡度降低的方向）。图 10.8（c）为山脊与山谷的等高线（形状类似抛物线），山脊等高线是凸向低处的曲线（各凸出处拐点的连线称为山脊线或分水线），山谷等高线是凸向高处的曲线（各凸出处拐点的连线称为山谷线或集水线或合水线），山脊或山谷两侧山坡的等高线近似于一组平行线。鞍部是介于两个山头之间的低凹地，呈马鞍形，其等高线的形状近似于两

组双曲线簇，如图 10.8（d）所示。梯田及峭壁的等高线如图 10.8（e）和（f）所示。悬崖等高线会出现相交的情况，覆盖部分为虚线，如图 10.8（g）所示。坡地上，由于雨水冲刷而形成的狭窄而深切的沟叫冲沟，如图 10.8（h）所示。以上每种典型地貌形态都可近似地看成由不同方向、不同斜面组成的曲面，相邻斜面相交的棱线及特别明显的地方（如山脊线、山谷线、山脚线等）称为地貌特征线或地性线，这些地性线构成了地貌的骨架，地性线的端点或其坡度变化处（如山顶点、盆底点、鞍部最低点、坡度变换点）称为地貌特征点，它们是测绘地貌的关键点。

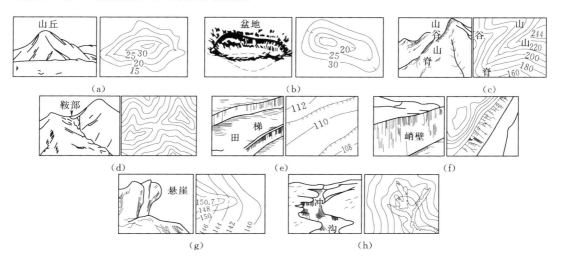

图 10.8　几种典型地貌的表示方法（单位：m）

（a）山丘；（b）盆地；（c）山脊与山谷；（d）鞍部；（e）梯田；（f）峭壁；（g）悬崖；（h）冲沟

（2）等高线的性质。

根据上述等高线原理和典型地貌的等高线特征可总结出等高线的性质，即：在同一根等高线上各点高程相等；等高线是自行闭合的连续曲线（如不能在本图幅内闭合则必在图外闭合，故等高线必须延伸到图幅边缘）；除悬崖峭壁外等高线在图上一般不会相交和重合（等高线在悬崖处会相交，在峭壁处会重合）；在等高距 h 不变前提下等高线平距越小、坡度越陡（平距越大、坡度越缓，平距相等则坡度相等，平距与坡度成反比）；等高线和山脊线、山谷线正交（等高线通过山脊线及山谷线时必须改变方向且与其正交）；等高线不能在图内中断（但遇道路、房屋、河流等地物符号和注记处可以局部中断）。

10.2　地形图的测绘方法

10.2.1　测图前的准备工作

要完成地形图测绘任务，测绘地形图前必须进行必要的准备工作，这些工作包括抄录测区内所有的控制点资料（平面位置和高程位置）、收集已有的图件、准备测图规范及地形图图式、了解测区其他情况、准备测量仪器及工具等。

10.2.2　控制测量

地形图测绘控制网应采用两级三维控制的方式，如图 10.9 所示。

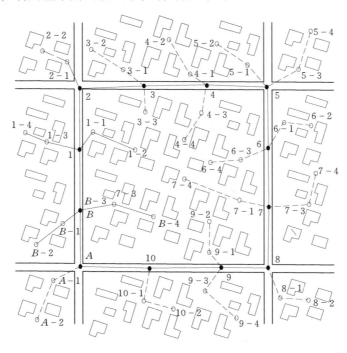

图 10.9　地形图测绘两级三维控制网布置

首级三维控制应采用闭和导线和闭和水准路线形式，图 10.9 中的小黑点就是首级三维控制点，这些点既是导线点又是水准点。闭和导线的外业工作包括测量闭和导线所有导线边的水平距离和所有导线转折角。闭和水准路线的外业工作是测量所有测段的高差。采用独立测量系统时可以假定 A 点的三维坐标 $(X_A，Y_A，H_A)$ 和 AB 的方位角 α_{AB}（α_{AB} 也可通过陀螺经纬仪、罗盘仪或天文大地测量方法确定），然后，即可根据闭和导线和闭和水准路线的外业测量数据（边长、角度、高差）计算各个首级三维控制点的三维坐标 $(X_i，Y_i，H_i)$ 了。图 10.9 中的首级三维控制点包括 A、B、1、2、3、4、5、6、7、8、9、10。若与国家点联测则必须进行坐标联系测量和水准联系测量。

二级三维控制应采用支导线和支水准路线的形式，图 10.9 中的小圈点就是二级三维控制点，这些点也既是导线点又是水准点。二级三维控制点的依据（基准点）是首级三维控制点。支导线的外业工作包括测量支导线所有导线边的水平距离和所有导线转折角。支水准路线的外业工作是测量所有测段的高差。然后，利用相关首级三维控制点的三维坐标 $(X_i，Y_i，H_i)$ 及支导线和支水准路线的外业测量数据（边长、角度、高差）即可计算出各个二级三维控制点的三维坐标 $(X_{ij}，Y_{ij}，H_{ij})$ 了。图 10.9 中的二级三维控制网包括 $B{\to}A{\to}A{-}1{\to}A{-}2$；$A{\to}B{\to}B{-}1{\to}B{-}2$；$A{\to}B{\to}B{-}3{\to}B{-}4$；$B{\to}1{\to}1{-}1{\to}1{-}2$；$B{\to}1{\to}1{-}3{\to}1{-}4$；$1{\to}2{\to}2{-}1{\to}2{-}2$；$2{\to}3{\to}3{-}1{\to}3{-}2$；$2{\to}3{\to}3{-}3$；$3{\to}4{\to}4{-}1{\to}4{-}2$；$3{\to}4{\to}4{-}3{\to}4{-}4$；$4{\to}5{\to}5{-}1{\to}5{-}2$；$4{\to}5{\to}5{-}3{\to}5{-}4$；$5{\to}6{\to}6{-}1{\to}6{-}2$；$5{\to}6{\to}$

$6-3\rightarrow6-4$；$6\rightarrow7\rightarrow7-1\rightarrow7-2$；$6\rightarrow7\rightarrow7-3\rightarrow7-4$；$7\rightarrow8\rightarrow8-1\rightarrow8-2$；$8\rightarrow9\rightarrow9-1\rightarrow9-2$；$8\rightarrow9\rightarrow9-3\rightarrow9-4$；$9\rightarrow10\rightarrow10-1\rightarrow10-2$。

地形图测绘控制网中的三维控制点也称为图根控制点。地形图测绘控制网的布设目的是能够通过各个三维控制点（包括首级和二级）将测量区域内的全部地形测绘出来。

10.2.3 碎部点的选择方法

地形图测绘过程也称碎部测量。地形图是根据测绘在图纸上的碎部点来勾绘的，因此碎部点选择恰当与否直接影响地形图的质量，地物、地貌的特征点统称为地形特征点（或叫碎部点），正确选择地形特征点是碎部测量中十分重要的工作，它是地形图测绘的基础。选择碎部点的基本要求主要有以下 3 点。

1）对地物应选择能反映地物形状的特征点，一般选在地物轮廓的方向线变化处（比如房屋的房角、河流水涯线或水渠或道路的方向转变点，道路交叉点等），连接有关特征点，便能绘出与实地相似的地物形状。形状不规则的地物通常要进行取舍，主要地物凸凹部分在地形图上大于 0.4mm 均应测定出来（小于 0.4mm 时可用直线连接）。一些非比例表示的地物（如独立树、纪念碑和电线杆等独立地物）则应选在中心点位置。

2）地貌特征点通常选在最能反映地貌特征的山脊线、山谷线等地性线上（比如山顶、鞍部、山脊、山谷、山坡、山脚等坡度或方向的变化点），利用这些特征点勾绘等高线才能在地形图上真实地反映出地貌来。

3）碎部点密度应适当，过稀不能详细反映地形的细小变化，过密则会增加野外工作量、造成浪费。为能如实反映地面情况，即使在地面坡度变化不大的地方也应每相隔一定距离立尺（碎部点在地形图上的间距应控制在 2～3cm 左右，地面平坦或坡度无显著变化地区，地貌特征点的间距可以采用最大值）。地形点密度和它到测站的最大距离可随测图比例尺的大小和地形变化情况确定（表 10.3）。

表 10.3　碎部点的密度和最大视距长度

测图比例尺	地形点最大间距/m	最大视距/m	
		主要地物点	次要地物点和地形点
1：500	15	60	100
1：1000	30	100	150
1：2000	50	180	250
1：5000	100	300	350

10.2.4 碎部测量

碎部测量有很多种方法。目前，传统的图解测图法（平板仪测图、经纬仪测图、平板仪配合经纬仪测图等）已基本不再使用，现代碎部测量主要采用电子全站仪全数字化测图、GPS测图和摄影测量成图（航测成图），特殊情况下也可以采用精度不高的经纬仪数字化地形测图。

10.2.5 经纬仪数字化碎部测图作业

如图 10.10 所示，在一个图根控制点（A）上安置经纬仪，选择另一个图根控制点

（B）作为后视点立花杆，根据 A、B 坐标反算 AB 的方位角 α_{AB}。

$$\alpha_{AB} = \arctan[(Y_B - Y_A)/(X_B - X_A)] \tag{10.1}$$

丈量经纬仪的仪器高 q。将经纬仪（盘左状态）瞄准 B 点花杆，同时使经纬仪水平度盘读数变为 α_{AB}（通过配盘实现），此时对于光学经纬仪已经实现了水平度盘读数与坐标方位角的理论上的一致（因为方位角与经纬仪水平度盘读数均为顺时针增大。图 10.10。当然，由于经纬仪的系统误差及操作误差，水平度盘读数与坐标方位角间会有微小的差异，这种差异在 1′以下），若是电子经纬仪则应设置水平角度增加方向为顺时针方向（在瞄准 B 方向后可直接输入 α_{AB} 实现配盘，此时该电子经纬仪也已经实现了水平度盘读数与坐标方位角的理论上的一致）。

对 A 点周边 100m 范围的任何一个碎部点都可以迅速获得基本观测数据［水平度盘读数；竖直度盘读数；碎部点上塔尺的三丝读数（上丝读数、中丝读数、下丝读数）］并迅速用计算器计算出碎部点三维坐标（平面直角坐标 X_i、Y_i，高程 H_i）。

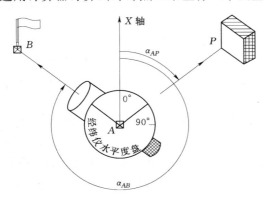

图 10.10　经纬仪数字化测图原理与现场布置

每个碎部点的测量过程是（图 10.10）：在碎部点 P 上竖立一根塔尺。经纬仪竖丝瞄准塔尺中线，在保证经纬仪十字丝三丝均能读到塔尺刻度的前提下全面制动经纬仪（包括水平和竖直），使竖盘指标线位置正确（非竖盘指标自动归零经纬仪应旋转竖盘指标水准器微动螺旋使竖盘指标水准器气泡居中。竖盘指标自动归零经纬仪应使经纬仪竖盘指标自动归零装置处于工作状态。电子经纬仪应在实习开始前校验调整），连读经纬仪水平度盘读数 α_{AP}、经纬仪竖直度盘读数 L_{AP}、塔尺上丝读数 S、塔尺中丝读数 Z、塔尺下丝读数 X。根据 α_{AP}、L_{AP}、S、Z、X 即可计算出 P 点的三维坐标（平面直角坐标 X_P、Y_P，高程 H_P）。计算方法是

（1）根据 L_{AP} 计算经纬仪视线倾角（即竖直角 δ_{AP}）。

$$\delta_{AP} = \pm(L_{AP} - 90°) \tag{10.2}$$

式（10.2）适用于天顶距竖盘经纬仪（即经纬仪望远镜铅直时竖直度盘读数为 0°或 180°，望远镜水平时竖直度盘读数为 90°或 270°），当盘左仰角经纬仪竖直度盘读数大于 90°时式（10.2）中"±"用"+"、反之用"−"。

（2）根据 δ_{AP}、S、Z、X、及经纬仪仪器高 q 计算设站点（A）到碎部点（P）的水平距离 D_{AP} 和高差 h_{AP}。

$$D_{AP} = K \mid S - X \mid \cos^2\delta AP + C\cos\delta_{AP} \tag{10.3}$$

$$h_{AP} = [K \mid S - X \mid \sin(2\delta_{AP})]/2 + C\sin\delta_{AP} + q - Z + f \tag{10.4}$$

式（10.3）、式（10.4）中 K 为视距乘常数（一般情况下 $K = 100$），C 为视距加常数（一般情况下 $C = 0$），f 为地球曲率与大气折射联合改正数、$f = 0.43$（D_{AP}^2/R）、R 为地球平均曲率半径（$R = 6371$km）。由于 f 的值远远低于经纬仪测图的误差故在经纬仪测图

时忽略 f 的影响,认为 $f=0$。一般经纬仪的 C 也为零,故式(10.3)、式(10.4)可简化为

$$D_{AP}=K\mid S-X\mid\cos^2\delta_{AP} \tag{10.5}$$

$$h_{AP}=[K\mid S-X\mid\sin(2\delta_{AP})]/2+q-Z \tag{10.6}$$

(3)根据设站点(A)的三维坐标(X_A,Y_A,H_A)、水平距离 D_{AP}、高差 h_{AP}、经纬仪水平度盘读数 α_{AP}(即 AP 的方位角)计算碎部点(P)的三维坐标〔平面直角坐标(X_P,Y_P),高程 H_P〕。

$$X_P=X_A+D_{AP}\cos\alpha_{AP} \tag{10.7}$$

$$Y_P=Y_A+D_{AP}\sin\alpha_{AP} \tag{10.8}$$

$$H_P=H_A+h_{AP} \tag{10.9}$$

为提高计算速度可采用编程性计算器、借助应用程序进行快速计算,只要将每个碎部点的观测数据(经纬仪水平度盘读数 α_{AP}、经纬仪竖直度盘读数 L_{AP}、塔尺上丝读数 S、塔尺中丝读数 Z、塔尺下丝读数 X)顺序输入计算器,计算器立即就可计算出碎部点的三维坐标〔平面直角坐标(X_P,Y_P),高程 H_P〕,从数据输入到计算出结果一般只需 30s 左右。

(4)经纬仪数字化测图的内业。

若现场带有笔记本电脑的话可在现场直接随测随将碎部点绘制在 AutoCAD 绘图界面上,并随时将各个碎部点的关联关系用合乎测图规范要求的线形进行优质连接。若现场没有笔记本电脑的话则必须手工画出示意性草图,标清碎部点及相互间的关联关系,每次野外作业回来立即在电脑上绘图。整个外业测量结束后,应对 AutoCAD 地形图进行必要的整饰与调整(如图形的闭合、直角的修整、与地形图图式的匹配等)。利用 AutoCAD 绘制地形图时所有碎部点均必须在 2 维平面上绘制〔即只利用其平面直角坐标(X_P,Y_P)绘图,绘图时认为所有碎部点的高程均为零,AutoCAD 定点时将 Z 坐标缺省设置为零〕,因为只有 2 维平面才能实现图形的自动封闭和闭合。而所有碎部点的高程 H_P 则是利用文字功能直接标注在 AutoCAD 绘图界面上的。这一点务必要引起大家的注意。若采用上述方法绘图也可将其称为经纬仪视距数字化测图。

若学生不会用 AutoCAD 绘图则可采用采用直角三角板展点法展绘碎部点(采用该方法绘图则可将其称之为经纬仪视距解析法测图)。直角三角板展点法的展点精度优于传统的半圆仪。直角三角板展点法采用的直角三角板必须选用优质品,要求直角三角板直角部分完整,直角度高,两直角边直线性好,刻划清晰,刻度准确。直角度检查可以将三角板两直角边靠在聚酯薄膜坐标格网线上进行,要求两直角边能同时与相交的纵、横坐标格线重合。刻度准确性检查可以将三角板与聚酯薄膜坐标格网线格宽进行比对,要求每个直角边 0~10cm 段的长度与坐标格网线格宽的较差小于 0.2mm。下面以 1:1000 比例尺地形图为例说明直角三角板展点法的工作过程(图 10.11)。图 10.11 中假设某点 Q 的坐标 $x_Q=1171.176\text{m}$、$y_Q=8170.812\text{m}$,要求将 Q 点展绘在地图上。首先找出 Q 点所在的坐标方格,不难判断 Q 点位于 8100、8200、1100、1200 四根纵横坐标线所包围的方格中。在该方格里以直角三角板的一直角边(A 边)紧贴 1100 坐标线,左右移动到 8100 坐标线,在 A 边上的刻划读数为 70.8mm 时(注意 A 边要始终与 1100 坐标线重合),在直角

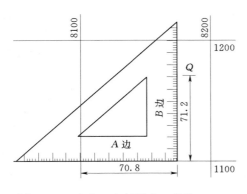

图 10.11 直角三角板展点（单位：mm）

三角板的另一直角边（*B* 边）上找出刻划读数为 71.2mm 的位置，此位置即为 *Q* 点的图上位置，用绣花针尖或分规尖刺出该位置，*Q* 点的展点工作结束。然后在刺点的右侧标注上碎部点高程。刺点时要求绣花针或分规尖与地图平面呈 40°～50°的夹角且针杆在地图平面的铅垂投影与 *B* 直角边垂直。实践证明，上述直角三角板展点法的展点误差小于图上 0.2mm，这个值远远小于半圆仪的展点平均误差，是白纸测图（包括地形图和地籍图）时的最佳展点方法。

（5）特殊的碎部测量方法。

有些碎部点比较隐蔽、各种方法难以测量时可采用一些变通方法（比如角度交会法和距离交会法等）。经纬仪视距解析法测图碎部测量手簿的格式见表 10.4。

表 10.4　　　　　　　　　　　　经纬仪视距解析法测图碎部测量手簿

测区_____；观测者_____；记录者_____；_____年__月__日；天气_____；测站_____；后视方向_____；测站高程_____；仪器高_____；经纬仪乘常数_____；经纬仪加常数_____；经纬仪竖盘指标差_____；α_{AB}_____

测点	平盘读数	竖盘读数	竖直角	下丝	上丝	中丝	高差/m	水平距离/m	X 坐标/m	Y 坐标/m	高程 H/m	备注

10.2.6　高精度数字测图作业

数字测图的作业过程大致可分为数据获取、数据编辑和处理、数据输出 3 个阶段。数字测图的作业过程与作业模式随数据采集方法、使用软件等的不同常常会有很大区别。目前使用最多的是测记式数字测图模式，其基本作业过程依次为以下 9 步。

1）资料准备。收集高级控制点成果资料，将其按代码及三维坐标（X，Y，H）或其他成果形式录入电子手簿、笔记本电脑或磁卡中。

2）控制测量。数字测图一般不必按常规控制测量逐级发展。15km² 以上的大测区通常先用 GPS 或导线网进行三等或四等控制测量而后布设加密导线网，15km² 以下的小测区通常直接布设导线网作为首级控制并进行整体平差。等级控制点的密度会因地形复杂程度、稀疏程度的不同而有很大差别，等级控制点应尽量选在制高点或主要街区上（图根点和局部地段用单一导线测量和辐射法布设，其密度通常比白纸测图小得多），一般用电子手簿或笔记本电脑及时解算各图根点的三维坐标 (X, Y, H) 并记录图根点代码。

3）测图准备。目前绝大多数测图系统在野外数据采集时均要求绘制较详细的草图，绘制草图一般在准备的工作底图上进行（这一工作底图最好用旧地形图、平面图的晒蓝图或复印件制作，也可用航片放大影像图制作）。另外，为便于野外观测，在野外采集数据之前通常要在工作底图上对测区进行"作业区"划分（一般以沟渠、道路等明显现状地物将测区划分为若干个作业区）。

4）数据采集。数据采集的目的是获取数字化成图所必需的数据信息（包括描述地形图实体的空间位置和形状所必需的点的坐标和连接方式，以及地形图实体的地理属性）。数据采集在野外完成，外业采集主要用测量仪器进行（全站仪、GNSS 等），借助电子手簿或全站仪存储器或 GNSS 存储器的帮助将测量数据（一般为测点坐标）传入计算机供进一步处理。采用外业采集方法时，测点的连接关系及地形图实体的地理属性一般也应在工作现场采集和记录且有两种不同的采集和记录方法（一种方法是用约定的编码表示，野外测量时将对应的编码输入到电子手簿或全站仪存储器或 GNSS 存储器，最后与测量数据一起传入计算机。另一种方法则用草图来描述测点的连接关系和实体的地理属性，野外测量时绘制相应的草图而不输入到电子手簿/全站仪存储器/GNSS 存储器，内业工作时再将草图上的信息与电子手簿/全站仪存储器/GNSS 存储器传入的测量数据进行联合处理）。外业采集的另一个基础性的工作是控制测量（包括等级控制与图根控制）。外业采集的第二种工作方式是在野外直接将全站仪/GNSS 接收机与计算机（笔记本电脑）连接在一起，测量数据实时传入计算机，现场加入地理属性和连接关系后直接成图。

5）数据传输。用专用电缆将电子手簿或全站仪或 GNSS 接收机与计算机直接连接，通过键盘操作将外业采集的数据传输到计算机（通常每天野外作业后均应及时进行数据传输）。

6）数据处理。数据处理是指将采集到的数据处理成适合图形生成所要求格式的过程（包括数据格式或结构的转换、投影变换、图幅处理、误差检验等内容）。首先进行数据预处理（即外业采集数据时对可能出现的各种错误进行检查修改并将野外采集的数据格式转换成图形编辑系统要求的格式，即生成内部码），接着对外业数据进行分幅处理、生成平面图形、建立图形文件等操作，再进行等高线数据处理（即生成三角网数字高程模型 DTM、自动勾绘等高线等）。

7）图形编辑。图形编辑是对已经处理的数据所生成的图形（和地理属性）进行编辑、修改的过程。图形编辑必须在图形界面下进行，一般采用人机交互图形编辑技术（对照外业草图对漏测或错测的部分进行补测或重测，消除一些地物、地形的矛盾，进行文字注记说明及地形符号的填充，进行图廓整饰等），也可对图形的地形、地物进行增加或删除、修改。

8）图形输出。图形输出是将已经编辑好的图形输出到所需介质上的过程（一般在绘图仪或打印机上完成），目前图形输出也包括以某种（指定的或标准的）格式输出数据文件。由于实际工作中的数据处理、图形编辑、图形输出都是在室内完成的，故也可将它们称为数字测图内业（外业数据采集则可称为数字测图外业）。

9）检查验收。按照数字测图规范要求对数字地形图及由绘图仪输出的模拟图进行检查验收。

10.2.7　内外业一体化测图作业

内外业一体化作业模式是一种外业数据采集方法，其将野外采集的数据储存在电子手簿或全站仪/GNSS 的存储单元中，再通过通信传输进入计算机，利用数字测图软件对数据进行处理、连接、编辑形成数字地形图。其特点是精度高、方便快捷、劳动强度低、效率高。其野外采集记录的数据主要有 5 类，即一般数据（如测区信息、施测日期、施测小组编号等）、仪器数据（如仪器型号、仪器参数、观测方式等）、测站数据（如测站名、仪器高、观测时间等）、控制点数据（如点名、点号、控制点类别、控制点坐标等）、碎部点数据（如点号、编码、计算坐标等），在以上 5 类数据中利用仪器采集的主要是碎部点数据。为适应计算机识别、处理以及数据应用中的管理、建库交换等的要求，数字测图工作中应对各地物特征点按一定的规则赋予编码，编码应能反映地物特征点的地形要素类别、与其他点的连接关系、连接线型等信息（根据是否在采集时输入确定特征点间相互关系的编码将内外业一体化数据采集分为有码作业和无码作业两种方式）。

1）有码作业。有码作业方法在进行碎部点测量的同时输入反映碎部点信息的编码，其基本作业流程为：外业数据采集（有码）→数据通信→编码转换（内外码）→图形生成→图形编辑→图形输出。外业采集应依序进行，每到一个测站上安置好仪器后应将全站仪与电子手簿用通讯电缆连接好并在启动电子手簿后输入必要的测站信息（测站点、定向点、仪器高等）；进行碎部点测量后应将全站仪所测的数据（边长、水平角、竖直角）传到电子手簿并输入镜站标高 [经计算处理后得碎部点的坐标 $(X，Y，H)$]；应按规定输入碎部点编码（数字测图软件中用于计算机处理的编码通常采用数字组成且位数较多、不利于外业使用，其位数一般可达 8 位。因此，数字测图软件一般都采用双编码法，一种为用于计算机处理的数字编码、另一种为适用于外业的便于记忆的简码。内业处理时只需输入简码，计算机内程序会自动完成简码的转换）；应储存所得的坐标数据和编码以形成碎部点数据文件。有码作业要求每个作业小组配备全站仪一台套（主机、脚架、电池、棱镜、通信线等）、电子手簿一个、观测员一个（条件许可时可加一个手簿操作人员）、立尺员一个、测站与镜点的通信设施一套（采用 GNSS - RTK 时则可使装备大大简化且速度更快、人员更省）。

2）无码作业。无码作业方法（图 10.12）在进行碎部点测量时数据文件中只记录坐标数据，由于在数据采集时未给碎部点输入相应的编码，因此，所测的全部点都是孤立的，这种情况下计算机是无法绘制出数字地形图的。为达到成图目的，无码作业中应采用镜站绘制"草图"方法。要求每个作业小组配备全站仪 1 台套（主机、脚架、电池、棱镜、通信线等）、电子手簿 1 个、观测员 1 个、立尺员 1 个、镜站绘草图人员 1 个。其作业应依序进行，即首先安置仪器并输入必要信息（同有码作业方法），然后测量碎部点并记录（即在测

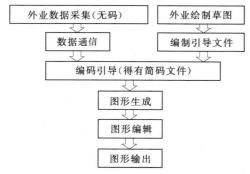

图 10.12　数据采集无码作业流程示意

站上测量并记录碎部点的坐标，在镜站的工作包括立镜和绘草图，其中绘草图必须由一个有一定测绘经验的技术人员来完成。草图的内容包括测点点号；测点间的连接；点、线、面等地物实体的属性。测点点号是碎部点在电子手簿中的记录号，可用数字直接表示；测点间的连接用连线表示；实体属性可用地物简码、文字和图式符号中任何一种进行表示，其基本要求是清晰、可靠）。内业时可通过依据草图编制引导文件或计算机展点、编辑形成数字地图。无码作业模式是比较方便、可靠的作业方式（无码作业将属性和连接关系的采集放在测站进行，可使采集工作比较直观，可减轻观测人员的压力）。无码作业采用GNSS - RTK 时同样可使装备大大简化且速度更快、人员更省。

3）电子平板测图。电子平板作业方式主要利用笔记本电脑和测图软件配合全站仪/GNSS 接收机进行，在外业边测边绘同时给地物输入相应属性以直接生成数字地形图、实现"所测即所得"。目前，常用的内外业一体化数字测绘系统基本都具备设计新颖、界面友好、简便易学的特点，都具有较强的地形数字采集、实时成图、图形编辑、空间数据库及管理等功能，都具有良好的开放性和可扩充性，实现了真正意义上的内外业一体化一次成图，从而使得内外业界限不在明显。电子平板通常是指安装有数字测图软件的笔记本电脑，其工作方式是将电子平板带到测量现场在测得碎部点的同时绘制出数字地形图、达到"所测即所得"效果，其作业方式有以下 6 步，即：准备好电子平板（包括软件安装、计算机充电等工作）；安置全站仪并用通信线与电子平板连接（打开全站仪并照准定向方向和设置度盘初始值）；打开电子平板设置全站仪类型、通信参数等（包括输入已知坐标数据文件名、测站点、定向点、仪器高、度盘初始角等必要信息）；用全站仪测出测站到碎部点的斜距、水平角、竖直角并传输给电子平板或直接测出碎部点的坐标；电子平板接收全站仪的信息［即碎部点坐标 (X, Y, H) 并展绘碎部点，设置实体属性将所测点与已测点进行连接形成图形］；重复前述 2 步直到一个测站完成（重复前述 4 步完成整个测区测绘形成数字地图）。电子平板作业模式流程如图 10.13 所示，其作业方式要求每个作业小组配备全站仪 1 台套（主机、脚架、

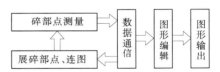

图 10.13　电子平板作业模式流程

电池、棱镜、通信线等）、电子平板（安装好软件的笔记本电脑）1 台、观测员 1 个、电子平板操作人员 1 个、立尺员 1 个、通信设施 1 套。采用 GNSS - RTK 时优势更加明显，可使装备大大简化且速度更快、人员更省。

激光测距仪和 GPS 未出现以前的成图技术是光学/视距技术（即以光学仪器和视距测量为基础），其最终产品是模拟式地形图，其控制测量采用从整体到局部、逐级布设原则，等级过多精度损失很大，这些都在不同程度上限制了地形图的精度。数字测图技术克服了光学/视距技术的不足，数字化是计算机的基本特征，全站仪和 GNSS 技术沿袭了计算机的这一特征并充分体现在它的基本功能中，采用内外业一体化测图模式作业时的全部碎部点均用全站仪或 GNSS 测量，其控制层次相对减少，其成图精度比光学/视距技术高许多（简直不可同日而语）。地形图测绘是测绘工作的一项基础性工作，其主要目的是为工程设计、规划、国土资源管理提供基础信息，当代工程设计、规划、管理均采用计算机信息化系统，这些系统都要求采用数字地形图作为工作底图，数字测图技术已成为当代测绘行业

的基础性工作，数字测图技术改变了经典的地形图本质、地形图功能、成图方法及成图工艺。

10.2.8　航空摄影测量成图

利用航空摄影相片绘制地形图的方法称为航测成图。航测成图可把大量野外工作变为室内作业，具有速度快、成本低、精度均匀、不受季节限制等优点。我国 1:10 万～1:1万的国家基本图、各专业部门工程规划设计用的 1:5000 和 1:2000 大比例尺地形图通常习惯采用航测成图。航空相片是用航空摄影机在飞机或无人飞行器上对地面进行摄影得到的，它是航测成图的基本资料。航测成图要求航片影像要覆盖整个测区，在天气晴朗条件下，按选定的航高和航线进行连续飞行摄影。相邻两航片间要有部分影像重叠（通常规定航向重叠不应小于 60%、旁向重叠不应小于 30%）。航片影像范围的大小称像幅，目前国内常用的航片像幅为 230mm×230mm，相片 4 边的中点设有框标，对边框标的连线构成直角坐标系的轴线，根据框标可量测像点坐标。航摄影片与地形图具有很多不同点，具体可概括为投影方式不同、表达方式不同、地面起伏会引起像点位移、航摄相片会产生倾斜误差等。通常情况下，航测成图借助内业判读和外业调绘来识别和综合有关地物与地貌信息，并按统一的图示符号和文字注记绘注在相片上，这项工作称为相片调绘。航空摄影测量是通过航片来测制地形图的，它包括航空摄影、航测外业、航测内业 3 部分工作内容。航测外业主要包括控制测量和相片调绘。航测内业则包括控制加密和测图。控制加密是在外业控制测量基础上由室内进行的，主要由电子计算机来完成（俗称"电算加密"）。航空摄影测量可测制线划地形图、相片平面图、影像地形图以及数字地面模型（DTM）。航测成图方法经历了全模拟法、模拟-数值法、模拟-解析法及数字-解析法等几个阶段。仪器不同，其测图的方法也不相同，但其测图的基本原理是一致的。目前，航测成图的常用方法有综合法、全能法和 GPS 辅助法等。

1）综合法。综合法测图是航空摄影测量和地形测量相结合的一种测图方法。航片通过航测内业进行纠正和影像镶嵌，获得地面影像点的平面相关位置，镶嵌好的相片平面图拿到野外进行地物调绘和地貌测绘，得到航测地形原图（也称影像地图），其测图流程为：航空摄影→相片处理→野外控制测量→相片纠正→镶嵌相片平面图与相片复照→野外测图与调绘。综合法测图主要适用于平坦地区，多用于地形图的修测和大型工程的规划设计。

2）全能法。全能法测图利用航片和立体测图仪，根据空间交会原理，在室内经过相对定向和绝对定向的工作过程，建立按比例缩小的且与地面完全相似的光学（或数学）立体模型，然后，用此模型测绘地物和地貌，进而绘制出地形图。其测图流程为：航空摄影→相片处理→野外控制测量与调绘→内业控制点加密→内业测图→清绘与整饰。全能法是通过测图仪器的机械补偿装置或计算机的内置解算软件对航片的倾斜和地形起伏影响进行纠正，因此它适合于各类地形和多种比例尺的测图。

3）GPS 辅助法。为减少地面控制测量工作量，目前，人们利用安装在航摄飞机上的GPS 接收机测定摄影中心在曝光瞬间的空间三维坐标，将它作为观测值参加空中三角测量平差。从 20 世纪 80 年代初，美国、德国等西方发达国家率先进行了 GPS 辅助空中三角测量的理论和试验研究，在理论和实际应用方面均取得了举世瞩目的成功。我国自1990 年开始，先后进行了多次机载 GPS 航测成图的模拟试验和生产性试验，目前也已步入实际应用阶段。

10.2.9 地形图绘制

当将碎部点展绘在图上后就可对照实地随时描绘地物和等高线了。如测区较大，由多幅图拼接而成还应及时对各图幅衔接处进行拼接检查，经过上述检查与整饰，才能获得合乎要求的地形图。

1）地形图的地物描绘。地物要按地形图图式规定的符号表示。房屋轮廓需用直线连接起来，而道路、河流的弯曲部分则应逐点连成光滑的曲线。不能依比例描绘的地物应按规定的非比例符号表示。

2）地形图的等高线勾绘。当图纸上测得一定数量的地形点后即可勾绘等高线。由于等高线表示的地面高程均为等高距 h 的整倍数，因而需要在两碎部点之间内插设以 h 为间隔的等高点。内插是在同坡段上进行的。先用铅笔轻轻地将有关地貌特征点连起勾出地性线（图10.14中的虚线），然后在两相邻点之间按其高程内插等高线。由于测量的碎部点是沿地性线在坡度变化和方向变化处立尺测得的，因此图上相邻点之间的地面坡度可视为均匀的，在内插时可按平距与高差成正比的关系进行处理。图10.15中 A、B 两点的高程分别为53.7m 及 49.5m，两点间距离由图上量得为21mm，当等高距为1m 时就有53m、52m、51m、50m 4 条等高线通过（图10.15），内插时先算出一个等高距在图上的平距然后计算其余等高线通过的位置先计算等高距1m 对应的平距 d（$d=21/4.2=5$mm），而后计算53m 及50m 两根等高线至 A 及 B 点的平距 x_1 及 x_2 并定出 a 及 b 两点（$x_1=0.7\times5$mm$=3.5$m，$x_2=0.5\times5$mm$=2.5$m），再将 ab 分为3 等分（等分点即为52m 及51m 等高线通过的位置）。同法，可定出其他各相邻碎部点间等高线的位置），将高程相同的点连成平滑的曲线即为等高线（图10.14）。实际手工勾绘等高线工作中，根据内插原理一般采用目估法勾绘等高线（图10.14，先按比例关系估计 A 点附近53m 及 B 点附近50m 等高线的位置，然后3 等分求得52m、51m 等高线的位置，如发现比例关系不协调则进行适当调整）。目前的地形图专业绘制软件可自动高精度地勾绘等高线。地形图测绘结束后应按测量规范要求进行拼接和整饰，还应根据质量检查规定进行检查，检查合格后，所测的图才能使用。

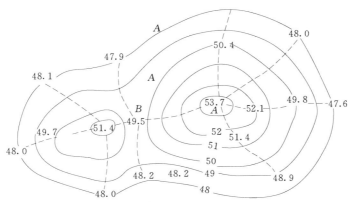

图10.14 等高线的勾绘（单位：m）

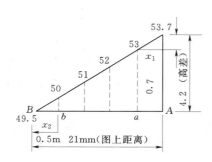

图 10.15 等高线内插原理
（单位：m）

3）地形图的检查。地形图野外观测任务完成后应首先完成图纸与地形的校对工作，在准确无误后还应进行必要的检查工作以保证地形图测绘的准确性。检查工作包括室内检查、野外巡视和设站检查等内容。室内检查应检查观测和计算手簿的记载是否齐全、清楚和正确，各项限差是否符合规定，图上地物、地貌的真实性、清晰性和易读性，各种符号的运用、名称注记等是否正确，等高线与地貌特征点的高程是否符合，有无矛盾或可疑的地方，相邻图幅的接边有无问题等（如果发现错误或疑问应到野外进行实地检查修改以确保测定区域内的地形图准确无误）。在图面检查的基础上将图纸带到测定区域将图纸与测区实地核对，检查测区内的地物、地貌有无遗漏，图纸上的地物、地貌连接是否与实际相符合，称为野外巡视（野外巡视检查中，对发现的问题应及时处理，必要时应重新安置仪器进行检查并予以修正）。在完成上述 2 项工作的基础上还应对测区内每幅图纸进行部分抽查（抽查量约占测定区域的 1/10 左右），即对测定区域内的主要地物和地貌重新测量（若发现问题应及时修改），称为设站检查。

4）地形图的图幅拼接。当测区较大，采用分块、分幅测图时，每幅图施测完后在相邻图幅的连接处无论是地物或地貌往往都不能完全吻合，因此，就需对所测的几幅图进行拼接。为拼接方便，测图时每幅图的测图均应超出内图廓 1cm 左右。拼接方法是：将

图 10.16 地形图的拼接（单位：m）

相邻两幅图衔接边处的地形及坐标格网线蒙绘于一张宽 6～8cm 透明纸条上就可看出相应地物及等高线的衔接情况（图 10.16），当相邻图幅地物和等高线的偏差，不超过表 10.5 规定的 2.8 倍时取平均位置加以修正，修正一般取平均位置使图形和线条衔接，然后按透明纸上衔接好的图形转绘到相邻的图纸上去，如发现漏测或有错误则必须补测或重测。

表 10.5　　　　　　　　　　　　　　　　地形图接边误差允许值

地区类别	点位中误差（图上）/mm	邻近地物点间距中误差（图上）/mm	等高线高程中误差（等高距 h）			
			平地	丘陵地	山地	高山地
山地、高山地和设站施测困难的旧街坊内部	0.75	0.6	$h/3$	$h/2$	$2h/3$	h
城市建筑区和平地、丘陵地	9.5	0.4				

5）地形图的整饰。每幅图拼接完毕后应擦去图上不需要的线条与注记，修饰地物轮廓线及等高线使其合理、清晰、美观、明了。最后整饰图框（即内图廓外的各项内容），如图 7.4 所示。整饰应遵循先图内后图外，先地物后地貌，先注记后符号的原则进行。工作顺序为：内图廓→坐标格网→控制点→地形点符号及高程注记→独立物体及各种名称、

数字的绘注→居民地等建筑物→各种线路、水系等→植被与地类界→等高线及各种地貌符号等。图外的整饰包括外图廓线、坐标网、经纬度、接图表、图名、图号、比例尺，坐标系统及高程系统、施测单位、测绘者及施测日期等。图上地物以及等高线的线条粗细、注记字体大小均按规定的图式进行绘制。

6）地形图的验收。将地形图测绘过程中的有关测量原始记录、计算资料、手稿等整理好，写出相关技术总结报告（便于交付图纸时相关单位的审核与质量评定，属于测区测图成果，是必须归档、保管的原始档案和资料，也是以后用图和使用中的技术依据）。

10.3 地形图的阅读与应用

10.3.1 地形图的阅读方法

工程规划和设计阶段需要应用各种比例尺的地形图。用图时应认真阅读，充分了解各种地物分布和地貌变化情况，然后，才能根据地形与有关资料，做出科学、合理、经济的规划与设计。地形图阅读时必须熟悉地形图的数学要素、地物符号和地貌符号等，阅读用等高线表示的较为复杂的地貌时不但要依据等高线的特性、而且要具备一定的实践经验。地形图应用中对地形图比例尺的选择要得当，对地形图图式要熟悉，应作好坐标系统及高程系统的统一工作。地形图的图外注记主要阅读图名与图号、接图表与图外文字说明、图廓与坐标格网、直线比例尺与坡度尺（应用图解坡度尺时，用卡规在地形图上量取两等高线 a、b 点平距 ab，在坡度尺上比较即可查得 ab 的角值，图 10.17 约为 $1°42'$）、三北方向（地形图的方向以上方为北，若图幅的上方不朝正北，那么在图边一定标有指北方向）、地图的现势性等。地形图中地形要素的阅读主要有地物和地貌 2 块，应按图式和图例进行。

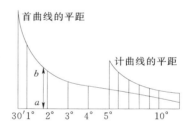

图 10.17 坡度尺的使用

10.3.2 地形图的野外应用

野外使用地形图时，经常需要进行地形图定向、在图上确定站立点位置、将地形图与实地进行对照，以及野外填图等工作。当使用的地形图图幅数较多时，为方便使用须进行地形图的拼接和粘贴（方法是根据接图表所表示的相邻图幅的图名和图号，将各幅图按其关系位置排列好，按左压右、上压下的顺序进行拼贴，构成一张范围更大的地形图）。地形图的野外定向就是使图上表示的地形与实地地形一致，常用方法有罗盘定向和地物定向 2 种。罗盘定向根据地形图上的三北关系图，将罗盘刻度盘的北字指向北图廓并使刻度盘上的南北线与地形图上的真子午线（或坐标纵线）方向重合，然后转动地形图使磁针北端指向磁偏角（或磁坐偏角）值就完成了地形图的定向。地物定向是在地形图上和实地分别找出相对应的两个位置点（比如本人站立点、房角点、道路或河流转弯点、山顶、独立树等）然后转动地形图使图上位置与实地位置一致。当站立点附近有明显地貌和地物时可利用它们确定站立点在图上的位置，当站立点附近没有明显地物或地貌特征时可采用交会方法来确定站立点在图上的位置。当进行完了地形图定向并确定了站立点的位置后就可以根据图上站立点周围的地物和地貌符号，找出与实地相对应的地物和地貌，或者观察实地地物和地貌来识别其在地图上所表示的位置。野外填图是指把土壤普查、土地利用、矿产资源分布等情况填绘于地形图上，野外填图时应注意沿途具有方位意义的地物并随时确定本人站立点在图上的位置，同时，站立点要选择视线良好的地点以便于观察较大范围的填图对象、确定其边界并填绘在地形图上（通常用罗盘或目估方法确定填图对象的方向，用目估、步测或皮尺确定距离）。

10.3.3　地形图的选择

工程建设需要在地形图上进行工程建筑物的规划设计，为保证工程设计的质量所使用的地形图应具有一定的精度。地形图的精度通常指它的数学精度，即地形图上各点的平面位置和高程的精度，地形图上地物点平面位置的精度是指地物点对于邻近图根点的点位中误差而言的，而高程精度则是指等高线所能表示的高程精度。地形图所能表示的地面点的实际精度主要与地形图比例尺的大小和等高线等高距的大小有关。选用地形图时，可根据工程建设阶段选图，可按点位精度要求选图，可根据点的高程精度选定等高距，还可按点位和高程精度综合选图。实际工作中使用的地形图是复制的蓝图，由于复制会使图纸产生变形而引起误差，所以在选用时还必须顾及图纸变形的影响。对地形图的选用，除从精度要求考虑外，有时还要考虑设计时工作的方便（比如若想在图纸上将设计的建筑物全部清晰绘出则要求采用较大的比例尺、但精度要求可低于图面比例尺，这时可采用实测放大图，也可按小一级比例尺的精度要求施测大一级比例尺的地形图）。

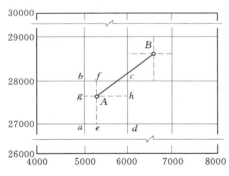

图 10.18　确定一点坐标（单位：m）

10.3.4　地形图的信息采集

地形图是国家各部门、各项工程建设中必需的基础资料，在地形图上可以获取各种各样的、大量的信息。并且，从地形图上确定地物的位置和相互关系及地貌的起伏形态等情况比实地更直观、更全面、更方便、更迅速。

1）在地形图上确定一点的平面位置。如图 10.18 所示，图上一点的位置，通常采用量取坐标的方法来确定，图框边线上所注的数字就是坐标格网的坐标值，它们是量取坐标的依据。在地形图上确定点的平面位置时一般采用比例内插的方式进行。通过地形图可确定点的平面直角坐标和大地坐标。

2）在地形图上确定直线的长度和方向。先在图上量得直线两端点 A 和 B 的坐标 $(X_A，Y_A)$ 和 $(X_B，Y_B)$，然后根据坐标反算原理计算出直线 AB 的长度（水平距离）D_{AB} 和方位角 α_{AB}。当 A、B 两点在同一幅图内时直线的长度和方向有时也可用比例尺和量角器直接量得（但精度较低）。

3）在地形图上确定点的高程。如图 10.19 所示，地形图上一点的高程可借助图上的等高线来确定。如果地面点恰好位于某一等高线上则根据等高线的高程注记或基本等高距便可直接确定该点高程。若要确定位于相邻两等高线之间的某地面点高程则可采用做相邻两等高线公垂线再内插的方法解决（精度不高时可用目估法内插）。

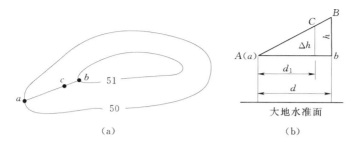

图 10.19　确定一点高程（单位：m）

(a) 等高线；(b) 地形剖面

4）在地形图上确定一直线的坡度。两条相邻等高线间的坡度是指垂直于两条等高线两个交点间的坡度。垂直于等高线方向的直线具有最大的倾斜角，该直线称为最大倾斜线（或坡度线），通常以最大倾斜线的方向代表该地面的倾斜方向。最大倾斜线的倾斜角也代表该地面的倾斜角。直线 A、B 的坡度确定应首先采集 A、B 两点的坐标和高程 $[(X_A, Y_A, H_A)$ 和 $(X_B, Y_B, H_B)]$，然后计算出 A、B 两点的水平距离 D 和高差 h，则坡度 $i = \tan\alpha = h/D$，α 为 AB 倾角。当然，也可利用地形图上的坡度尺求取坡度。

5）在地形图上设计规定坡度的线路。首先按给定坡度 i 计算线路通过相邻两等高线的最短距离 $b[b = d/(iM)$，d 为等高距、M 为地形图数字比例尺分母]，然后线路起点 A 开始以 A 为圆心 d 为半径交下一根等高线于 1 点；再以 1 点为圆心、d 为半径作弧交再下一根等高线于 2 点……依此一直进行到 B 点为止（将这些相邻点连接起来便得到同坡度路线）。选择路线时若相邻两条等高线之间的平距大于 d 则说明这两条等高线之间的最大坡度小于规定坡度（这时就可按等高线间最短距离定线）。另外，从 A 到 B 的线路可采用上述方法选择多条，究竟选用哪条应根据占用耕地、撤迁民房、施工难度、地质条件及工程费用等因素综合确定。

6）在地形图上沿已知方向绘制断面图。如图 10.20 所示，地形断面图是指沿某一方向描绘地面起伏状态的竖直剖面图。在交通、渠道及各种管线工程中可根据断面图显示的地面起伏状态，量取有关数据进行线路设计。断面图可在实地直接测定也可根据地形图绘制。绘制断面图时，首先要确定断面图绘制采用的水平方向比例尺和垂直方向比例尺。通常，在水平方向采用与所用地形图相同的比例尺，而垂直方向的比例尺通常要比水平方向大 10 倍左右（以突出地形起伏状况）。断面图绘制时先在地形图上绘出断面线 AB（获得断面线与等高线的交点，假设依次为 1、2、3、…、n），然后根据地形图获得各个交点到 A 或 B 的水平距离及各个交点的高程（包括 A、B 点高程），再以水平距离为横坐标、高程为纵坐标按设定的横、纵向比例尺将各个交点（包括 A、B 点）的位置绘出，最后用平滑曲线由起点 A 开始依次连接各个交点直至 B 点即得沿 AB 方向的地形断面图。

7）在地形图上确定两地面点间是否通视。要确定地面上两点之间是否通视可根据地形图判断，若地面两点间的地形比较平坦通过在地形图上观看两点之间是否有阻挡视线的建筑物就可进行判断。当两点间地形起伏变化较复杂时则应采用绘制简略断面图的方法来

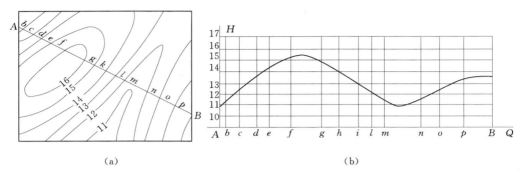

(a)　　　　　　　　　　　　　　(b)

图 10.20　绘制地形断面图

（a）等高线；（b）地形剖面

确定其是否通视。

8）在地形图上绘出填挖边界线。在平整场地的土石方工程中可在地形图上根据等高线确定填方区和挖方区的边界线。

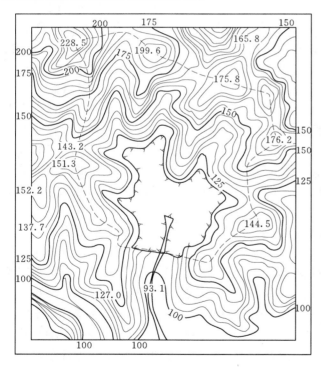

图 10.21　确定汇水面积和库容

9）在地形图上确定汇水面积。在修建交通线路的涵洞、桥梁或水库堤坝中，需要确定有多大面积的雨水量汇集到桥涵或水库（即需要确定汇水面积），以便进行桥涵和堤坝的设计工作。汇水面积通常在地形图上确定。如图 10.21 所示，汇水面积是指由谷口沿两侧连续山脊线所构成的区域，可在地形图上直接确定。

10）在地形图上进行库容计算。如图 10.21 所示，进行水库设计时，如坝的溢洪道高程已定就可确定水库的淹没面积，淹没面积为溢洪道高程以下的汇水面积（可根据等高线圈出），淹没面积以下的蓄水量（体积）即为水库的库容。计算库容一般采用等高线法。先求淹没面积中各条等高线所围成的面积，然后计算各相邻两等高线之间的体积，其总和即为库容。若溢洪道高程不等于地形图上某一条等高线的高程时，就要根据溢洪道高程用内插法求出水库淹没线，然后计算库容（计算时水库淹没线与下一条等高线间的高差不等于等高距）。

11）在地形图上确定土坝坡角线位置。如图 10.22 所示，水利工程中的土坝坡脚线是指上坝坡面与地面的交线，先将坝轴线画在地形图上，再按坝顶宽度画出坝顶位置。然后根据坝顶高程、迎水面与背水面坡度画出与地面等高线相应的坝面等高线，相同高程的等高线会与坡面等高线相交，连接所有交点得到的曲线就是土坝的坡脚线。

10.3.5　地形图的图斑面积量算

在工程规划设计时，常需要测定地形图上某一区域的图形面积（称图斑面积）。例如，作流域规划时需要求流域面积、修建水库时需要求出水库的汇水面积和库容、在河道或渠道施工前需要求出各横断面的面积等。地

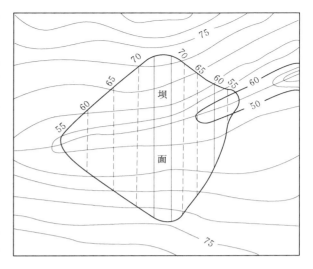

图 10.22　确定土坝坡角线位置（单位：m）

形图图斑面积的量算方法很多，比较准确的方法是几何图形法和坐标法。

1) 几何图形法。当欲求面积的边界为直线时可把该图形分解为若干个规则的三角形，然后量出各个三角形的边长，按海伦公式（秦九韶公式）计算出各个三角形的面积 S。最后，将所有三角形的面积之和乘以该地形图比例尺分母（M）的平方，即为所求面积。假设三角形的边长为 a、b、c，则该三角形的面积 S 为 $S=[p(p-a)(p-b)(p-c)]^{1/2}$，其中，$p=(a+b+c)/2$。

2) 坐标计算法。如果图形为任意多边形且各顶点的坐标已知，则可利用坐标计算法精确求算该图形的面积。如图 10.23 所示，各顶点应按照同一个方向（顺时针或逆时针）顺序编号，面积计算公式为

$$S = \left| \sum_{i=1}^{n} [x_i(y_{i+1}-y_{i-1})] \right| / 2 \tag{10.10}$$

或

$$S = \left| \sum_{i=1}^{n} [y_i(x_{i+1}-x_{i-1})] \right| / 2 \tag{10.11}$$

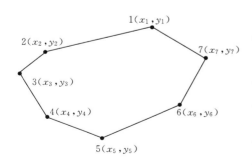

图 10.23　坐标法算面积

式（10.10）中，当 $i=1$ 时，y_{i-1} 用 y_n 代替；当 $i=n$ 时，y_{i+1} 用 y_1 代替。式（10.11）中，当 $i=1$ 时，x_{i-1} 用 x_n 代替；当 $i=n$ 时，x_{i+1} 用 x_1 代替。式（10.10）、式（10.11）中应用时，各顶点必须在同一个象限。若各顶点不在同一个象限，则应根据坐标轴将一个图形分成多个，在每个象限里分别计算，最后将各个计算面积相加。对曲线构成的图斑也可采用坐标计算法，各个计算点应为曲线的拐点。在 AutoCAD

图上，各计算点的坐标可通过 ID 命令捕捉获得。

3）其他方法。对于不规则图形（曲线形图斑）既利用坐标计算法计算面积也可采用图解法求算图形面积。图解法求算图形面积的常用方法是透明方格法和透明平行线法。限于篇幅，本书不做详细介绍。

10.4 地 理 信 息 系 统

地理信息系统（Geographic Information System，GIS）是在计算机软、硬件支持下，采集、存储、管理、检索、分析和描述地理空间数据，适时提供各种空间的和动态的地理信息，用于管理和决策过程的计算机系统。它是集计算机科学、地理学、测绘遥感学、空间科学、环境科学、信息科学和管理科学等为一体的边缘学科，其核心是计算机科学，基本技术是地理空间数据库、地图可视化和空间分析。

GIS 的基本功能主要包括数据采集与输入、地图编辑、空间数据管理、空间分析、地形分析、数据显示与输出。GIS 所管理的数据主要是二维或三维的空间型地理数据，包括地理实体的空间位置、拓扑关系和属性 3 个内容。GIS 对这些数据的管理是按图层的方式进行的，既可将地理内容按其特征数据组成单独的图层，也可将不同类型的几种特征数据合并起来组成一个图层，这种管理方式对数据的修改和提取十分方便。

虽然数据库系统和图形 CAD 的一些基本技术都是地理信息系统的核心技术，但地理信息系统和这两者都不同，它是在这两者结合的基础上加上空间管理和空间分析功能构成的。GIS 与通用的数据库技术之间的主要区别可概括为 3 个方面，即侧重点不同［数据库技术侧重于对非图形数据（非空间数据）的管理，即使存储图形数据也不能描述空间实体间的拓扑关系；而 GIS 的工作过程主要处理的是空间实体的位置及相互间的空间关系，管理的主要是空间数据］、对数据管理的方式不同［通用数据库技术按字段来管理数据，通过选择关键字来建立索引进行检索，对数据的存储是根据数据的不同类别将其存储为不同的文件；GIS 以图层的方式来管理数据，一个图层对应一个图形文件和一个属性数据文件，对空间实体的查询是通过空间实体间的拓扑关系（或位置关系）来进行］、数据结构不同（数据库技术采用自由表的方式，不支持长字段名；GIS 采用矢量和栅格两种空间数据结构，对字段名的长度并无限制）。

由于 GIS 应用受到广泛重视，各种 GIS 软件平台纷纷涌现，据不完全统计目前有近 500 种。各种 GIS 软件厂商在 GIS 功能方面都在不断创新、相互包容。大多数著名的商业遥感图像软件都汲取了 GIS 的功能，而一些 GIS 软件（比如 Arc/Info）也都汲取图像虚拟可视化技术。为了更好地使广大用户对不同平台软件功能进行了解，一些国家机构还专门对各种软件进行测试。总体来说，各种软件各有千秋，互为补充，目前市面上用户使用较多的软件平台有 Arc/Info、MapInfo、Intergraph MGE、GRASS、MapGIS 等软件，美国的 Arc/Info、MapInfo 占据垄断地位。地理信息系统广泛应用于地质、矿产、地理、测绘、水利、石油、煤炭、铁道、交通、城建、规划及土地管理等行业，系统的总体结构如图 10.24 所示，它通常可分为"输入""图形编辑""库管理""空间分析""输出"以及"实用服务" 6 大部分。根据地学信息来源多种多样、数据类型多、信息量庞大的特点，

GIS 系统目前一般采用矢量和栅格数据混合的结构，在力求矢量数据和栅格数据形成一整体的同时兼顾栅格数据既可与矢量数据相对独立存在又可作为矢量数据的属性，以满足不同问题对矢量、栅格数据的不同需要。

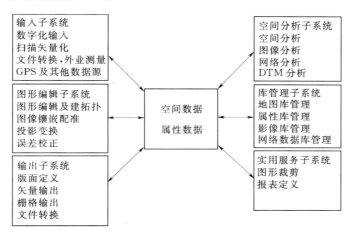

图 10.24　GIS 系统的总体结构

思 考 题 与 习 题

1. 何谓"地图"？简述地图的分类方法及主要地图的特点。

2. 地形图的主要用途有哪些？简述地形图的基本架构。

3. 何谓地形图的比例尺？它有哪些类型？

4. 我国地形图是如何进行分幅与编号的？

5. 地物的常用表示方法有哪些？地貌的常用表示方法有哪些？

6. 何谓等高线？它有哪些性质？

7. 如何进行地形图测绘的控制测量工作？

8. 地形图测绘中如何选择碎部点？

9. 简述经纬仪数字化碎部测图的作业过程。

10. 简述高精度数字测图的作业过程。

11. 简述内外业一体化测图的作业过程。

12. 航空摄影测量成图的方法主要有哪些？各有什么特点？

13. 简述地形图绘制的基本要求与程序。

14. 地形图的图斑面积量算方法主要有哪些？各有什么特点？

15. 地理信息系统的基本特征是什么？主要功能有哪些？各功能的作用是什么？

16. 如图 10.23 所示，已知 1、2、3、4、5、6、7 点的坐标为 $x_1 = 1068.960m$，$y_1 = 1016.002m$；$x_2 = 626.076m$，$y_2 = 923.455m$；$x_3 = 513.342m$，$y_3 = 834.932m$；$x_4 = 618.024m$，$y_4 = 641.791m$；$x_5 = 839.465m$，$y_5 = 541.197m$；$x_6 = 1169.615m$，$y_6 = 686.053m$；$x_7 = 1298.454m$，$y_7 = 867.122m$。试计算该多边形的面积。

第 11 章　电子全站仪的构造与使用

11.1　电子全站仪的特点及基本构造

电子全站仪是集电子测角、电子测距、自动数据处理于一身的现代化的三维综合测绘系统。目前的电子全站仪是精密光学技术、精密机械技术、电子技术、智能技术、遥感遥测技术、工程图学技术、自动化技术、模式识别技术、传感技术、网络信息技术的全面集成，其典型代表是空基测量机器人（如图 11.1 的徕卡 Smart‐Station）、全站扫描仪（如图 11.2 的徕卡 Nova MS50）、测量机器人（如图 11.3 的徕卡 TPS1200）。图 11.4 为工程建设领域采用的主流电子全站仪的构造。

图 11.1　Smart‐Station　　　　图 11.2　Nova MS50　　　　图 11.3　TPS1200

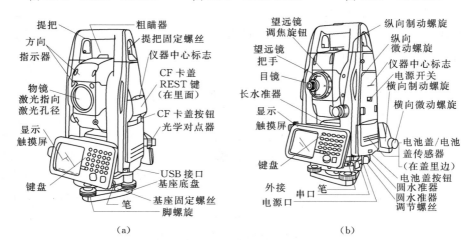

图 11.4　典型的电子全站仪构造
(a) 正侧面；(b) 背侧面

11.1.1 电子全站仪的显示屏

1) 主菜单。主菜单的内容如图 11.5 所示，具体可按相应的键执行。常规测量模式为 "【观测】"，该模式功能包括角度测量、距离测量、坐标测量等，具体可参考本书 11.3 节。参数设置模式为 "【设置】"，该模式功能包括设置测量、设置通信、数值输入、设置单位等，所设置的参数将会一直保存，具体可参考本书 11.5 节。检验校正模式为 "【检校】"，该模式功能包括指标差检校、设置仪器常数、仪器系统误差补偿、EDM 光轴检校、自动跟踪光轴检校、仪器自检等，具体可参考本书 11.6 节。应用程序模式为 "【程序】"，该模式功能包括设置水平定向角、悬高测量、对边测量、角度复测等，具体可参考本书 11.4 节。

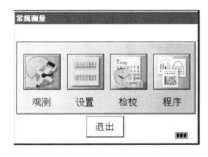

图 11.5 主菜单

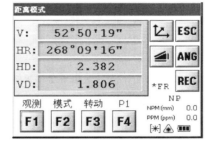

图 11.6 水平距离测量模式

2) 测量菜单。典型的水平距离测量模式如图 11.6 所示，其中，"V" 为竖直角、52°50′19″；"HR" 为水平角、268°09′16″；"HD" 为水平距离、2.382m；"VD" 为铅直距离、1.806m；【F1】～【F4】为软键。

3) 显示符号。显示符号见表 11.1。

表 11.1　　　　　　　　　　电子全站仪触摸屏显示符号及其含义

符　号	含　义	符　号	含　义
V	竖直角	m	以米为单位
V%	坡度	ft	以英尺为单位
HR	水平角（右角）	F	精测模式
HL	水平角（左角）	C	粗测模式
HD	水平距离	c	粗测 10mm 模式
VD	铅直距离	R	重复测量
SD	倾斜距离	S	单次测量
N	北坐标	N	N 次测量
E	东坐标	PPM	气象改正值
Z	高程	PSM	棱镜常数
×	正在测距	NPM	无棱镜常数
▬	电池电量指示	NP	无棱镜模式
⚠	激光发射标志	LNP	无棱镜超长模式
↔	设置无棱镜超长模式的测程		

4）显示键。显示键见表 11.2。

表 11.2　　　　　　　　　　电子全站仪触摸屏显示键及其含义

按　键	名　称	功　能
F1～F4	软键	功能参见所显示的信息
Esc	退出键	退回到前一个显示屏或前一个模式
ANG	角度测量键	进入角度测量模式
◢	距离测量键	进入距离测量模式
⌇	坐标测量键	进入坐标测量模式
REC	记录键	传输测量的结果

5）快捷键。快捷键见表 11.3。

表 11.3　　　　　　　　　　电子全站仪快捷键的使用方法

软启动	【Shift】＋【Func】＋【Esc】	快捷命令	【Alt】＋点击某个项目
Windows 开始菜单	【Func】＋【Esc】	WindowsCE 任务管理器	【Alt】＋【Tab】

11.1.2　电子全站仪的背景光调节

1）调节减少背景光时间。为节约电量，仪器通常会自动判断是否关背景光或调节其亮度。观测者也可根据自己的需求来设置。如图 11.7 所示，设置应依序进行，即在 WinCE 桌面按"开始/设置/控制面板/电源"，可在显示屏上看到"电量属性"；然后按"背光"；再设置背景光亮的时间；可根据需要设置背景光亮的时间，出厂设置为 3min，按【OK】保存。

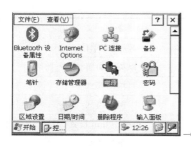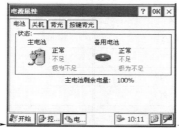

图 11.7　背景光时间设置

2）调节背景光亮度。在背光界面，去掉"背光已经打开."前的钩，显示图 11.8 界面，移动滑板来调节亮度，按【OK】保存。

3）自动照明设置。如图 11.9 所示，在背光界面的"自动照明"栏，选"背光打开."，按【OK】保存。

4）按键背光设置。如图 11.10 所示，在"按键背光"界面，共有【按键背光常关】【按键背光常开】【按键背光与背光同步开或关】3 个选项，通常选择【按键背光与背光同步开或关】，按【OK】保存。

图 11.8　调节背景光亮度

图 11.9　自动照明设置

11.1.3　电子全站仪的 RAM 数据备份

如果观测者的全站仪长时间没电将会丢失除 "Internal Disk" 以外的所有数据。此外，在全站仪上按了硬启动也将会丢失除 "Internal Disk" 以外的所有数据。因此，为了能恢复这些数据，需要使用 RAM 数据备份功能。RAM 数据备份的功能自动将 RAM 内的所有数据备份到 "Internal Disk" 的 "Backup" 文件夹中。如果升级了 OS 则备份的数据可能会不兼容，此时应临时取消 "RAM 数据备份" 功能。

图 11.10　按键背光设置

1）启用备份功能。如图 11.11 所示，在 WinCE 桌面按 "开始/设置/控制面板/备份"，按【备份 RAM 数据】，出现确认界面，按【是】开始备份，按【OK】退出。如果 "Internal Disk" 的空间不足，RAM 数据备份可能会不完整。如果删除了 "Backup" 文件夹则 RAM 数据将不可能恢复。

图 11.11　启用备份功能

2）设置为自动备份 RAM 数据。如图 11.12 所示，在 RAM 数据备份界面，选中"系统挂起前将备份 RAM 数据．"即可，按【OK】退出。

图 11.12　自动备份 RAM

图 11.13　硬启动时不
恢复备份 RAM

3）设置硬启动时不恢复备份的 RAM 数据。如图 11.13 所示，在 RAM 数据备份界面，不选中"硬启动后恢复数据．"即可，按【OK】退出。

11.1.4　电子全站仪的硬启动键【Reset】

如果全站仪出现死机现象，应先按【Shift】＋【Func】＋【Esc】做软启动。如果还不行的话，再按【Reset】键做硬启动。硬启动将会丢失内存中的所有数据。如图 11.14 所示，打开 CF 卡盖，用触摸笔按【Reset】键 2s，仪器自动重启动。

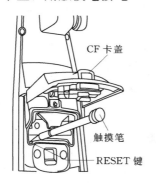

图 11.14　打开 CF 卡盖

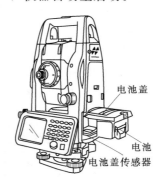

图 11.15　电池盖

11.1.5　电子全站仪的电池盖传感器

在使用仪器之前应完全盖好电池盖。如图 11.15 所示，如果电池盖没有完全关闭仪器将不正常工作，不管是使用电池或者外界电源。如果在操作仪器时打开电池盖则操作会自动终止。

11.1.6　电子全站仪的触摸屏校准

如果触摸屏对触摸笔反应不灵敏则需校准触摸屏。如图 11.16 所示，校准触摸屏应依序进行，即在 WinCE 桌面，按"开始/设置/控制面板/笔针"，按"校准"，按"再校准"，用触摸笔点击十字中心点，该十字光标将会移到下一点，再点击该点，如此完成全部的 5 个校准点，按【Enter】保存新设置，按【OK】退回控制面板。

图 11.16　触摸屏校准

11.1.7　电子全站仪的显示屏操作键

电子全站仪操作显示屏上的键只需用笔或手指点击即可，不要用圆珠笔或铅笔点击。操作键如图 11.17 所示，操作键的相关功能见表 11.4。

图 11.17　操作键面板

按　键	名　称	功　能
$0\sim9$	数字键	输入数字
$A\sim Z$	字母键	输入字母
Esc	退出键	退回到前一个显示屏或前一个模式
★	星键	用于若干仪器常用功能的操作
Enter	回车键	数据输入结束并认可时按此键
Tab	Tab 键	光标右移，或下移一个字段
B. S.	后退键	输入数字或字母时，光标向左删除一位
Shift	Shift 键	同计算机 Shift 键功能
Ctrl	Ctrl 键	同计算机 Ctrl 键功能
Alt	Alt 键	同计算机 Alt 键功能
Func	功能键	执行由软件定义的具体功能
α	字母切换键	切换到字母输入模式

表 11.4　　　　　　　　　　　　操 作 键 的 相 关 功 能

203

续表

按　键	名　称	功　能
⊕	光标键	上下左右移动光标
POWER	电源键	控制电源的开/关（位于仪器支架侧面上）
S. P.	空格键	输入空格
●	输入面板键	显示软输入面板

11.1.8　电子全站仪的关机

应使用电子全站仪的电源键进行关机。不要采用取出电池的方式关机。取电池前应先关机。使用外接电源时应先关机再关外接电源。如果不按上述步骤操作，下次开机时仪器将会重新启动。

11.1.9　电子全站仪的功能键（软键）

电子全站仪功能软键实际功能随显示信息不同而改变，具体如图 11.18 所示和见表 11.5。

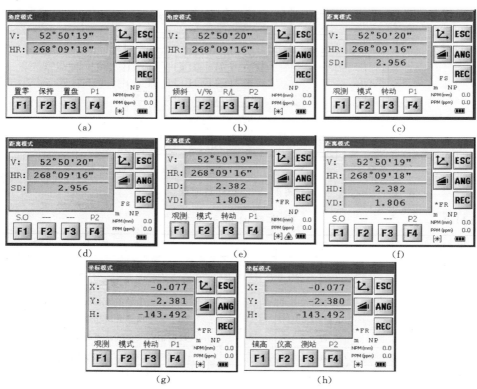

图 11.18　电子全站仪功能软键的显示信息

（a）角度测量模式（P1 页）；（b）角度测量模式（P2 页）；（c）倾斜距离测量模式（P1 页）；（d）倾斜距离测量模式（P2 页）；（e）水平距离测量模式（P1 页）；（f）水平距离测量模式（P2 页）；（g）坐标测量模式（P1 页）；（h）坐标测量模式（P2 页）

表 11.5　　　　　　　　　　　电子全站仪功能软键的实际功能

模式	页码	显示	软键	功　能
角度测量模式	1	置零	F1	水平角置零
		锁定	F2	水平角锁定
		置盘	F3	预置水平角
		P1↓	F4	下一页（P2）
	2	补偿	F1	设置倾斜改正功能开关（ON/OFF）；若选择 ON，则显示倾斜改正值
		V/%	F2	竖直角/百分度的变换（坡度）
		R/L	F3	水平角右角/左角变换
		P2↓	F4	下一页（P3）
	3	转动	F1	转动仪器
			F2	
			F3	
		P3↓	F4	下一页（P4）
距离测量模式	1	测量	F1	启动斜距测量
		模式	F2	设置精测/粗测/跟踪模式
		转动	F3	转动仪器
		P1↓	F4	下一页（P2）
	2	放样	F1	放样测量模式
			F2	
			F3	
		P2↓	F4	下一页（P3）
坐标测量模式	1	测量	F1	启动坐标测量
		模式	F2	设置精测/粗测/跟踪模式
		转动	F3	转动仪器
		P1↓	F4	下一页（P2）
	2	镜高	F1	输入棱镜高
		仪高	F2	输入仪器高
		测站	F3	设置仪器测站坐标
		P2↓	F4	下一页（P3）

11.1.10　电子全站仪的星键模式

按星键【★】可以看到图 11.19 的仪器操作选项，其中，"⬤"为十字丝照明键；"●●"为光导向指示键；"⬚"为回光设置键；"◆"为激光对中键（仅对带激光对中的型号）；"🔲"为棱镜常数设置键；"🔲"为电子圆水准器键；"◉"为激光指向键；"NPP"为无棱镜模式/棱镜模式切换键。

电子圆水准器图形显示如图 11.20 所示，电子圆水准器可以用图形方式显示在屏幕上，当圆气泡难以直接看到时利用这项功能整平仪器就方便多了，在两边显示器上电子气泡图像的移动方向相反，可一边观测电子气泡显示屏、一边调整脚螺旋进行调整。

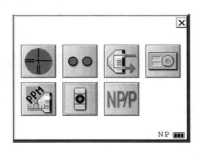

图 11.19　仪器操作选项

图 11.20　电子圆水准器

光导向指示功能如图 11.21 所示，这项功能在放样测量中非常有用。电子全站仪望远镜上的红色发光二极管（光导向指示灯）将会引导持镜员走到仪器视准线方向，该项功能的特点是使用简单、快捷。光导向指示灯可用于 100m（328ft）以内的距离，其定线质量取决于大气条件和持镜员的视力。持镜员的任务是观察仪器上的两个发光管、不断移动反射镜，直到这两个发光管观察到的亮度相同为止。若固定发光管更亮一些就往右移动反射镜，若闪烁发光管更亮一些则往左移动。

测量时可设置音响模式，该模式可显示接收到的回光信号强度，一旦接收到来自棱镜的反射光仪器就会发出蜂鸣声，当目标难以寻找时使用该功能可以很容易地照准目标。接收到的回光信号强度用条形图显示，如图 11.22 所示。

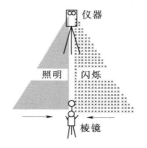

图 11.21　光导向指示功能

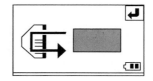

图 11.22　音响模式设置

可对十字丝照明进行设置，如图 11.23 所示，通过移动箭头设置十字丝照明亮度。该设置关机时会被保存。

应合理利用"激光指向开/开（闪烁）/关"功能。如图 11.24 所示，激光指向器发射同轴的可见激光从物镜指向目标点。激光指向器可以在棱镜模式、无棱镜模式和无棱镜超长模式下使用。自动跟踪或自动照准开启时激光指向器会关闭。激光指向器只能指向望远镜照准的近似位置，而不是望远镜光学照准的精确位置。当 EDM 工作时激光指向将会闪烁。从望远镜中看不见激光指向的激光，故可放心地用眼睛直接从望远镜照准激光指向的点。激光指向的距离和天气情况以及使用者的视力有关。使用激光指向将会缩短机内电池的工作时间。当电子全站仪在开阔地带或在市内使用时激光指向器可先停止然后再开始距

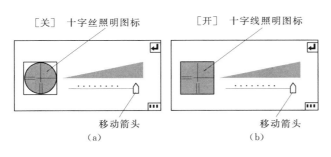

图 11.23　十字丝照明设置
(a) 仪器照明；(b) 闪烁棱镜

图 11.24　激光指向器发射
同轴可见激光

离测量模式，以防止激光射向第三方。应在望远镜的目镜端使用键盘操作，若在望远镜的物镜端使用键盘操作则会显示错误且激光指示器无法打开，这样设计的目的是防止激光束射向操作者眼睛。

应正确使用"无棱镜模式/棱镜模式"。可通过按"无棱镜/棱镜模式"切换按钮来切换无棱镜/棱镜模式。具体可参考本书 11.3 节中的"距离测量"。

应按仪器用户手册规定进行距离测量模式切换。按【棱镜/无棱镜/无棱镜超长】切换会显示图 11.25 界面，每个模式可按所显示的按钮切换。在"无棱镜超长模式"中可设置距离测量范围，在无棱镜超长模式中可进行长距离测量，然而，由于光斑直径会变大因此不能确保所有的激光束都指向目标物体，这种情况下激光束可能会到达目标物前方或后方目标并产生测量错误，具体可参考本书"无棱镜超长模式的警告"。如果目标物和其前方或后方可以预估计一个大约的距离则可通过设定测量范围来进行正确测量，输入范围为 5～1800m，测量范围为从观

图 11.25　距离测量
模式切换

测值所输入的距离到向后 200m 的距离范围。如图 11.26 所示，比如当离目标物的距离有 500m 且距目标物后方的墙有 700m 时输入测量范围为 400m 则仪器只观测 400～600m 之间的距离，这样就可以消除前方 700m 处墙的影响。设置测量距离范围可参考本书 11.3 节"为无棱镜超长模式设定测量距离范围"，其界面如图 11.27 所示。

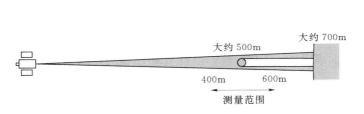

图 11.26　测量范围

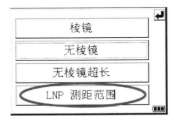

图 11.27　无棱镜超长模式设定

用星键设置时应遵守仪器用户手册的相关规定。如图 11.28 所示，切换激光指向器应依序进行，即在任意界面按【★】键进入，按激光指向图标【◙】打开激光指向器，激光指向图标会出现放射线条。

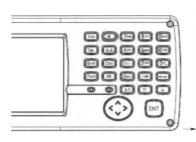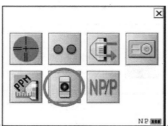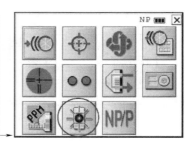

图 11.28　切换激光指向器

11.1.11　电子全站仪的自动关机模式

为节约电量，当仪器长时间未使用时电子全站仪会自动关闭电源。自动关机功能是可以设置不同参数的，具体参数可为无、10min、30min、1h 和 4h。如图 11.29 所示，自动关机设置应依序进行，即在 WinCE 桌面按"开始/设置/控制面板/电源"；选"关机"，设置自动关机的时间（如 10min）；按【OK】保存设置。采用外接电源时也可设置自动关机，方法是选中"使用外部电源时启用挂起功能"并设置自动关机的时间（如 10min）。

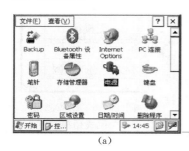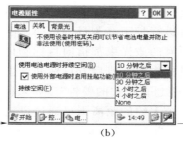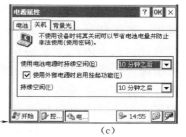

|　(a)　|　(b)　|　(c)　|

图 11.29　自动关机设置

11.1.12　电子全站仪 USB 口的使用

电子全站仪 USB 口的使用应遵守用户手册的相关规定，如图 11.30 所示。使用 Active Sync 同步软件时应接 Mini B 型 USB 接口，此时，在 PC 机端可以查看到全站仪中的

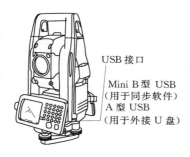

图 11.30　电子全站仪 USB
口的使用

各种文件，具体可参考本书 11.2 节中的"Active Sync 同步软件"。使用 U 盘等外置存储器时应接 A 型 USB 接口，此时，在全站仪端可以查看的 U 盘等外置存储器，方法是打开全站仪中 USB 接口盖，插入 U 盘等外置存储器到 A 型 USB 接口，U 盘等外置存储器被全站仪自动识别为 U 盘，可以进行文件拷贝等操作。使用 Mini B 型 USB 接口和/或 A 型 USB 接口时不要旋转仪器，否则可能会对仪器、USB 接口、USB 电缆等造成伤害。

11.2　电子全站仪测量的准备工作

11.2.1　连接电子全站仪电源

可使用电子全站仪标配电池（如 BT‑65Q）或外接电源给仪器供电。使用标配电池（比如 BT‑65Q）时应打开电池盖、正确放置电池、关闭电池盖，然后再按电源键开机。当使用外接电池时不要把标配电池（比如 BT‑65Q）拆卸下来。如图 11.31 和图 11.32 所示，使用外接电池时应选择电池类型，比如锂电池、12V 电池等。相关的操作流程可参考本书 11.5 节中的"参数设置模式"。

图 11.31　选择外接电池

图 11.32　选择电池类型

11.2.2　安置电子全站仪

将仪器安置到三脚架上精确整平和对中以保证测量成果的精度，进口仪器应使用中心连接螺旋直径为 5/8 英寸且每英寸 11 条螺纹的配套宽框木制三脚架。仪器的整平和对中应依序进行。

1）安置三脚架。首先将三脚架打开，伸到适当高度，拧紧三个固定螺旋。

2）将仪器安置到三脚架上。将仪器小心地安置到三脚架上，松开中心连接螺旋，在架头上轻移仪器，直到锤球对准测站点标志中心，然后轻轻拧紧连接螺旋。

3）利用圆水准器粗平仪器。如图 11.33 所示，旋转两个脚螺旋 A、B 使圆水准器气泡移动到与上述两个脚螺旋中心连线相垂直的直线上，旋转脚螺旋 C 使圆水准器气泡居中。

4）利用管水准器（长水准器）精平仪器。如图 11.34 所示，松开水平制动螺旋，转动仪器使管水准器平行于一对脚螺旋 A、B 的连线，再旋转脚螺旋 A、B 使管水准器气泡

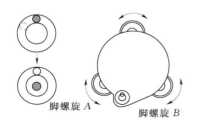

图 11.33　利用圆水准器粗平仪器

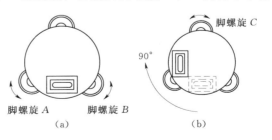

图 11.34　利用管水准器精平仪器
（a）双螺旋调中；（b）转 90°单螺旋调中

209

居中。将仪器绕竖轴旋转 90°（100g），再旋转另一个脚螺旋 C，使管水准器气泡居中。每次旋转仪器 90°，重复前述两个步骤直至 4 个位置上气泡均居中为止。

5）利用光学对中器对中。根据观测者的视力调节光学对中器望远镜的目镜。如图 11.35 所示，松开中心连接螺旋，轻移仪器，将光学对中器的中心标志对准测站点，然后拧紧连接螺旋。在轻移仪器时不要让仪器在架头上有转动，以尽可能减少气泡的偏移。

6）精平仪器。按第 4 步精确整平仪器，直到仪器旋转到任何位置时，管水准器气泡始终居中为止，然后拧紧连接螺旋。必要时，应重复第 5）步、第 6）步，直到仪器又平又中为止。

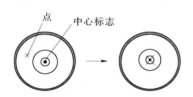

图 11.35　利用光学对中器对中

图 11.36　典型仪器的工作界面

11.2.3　打开电子全站仪电源开关

首先应确认仪器已经整平好。然后打开电源开关（显示仪器工作界面，见图 11.36）。初次开机或执行硬启动时将会出现装载系统的进度条。按"常规测量"显示常规测量程序的主菜单界面（图 11.37、图 11.38），"▮▮▮"为电池电量显示。应确认显示窗中显示有足够电池电量，当电池电量不多时应及时更换电池或对电池进行充电，具体可参考本书11.2.4 中的"电池电量图标"。

图 11.37　点击"常规测量"

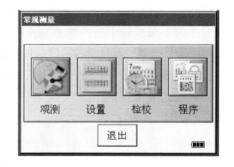

图 11.38　测量程序主菜单界面

11.2.4　电子全站仪的电池电量图标

电池电量图标用于指示电池电量级别。如图 11.39 所示，"▮▮▮ → ▮▮"表示可进行测量；"▮ ▮"表示电池电量不够，应当对电池充电或更换电池；"□"表示不能进行测量而必须充电或更换电池。电池工作时间的长短取决于诸多因素，比如仪器周围的温度、充电时间的长短以及充电和放电的次数。为保险起见应先对电池充足电或准备若干充足电的备用电池。使用电池的方法可参考本书 11.10 节中的"电源和充电"。电池电量图标表明当前测量模式下的电池电量级别。角度测量模式下显示的电池电量状况未必够用于测量距离。由于测距的耗电量大于测角，当角度测量模式变换为距离测量模式时可能会由于电池电量不足而导致仪器运行中断。外业测量出发前应先检查一下电池电量状况。观测模式改变时电池电量图标不一定会立刻显示电量减小或增加。电池电量指示系统是用来显示电池电量的总体状况，它不能反映瞬间电池电量的变化。

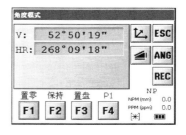

图 11.39　角度模式界面

11.2.5　电子全站仪竖直角和水平角的倾斜改正

如图 11.40 所示，当启动倾斜传感器功能时将显示由于仪器不严格水平而需对竖直角和水平角自动施加的改正数。为确保精密测角必须启动倾斜传感器，倾斜量的显示也可用于仪器精密整平，若显示"TILT OVER"则表示仪器倾斜已超出自动补偿范围而必须人工整平仪器。大多数电子全站仪可对仪器竖轴在 X、Y 方向倾斜而引起的竖直角和水平角读数误差进行补偿改正。有关双轴补偿的详细情况可参考本书 11.10 节中的"双轴补偿"介绍。仪器倾斜补偿超限时可显示相应的界面，当 X 轴方向倾斜补偿超限时可显示图 11.41 界面，当 Y 轴方向倾斜补偿超限时可显示图 11.42 界面，当 X 和 Y 轴两方向倾斜补偿超限时可显示图 11.43 界面。若仪器位置不稳定或刮风则所显示的竖直角或水平角也不稳定，此时可关闭竖直角和水平角自动倾斜改正的功能。设置倾斜改正模式的开/关可参考下述"利用软键设置倾斜改正"或本书 11.5 节中的"参数设置模式"。

利用软键设置倾斜改正时可选择第 2 页显示屏上倾斜改正软键的开/关功能，该项设置在仪器关机后仍会被保留。如图 11.44 所示，设置 X、Y 方向倾斜改正为关（Off）应依序进行，即在常规测量主菜单界面按"观测"；再按【F4】进入第 2 页；按【F1】显示

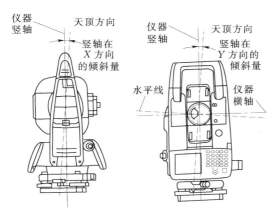

图 11.40　启动倾斜传感器功能

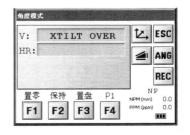

图 11.41　X 轴方向倾斜补偿超限

211

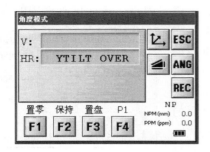
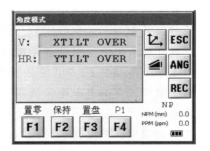

图 11.42　Y 轴方向倾斜补偿超限　　　　图 11.43　X 和 Y 轴两方向倾斜补偿超限

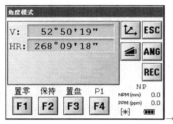
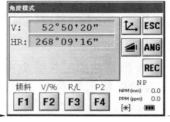
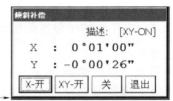

图 11.44　设置 X、Y 方向倾斜改正为关

当前的倾斜设置值；按【关】；按【退出】，返回。按【退出】显示将返回到先前模式。这里所作的倾斜传感器设置将受到本书 11.3 节"参数设置模式"下倾斜传感器功能选择的制约。

11.2.6　电子全站仪仪器系统误差的补偿

电子全站仪的仪器系统误差主要包括仪器竖轴误差（X、Y 方向倾斜传感器的偏离量）、视准轴误差、竖直角零基准误差、横轴误差。以上误差均可由软件根据每一项补偿值在仪器内部计算得到改正。这些误差在仪器仅仅作一个盘位（盘左/盘右）观测时也能通过软件计算得到补偿，到目前为止为消除这些误差一般都采取正倒镜观测取平均的方法。调整或重新设置以上补偿值的方法可参考本书 11.6 节中的"检验和校正"。停止倾斜改正功能的方法可参考本书 11.5 节中的"参数设置模式"或 11.6 节中的"检验和校正"。

11.2.7　电子全站仪输入数字和字母的方法

大多数电子全站仪支持两种输入数据和字母的方法。一种方法是用仪器的键盘，输入法类似于手机，一个键上有 3 个字母。另一种方法是采用软键盘进行输入，按【●】进入输入界面。用键盘输入新建一个名称为"job_104"文件夹的过程如图 11.45 所示，即在 WinCE 桌面用触摸笔点击空白处不动，出现下拉菜单；选"新建文件夹"；按【α】进入字母输入模式；按【4】一次输入字母"j"；按【5】三次输入字母"o"；按【7】二次输入字母"b"；按【3】三次输入字符"_"；按【α】返回到数据输入模式；输入"104"，按【ENT】。要输入大写字母，同时按【Shift】即可。

用软键盘输入字符应首先进入软键盘输入状态。有两种方法进入软键盘输入状态；一种是按【●】（图 11.46，若再按【●】一次即可退出）；另一种是按【▨】，选"键

图 11.45　输入 "job _ 104" 文件夹

盘"，如图 11.47 所示。在软键盘输入状态按【CAP】可进入大写字母的输入状态（图 11.48）；按【áü】可进入特殊字母的输入状态（图 11.49）；按【■】或键盘图标【▣】再选 "隐藏输入面板" 可退出（图 11.50）。

图 11.46　第一种进入方法

图 11.47　第二种进入方法

图 11.48　进入大写字母输入状态

图 11.49　特殊字母输入状态

图 11.50　退出软键盘输入状态

11.2.8　电子全站仪的 CF 数据存储卡

插入存储卡的方法如图 11.51 所示，即向上推卡盖钮，打开数据存储卡盖；正确插入数据存储卡（CF 卡）并向上推存储卡直到和存储卡导片向基本平齐，应确认数据存储卡插入的方向正确；关闭数据存储卡盖。取出数据存储卡的方法是向上推卡盖钮、打开数据存储卡盖；下拉存储卡导片（此时应用手握住数据存储卡以防掉落）；取出数据存储卡；关闭数据存储卡盖。

11.2.9　电子全站仪的数据通信

大多数电子全站仪采用微软的 Active Sync 同步软件进行全站仪和计算机之间的数据通信，该通信采用 USB 接口和 USB 电缆，为此，必须先在计算机上安装微软的 Active Sync 同步软件。如图 11.52 所示，连接应依序进行，即安装微软的 Active Sync 同步软件（如果没有安装的话）；用 USB 电缆（F - 25）连接全站仪的 Mini B 型 USB 接口和计算机的 USB 口；计算机将会自动进行连接并显示连接信息；在 "建立合作关系" 界面选择 "否" 并按【下一步】即可。按 "浏览" 即可查看全站仪的文件。

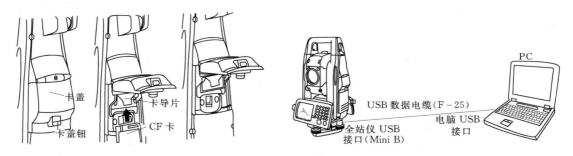

图 11.51　插入存储卡方法　　　　图 11.52　电子全站仪的数据通信

11.3　电子全站仪的常规测量模式

如图 11.53 所示，按【观测】可完成常规测量的主要功能，比如角度测量、距离测量、坐标测量等。

11.3.1　角度测量

1）水平角右角和竖直角测量。如图 11.54 所示，首先应确认在角度测量模式下，然后依次照准第一个目标（A）；设置目标 A 的水平角读数为 $0°00'00''$，按【F1】（置零）键和【是】键；照准第二个目标（B），仪器显示目标 B 的水平角和竖直角。

2）水平角左角/右角的切换。如图 11.55 所示，首

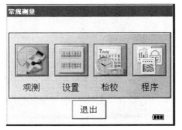

图 11.53　常规测量界面

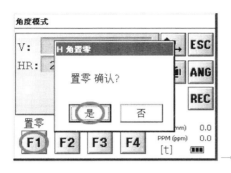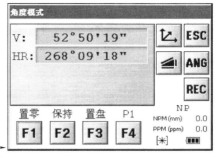

图 11.54　水平角右角和竖直角测量

先应确认在角度测量模式下，然后按【F4】（P1）键，进入第 2 页功能；按【F3】（R/L）键，水平角测量右角模式切换成左角模式；类似右角观测方法进行左角观测。注意，每按一次【F3】（R/L）键"右角/左角"便依次切换。

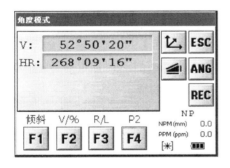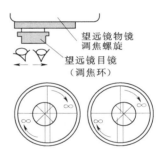

图 11.55　水平角左角/右角的切换　　　　图 11.56　照准目标的方法

　　照准目标的方法如图 11.56 所示，即：将望远镜对准明亮地方，旋转目镜调焦环使十字丝清晰（先旋出目镜环，然后再旋进调焦）；利用瞄准器内的三角形标志顶点瞄准目标，照准时眼睛与瞄准器之间应留有适当距离；利用望远镜调焦螺旋使目标成像清晰。当眼睛在望远镜中作上下或左右观察时，如果发现十字丝和目标之间有视差则表明物镜调焦不正确或目镜屈光度未调好，这将会影响测量精度。仔细进行物镜调焦和目镜屈光度调节即可消除视差。

　　3）水平度盘读数的设置。水平度盘读数的设置可采用锁定水平角法或数字键法。利用锁定水平角法设置的过程如图 11.57 所示，即：首先应确认在角度测量模式下，然后利用横向制动螺旋和横向微动螺旋设置水平度盘读数（比如 $186°00'40''$）；按【F2】（保持）键；照准用于定向的目标点；按

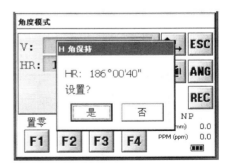

图 11.57　锁定水平角法设置

【是】键取消水平度盘保持功能（若要返回到先前模式则可按【否】键）；显示返回到正常的角度测量模式。利用数字键设置的过程如图 11.58 所示，即：首先确认在角度测量模式

下，然后照准目标；按【F3】（置盘）键；输入所需的水平度盘读数（比如 186°00′40″应输入 186.0040）；按【设置】键（若输入 70′之类的错误数值则设置失败而须从第 3）步起重新输入）；完成后即可进行定向后的正常角度测量。

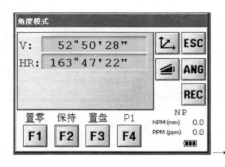
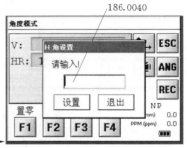

图 11.58　利用数字键设置

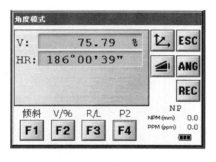

图 11.59　竖直角百分度模式设置

4）竖直角百分度模式。如图 11.59 所示，首先应确认在角度测量模式下，然后按【F4】（P1）键进入第 2 页功能；按【F2】（V/％）键×1）。每按一次【F2】键竖直角显示模式便依次转换。

11.3.2　距离测量

在无棱镜模式下，小于 1m 或大于 400m 的距离将不会显示。在无棱镜超长模式下，小于 4.5m 或大于 2010m 的距离将不会显示。大多数电子全站仪采用脉冲激光二极管发出的不可见激光来测距，观测值既可选择棱镜模式来照准棱镜，也可选择无棱镜模式直接照准目标。如图 11.60 和图 11.61 所示，使用棱镜测量时要确保使用棱镜模式进行测量，如果使用无棱镜模式或无棱镜超长模式进行测量就不能保证测量精度。无棱镜模式和无棱镜超长模式可以在距离测量、坐标测量、偏心测量和放样等所有模式下进行测距。切换棱镜模式到无棱镜模式或无棱镜超长模式，在测量中按【NP/P】软键。在无棱镜模式测量中，【NP】无棱镜模式指示器将会在右下角显示（或【LNP】无棱镜超长模式指示器会显示）。"NP"为无棱镜模式指示器。使用反射片时应使用棱镜模式测量。电源打开时可以为距离测量设定无棱镜模式和无棱镜超长模式。如果在无棱镜模式或无棱镜超长模式下照准了近距离的棱镜进行测量则可能会由于回光信号太强而无法测量。应谨慎使用无棱镜超长模式。许多电子全站仪使用无棱镜测量可以达到相当远的测程（有的测程可长达 2000m）。在无棱镜超长模式下，由于目标距离越远目标反射的信号会越弱、光束直径会越大，因此，应注意测量时间、光束直径、中断测量、重新测量等问题。在无棱镜超长模式中，测量时间极大地取决于与目标物的距离和目标物的颜色（或者反射率），被测距离较远或者被测物表面反射率太低时测量时间会很长。长距离情况下光束直径会变大，应尽可能多地使光束照射到测量表面上。如图 11.62 所示，如果激光束没有正确地照射到被测物表面上就可能会导致测量错误，这种情况下可通过设置测量距离范围的方法来过滤因为光束照准位置不对而产生的测量错误，具体可参考本书 11.3 节中的"无棱镜超长模式中设置测量距离范围"。使用无棱镜超长模式时最好在仪器发出的光束不会被汽车或者人阻挡的地方使用，若光束经常被阻挡则将可能会导致无法达到观测或观测结果的精度较差。当被测物表面的反射变化剧烈（比如迅速从观测白色物体移动到黑色物体时）或者被测物的距离变化很大时应该按【观测】或者【模式】键重新启动测量。

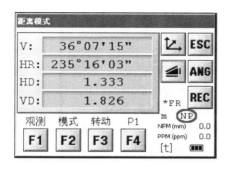 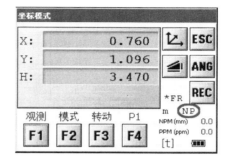

图 11.60　距离测量模式　　　　　　　　图 11.61　坐标测量模式

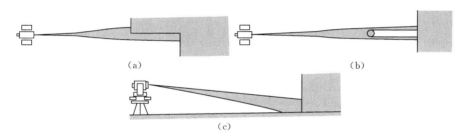

图 11.62　超长模式下光束直径影响
（a）光束也能达到墙的前面或者后面；（b）光束能否达到墙的后面取决于目标的尺寸；
（c）光束到达目标前方的地面

（1）大气改正设置。

设置大气改正时应通过量取温度和气压求得大气改正值。设置大气改正可参考本书 11.9 节中的"气象改正的设置"。

（2）棱镜常数/无棱镜常数改正的设置。

大多数电子全站仪棱镜的常数对棱镜为零，因此棱镜常数改正应设置为零。如果使用的是其他厂家的棱镜则应预先设置相应的棱镜常数值。设置棱镜/无棱镜常数值可参考本书 11.8 节中的"棱镜/无棱镜常数的设置"。即使机器关闭设置值也会保存在内存中。需要说明的是，在无棱镜模式测量之前应确认无棱镜常数改正设置为零。

（3）"无棱镜超长模式"测距范围的设置。

如图 11.63 所示，依次按【★】键；按【NP/P】键；按【LNP测距范围】；按数字键输入距离范围（如 100m，输入的测距范围 5~1800m）；按【回车键】键确定，显示变为星键模式界面。

（4）距离测量（连续测量）。

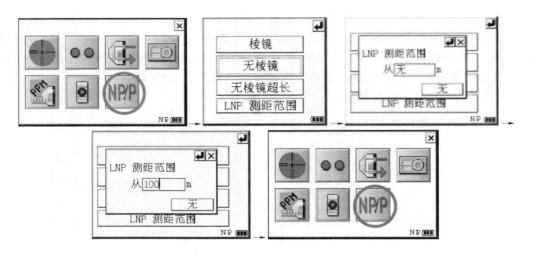

图 11.63　"无棱镜超长模式"测距范围设置

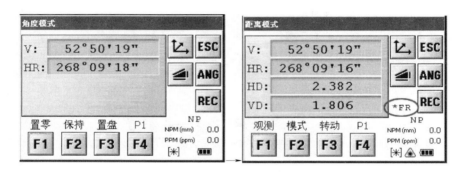

图 11.64　距离测量（连续测量）过程

如图 11.64 所示，应首先确认在角度测量模式下，然后照准目标棱镜的中心，按
【　　】键。采用水平距离测量模式时显示在窗口第四行右面的字母表示不同的测量模式，
即 "F" 为精测模式、"C" 为粗测 1mm 模式、"c" 为粗测 10mm 模式、"R" 为连续（重
复）测量模式、"S" 为单次测量模式、"N" 为 N 次测量模式；当电子测距正在进行时
"★" 号就会出现在显示屏上；测量结果显示时伴随着蜂鸣声；若测量结果受到大气闪烁
等因素影响时会自动作重复观测；若要改变单次测量模式则应按【F1】（观测）键；按
【　　】键可切换倾斜距离测量模式和水平距离测量模式；按【ANG】键可返回角度测量
模式。

（5）距离测量（单次/N 次测量）。

当设置了观测次数时仪器就会按设置的观测次数进行距离测量并显示出平均距离值。
若设置次数为 1 或者 0 则为单次观测，此种情况下不显示平均距离。仪器出厂时设置的是
单次观测模式。如图 11.65 所示，测量时应首先设置观测次数（可参考本书 11.5 节中的
"参数设置"），然后确定测量方法，应确认在角度测量模式下，然后照准目标棱镜的中心，
按【　　】键选择距离测量模式。采用水平距离测量模式时，开始启动 N 次测量，蜂鸣声

后显示观测距离的平均值，下列字符会在右侧第四行显示以表示不同的测量模式，即"R"为连续（重复）测量模式、"S"为单次测量模式、"N"为 N 次测量模式。

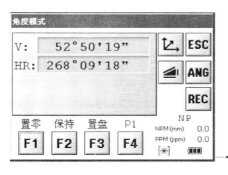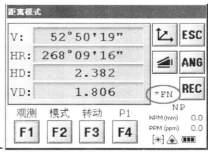

图 11.65　距离测量（单次/N 次测量）过程

（6）精测/粗测模式。

1）棱镜模式。精测模式是棱镜模式下正常的距离测量模式，0.2mm 模式测量时间约 2.8s 左右、1mm 模式测量时间约 1.2s，该模式下最小距离显示为 0.2mm 或 1mm。粗测模式的测量时间比精测模式短，当目标有轻微不稳定时应使用这个模式，其测量时间约 0.7s，该模式下最小距离显示为 1mm 或 10mm。跟踪模式测量时间要比粗测模式短，放样作业时建议使用该模式，测量移动物体时使用该模式也很有效果，其测量时间 0.4s 左右，该模式下最小距离显示为 10mm。

2）无棱镜模式。精测模式是无棱镜模式正常的距离测量模式，0.2mm 模式测量时间约 3s、1mm 模式测量时间约 1.2s，该模式下最小距离显示为 0.2mm 或 1mm。粗测模式测量时间比精测模式短，当目标有轻微不稳定时宜使用这个模式，其测量时间 0.5s，该模式下最小距离显示为 1mm。跟踪模式测量时间要比粗测模式短，放样作业时建议使用该模式，测量移动物体时使用该模式也很有效果，其测量时间 0.3s 左右，该模式下最小距离显示为 10mm。

3）无棱镜超长模式。精测模式是无棱镜超长模式正常的距离测量模式，其测量时间在 1.5～6s 之间，该模式下最小距离显示为 1mm。粗测模式测量时间比精测模式短，当目标有轻微不稳定时宜使用这个模式，其测量时间在 1～3s 之间，该模式下最小距离显示为 5mm。跟踪模式测量时间要比粗测模式短，放样作业时宜使用该模式，测量移动物体时使用该模式也很有效果，其测量时间约 0.4s 左右，该模式下最小距离显示为 10mm。在无棱镜超长模式中，测量时间极大地取决于与目标物的距离和目标物的颜色（或者反射率），尤其在测距离较远时或者被测物表面反射率低时测量时间会更长。

4）设定距离测量方式。如图 11.66 所示，应首先确认在距离测量模式下，然后照准目标棱镜的中心，按【F2】（模式）键显示当前的测量模式，按【F1】（精测）或【F2】（粗 10）、【F3】（粗测）选择不同的测量模式，设定了模式并且显示测量模式。其中，"粗 10"是指粗测 10mm 模式；显示在窗口第四行右面的字母代表相应的测量模式，即"F"为精测模式，"C"为粗测 1mm 模式，"c"为粗测 10mm 模式；要取消设置可按【ESC】键。

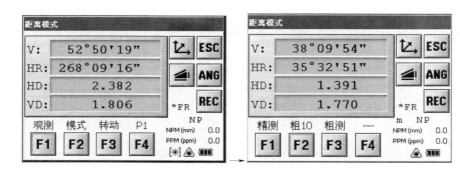

图 11.66　设定距离测量方式

（7）放样（S.O）。

该功能可显示测量距离与待放样距离之差，即【显示值】＝【观测的距离】－【待放样的的距离】。其可进行各种距离测量模式的放样，比如水平距离（HD）、高差（VD）或倾斜距离（SD）的放样。如图 11.67 所示，水平距离（HD）的放样应依序进行，即在水平距离测量模式下按【F4】（P1）键进入第二页；按【F1】（S.O）键显示当前放样的设置值；按【HD】键进入水平距离（HD）放样值的输入界面；输入要放样的水平距离值（比如 12.345m）；按【设置】键；按【退出】键，要放样的水平距离值设置完毕；照准目标棱镜的中心，仪器显示 HD#值，【HD#】＝【观测的水平距离】－【待放样的水平距离】。要返回到正常距离测量模式则应重新设置待放样距离值为 0。

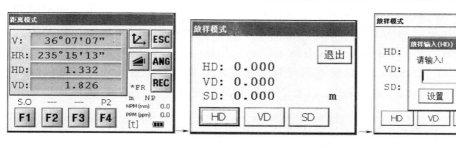

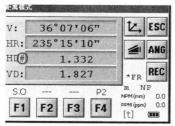

图 11.67　水平距离（HD）的放样过程

11.3.3　坐标测量

如图 11.68 所示，坐标测量要按以下步骤顺序进行。

（1）设置测站点坐标。

设置好测站点（仪器位置）相对于坐标原点的坐标后，仪器便可求出并显示未知点（棱镜位置）的坐标。如图 11.69 所示，设置测站点坐标应依序进行，应首先确认在角度测量模式下，然后按【三维坐标测量图标 ⊿】键进入坐标测量模式；按【F4】（P1）键翻页；按【F3】（测站）键，显示之前的测站坐标数据；按【F3】键会显示之前的数据，测站点、棱镜

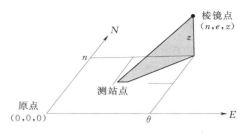

图 11.68　坐标测量原理

点（n，e，z）、原点（0，0，0）；按【X】键进入测站 X 坐标输入界面；输入 X 坐标（比如 12.345m）后按【设置】（要返回先前模式则应按【退出】键）；同理按【Y】、输入 Y 坐标，按【设置】；按【H】、输入 H 坐标，按【设置】。至此，测站坐标的输入工作完成。

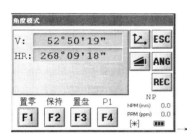
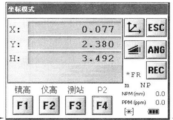
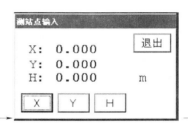

图 11.69　设置测站点坐标

（2）设置仪器高/棱镜高。

坐标测量必须输入仪器高与棱镜高以便直接测定未知点坐标。如图 11.70 所示，输入仪器高应依序进行，应首先确认在角度测量模式下，然后按【三维坐标测量图标 ⊿】进

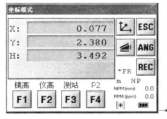

图 11.70　输入仪器高

入坐标测量模式；按【F4】（P1）键翻页；按【F2】（仪高）键，显示先前仪器高数据；按【输入】键；输入仪器高，按【设置】（键要返回先前模式则应按【退出】键）。

（3）坐标测量的工作程序。

如图 11.71 所示，进行坐标测量时通过输入测站点坐标、仪器高和棱镜高即可直接测定未知点的坐标。设置测站点坐标的方法可参考本书前述的"设置测站点坐标"。设置仪器高和棱镜高可参考本书前述的"设置仪器高/棱镜高"。未知点坐标的计算和显示过程如下，即测站点坐标（X_0，Y_0，H_0）、仪器高 Inst.h、棱镜高 R.h、高差 h、仪器中心至棱镜中心的坐标差（x，y，h）、未知点坐标（X_1，Y_1，H_1），$X_1 = X_0 + n$、$Y_1 = Y_0 + e$、$H_1 = H_0 +$仪器高$+h-$棱镜高，仪器中心至棱镜中心的坐标差（x，y，h）。如图 11.72 所示，应首先确认在坐标测量模式下，然后设置测站坐标和仪器高/棱镜高，若未输入测站点坐标则以缺省值（0，0，0）作为测站坐标。若未输入仪器高或/和棱镜高则也以 0 代替；设置到已知点 A 的方向角（可参考本书前述"水平度盘读数的设置"）；照准目标 B 的棱镜；按【三维坐标测量图标↗】键开始坐标测量。

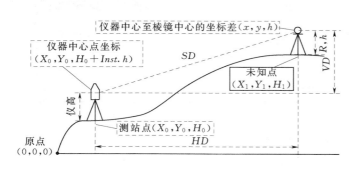

图 11.71　坐标测量现场布局

图 11.72　坐标测量操作

（4）数据输出。

应将电子全站仪的测量结果传送到数据收集器或 PC 机上。如图 11.73 所示，水平距离测量模式时的操作依次为在常规测量的主菜单界面，按【设置】，进入通信参数设置界面（可参考本书 11.5 节中的"参数设置模式"）；通信参数设置完毕则进入距离测量模式；在数据采集器操作，控制全站仪开始距离测量；观测完毕，全站仪上将显示观测结果并自动传输到数据采集器上。各种模式下的数据输出项目见表 11.6，粗测模式下的数据显示与输出内容同上，跟踪模式下只显示并输出距离数据（HD，VD 或 SD）。

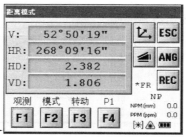

图 11.73　水平距离测量模式时的数据输出操作

表 11.6　　　　　　　　　　各种模式下的数据输出项目

模　式	输　出
角度测量模式（V, HR 或 HL）（V 百分度）	V, HR（或 HL）
水平距离测量模式（V, HR, HD, VD）	V, HR, HD, VD
倾斜距离测量模式（V, HR, SD）	V, HR, SD, HD
坐标测量模式	N, E, Z, HR

（5）使用【REC】键输出数据。

可通过按软键【REC】输出测量结果。如图 11.74 所示，在水平距离测量模式下的操作依次为在常规测量的主菜单界面，按【设置】，进入通信参数设置界面（可参考本书 11.6 节中的"参数设置模式"）；通信参数设置完毕则进入距离测量模式；按【REC】软键开始观测；观测完毕按【是】，全站仪自动将观测结果传输到数据采集器上。

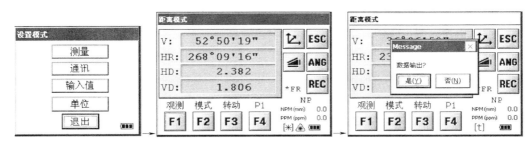

图 11.74　在水平距离测量模式下使用【REC】键输出数据

11.4　电子全站仪的程序测量模式

电子全站仪的程序测量模式在常规测量的主菜单界面下（图 11.75），按【程序】则进入程序模式菜单（图 11.76），其中，"【BS】"为设置水平定向角；"【REM】"为悬高测量；"【MLM】"为对边测量；"【REP】"为角度复测；"【外部连接】"为设置 AP－L1A 通信。

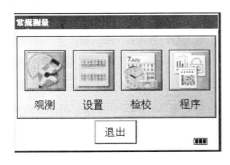

图 11.75　常规测量主菜单界面

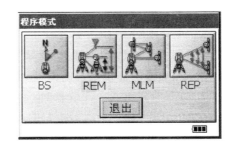

图 11.76　程序测量模式界面

11.4.1　设置水平定向角

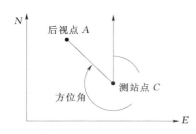

图 11.77　测站点与后视点

方法是输入测站点和后视点坐标。本程序用于输入测站点坐标与后视点坐标并计算出后视定向角。会显示的测站点和后视点坐标输入后仪器会计算出后视定向角，测站点坐标值被存入内存中，本程序不会将后视点坐标存入内存中。如图 11.77 所示，若测站点 C 的北（X）坐标为 5.321m、东（Y）坐标为 8.345m，后视点 A 的北（X）坐标为 54.321m、东（Y）坐标为 12.345m，则应依次按【BS】图标【　】；输入测站点的 X 和 Y 坐标；输入后视点的 X 和 Y 坐标；按【设置测站】保存测站点的坐标；按【是】；按【设置】；此时照准后视点按【是】，至此后视定向角设置完毕（相应的操作界面如图 11.78 所示）。

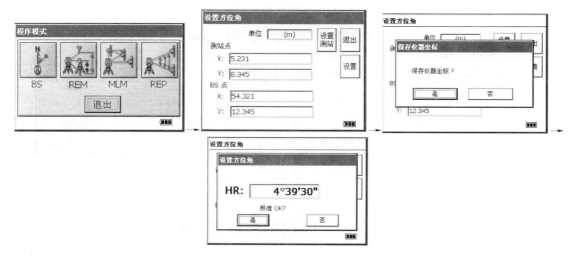

图 11.78　设置后视水平定向角

11.4.2　悬高测量

该程序用于测定遥测目标相对于地面的高度。使用棱镜时悬高测量以棱镜作为基准点，不使用棱镜时悬高测量则以测定竖直角的地面点为基准点，上述两种情况下基准点均应位于目标点的铅垂线上，如图 11.79 所示。如图 11.80 所示，使用棱镜进行悬高测量时应依序进行，即按【REM】图标【　】；在"手动输入棱镜高"栏选择"是"；输入棱镜高（比如 1.000m）；按【设置】；按【是】保存棱镜高，程序返回到上页；照准棱镜按【观测棱镜】；按【设置】，如果要重测距离则按【重试】；照准目标点 K，仪器自动显示竖直角（VA）和铅直距离（VD）。如图 11.81 所示，不使用棱镜进行悬高测量时应依序进行，即按【REM】图标【　】；在"手动输入棱镜

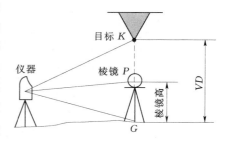

图 11.79　悬高测量现场布置

高"栏选择"否"；照准棱镜，按【观测棱镜】，按【设置】；照准地面点 G，按【观测地面点】，按【设置】；照准目标点 K，仪器自动显示竖直角（VA）和铅直距离（VD）。

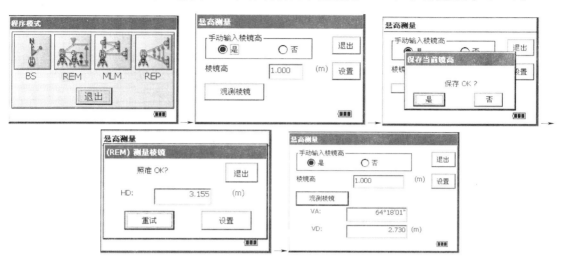

图 11.80　使用棱镜进行悬高测量

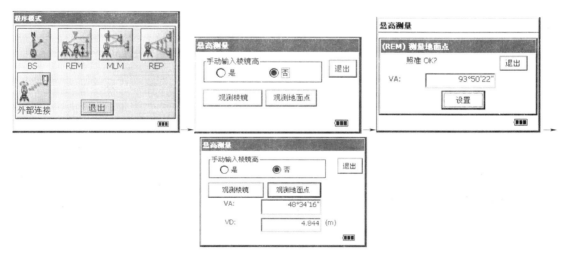

图 11.81　不使用棱镜进行悬高测量

11.4.3　对边测量

如图 11.82 所示，对边测量模式可测量两个棱镜之间的水平距离（dHD）、斜距（dSD）和高差（dVD）。对边测量模式具有两个功能，即对边测量（$A-B$，$A-C$）方式，亦即测量 $A-B$、$A-C$、$A-D$、…；对边测量（$A-B$，$B-C$）方式。亦即测量 $A-B$、$B-C$、$C-D$、…。对边测量（$A-B$，$B-C$）方式的操作与（$A-B$，$A-C$）方法完全相同。

如图 11.83 所示，对边测量（$A-B$，$A-C$）方式的操作应依次进行，即按【MLM】

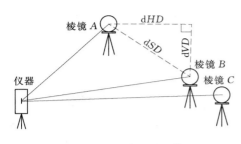

图 11.82　对边测量模式

图标【　】；在"MLM"栏，选择"(A−B，A−C)"；照准棱镜 A，按【观测】，此时显示仪器到棱镜 A 的水平距离 HD；照准棱镜 A，按【观测】，此时显示仪器到棱镜 B 的水平距离 HD；然后，仪器自动显示 A 点到 B 点的水平距离（dHD）、高差（dVD）、倾斜距离（dSD）、方位角（方向）；重复第 4 步，观测 C 点。查看先前数据按【←】或【→】键；清除所有数据按【重置】键。

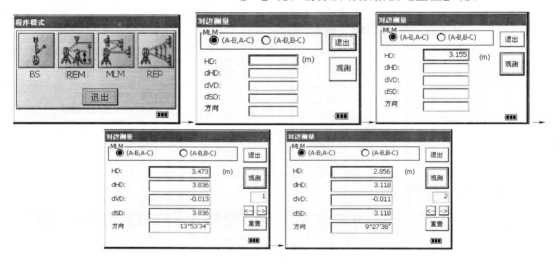

图 11.83　对边测量操作

11.4.4　角度复测

角度复测程序用于累计角度重复观测值、显示观测角度的总和和全部观测角的平均值，同时记录观测次数。如图 11.84 所示，其操作应依次进行，即按【REP】图标【　】；

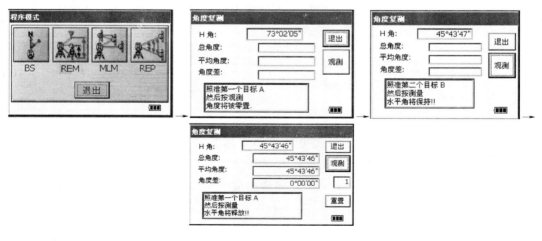

图 11.84　角度复测操作

照准 A 点，按【观测】；照准 B 点，按【观测】，总角度和平均角度都会显示；重复 2～3 步，重复观测。水平角最多可累计观测 99 次。清除所有数据按【重置】键。

11.5 电子全站仪的参数设置模式

电子全站仪的参数设置模式界面如图 11.85 所示。本模式用于设置与测量、显示以及数据通信有关的参数。当参数改动并设置后，新的参数值即被存入存储器。

图 11.85 参数设置模式界面

11.5.1 电子全站仪的参数设置项目

常见观测参数见表 11.7，常见数据通信参数见表 11.8，常见输入值参数见表 11.9（仪器出厂时的标准设置值用下划线标明），常见单位参数见表 11.10。

表 11.7 常 见 观 测 参 数

菜单	可选项目	内 容
		测量 1
最小角度读数	正常/最小	选择最小角度读数
精测读数	1mm/0.2mm	选择粗测距离的最小读数（10mm/1mm）
倾斜补偿	关/X -开/XY -开	选择倾斜传感器补偿模式，分别为关闭（关）、单轴补偿（X -开）、双轴补偿（XY -开）
三轴补偿	关/开	设置照准误差改正的开或关。当完成"仪器系统误差的补偿"操作后打开此设置。详见本书"竖直角零基准的校正"和"显示仪器系统误差的补偿"
粗测读数	10mm/1mm（棱镜/无棱镜模式）；10mm/5mm（无棱镜超长模式）	选择粗测距离的最小读数（10mm/1mm）或（10mm/5mm）
开机模式	角度/距离	设置开机后的测量模式
距离模式	精测/粗测/TRK	选择开机后测距的模式：精测、粗测、跟踪测量（TRK）
距离显示	HD/VD；SD	选择开机后距离的显示模式：HD/VD；SD
V 角 Z0/H0	天顶距/水平	选择竖直角读数零位为天顶方向或水平方向
距离测量次数	重复/N 次数	选择开机后距离测量次数
NEH/ENH	NEH/ENH	选择坐标的显示格式
两差改正	关/0.14/0.20	设置大气折光和地球曲率改正，可选择的折光系数有：关（不加改正）、$K=0.14$ 或 $K=0.20$
蜂鸣声	开/关	设置蜂鸣声为开/关
		测量 2
开始模式	正常/常规测量	设置开始模式
		外接电池
12V 锂电池		设置外接电池的类型

表 11.8　　　　　　　　　　　常 见 数 据 通 信 参 数

菜单	可选项目	内　容
公共参数		
【REC】数据输出	RS232C	选择按【REC】键后的数据输出端口
NEH 记录格式	标准/带原始数据	设置坐标记录的格式：仅存储坐标（标准）；存储坐标和原始数据（带原始数据）
记录类型	REC-A/REC-B	设置数据记录的类型："REC-A"为重新开始观测并将新的观测值输出；"REC-B"为输出当前显示的观测值。
RS-232C		
波特率	1200/2400/4800/9600/19200	选择波特率
数据长度	7 位/8 位	选择数据长度，7 位或 8 位
检验位	无/偶/奇	选择奇偶检验位
停止位	1 位/2 位	选择停止位
CR，LF	关/开	设置采用计算机采集测量数据时是否以回车和换行作为终止符
ACK 模式	关/开	设置仪器与外部设备进行数据通信时的握手协议中外部设备是否可省略控制数据继续发送的控制字符【ACK】。"关"可省去【ACK】；"开"不可省去【ACK】（标准协议）

表 11.9　　　　　　　　　　　常 见 输 入 值 参 数

菜　单	可选项目	内　容
距离测量次数设置	0~99	设置距离测量的次数。当设为 0 或 1 时为单次测量
EDM 关闭时间设置	0~99	设置当测距完成后 EDM 关闭的时间。"0"为测距完成后 EDM 立即关闭；"1~98"为测距完成后，EDM 延迟 1~98min 关闭；"99"为 EDM 不关闭

表 11.10　　　　　　　　　　　常 见 单 位 参 数

菜　单	可 选 项 目	内　容
温度（TEMP）	℃（Celsius）/℉（Fahrenheit）	选择气象改正中的温度单位
气压（PRESS）	hPa/mmHg/inHg/	选择气象改正中的气压单位
角度	°（deg）/哥恩（gon）/密位（mil）	选择角度的单位，分别为度（360°制）、哥恩（400°制）或密位（6400mil 制）
距离（DIST）	米（m）/英尺（ft）	选择距离的单位：m 或 ft
英尺类型	美制（US）/国际（INTERNATIONAL）	选择 m/ft 的转换因子。对美制英尺 1m＝3.280833333333333ft；国际英尺 1m＝3.280839895013123ft

11.5.2　电子全站仪参数设置的操作

如图 11.86 所示，设置蜂鸣声为关闭应依次进行操作，即在常规测量的主菜单界面，按【设置】，进入"设置模式"界面；在"设置模式"界面，按【测量】，进入"测量"参数设置界面；按 3 次【继续】，进入下面的界面；将"蜂鸣声"设置为关，按【PREV（返回）】返回到上一界面；按【设置】存储设置值，按【退出】返回到"设置模式"界面。

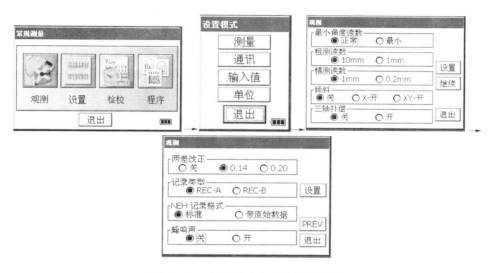

图 11.86 设置蜂鸣声为关闭的操作

11.6 电子全站仪的检验和校正

11.6.1 电子全站仪仪器常数的检验和校正

通常情况下，电子全站仪棱镜模式、无棱镜模式、无棱镜超长模式均有仪器常数，必须检测棱镜模式下的仪器常数。如果改变了棱镜模式下的仪器常数则也要相应地分别改变无棱镜模式和无棱镜超长模式下的仪器常数。通常仪器常数不含偏差，但还是应将仪器在某一精确测定过距离的基线上进行观测与比较，该基线应是建立在坚实稳定基础上的并应具有可靠的高精度。如果找不到这种检验仪器常数的场地也可自己建立一条 20 多 m 的基线（比如，购买仪器时）然后将新购置的仪器对其进行观测作比较。以上两种情形中，仪器安置的误差、棱镜误差、基线精度、照准误差、气象改正以及大气折光与地球曲率改正等等因素对检验结果的精度具有举足轻重的影响。另外，若在建筑物内部建立检验基线则须注意温度的变化会严重影响所测基线的长度。若比较观测的结果显示两者相差超出了标称精度则可按下述步骤对棱镜模式下的仪器常数进行改正（图 11.87），即

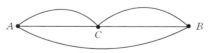

图 11.87 电子全站仪仪器常数的检验

在一条近似水平、长约 100m 的直线 AB 上选择一点 C，观测直线 AB、AC、BC 的长度，观测 10 次，取其平均值；对以上观测重复多次可得到当前的仪器常数差值 ΔK，即仪器常数差值 $\Delta K = AB - (AC + BC)$；按式（【新的仪器常数】＝【当前的仪器常数】＋【$\Delta K$】）计

算新的仪器常数，并参考本书 11.7 节中的"仪器常数的设置"操作方法重新设置新的仪器常数；在检定基线上再次用仪器测量距离并与基线长度进行比较，如果满足精度要求，则按第三步的计算公式计算仪器在无棱镜模式下的仪器常数和在无棱镜超长模式下的仪器常数；如果在第四步的检测中结果不能够满足精度要求则应与生产厂家或经销商联系以获得妥善处置。

如果重新设置了仪器常数则必须检测无棱镜模式/无棱镜超长模式的精度。无棱镜模式精度检测应依序进行，即在距离仪器 30～50m 的位置安置棱镜，在棱镜模式下测量距离；取下棱镜，安置一块白板；在无棱镜模式下测量到白板的距离；重复上述过程，观测多组数据；如果棱镜模式下的测量距离和无棱镜模式下的测量距离之差不超过 ±10mm 则仪器正常，否则，应与生产厂家或经销商联系以获得妥善处置。无棱镜超长模式精度检测应依序进行，即在距离仪器 30～50m 的位置安置棱镜，在棱镜模式下测量距离；取下棱镜，安置一块白板；在无棱镜超长模式下测量到白板的距离；重复上述过程，观测多组数据；如果棱镜模式下的测量距离和无棱镜超长模式下的测量距离之差不超过 ±20mm 则仪器正常；否则，应与生产厂家或经销商联系以获得妥善处置。

11.6.2　电子全站仪仪器光轴的检验

电子全站仪仪器光轴的检验包括电子测距仪和经纬仪（测角部）光轴的检验与校正以及激光指向器光轴的检验与校正两项内容。

（1）电子测距仪和经纬仪（测角部）光轴的检验与校正。

应按下列步骤检验电子测距仪与经纬仪的光轴是否符合，目镜十字丝经过校正之后进行此项检验尤为重要。如图 11.88 所示，检验过程应依序进行，即将棱镜安置在正对着距仪器大约 2m 的地方，全站仪开机；调焦照准棱镜，用十字丝对准棱镜中心；切换到距离测量模式；从目镜照准，顺时针向无穷远的方向旋转调焦纽，使红点（闪烁的）调焦清晰，如果十字丝在水平和垂直两个方向都偏离了红点直径的 1/5 则需要校正，否则不需要校正；如果经过反复检查偏差都大于 1/5 则该仪器需要专业技术人员来校正并应与生产厂家或经销商联系以获得妥善处置。

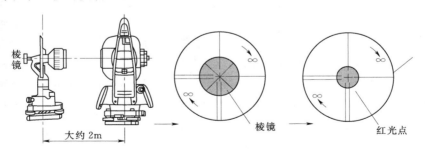

图 11.88　电子测距仪与经纬仪光轴的符合检验

必须分别检查棱镜模式和无棱镜模式下的电子测距仪与经纬仪的光轴，无棱镜超长模式的检查方法同无棱镜模式。应按下列步骤检验电子测距仪与经纬仪的光轴是否符合，当目镜十字丝经过校正之后进行此项检验尤为重要。如图 11.89 所示，检验过程应依序进行，即将棱镜安置在正对着距仪器 50～100m 的地方，按【 　 】（检校）；按【EDM 检查】，在棱镜模式下照准棱镜中心，在无棱镜超长模式下不能做 EDM 检查，在 EDM 检查状态星键无效；按【锁定】，保持回光信号强度；在回光信号强度标志的右边将会显示"＃"符号。

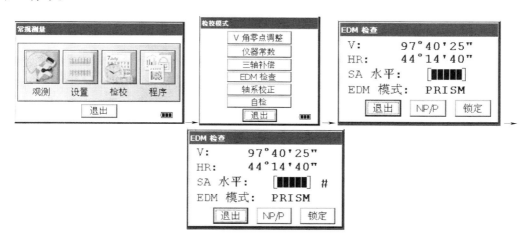

图 11.89 初检

如图 11.90 所示，水平方向（竖直方向不动）检验应依序进行，即旋转水平微动旋钮，使照准点靠近棱镜的左边，直到蜂鸣声停止；旋转水平微动旋钮使照准点往棱镜中心移动直到蜂鸣声开始，旋转水平微动旋钮使回光信号强度从一等变为二等；记录显示的水平角值（比如 $0°00'00''$）；旋转水平微动旋钮，使照准点靠近棱镜的右边，直到蜂鸣声停止；移动照准点到棱镜中心直到蜂鸣声开始，旋转水平微动旋钮使回光信号强度从一等变为二等，操作同上；记录显示的水平角值（比如 $0°08'20''$）；将两次记录显示的水平角值取平均值，比如本案例 $(0°00'00''+0°08'20'')/2=0°04'10''$；照准棱镜中心，比较水平角读数和计算平均值（$0°04'10''$）的关系，若棱镜中心的水平角读数为 $0°04'30''$ 则计算的平均值与棱镜中心的水平角读数的差值为 $20''$；如果差值在 $2'$ 之内则仪器正常。

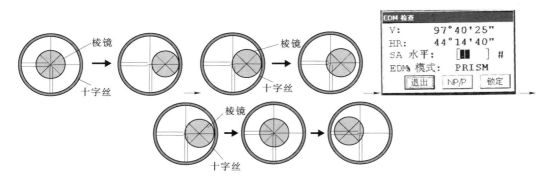

图 11.90 水平方向（竖直方向不动）的检验

如图 11.91 所示，竖直方向（水平方向不动）检验与"水平方向"的操作方法相同，最后比较竖直角读数和计算的平均值，如果差值在 $2'$ 之内则仪器正常。比如棱镜下沿显

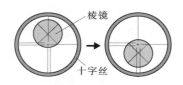

图 11.91　竖直方向（水平方向不动）的检验

示的竖直角值为 90°12′30″，棱镜上沿显示的竖直角值为 90°04′30″，则竖直角平均值为 90°08′30″，若棱镜中心的竖直角读数为 90°08′50″则差值为 20″。如果差值超过了上述的限差则应与生产厂家或经销商联系以获得妥善处置。

如图 11.92 所示，无棱镜模式检验应依序进行，如果仪器处在锁定模式则应按【锁定】释放该模式；按【NP/P】切换到无棱镜模式；照准棱镜中心；按【锁定】，保持回光信号强度，在回光信号强度标志的右边将会显示"♯"符号；在无棱镜模式下重复前述水平方向（竖直方向不动）检验、竖直方向（水平方向不动）检验；如果差值在 2′ 之内则仪器正常。否则应与生产厂家或经销商联系以获得妥善处置。

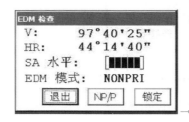 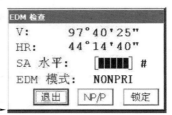

图 11.92　无棱镜模式检验

（2）激光指向器光轴的检验与校正。

应按以下步骤检验并校正激光指向器光轴和望远镜的光轴是否同轴。激光指向器只是指示望远镜瞄准点的概略位置并不是其精确位置，通常电子全站仪在 10m 的距离两者可能会偏移 6mm。如图 11.93 所示，检验应依序进行，即画一个十字标志贴在距电子全站仪 10m 左右处，照准十字标志的交点；仪器开机，按【★】键，按【▣】打开激光指向；检查激光指向器的光轴，当仪器望远镜精确照准了十字标志的交点时检查激光指向的激光点与其偏差是否在 6mm 之内（此时从望远镜中观看是看不到激光点的，

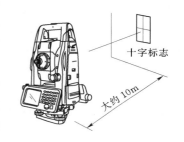

图 11.93　激光指向器光轴的检验

所以，只能从外部用眼睛来检查其偏差），如果偏差在 6mm 之内则说明仪器没问题，否则，按下述步骤校正。

如图 11.94 所示，校正激光指向器的光轴校正应依序进行，即拧开仪器顶部的 3 个塑胶盖，露出校正螺丝；用附件工具调节 A、B、C 3 个校正螺丝，使指向激光点和十字标志的交点重合。当顺时针（拧紧方向）转动校正螺丝 A、B、C 时，指向激光点将会按图示方向移动（从仪器方向看过去）。校正时应注意，3 个校正螺丝的拧动量要相同，不要丢了校正螺丝的塑胶盖。

11.6.3　电子全站仪中经纬仪部分（测角部）的检验与校正

电子全站仪中经纬仪部分的校正应遵守以下 5 条规定，即：在作任何需通过望远镜观察的检验项目之前均要仔细对望远镜的目镜进行调焦，务必要认真仔细地调焦、完全消除

视差；由于各项校正相互影响，因此一定要严格按顺序进行校正，顺序不正确时后一项校正甚至会破坏前一项的校正；校正结束应拧紧校正螺丝但不可拧得过紧，否则会造成滑丝、螺杆折断或对其他部件造成不适当的压力，务必要按旋进的方向拧紧螺丝；校正结束时所有的固定螺丝均应拧紧；为确保校正无误，校正后应重新进行检验。

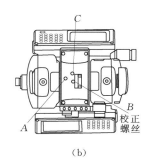

图 11.94　激光指向器的校正
(a) 激光指向器的方向；(b) 从顶部看

　　如图 11.95 所示，校正时的三角基座应符合要求，三角基座未安装稳定时会对测角精度产生直接影响，任何一个脚螺旋有松动或由于脚螺旋松动而造成照准不稳定时必须用螺丝刀拧紧脚螺旋上的校正螺丝（每个脚螺旋上均有两处校正螺丝）；脚螺旋与三角压板之间有松动时应先松开固定环的定位螺丝，再用校正针拧紧固定环，直到调节合适为止，然后再上紧定位螺丝。

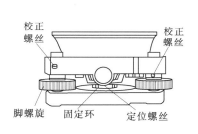

图 11.95　三角基座的调整

图 11.96　长水准管的检验

　　（1）长水准管的检验与校正。

长水准管轴与仪器竖轴不垂直时必须进行校正。

　　1）检验。如图 11.96 所示，将长水准管置于与某两个脚螺旋 A、B 连线平行的方向上，旋转这两个脚螺旋使长水准管气泡居中。将仪器绕竖轴旋转 180°，观察长水准管气泡的移动，若长水准管气泡不居中则应进行校正。

　　2）校正。如图 11.97 所示，调整长水准管一端的校正螺丝，利用配给的校正针将长水准管气泡向中间移回偏移量的一半。利用脚螺旋调平剩下的一半气泡偏移量。将仪器绕竖轴再一次旋转 180°，检查气泡的移动情况，若气泡仍有偏则应重复上述校正过程。

　　（2）圆水准器的检验与校正。

圆水准器轴与仪器竖轴不平行时必须进行校正。

　　1）检验。用长水准管仔细整平仪器，若圆水准器居中则不需校正，否则应进行校正。

　　2）校正。如图 11.98 所示，利用随仪器配给的校正针调整圆水准器盒底部的 3 个校正螺丝使圆气泡居中。

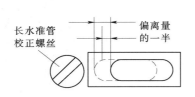

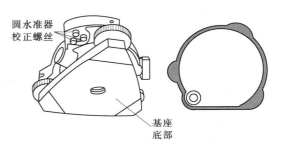

图 11.97　长水准管的校正　　　　　　　图 11.98　圆水准器的校正

（3）十字丝竖丝的校正。

若十字丝竖丝与望远镜的横轴不垂直则需要校正，因为有时可能要用竖丝上的任一点瞄准目标进行水平角测量或竖向定线。

1）检验。将仪器安置在三脚架上，严格整平。用十字丝交点瞄准至少 50m（160 英尺）外的某一清晰点 A。利用纵向微动螺旋让望远镜作轻微上下转动，观察 A 点是否沿着十字丝竖丝移动。如果 A 点一直沿十字丝竖丝移动，则说明十字丝竖丝处于与横轴垂直的平面内，此时无需校正。若望远镜竖向上下旋转时 A 点偏离十字丝竖丝则需校正十字丝环。

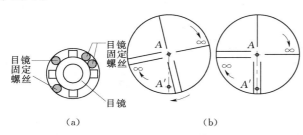

图 11.99　十字丝竖丝的校正
（a）校正位置；（b）校正过程中的望远镜视场

2）校正。如图 11.99 所示，逆时针旋转十字丝环护罩、取下护罩可看见四颗目镜固定螺丝。利用配给的螺丝刀松开四颗固定螺丝并记住旋转的圈数。旋转目镜端直至十字丝竖丝与 A 点重合，最后按刚才旋转的相同圈数将 4 颗固定螺丝旋紧。再检验一次，直到 A 点始终沿着整个十字丝竖丝移动才算十字丝校正完善。

以上校正完成后还需进行视准轴的校正以及竖直角零基准的校正。

（4）仪器视准轴的检验与校正。

电子全站仪照准时要求望远镜的视线应与仪器的横轴垂直，否则将不能直接进行延伸定线。如图 11.100 所示，检验与校正应依序进行。

1）检验。将仪器置于两个清晰的目标点 A、B 之间，距离 A、B 约 50～60m（160～200 英尺）。利用长水准管严格整平仪器。瞄准 A 点。松开望远镜垂直制动螺旋，将望远镜绕横轴旋转 180°，使望远镜调过头。瞄准与目标 A 等距离的目标 B 并拧紧望远镜垂直制动螺丝。松开水平制动螺旋，绕竖轴旋转仪器 180°，再一次照准 A 点并拧紧水平制动螺旋。松开望远镜上下制动螺旋，将望远镜绕横轴旋转 180°，设十字丝交点为 C，C 点应该与 B 点重合。若 B、C 不重合则应进行校正。

2）校正。旋下十字环的保护罩。在 B、C 之间定出一点 D，使 CD 等于 BC 的 1/4，由于检验过程中望远镜已倒转两次，故 BC 两点间的偏差是真正误差的 4 倍。利用校正针

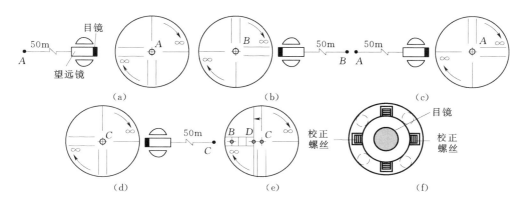

图 11.100　仪器视准轴的检验与校正

(a) 第 1 步；(b) 第 2 步；(c) 第 3 步；(d) 第 4 步；(e) 第 5 步；(f) 第 6 步

旋转十字丝环的左、右两个校正螺丝将十字丝竖丝平移到 D 点，校正完后应再作一次检验，若 B 点与 C 点重合则校正结束，否则应重复上述校正过程。

校正时应注意以下两点问题，即首先松开十字丝竖丝需要移动方向一端的校正螺丝，然后等量旋紧另一端的校正螺丝相同的旋转量，逆时针旋转松，顺时针旋转紧，旋转量尽可能最小。完成上述校正过程后才能作仪器系统误差补偿的校正以及仪器光轴的检验。

(5) 光学对中器望远镜的检验与校正。

该项校正的目的是使光学对中器的视准轴与仪器的竖轴重合，否则当仪器用光学对中器对中后仪器竖轴将不能位于参考点的铅垂线上。

1) 检验。将光学对中器中心对准某一清晰地面点，参见本书 11.2 节中的"测量准备"。将仪器绕竖轴旋转 180°，观察光学对中器的中心标志，若地面点仍位于中心标志处则不需校正，否则应按规定步骤依序进行校正。

2) 校正。如图 11.101 所示，打开光学对中器望远镜目镜端的护罩可看见 4 颗校正螺丝，利用配给的校正针旋转这 4 颗

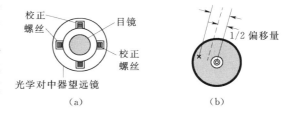

图 11.101　光学对中器望远镜的校正
(a) 校正位置；(b) 校正过程中的气泡

校正螺丝将中心标志移向地面点，注意校正量应仅为偏离量的一半。利用脚螺旋使地面点与中心标志重合。再一次将仪器绕竖轴旋转 180°检查中心标志，若两者重合则不需校正，否则应重复上述校正步骤。

校正时应注意以下两点问题，即首先松开中心标志需要移动方向一侧的校正螺丝，然后等量旋紧另一方向的校正螺丝，保证两侧的校正螺丝的松紧度不变。逆时针方向旋转松开，顺时针方向旋转拧紧，旋转量应尽可能的小。

(6) 竖直角零基准的校正。

当用盘左和盘右照准某一目标点 A 时，盘左的竖直角值和盘右的竖直角值之和应该为 360°。如果不是 360°，则其与 360°差值的一半即为竖直角指标差（竖直角零基准）。如

图 11.102 所示，竖直角零基准校正的操作应依序进行，即安置好仪器，对中整平；在常规测量的主菜单界面按【◎】（检校），进入"检校模式"界面；按【V 角零点调整】；盘左（正镜）照准 A 点，按【设置】；盘右（倒镜）照准 A 点，按【设置】，仪器自动进行竖直角零基准的校正；重复上述操作，再次检查竖直角零基准（竖直角指标差）。

图 11.102　竖直角零基准的校正

11.6.4　电子全站仪的仪器常数设置

如图 11.103 所示，仪器常数的设置应依序进行，即安置好仪器，对中整平；在常规测量的主菜单界面按【◎】（检校），进入"检校模式"界面；按【仪器常数】；按【棱镜】；输入仪器常数值，按【设置】。

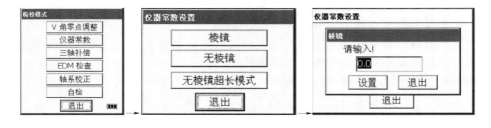

图 11.103　仪器常数的设置

11.6.5　电子全站仪的仪器系统误差补偿

（1）仪器系统误差补偿的校正。

仪器竖轴误差（即 X、Y 方向倾斜传感器的偏离量、视准轴误差、竖直角零基准误差、横轴误差等）均可由软件根据每一项补偿值在仪器内部计算得到改正，这些误差在仪器仅作一个盘位（盘左/盘右）观测时也能通过软件计算得到补偿，而为消除这些误差到目前为止一般都是采取正倒镜观测取平均的方法。如图 11.104 所示，仪器系统误差补偿的校正应依序进行，即安置好仪器，对中整平；在常规测量的主菜单界面，按【◎】（检校），进入"检校模式"界面；按【三轴补偿】；在"三轴补偿"界面，按【检校】；盘左（正镜）照准 A 点（水平视线：0°±3°），按【设置】键 10 次，屏幕显示正在观测的次数；同理，盘右（倒镜）照准 A 点，按【设置】键十次，屏幕显示正在观测的次数；盘右（倒镜）照准 B 点（水平视线：10°以上），按【设置】键十次，屏幕显示正在观测的次数；再盘左（正镜）照准 B 点，按【设置】键十次，屏幕显示正在观测的次数，程序返回到"三轴补偿"界面。

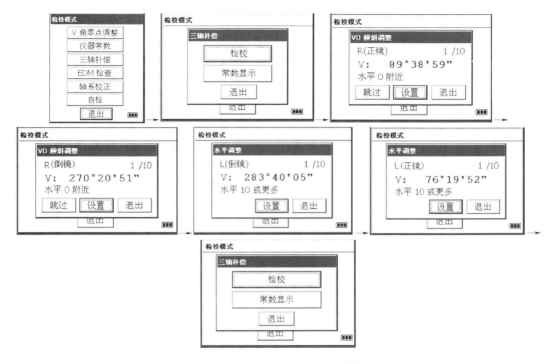

图 11.104 仪器系统误差补偿的校正

（2）显示仪器系统误差补偿的参数。

在常规测量的主菜单界面，按【🖼】（检校），进入"检校模式"界面，再按【三轴补偿】；按【常数显示】，则自动显示 Vco、Hco、Hax 三轴补偿值；按【退出】返回。

11.7 电子全站仪棱镜/无棱镜常数的设置

大多数电子全站仪的配套棱镜常数值为零。当使用非配套棱镜时必须设置相应的棱镜常数值，即使仪器关机棱镜常数值仍被保存。如果在无棱镜模式下观测墙面等目标，无棱镜常数值必须设置为零（包括无棱镜模式和无棱镜超长模式）。如图 11.105 所示，棱镜常数值设置应依序进行，即全站仪开机，按【★】键；按【🖼】键；按【🖼】；输入棱镜常数值，按【回车】设置，示例为 0.0mm。棱镜常数值的范围为 −99.9～+99.9mm、步长

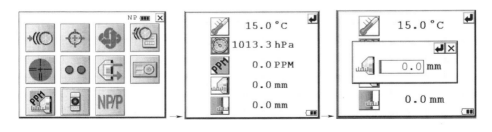

图 11.105 棱镜常数值的设置

0.1mm，按【▦】可输入无棱镜常数值。

11.8　电子全站仪的改正

11.8.1　气象改正的设置

光在空气中的传播速度并非常数，而是随大气的温度和压力变化，电子全站仪一旦设置了气象改正值即可自动对观测结果实施气象改正。大多数电子全站仪在温度为 15℃/59℉、气压为 1013.25hPa760mmHg/29.9inHg 标准值时其气象改正值为 0ppm，即使仪器关机气象改正值仍被保存。在星【★】键模式下可以设置气象改正值。

（1）气象改正的计算。

某波长 690nm 的电子全站仪的气象改正公式为 $K_a = [279.67 - 79.535 P/(273.15 + t)] \times 10^{-6}$，其中，$K_a$ 为气象改正值，P 为周围大气压力（hPa），t 为周围大气温度（℃）。经过气象改正后的距离 L(m) 可由式 $L = l(1 + K_a)$ 求得，其中，l 为未加气象改正的距离观测值。若温度为 +20℃、气压为 847hPa、$l = 1000$m，则 $K_a = [279.67 - 79.535 \times 847/(273.15 + 20)] \times 10^{-6} \approx 50 \times 10^{-6}$（即 50ppm）、$L = 1000(1 + 50 \times 10^{-6}) = 1000.050$m。

另一个波长 690nm 的电子全站仪的气象改正公式为 $K_a = [279.85 - 79.585 P/(273.15 + t)] \times 10^{-6}$，其中，$K_a$ 为气象改正值，P 为周围大气压力（hPa），t 为周围大气温度（℃）。经过气象改正后的距离 L(m) 可由式 $L = l(1 + K_a)$ 求得，其中，l 为未加气象改正的距离观测值。若温度为 +20℃、气压为 847hPa、$l = 1000$m，则 $K_a = [279.85 - 79.585 \times 847/(273.15 + 20)] \times 10^{-6} \approx 50 \times 10^{-6}$（即 50ppm）、$L = 1000(1 + 50 \times 10^{-6}) = 1000.050$m。

（2）气象改正值的设置。

气象改正值的设置通常有两种方法，即直接设置温度和气压值方法、直接设置大气改正值方法。

1）直接设置温度和气压值的方法。应预先测定仪器周围的温度和气压，设置应依序进行。如图 11.106 所示，温度 +15℃、气压 1013.3hPa 的设置过程依次为全站仪开机，按【★】键；按【▦】（PPM）键；按【▧】（温度）键；输入温度和气压值，即温度 +15.0℃、气压 1013.3hPa。设置时的温度范围为 -30.0～+60.0℃、步长 0.1℃；气压

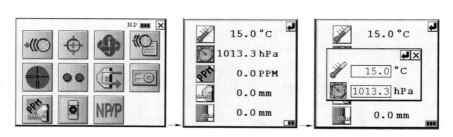

图 11.106　直接设置温度和气压值

范围为 420.0～800.0mmHg、步长 0.1mmHg 或 560.0～1066.0hPa、步长 0.1hPa 或 16.5～31.5inHg、步长 0.1inHg。如果根据输入的温度和气压计算求得的气象改正值超出±999.9ppm 范围则操作过程会自动返回到重新输入数据界面。

　　2）直接设置大气改正值的方法。应测定温度和气压，然后由气象改正图或由改正公式计算求得气象改正值（PPM）。如图 11.107 所示，设置应依序进行，即全站仪开机，按【★】键；按【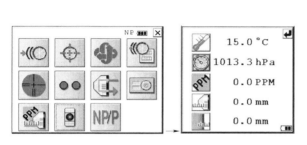】（PPM）键；按【PPM】（PPM）键；输入气象改正值（PPM），按【回车】设置。气象改正值（PPM）输入数据的范围为－999.9～＋999.9ppm、步长 0.1ppm。气象改正值可在气象改正图上方便地查得，在气象改正图横轴上读取温度、竖轴上读取气压，则其交点对角线上的数值即为所需的气象改正值。温度观测值为＋26℃、气压观测值为 1014hPa，则气象改正值为＋10ppm。

图 11.107　直接设置大气改正值　　　　图 11.108　大气折光和地球曲率改正

11.8.2　大气折光和地球曲率改正

　　电子全站仪在测量距离时通常已顾及到了大气折光和地球曲率改正，如图 11.108 所示，水平距离 $D=AC(\alpha)$ 或 $BE(\beta)$，铅直距离 $Z=BC(\alpha)$ 或 $EA(\beta)$，即 $D=L[\cos\alpha-(2\theta-\gamma)\sin\alpha]$，$Z=L[\sin\alpha+(\theta-\gamma)\cos\alpha]$，地球曲率改正项 $\theta=L\cos\alpha/(2R)$，大气折光改正项 $\gamma=KL\cos\alpha/(2R)$，大气折光系数 $K=0.14$ 或 0.2，地球半径 $R=6372$km，高度角为 α（或 β），倾斜距离为 L。

　　若不加大气折光和地球曲率改正则水平距离和铅直距离的计算公式分别为 $D=L\cos\alpha$，$Z=L\sin\alpha$。出厂前仪器的大气折光系数通常已设置为 $K=0.14$，若要改变 K 值应参考本书 11.6 节中的"参数设置模式"。

11.9　电子全站仪的相关附件与维护

11.9.1　电源与充电

　　如图 11.109 所示，标配电池型充电电池（比如 BT‐65Q）的使用应遵守用户手册的相关规定。电池的取出应符合要求，拉开电池盖按钮的同时即可取出电池。电池的充电应依序进行，即将充电器插入电源插座（电源指示灯亮）；将电池插入充电器、开始充电（充电指示灯亮）；充电时间约需 5h（充电完毕，充电指示灯灭）；充电后将电池从充电器上拔下来；将充电器从电源插座上拔下来。应识别电源指示灯的含义，通常红灯亮表示已

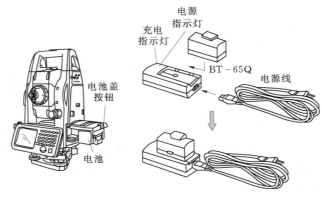

图 11.109　标配电池型充电电池的使用

接通电源。应清楚充电指示灯的含义，通常红灯亮表示正在充电；红灯灭表示充电完成；红灯闪烁表示出现异常情况；当电池使用寿命已到或电池已击穿时红灯就快闪，此时应更换上新电池。电池的安装应依序进行，即将电池放到仪器上；慢慢将电池推入直到咔哒一声为止。标配电池型充电电池（比如 BT－65Q）的使用应注意以下八方面问题，即：①不要连续进行充电，否则电池和充电器都可能受损，若需要进行充电应在停止充电达 30min 之后再使用充电器；②不要在一个电池充电后马上又进行另一个电池的充电，这样做可能会导致电池被击穿；③电池充电时充电器可能会发热，这属于正常现象；④充电时室内的温度应在 10～40℃（50～104℉）范围内；⑤如果在高温下充电，电池充电时间会长一些；⑥充电时间超过规定会缩短电池的使用寿命，应尽量避免；⑦电池不用时会放电，使用之前应检查；⑧如果电池完全放电将会影响将来的充电效果，因此应保证电池始终处于有电的状态。

11.9.2　三角基座的装卸

如图 11.110 所示，通过松开或拧紧固定杆旋钮仪器即可方便地从三角基座上取下来或装到三角基座上。卸下仪器时应依序进行，即逆时针方向旋转三角基座固定杆旋钮，使固定杆松开；一手紧握仪器手柄，另一手握住三角机座，向上提取仪器并取下来。装上仪器时应依序进行，即一手握住仪器手柄将仪器放在三角基座上，并使下部对位片对准三角基座对位槽；顺时针方向旋转三角基座固定杆旋钮，使固定杆锁紧，三角形标志向下。锁定三角基座固定杆旋钮非常关键，三角基座固定杆旋钮可以被锁定以防无意中被旋开，若仪器上部无需频繁装卸则此项功能很有用（为此只需用配件螺丝刀旋紧固定杆旋钮上的保险螺丝即可）。

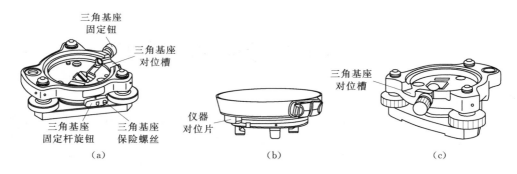

图 11.110　三角基座的装卸
(a) 第 1 步；(b) 第 2 步；(c) 第 3 步

11.9.3 仪器专用附件

如图 11.111 所示,微型棱镜(25.4mm)是用精磨玻璃制成的并安装在高强度塑料罩内,微型棱镜的独具特性是同一个棱镜可安置成棱镜常数为"0"或"−30"。如图 11.112 所示的 TR−5 三角基座为可分离式三角基座(不带光学对中器)。如图 11.113 所示的 TR−5P 三角基座为可分离式三角基座(带光学对中器)。(与 Wild 仪器兼容)。如图 11.114 所示六型凹槽罗盘为防震结构,运输过程中无须夹紧,使用该罗盘时须将它固定在仪器的手柄上。如图 11.115 所示的六型太阳滤光片为仅用于直接照准太阳的滤光片,为翻转式滤光片。如图 11.116 所示的十型弯管目镜可方便地观测至天顶方向的目标。如图 11.117 所示的六型太阳分划板是为照准太阳而设计的分划板,可与滤光片一道使用。如图 11.118 所示的六型棱镜箱可存放固定九棱镜组或倾斜式三棱镜组,携带非常方便,箱子用软质材料制成,其外部尺寸通常为 250mm(长)×120mm(宽)×400mm(高)、重量约 0.5kg。如图 11.119 所示的三型棱镜箱是用于存放与携带各种棱镜组的塑料箱,箱中可含有下列棱镜组之一,比如倾斜式单棱镜组、带有砚板的倾斜式单棱镜组、固定式三棱镜组、带有砚板的固定式三棱镜组,其外部尺寸通常为 427mm(长)×254mm(宽)×242mm(高)、重量约 3.1kg。如图 11.120 所示的五型棱镜箱可存放一套单棱镜组成固定式三棱镜组,携带非常方便,箱子用软质材料制成,其外部尺寸通常为 200mm(长)×200mm(宽)×350mm(高)、重量约 0.5kg。1 型附件箱是指用于存放和携带附件的箱子,其外部尺寸通常为 300mm(长)×145mm(宽)×220mm(高)、重量约 1.4kg。如图 11.121 所示的二型背包便于山区使用。如图 11.122 所示的 E 型铝制宽框伸缩三脚架为平顶,具有 5/8 英寸、每英寸 11 条螺纹的连接螺丝,可调式架腿。如图 11.123 所示的 E 型木制宽框伸缩三脚架为平顶,具有 5/8 英寸、每英寸 11 条螺纹的连接螺丝,可调式架腿。

图 11.111 遥微型棱镜

图 11.112 TR−5 三角基座

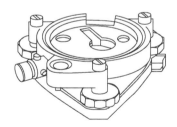
图 11.113 TR−5P 三角基座

图 11.114 六型凹槽罗盘

图 11.115 六型太阳滤光片

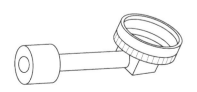
图 11.116 十型弯管目镜

图 11.117　六型太阳分划板

图 11.118　六型棱镜箱

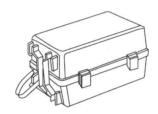
图 11.119　三型棱镜箱

图 11.120　五型棱镜箱

图 11.121　二型背包

图 11.122　E 型铝制宽框
伸缩三脚架

图 11.123　E 型木制宽框
伸缩三脚架

11.9.4　仪器电池系统

仪器电池系统如图 11.124 所示，应使用指定的电池或外接电源。所有非指定的电池或外接电源均可能会损害仪器。

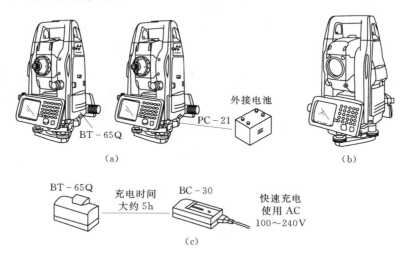

图 11.124　仪器电池系统
（a）电源供电方式；（b）仪器主机；（c）电池与充电器

11.9.5　仪器棱镜系统

仪器棱镜系统如图 11.125 所示，可根据需要改变棱镜组合。上述棱镜应放在与仪器同高情况下使用。要变动棱镜高度可改变固定螺丝的位置。棱镜和杆连接器 F2、基座头

2、基座头 S2 连接时必须采用连接头 3 以确保棱镜和仪器同高。做导线测量时必须使用 TR-5 或 TR-5P 基座。

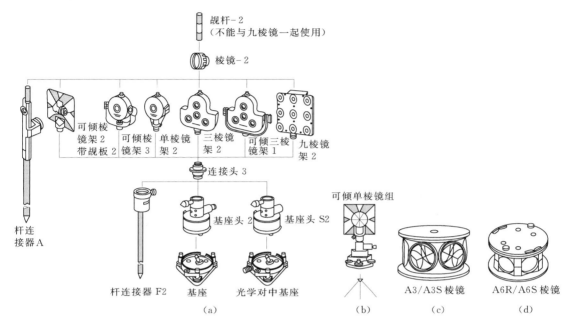

图 11.125　仪器棱镜系统

（a）全套棱镜；（b）单棱镜；（c）全方位棱镜；（d）微棱镜

11.10　电子全站仪作业中的注意事项

11.10.1　全站仪使用的常规注意事项

使用电子全站仪之前务必检查并确认仪器各项功能运行正常。不要将仪器直接对准太阳，将仪器直接对准太阳会严重伤害眼睛，若仪器的物镜直接对准太阳也会损坏仪器，为此，应使用太阳滤光镜以减弱这一影响。将仪器架设到脚架上应可靠，架设仪器时若有可能应使用木脚架，使用金属脚架时可能引发的震动会影响测量精度。安装基座应正确，基座安装不正确也会影响测量精度，应经常检查基座上的调节螺旋并确保基座联结照准部的螺杆是锁紧的，基座上的中心固定螺旋应旋紧。应使仪器免受震动，搬运仪器时应进行适当保护以便使震动对仪器造成的影响最小。提仪器要小心，提仪器时应务必抓住仪器的手把。应尽量避免高温环境，不要将仪器放在高温环境中的时间过长，否则会影响仪器的性能。应防止温度突变，仪器或棱镜的温度突变会引起测程的缩短，将仪器从热的汽车中取出时应将仪器放置一段时间使之适应环境温度，然后再开始测量。应重视电池检查工作，在作业前应确认电池中所剩容量。应重视内存保护工作，仪器中有一内藏电池用于内存保护，若该电池容量低就会显示"Backup Battery Empty"，这时应与代理商、维修站联系更换该电池。取出电池应遵守规定，处于仪器开机状态时不要取出电池，否则，所有存储的数据可能会丢失，应仪器关机后安装和取出电池。生产厂家通常会声明"对因意外而引起的内存数据的丢失不负责任"。应注意检查电池盖状态，在使用电子全站仪之前应盖紧电池盖，如果电池盖没有完全盖紧则电子全站仪将不会正常工作（无论使用电池还是外接电源），电子全站仪操作过程中电池盖被打开操作会自动暂停。关闭电源应遵守规定，关闭电源时应确认关闭的电源开关，不要通过拿掉电池来关闭电源。使用外接电源时不要使用电子全站仪的外接电源开关来关机，如果不遵循上述操作注意事项则下次打开电源时必须重启电子全站仪。外接电源应符合要求，应仅使用推荐的电池或者外接电源，不使用厂家推荐的电池或外接电源可能会导致仪器不能使用。

11.10.2　全站仪的安全使用标志

为安全使用电子全站仪，使操作员和其他人免受伤害以及使财产免于损失，厂家通常会将重要的警告标志贴在仪器上并插入说明书内。在阅读"安全使用注意事项"和使用说明书前应首先明白下列标志的含义，"WARNING"为警告标志（忽视该显示可能会导致重伤甚至致死）；"CAUTION"为注意标志（忽视该显示可能会导致人员伤害或物体损坏）；所谓"伤害"是指伤痛、烧伤、电击等；所谓"损坏"是指对建筑物、仪器设备或家具引起严重的破坏。

（1）安全使用注意事项之 WARNING。

擅自拆卸或修理仪器会有火灾、电击或损坏物体的危险，拆卸和修理只有生产和授权的代理商才能进行；不要用仪器的望远镜看太阳，否则会引起对眼睛的伤害或致盲；激光束可能是危险的，使用不正确可能会对眼睛有伤害，不要自己尝试维修仪器；不要看激光束，否则会引起对眼睛的伤害或致盲；不要在充电时将充电器盖住，因高温可能会引起火灾；不要使用坏的电源电缆、插头和插座以避免火灾或电击危险；不要使用湿的电池或充电器以避免火灾或电击危险；不要将仪器靠近燃烧的气体、液体使用，不要的煤矿中使用仪器，否则可能会发生爆炸；不要将电池放在火中或高温环境中，因电池可能会引起爆炸或伤害；不要使用非厂方说明书中指定的电源以避免火灾或电击危险；不要使用非厂方指定的充电器，因电池可能会起火或引爆；不要使用非厂方指定的电源电缆以避免火灾危险；存放电池时不要使之短路，电池短路可能会引起火灾。

（2）安全使用注意事项之 CAUTION。

使用仪器说明书之外的方法来控制、检校、操作仪器可能导致危险的辐射源暴露；不要用湿手拆装仪器，否则会有电击的危险；不要在仪器箱上站或坐，翻转仪器可能会损坏仪器；应注意三脚架的脚尖可能有危险，在架设或搬运时务必小心；不要使用箱带、搭扣、合页坏了的仪器箱以免仪器或仪器箱落下损坏仪器；不要将皮肤或衣服接触电池中流出的酸性物，若不小心接触应用大量的水清洗干净并进行医疗处理；使用不当时锤球可能会伤害人；仪器落下是很危险的，应务必提住手把；务必正确架设三脚架，若三脚架倒下将使仪器滑落并产生严重后果；应检查仪器是否正确固定到三脚架上，仪器落下将会造成严重后果；应检查固定螺旋是否拧紧，三脚架和仪器落下都会造成严重后果。

电子全站仪只能由专业人员使用。用户必须是有相当水平的测量人员或有相当的测量知识，以便在使用、检查和校正该仪器前能够理解用户手册和安全说明。使用仪器时应穿上必要的安全装，比如安全鞋、安全帽等。用户应完全按使用说明书进行使用并对仪器的性能进行定期检查。厂方及代表处对因破坏、有意的不当使用而引起的任何直接或间接的后果及利益损失不承担责任。厂方及代表处对因自然灾害（如地震、风暴、洪水等）、火灾、事故或第三者责任而引起的任何直接或间接的后果及利益损失不承担责任。厂方及代表处对因数据的改变、丢失、工作干扰等引起产品不工作不承担责任。厂方及代表处对因不按使用说明书进行操作而引起的后果及利益损失不承担责任。厂方及代表处对因搬运不当或与其他产品连接而引起的后果及利益损失不承担责任。

11.10.3 全站仪的激光安全

大多数电子全站仪使用不可见激光束测距。电子全站仪产品通常依据"发光产品的性能"（FDA/BRH21CFR1040）和"激光产品的辐射、设备等级、需求和用户指南"（IEC-Publication60825-1）提供的激光束安全标准来制造和销售。根据上述的标准电子全站仪通常为"一类激光产品"，虽然这类激光束不属于非常危险的类型，但仍然要求观测者了解在用户手册中提到的"安全使用注意事项"。一旦仪器有故障，不要自行拆装仪器，应与生产厂家及其代理商联系。

一些电子全站仪使用可见激光束对点，电子全站仪的激光对点器依据"发光产品的性能"（FDA/BRH21CFR1040）和"激光产品的辐射、设备等级、需求和用户指南"（IEC-Publication60825-1）提供的激光束安全标准来制造和销售。虽然该类激光束不属于非常危险的类型，但仍然要求观测者了解用户手册中提到的"安全使用注意事项"。一旦仪器有故障不要自行拆装仪器，应与生产厂家及其代理商联系。不同模式通常采用不同的激光等级，距离测量为1级、激光指向为2级。

电子全站仪上通常有如图11.126所示标志以提醒用户注意激光束的安全。在任何时候，一旦仪器上这些标志被毁坏应重新贴上这些标志并且贴的位置应该完全一样，这些标志可以从生产厂家及其代理商处获得。

激光发射的符号标志如图11.127所示，激光发射时会显示仪器状态的符号标志。

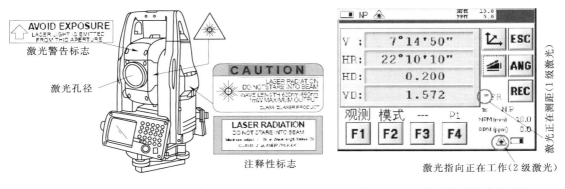

图11.126 提醒标志   图11.127 激光发射的符号标志

11.10.4 全站仪使用的其他注意事项

搬运仪器要抓住仪器的提手或支架，切不可拿仪器的镜筒，否则会影响内部固定部件从而降低仪器的精度。未装滤光片不要将仪器直接对准阳光，否则会损坏仪器内部元件。

在未加保护的情况下决不可置仪器于高温环境中，仪器内部的温度会很容易高达 70℃ 以上从而减少其使用寿命。在需要进行高精度观测时应采取遮阳措施防止阳光直射仪器和三脚架。仪器和棱镜遭到任何温度的突变均会降低测程，比如当仪器从很热的汽车中刚取出时。开箱拿出仪器时应先将仪器箱放置水平，再开取。仪器装箱时应确保仪器与箱内的白色安置标志相吻合，且仪器的目镜应向上。搬运仪器时要提供合适的减震措施以防仪器受到突然的震动。使用后若要清洁仪器应使用干净的毛刷扫去灰尘，然后再用软布轻擦。清洁仪器透镜表面时应先用干净的毛刷扫去灰尘，再用干净的无绒棉布沾酒精（或其他的混合液）由透镜中心向外一圈圈的轻轻擦拭。不论仪器出现任何异常现象切不可拆卸仪器或添加任何润滑剂，而应与生产厂家或代销商联系。除去仪器箱上的灰尘时切不可使用任何稀释剂或汽油，而应用干净的布块沾中性洗涤剂擦拭。三脚架伸开使用时应检查其各部件，包括各种螺旋应活动自如。

11.10.5　全站仪使用的出错信息

　　常见的警告信息见表 11.11，若在作相应处理后警告信息仍不能消除则应与当地经销商或生产厂家联系。常见的错误信息见表 11.12，若在作相应处理后错误信息仍不能消除则应与当地经销商或生产厂家联系。

表 11.11　　　　　　　　　　　　常 见 的 警 告 信 息

警 告 代 码	说明或处理措施
【应输入值!】	输入数值
【应输入正确的值!】	输入正确的数值
【V 角零位置错误（第一步）】	V 角零位置超限（盘左）
【V 角零位置错误（第二步）】	V 角零位置超限（盘右）
【V 角零位置错误（总计）】	V 角置位置超限（盘左和盘右）
【V 角范围超限】	V 角范围超限
【V 角偏心范围超限】	V 角偏心范围超限
【V 角倾斜偏心范围超限】	V 角倾斜偏心范围超限
【2C 值超限】	2C 值超限
【水平角轴常数范围超限】	水平角轴常数范围超限
【应选择!】	没有进行选择
【应切换到棱镜模式!】	切换到棱镜模式进行测距

表 11.12　　　　　　　　　　　　常 见 的 错 误 信 息

错 误 代 码	说明或处理措施
【数据读入错误 01～27】	无法调入数值
【数据设置错误 01～16】	无法设置数值
【EDM 偏距读入错误】	无法调入 EDM 偏距数值

续表

错误代码	说明或处理措施
【EDM 偏距设置错误】	无法设置 EDM 偏距数值
【外部通信重试错误】	无法完成外部通信
【X 轴倾斜超限】	X 轴倾斜超限（±6′）
【Y 轴倾斜超限】	Y 轴倾斜超限（±6′）
【H 角错误】	H 角观测出错。可能是仪器转动太快或其他原因
【V 角错误】	V 角观测出错。可能是仪器转动太快或其他原因
【倾斜错误】	倾斜传感器故障。需要维修
【E-60】	EDM 故障。需要维修
【E-86】	内部通信错误。重新开机，确认操作正确
【E-99】	内存故障。需要维修
【LNP 范围设置错误】	关闭程序，重新开机再试
如果错误信息仍不能消除， 仪器需要维修	【LNP 范围读入错误】
	【棱镜常数设置错误】

11.10.6 土建测量全站仪的基本技术指标要求

望远镜长度 150mm 或 165mm；物镜 45mm、EDM50mm；放大倍率 30X；正像成像；视场角 1°30′；分辨率 2.8″或 3″；最短视距 1.3m；十字丝应带照明。

距离测量的测程应符合要求。棱镜模式下应满足表 11.13 的要求，其中，"条件 1"是指薄雾、能见度约 20km、中等阳光、稍有热闪烁；"条件 2"是指薄雾、能见度约 40km、阴天、无热闪烁。无棱镜模式下，在低亮度且无阳光照射在目标上，Kodak 色度卡（白色表面）的测程 1.5～250m。无棱镜超长模式下，在低亮度且无阳光照射在目标上，对 Kodak 色度卡（灰色表面，0.5m 正方的墙面）5～700m；对 Kodak 色度卡（白色表面，1m 正方的墙面）5～2000m。

表 11.13　　　　　　　　**棱镜模式下的要求**　　　　　　　　单位：m

目标		微型棱镜	单棱镜	3 棱镜	9 棱镜
气象条件	条件 1	1000	3000	4000	5000
	条件 2		4000	5300	6500

测量精度应符合要求。棱镜模式下应满足表 11.14 的要求，无棱镜模式（漫反射表面）下应满足表 11.15 的要求，无棱镜超长模式下应满足表 11.16 的要求，其中，D 为被测距离。表 11.15 中，第一次观测时间随气象条件和 EDM 的关闭时间设置参数而变。表 11.16 中，使用 Kodak 色度卡（白色表面），测量距离小于 500m；当测量距离大于 500m 或者被测表面的反射率低时，测量时间将会变长。

表 11.14　　　　　　　　　　　棱镜模式下的测量精度

测量模式		测量精度	最小读数/mm	测量时间
精测	0.2mm	±(2mm+2mm/km)	0.2	大约 3s（首次 4s）
	1mm		1	大约 1.2s（首次 3s）
粗测	1mm	±(7mm+2mm/km)	1	大约 0.5s（首次 2.5s）
	10mm		10	
跟踪测量		±(10mm+2mm/km)	10	大约 0.3s（首次 2.5s）

表 11.15　　　　　　　无棱镜模式（漫反射表面）下的测量精度

测量模式		测量精度/mm	最小读数/mm	测量时间
精测	0.2mm	±5	0.2	大约 3s（首次 4s）
	1mm		1	大约 1.2s（首次 3s）
粗测	1mm	±10	1	大约 0.5s（首次 2.5s）
	10mm		10	
跟踪测量		±10	10	大约 0.3s（首次 2.5s）

表 11.16　　　　　　　　　　无棱镜超长模式下的测量精度

测量模式		测量精度	最小读数/mm	测量时间
精测	1mm	±(10mm+10mm/km)	1	大约 1.5～6s（首次 6～8s）
粗测	5mm	±(20mm+10mm/km)	5mm	大约 1～3s（首次 6～8s）
	10mm		10mm	
跟踪测量		±(100mm)	10	大约 0.4s（首次 4～7s）

　　距离测量的激光等级为 1 级（IEC825 标准），第一次观测时间随气象条件和 EDM 的关闭时间设置参数而变。气象改正范围为 −999.9～＋999.9ppm、步长 0.1ppm。棱镜常数改正范围为 − 99.9 ～ ＋ 99.9mm、步长 0.1mm。系数因子为米/英尺，1m＝3.2808398501 国际英尺，1m＝3.2808333333 美国英尺。

　　电子角度测量的读数方式为绝对法读数。探测系统对水平度盘采用对径双面探测；对竖直度盘采用对径双面探测。最小读数 1″/0.5″。按 DIN18723 标准的标准偏差精度 2″ 或 1″。度盘直径 71mm。倾斜改正类型为自动竖直角和水平角补偿，方法是液体补偿器。补偿范围±6′，改正单位 1″。

　　计算机部分的处理器为 Intel PXA255、处理器速度 400MHz；操作系统 Microsoft Windows CE. NET4.2；内存 64MB/RAM，2MB Flash ROM，64M BSD 卡（内置）。显示器为 3.5 英寸 TFT 彩色液晶显示器（240x320 点阵）；触摸屏为电阻式触摸屏。接口为 RS－232C、6 芯。CF 卡为 I/II 型。USB 为 MiniB 型 Rev.1.1（用于 ActiveSync）、A 型 Rev.1.1（用于 U 盘、移动硬盘等）。

　　仪器高度 196mm（从三角基座底面到望远镜中心的高度）、可分离式基座。水准器灵敏度对圆水准器 10′/2mm；长水准器 30″/2mm。光学对中器望远镜的放大倍率 3X；调焦范围 0.5m 到无穷远；正像成像；视场角 4°。激光指向器光源为 LD（可见激光）、波长 690nm、输出功率最大 1mW。激光等级为 2 级（IEC825 标准）或 2 级（FDA/BHR21CFR1040 标准）。尺寸 377mm（高）×223mm（宽）×201mm（长）。重量 6.6kg 左右。电池（标配电池，比如 BT-65Q）0.2kg 左右。塑料仪器箱 4.5kg 左右。

耐久性要好，防尘防水等级 IP54（基于 IEC60529 标准）；环境温度范围 -20～ +50℃。外接电源输入电压 DC12V。标配电池（如 BT-65Q）型充电电池（该电池不含 汞）输出电压 DC7.4V，容量 5000mAh。在 +20℃ 情况下最长使用时间（充足电时）对 角度测量和距离测量约 5h；仅角度测量约 12h，当然电池使用时间的长短会随仪器操作与 环境条件的不同而变化。BC-30 电池充电器输入电压 AC110～240V，频率 50/60Hz，充 电时间（在 +20℃ 时）对标配电池（如 BT-65Q）型电池 5h，工作温度 +10～+40℃，充电指示"红灯亮"，充电完成指示"红灯灭"，重量 0.15kg 左右。

11.10.7　全站仪的双轴补偿问题

仪器竖轴倾斜会导致水平角观测产生误差，误差大小与竖轴倾斜的大小、目标的高度、竖轴的倾斜方向与照准目标方向之间的水平夹角有关，以上 3 因素之间的关系为 $H_{zerr}=V\sin\alpha\tan h$，其中，$V$ 为以秒为单位的竖轴倾斜量；α 为竖轴倾斜方向与照准目标方向之间的角度；h 为目标的高度角；H_{zerr} 为水平角误差。若竖轴倾斜角为 30″、目标高度角为 10° 且目标方向与竖轴倾斜方向之间夹角为 90°，则 $H_{zerr}=30″\sin\alpha\tan10°=5.29″$。由此可见，水平角观测误差随着视线倾角的增大而增大（正切值随角度增大而增大）且在目标方向与竖轴倾斜方向之间的夹角为直角时达到最大（$\sin90°=1$）；当视线近似水平（$h=0°$，$\tan0°=0$）或目标方向与竖轴倾斜方向一致时（$\alpha=0°$，$\sin0°=0$）误差最小。竖轴倾斜角（V）、目标高度（h）以及水平角误差之间的关系见表 11.17。由表 11.17 可见，当目标高度角大于 30° 且竖轴倾斜量大于 10″ 时进行双轴倾斜补偿受益显著。目标高度角 <30″、竖轴倾斜误差 <10″ 是实际工作中最常见到的情况，此时实际上无需进行竖轴倾斜改正，双轴补偿最适合用于视线倾角较大的目标观测的改正。

表 11.17　　竖轴倾斜角（V）、目标高度（h）以及水平角误差之间的关系

	h	0°	1°	5°	10°	30°	45°
	0″	0″	0″	0″	0″	0″	0″
	5″	0″	0.09″	0.44″	0.88″	2.89″	5″
	10″	0″	0.17″	0.87″	1.76″	5.77″	10″
V	15″	0″	0.26″	1.31″	2.64″	8.66″	15″
	30″	0″	0.52″	2.62″	5.29″	17.32″	30″
	1′	0″	1.05	5.25	10.58	34.64	1′

尽管补偿系统可以改正由于竖轴倾斜而引起的水平角误差，但安置仪器时仍要非常仔细。对中误差是不可能通过补偿器改正的，若仪器至地面的高度为 1.4m，竖轴倾斜误差为 1′ 会引起 0.4mm 的对中误差，这一误差对 10m 处的目标将产生约 8″ 的水平角误差。

为了保持双轴补偿器具有尽可能高的精度，必须对补偿器作正确的校正。补偿器应与

仪器的真实水平情况相一致，经过长时间在不同工作环境下的使用，由补偿器反映出来的仪器水平情况与其真实水平情况会产生误差，为了重新建立这两者之间的正确关系，应按本书前边介绍的"仪器补偿系统误差的校正"过程进行校正。该项校正既可重新设置竖直指标（同一目标的正、倒镜天顶角读数之和等于 360°）又可将水平方向补偿器的水平参考方向置为零。虽然指标校正不完善对竖直角的影响可通过正、倒镜读数取平均而加以消除，但对水平角观测则无法做到，因竖轴误差在仪器安置好后就固定下来了，因此不可能期望通过正、倒镜观测两次读数取平均而消除。鉴于此，一定要正确调整竖盘指标差以确保水平角的正确性。

思 考 题 与 习 题

1. 简述电子全站仪的特点及基本构造特征。

2. 电子全站仪测量应做好哪些准备工作？如何做？

3. 简述电子全站仪角度测量的方法及过程。

4. 简述电子全站仪距离测量的方法及过程。

5. 简述电子全站仪坐标测量的方法及过程。

6. 简述电子全站仪设置水平定向角的方法及过程。

7. 简述电子全站仪悬高测量的方法及过程。

8. 简述电子全站仪对边测量的方法及过程。

9. 简述电子全站仪角度复测的方法及过程。

10. 如何进行电子全站仪的参数设置？

11. 电子全站仪有哪些主要检验和校正项目？

12. 电子全站仪棱镜/无棱镜常数的设置应注意哪些问题？

13. 如何进行电子全站仪气象改正设置？

14. 如何进行电子全站仪大气折光和地球曲率改正？

15. 简述电子全站仪的相关附件及维护要求。

16. 电子全站仪作业应注意哪些问题？

第 12 章 GNSS 接收机的使用

12.1 GNSS 接收机的发展现状

目前，最新的、具有代表性的测地型（测量型）GNSS 接收机机型是徕卡 Viva - GNSS 接收机（图 12.1）和 SOKKIA 的 GSX2 - GNSS 接收机（图 12.2）。

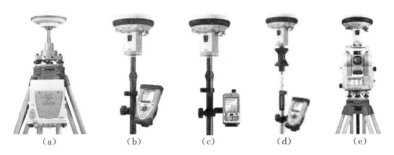

图 12.1　徕卡 Viva - GNSS 接收机

（a）GS10 分体机；（b）GS15 - CS15 一体机；（c）GS15 - Zeno5 一体机；

（d）GS15＋360°棱镜＋CS10 手簿；（e）GS15＋徕卡全站仪

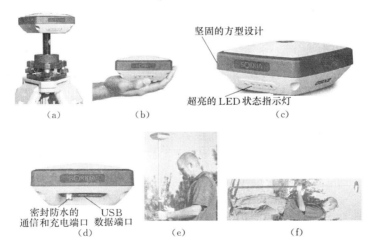

图 12.2　SOKKIA 的 GSX2 - GNSS 接收机

（a）基座式；（b）接收机大小；（c）接收机侧立面；（d）接收机底面；（e）手持式；（f）现场作业

SOKKIA 的 GSX2 - GNSS 接收机采用 GNSS 前沿技术设计，是一种坚固型 GNSS 接收机，其采用无线缆连接的一体化设计、独特的抗干扰无线通讯技术、全封闭长效电源系统，具有高度集成、小巧轻便、坚固耐用特点，可采用站点和网络型 RTK 系统。GSX2 -

GNSS 功能丰富、应用灵活，实现了 RTK 多功能应用最大化。

GSX2－GNSS 接收机采用先进的前沿科技设计，高度集成 GNSS 主板、密封长效电池、内存、无线通信为一体，具有坚固耐用、轻便紧凑、经济实用、性能卓越、品质优良、应用灵活等诸多特点。精心设计的 GSX2 具有多种可选的灵活配置，用户可根据自身的实际需要对 GSX2－GNSS 接收机进行具体的配置。GSX2 可作为低成本的静态 GNSS 系统使用，野外测量人员仅需单键操作即可完成预订的工作任务。采用两套 GSX2－GNSS 接收机则可建立一套完整的基准站/流动站 RTK 系统，无需电台、手机模块等其他辅助通信手段。GSX2－GNSS 接收机仅需配备一套带手机模块的外业控制手簿，即可作为一套标准的网络型 RTK 流动站。索佳 GSX2 采用坚固的镁合金机身，轻便紧凑，整机重量（含内置电池）仅 850g，是目前业界体积最小、重量最轻的一体化 GNSS 接收机。

GSX2－GNSS 接收机主要技术特点是高度集成、紧凑坚固、技术先进，采用了坚固的方形设计、超亮的 LED 状态指示灯、密封防水的通信和充电端口、USB 数据端口。其独特的抗干扰无线通信技术极大地改善了作业环境要求。GSX2－GNSS 接收机采用一级蓝牙无线通信技术，数据传输和作业距离超过 280m。GSX2－GNSS 接收机高度集成的一体化设计，外业操作极其简便，无需进行装卸天线、安装电池或连接电缆等工作。

GSX2－GNSS 接收机经济实用、轻便耐用，具有密封防水、坚固耐用、操作简便等诸多优点。GSX2 集小巧轻便和坚固的机身于一体，可抵御最恶劣的外界环境影响。GSX2 接收机可承受自 2m 对中杆跌落到混凝土地面而无损伤，镁合金外壳坚固、轻便，完全防水的小型 USB 端口。

GSX2 的配套软件是 MAGNET™ 系列软件。MAGNET 家族系列软件是专为测量人员、工程人员、承包商、内业制图和管理人员设计的全套解决方案，实现工作流程的无缝衔接，轻松帮助用户实现内外业一体化。其中的 MAGNET－Field 软件是一款专业型外业数据采集软件，用于索佳 GNSS 接收机和全站仪的控制和外业数据采集工作。MAGNET－Field 软件采用先进、清晰、直观、易懂的图形化用户界面，支持用户自定义，用户可根据自身的工作习惯将常用的功能进行个性化的定制和归类，便于野外测量、放样等使用，软件还具有 COGO 反算、土石方和平差等高级计算功能以满足用户高级应用的需求。其中的 MAGNET－Office 软件是一款功能强大的数据后处理软件，支持 2D 或 3D 的方式浏览对象数据，支持索佳所有 GNSS 接收机数据动态和静态数据的平差处理等，可自动下载精密星历，兼容处理其他厂家的 RINEX 数据，支持多种格式的可定制方式输出数据报表以满足用户个性化的需求。

GSX2 的标准配置包括 GSX2 主机、电源适配器、基座及连接器、10cm 连接杆、控制手簿、操作手册、迷观测者 USB 数据线、仪器箱等。

GSX2 具有优越的跟踪能力，通道数为 226 个通用通道；跟踪信号包括 GPS、GLONASS、SBAS、QZSS、Galileo、BeiDou，在 Galileo、BeiDou 卫星系统完全具备商业化运行条件时 GSX2 将提供对其的支持；其天线为一体化天线。GSX2 具有良好的定位精度，快速静态（L1）时平面精度 3mm＋0.8mm/km、高程精度 4mm＋1.0mm/km；快速静态（L1＋L2）时平面精度 3mm＋0.5mm/km、高程精度 5mm＋0.5mm/km；动态 RTK（L1＋L2）时平面精度 10mm＋1.0mm/km、高程精度 15mm＋1.0mm/km；DGPS

时优于 0.4m；SBAS 优于 0.6m；单机定位优于 1.2m；最高数据采样率 20Hz。GSX2 具有良好的数据管理能力，其拥有 4GB 内存（固件限制可用 2GB），其更新/输出速率采用 TPS、RTCM － SC104v2. x3. x、CMR/CMR＋，其 ASC Ⅱ 输出为 NMEA0183v2. x 和 3.0，其通信端口为蓝牙、串口、USB。GSX2 具有良好的无线通信能力，其蓝牙为 V. 1. 1、一级、115200bps，其 RTK 通信传输距离 300m 以上、支持 3 个流动站并发连接。GSX2 环境指标优越，其防尘防水性能为 IP67（IEC60529：2001），其抗震动能力可承受 2m 自由落体至硬地面，其工作温度为－20～＋65℃（带内置电池）或－40～＋65℃（带外部电源），状态显示采用 MINTER，其尺寸为 150mm×150mm×64mm（$W \times D \times H$），其重量为 850g。GSX2 电源设置优异，其电池为内置电池、工作时间 20h 以上，可以连接外部电源。

12.2　GNSS 接收机的基本特点及使用要求

GNSS 接收机的使用涉及许多专业术语。其中的"模糊度（Ambiguity）"是指未知量，即从卫星到接收机间测量的载波相位的整周期数；基线（Baseline）是指两测量点的连线，在此两点上同时接收 GPS 信号并收集其观测数据；广播星历（Broadcast Ephemeris）是指由卫星发布的电文中解调获得的卫星轨道参数；信噪比 SNR（Signal－To－Noise Ratio）是指某一端点上信号功率与噪声功率之比；跳周（Cycle Skipping）是指在干扰作用下，环路从一个平衡点跳过数周，在新的平衡点上稳定下来，使相位整数周期产生错误的现象；载波（Carrier）是指作为载体的电波，其上由已知参考值的调制波进行频率、幅度或相位调制；C/A 码（C/A Code）是指 GPS 粗测/捕获码，其为 1023Bit 的双相调制伪随机二进制代码、码率为 1.023MHz、码重复周期为 1ms；差分测量（Difference Measurement）是指利用交叉卫星、交叉接收机和交叉历元进行 GPS 测量；差分定位（Difference Positioning）是指同时跟踪相同的 GPS 信号，确定两个以上接收机之间的相对坐标的方法；几何精度因子（Geometric Dilution of Precision）是在动态定位中描述卫星几何位置对误差的贡献的因子；偏心率（Eccentricity）$e = [(a^2 - b^2)/b^2]^{1/2}$，$a$、$b$ 为长半轴和短半轴；椭球体（Ellipsoid）是指大地测量中椭圆绕短半轴旋转形成的数学图形；星历（Ephemeris）是指天体位置随时间的动参数；扁率（Flattening）$f = (a - b)/a = 1 - (1 - e^2)^{1/2}$，$a$ 为长半轴、b 为短半轴、e 为偏心率；大地水准面（Geoid）是指与平均海平面相似并延伸到大陆的特殊等位面，大地水平面处处垂直于重力方向；电离层延迟（Ionosphere Delay）是指电波通过电离层（非均匀和色散介质）产生的延迟；L 波段（L－band）是指频率为 390～1550MHz 的无线电频率范围；多径误差（Multipath Error）是指由两条以上传播路径的无线电信号间干扰而引起的定位误差；观测时段（Observing Session）是指利用两个以上的接收机同时收集 GPS 数据的时间段；伪距（Pseudo Range）是指将接收机中 GPS 复制码对准所接收的 GPS 码所需要的时间偏移并乘以光速计算的距离，此时间偏移是信号接收时刻（接收机时间系列）和信号发射时刻（卫星时间系列）之间的差值；接收通道（Receiver Channel）是指 GPS 接收机中射频、混频和中频通道，其能接收和跟踪卫星的两种载频信号；卫星图形（Satellite Configuration）是指卫星在特定时间内相对于特定用户或一组用户的配置状态；静态定位（Static Position）是指不考虑接收机运动的点位的测量。

　　GNSS 接收机应正确安装、设置、升级、日常养护，配件的使用及 RTK 系统作业应遵守厂家规定。GNSS 接收机类型很多、用法各异，使用仪器前应仔细阅读厂家附赠的说明书或用户手册。我国目前使用的 GNSS 接收机多为基于北斗卫星导航系统的三星六频测量型卫星接收机，北斗特有的 IGSO 卫星设计对中国区域进行了局部增强，其卫星信号更优越并已实现了真正的产品化。我国目前使用的 GNSS 接收机通常可同时接收我国的北斗卫星导航系统（COMPASS）、美国的全球定位系统（GPS）和俄罗斯"格洛纳斯"（GLONASS）系统的卫星信号并可定制兼容其他卫星系统。

　　GNSS 接收机具有很多应用功能，比如控制测量、公路测量、CORS 应用、数据采集测量、放样测量、电力测量、水上应用等。GNSS 双频系统静态测量可准确完成高精度GPS 控制网、变形观测监测网、像控测量等工作。配合配套的工程软件能快速完成控制点加密、公路地形图测绘、横断面测量、纵断面测量等工作。依托成熟 CORS 的技术可为野外作业提供更加稳定便利的数据链，同时可无缝兼容国内各类的 CORS 应用。能够完美的配合相关测量软件快速、方便地完成数据采集。可进行大规模点、线、平面的放样工作。可进行电力线测量定向、测距、角度计算等工作。可进行海测、疏浚、打桩、插排等工作并使水上作业更加方便、轻松。

　　目前，GNSS 接收机的特点是小型化、便捷化，具有双模长距离蓝牙，可进行倾斜测量，带电子气泡、工业级手簿、NFC 近场通讯、智能平台、云服务、全能数据通信等功能，为全星座系统。国内常见的接收机主机一般高 11.8cm、直径 13.4cm，多采用圆柱对称式贴合设计，实现了所有功能模块的高度集成化，体积一般 1.02L、重量小于 1kg（含电池），属于体型小、重量轻的全功能 GNSS 接收机。国内常见的接收机多采用全新设计的便捷箱包，采用高级防水、耐磨面料，内衬可自由组合，方便不同外业模式的仪器携带；同时多采用独特的双肩背包式设计以最大限度减轻野外作业负担。国内常见的接收机多采用蓝牙通联技术、配备 4.0 标准双模长距离蓝牙，能够连接主流的手机、平板等消费级数码产品，同时向下可兼容 2.1 标准、连接工业级手簿，多采用高效稳定的数据传输技术、蓝牙距离更远以带给用户更为自如的作业体验。国内常见的接收机测量作业中使用者不需严格对中后再采点，其内置倾斜补偿器能根据对中杆倾斜的方向和角度自动进行坐标校正以得到正确的地面坐标。检查对中杆是否整平时用户不必再关注对中杆的物理气泡，手簿测量软件上电子气泡可实时精确显示对中杆的整平状态。采用较普遍的高性能、全键盘工业型手簿 Cortex - A8 主频 1GHz，带高速 CPU、3.7″高分辨率半透屏，具有卓越的续航能力、高效的数据传输方案、快速的蓝牙闪触配对方式，可配合相关专业级软件让RTK 测量更有效率。国内常见的接收机多使用 NFC 近场通信技术，配合全新手簿可实现蓝牙闪触配对，摆脱了过去复杂的蓝牙搜索、连接过程，只需轻轻一碰即可成功配对。国内常见的接收机多采用多星座多频段接收技术，全面支持所有现行的和规划中的 GNSS卫星信号，特别支持北斗三频 B1、B2、B3，支持单北斗系统定位。国内常见的接收机多采用全新高效的智能内核平台，拥有更快的计算能力和更低的功耗，从而提升主机整体稳定性，基于该平台主机能实时监控主机各部分运行状态、智能调节用电模式、延长野外作业时间，智能语音、智能诊断等人性化细节的设计让外业测量更有效率。国内常见的接收机多具有 24h 云服务支持，可时刻解决客户在线升级、在线注册、远程诊断等需求，让测量超越时间与空间。国内常见的接收机多采用收发一体化的内置电台，全面支持主流的电台通信协议（TrimTalk450S、TrimMark3、PCCEOT、SOUTH），可实现与进口产品的互联互通。国内常见的接收机多采用全新的网络程序架构，可无缝兼容现有 CORS 系统，3.5G 高速网络可扩展至 4G，移动、电信、联通三网模块可定制以为自由选择提供更多的配置。

目前国内常见接收机的相关指标见表 12.1～表 12.4。

表 12.1 GNSS 测量系统的主要技术指标

测 量 性 能	
信号跟踪	220 通道。包括 BDS – B1、B2、B3；GPS – L1C/A、L1C、L2C、L2E、L5；GLONASS – L1C/A、L1P、L2C/A、L2P、L3；SBAS – L1C/A、L5（对于支持 L5 的 SBAS 卫星）；Galileo – GIOVE – A 和 GIOVE – B、E1、E5A、E5B；QZSS、WAAS、MSAS、EGNOS、GAGAN（星站差分）
GNSS 特性	定位输出频率 1～50Hz；初始化时间小于 10s；初始化可靠性＞99.99%；全星座接收技术，能够支持来自所有现行和规划中的 GNSS 星座信号；高可靠的载波跟踪技术，大大提高了载波精度，为用户提供高质量的原始观测数据；智能动态灵敏度定位技术，适应各种环境的变换，适应更加恶劣、更远距离的定位环境；高精度定位处理引擎
精 度 指 标	
码差分定位精度	平面 0.25m+1mm/km；高程 0.50m+1mm/km；SBAS 差分定位精度，典型＜5m
静态 GNSS 测量	$\pm[2.5mm+(0.5mm)/km \times d]$（$d$ 为被测点间距离，km）
实时动态测量（RTK）	$\pm[10mm+(1mm/km) \times d]$（$d$ 为被测点间距离，km）
硬 件	
主机尺寸	直径 134mm，高 118mm，体积 1.02L
重量	≤1kg
温度	工作温度－45～60℃；存储温度－55～85℃
湿度	抗 100% 冷凝
防水	1m 浸泡，IP67 级
防尘	完全防止粉尘进入，IP67 级
防震	不工作时从 2m 高测杆上跌落到水泥地面不损坏。工作时可承受到 40g、10ms 锯齿波冲击试验
通信和数据存储	
I/O 端口	5PIN – LEMO 外接电源接口＋RS232；7PIN – LEMO – RS232＋USB；1 个网络/电台数据链天线接口；SIM 卡卡槽
无线电调制解调器	内置收发一体电台 0.5W/2W；外置发射电台 5W/25W；工作频率 450～470MHz；通信协议：Trim Talk450S，Trim Mark3，PCC – EOT，SOUTH

续表

蜂窝移动通信	WCDMA3.5G 网络通信模块，兼容 GPRS/EDGE（可扩展 4G）；可定制 CDMA2000/EVDO3G
蓝牙	BLEBluetooth4.0 蓝牙标准，支持 Android、IOS 系统手机连接；Bluetooth2.1＋EDR 标准
WIFI	802.11b/g
NFC 无线通信	采用 NFC 无线通信技术，手簿与主机触碰即可实现蓝牙自动配对（需手簿同样配备 NFC 无线通信模块）
外部通信	可选配外接 GPRS/CDMA 双模通信模块，自由切换，适应各种工作环境
数据存储/传输	4GB 内部存储器，3 年以上原始观测数据（大约 1.4MB/日），基于每 15s 从平均 14 颗卫星上记录。（可任意扩展）。即插即用的 USB 传输数据方式
数据格式	差分数据格式：CMR＋、CMRx、RTCM2.1、RTCM2.3、RTCM3.0、RTCM3.1、RTCM3.2输入和输出。GPS 输出数据格式：NMEA0183、PJK 平面坐标、二进制码、Trimble－GSOF。网络模式支持：VRS、FKP、MAC，支持 NTRIP 协议
惯 性 传 感 系 统	
倾斜测量	内置倾斜补偿器，根据对中杆倾斜方向和角度自动校正坐标
电子气泡	内置感应器，手簿软件可显示电子气泡，实时检查对中杆整平情况
用户交互/外观	
按键	单键操作可视化操作，方便快捷
指示灯	三指示灯
语音	人性化语音提示

表 12.2　　　　　　　　　GNSS 测量系统手簿的主要技术指标

系统	操作系统	Windows Mobile6.5
	CPU	Cortex－A8Am37151GHz
	内存	512M
	存储	内存 8G，支持 32GB 以内 Micro－SD 卡扩展
硬件	液晶屏	3.7 英寸半透半反屏，480×640VGA 分辨率
	按键板	全数字物理键盘＋软键盘
	通知 LED	单色指示灯，指示充电状态、数据状态
	音频	集成扬声器、麦克风
电源特性	电池	3.7V，4200mAh 锂电池，标配 2 块
	工作时间	单块电池典型工作 8h
	充电方式	直充：USB 充电，支持车载充电、支持充电宝座充；标配双电池座充，4h 快速充满电
数据通信	通信接口	标准 Micro－USB 接口，即插即用式 USB 数据传输；标准 U 盘接口，直插 U 盘传输数据；支持 OTG 功能进行数据同步
	蓝牙	蓝牙 V2.1＋EDR，长距离蓝牙
	NFC 通信	与配备 NFC 近场通信功能的主机实现蓝牙触碰自动配对
环境特性	防水防尘	IP67
	抗跌落	1.50m
	环境温度	工作温度－30～60℃；存储温度－40～70℃

表 12.3   **GNSS 测量系统电台的主要技术指标**

综 合 指 标	
频率范围/MHz	450～470
通道间隔/MHz	0.5
通道传输速率/(bit/s)	19200
存储通道数/个	8
频率稳定度/(mm/km)	±2.0
调制方式	GMSK
天线阻抗/Ω	50
环境温度/℃	－25～60
湿度	10%～90%相对湿度，无冷凝
接 收 机 指 标	
接收灵敏度/μV	≤0.25（12dBSINAD）
邻道选择性/dB	≥65
调制信号频偏/kHz	≤±5.1
互调抑制比/dB	≥65
音频失真度/%	≤3
发 射 机 指 标	
射频输出功率	10W/25W 可切换
邻道抑制比/dB	≥65
杂散射频分量/μW	≤4
剩余调频/dB	≤－35
剩余调幅/%	≤2
载频调制方式	TWOPIN
RS－232 接口	
速率	19200bps 可设置
数据流	1 位起始位、8 位数据位、无校验（校验位可设置）、1 位停止位
电源	直流供电
电压	12～15V，典型值 13.8V，电源的电压会影响到发射机的射频功率的大小
功 耗	
接收机待机电流/mA	≤100
发射机整机工作电流/A	8
电压/V	13.8
功率/W	15/25
备注	电台通常为用户提供 8 个主要通道，可根据实际使用的通道频率进行更改

表 12.4   **GNSS 测量系统频率表**   单位：MHz

通道号	1 通道	2 通道	3 通道	4 通道	5 通道	6 通道	7 通道	8 通道
频率（450～470）	463.125	464.125	465.125	466.125	463.625	464.625	465.625	466.625

12.3　现行主流 GNSS 接收机的构造及安装方法

现行主流 GNSS 接收机主要由主机、手簿、电台、配件 4 大部分组成，其组装方法及架设情况如图 12.3 所示。

图 12.3　现行主流 GNSS 接收机的组装与架设
(a) RTK 基站；(b) RTK 流动站

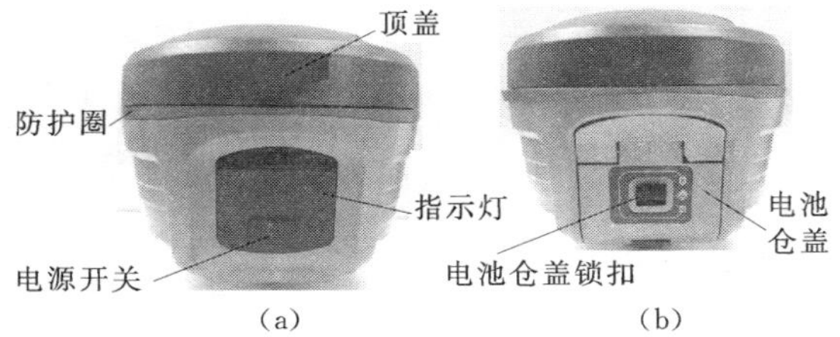

图 12.4　GNSS 接收机常见主机外形
(a) 正面；(b) 背面

12.3.1　GNSS 接收机主机系统

国内主流 GNSS 接收机的典型主机外形如图 12.4 所示，主机呈圆柱状、高 118mm、直径 134mm、体积 1.02L，密封橡胶圈到底面高 78mm，主机前侧为按键和指示灯面板。仪器底部有电台和网络接口，以及一串条形码编号，是主机机身号。主机背面有电池仓和 SIM 卡卡槽。

国内主流 GNSS 接收机的典型底部接口如图 12.5 所示，仪器底部五针接口的作用是主机与外部数据链连接、外部电源连接；七针接口是用来连接电脑传输数据的；天线接口用于安装 GPRS（GSM/CDMA/3G 可选配）网络天线或 UHF 电台天线；连接螺孔用于固定主机于基座或对中杆上；电池仓用于安放锂电池；卡扣用于锁紧或打开电池仓盖。电池通常安放在仪器背面，安装/取出电池的时候应翻转仪器、找到电池仓，电池仓卡扣按紧向仪器底部下压即可将电池仓打开，然后就可以将电池安装和取出。

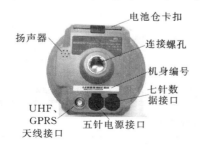

图 12.5　仪器底部

图 12.6　控制面板

国内主流 GNSS 接收机的典型控制面板如图 12.6 所示，相关指示灯依然具有两层含义，即：模式切换以及工作状态下指示灯含义；主机自检状态下指示灯含义。控制面板一般拥有 4 个指示灯，典型指示灯的含义见表 12.5。

表 12.5 典型指示灯的含义

指示灯	状态	含义
蓝牙	常灭	未连接手簿
	常亮	已连接手簿
信号/数据	闪烁	静态模式：记录数据时按设定采集间隔闪烁
		基准或移动模式：正在发射或接收到信号
	常灭	基准或移动模式：内置模块未能收到信号
卫星	闪烁	表示锁定卫星数量，每隔五秒循环一次
POWER	常亮	正常电压：内置电池 7.4V 以上
	闪烁	电池电量不足

国内主流 GNSS 接收机的模式查看和切换应遵守仪器用户手册的规定。模式查看方法是在主机正常工作时按一下电源键松手，这时会有语音播报当前主机工作模式。模式切换方法是主机开机后，通过蓝牙与数据采集手簿相连，通过配套的工程数据采集软件对主机工作模式进行设置和切换。

国内主流 GNSS 接收机的主机自检应遵守仪器用户手册的规定。在主机指示灯异常或者工作不正常情况下可使用自动检测功能，也就是主机自检，具体操作如下，即：开机、长按〈电源〉键不放、待关机后电源灯再次亮起松开按键、开始自检；自检通过或失败会有相应的语音播报，自检通过等待数秒之后仪器将会自动重启；自检不通过则仪器会停留在自检结果状态而不会重新启动用以识别问题所在。

12.3.2 GNSS 接收机的手簿系统

GNSS 接收机的手簿通常为工业级三防手簿，拥有全字母全数字键盘并配备高分辨率 3.5in 液晶触摸屏以便为用户带来完美的操作体验。手簿一般采用微软 Windows Mobile 操作系统、扩展性能更强，配合配套的专业级行业测量软件可为 RTK 测量工作提供强力支持。数据采集手簿多为在商业和轻工业方面用于实时数据计算的掌上电脑，其以 Windows Mobile 为操作系统，在数据通信中使用很广。手簿的外部特征如图 12.7 所示。

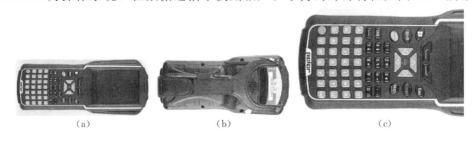

(a) (b) (c)

图 12.7 手簿的外部特征

（a）手簿正面；（b）手簿背面；（c）键盘细部特征

　　键盘的作用是在触摸屏出现问题或是反应不灵敏时可以用键盘来实现相关命令。键盘不支持同时按两个或多个键，每次只能按一个键。键盘的典型功能见表 12.6。

表 12.6　　　　　　　　　　　　　　　　键 盘 的 典 型 功 能

功　　能	按　　键
开机/关机	电源键
打开键盘背光灯	背光灯键
移动光标	光标键
同 PC 上 Shift 键功能	【Shift】
输入空格	【—】空格键
输入数字或字母时，光标向左删除一位	【Bksp】
同 PC 上 Ctrl 键功能	【Ctrl】
打开文件夹或文件，确认输入字符完毕	【Enter】
光标右移或下移一个字段	【Tab】
关闭或退出（不保存）	【Esc】
辅助启用字符输入功能	黄色【Shift】
辅助启用功能键	蓝键
切换输入法状态	【Ctrl＋SP】
禁用或启用屏幕键盘	【Ctrl】＋【Esc】

　　手簿键盘中的【Shift】【Ctrl】和蓝色键为辅助功能键，所有的功能键均为一次性使用键。手簿上【Shift】【Ctrl】和蓝色键的功能与台式电脑键盘上的功能相同，只是手簿上不能同时按下两个键，使用功能键时必须先按下该键再选取观测者要实现的键且所有的功能键均为一次性使用键。按键应遵守用户手册规定。【Shift】键是为显示手簿键盘中字母键上黄色字符和数字键上方的符号所设立的，连续按下【Shift】键两次该功能键将被激活，这时，再按下字母键时就会显示该字母对应的希腊字母，按下数字键就会显示数字键上方的符号。光标键位于键盘的上方、屏幕的下方并紧挨屏幕，光标键可以上、下、左、右移动光标。【Bksp】键可删除左边的一个字符使光标向左移动。【Del】键（就是先按光标键再按【Bksp】键）可删除右边的字符，选中要删除的文件夹按【Del】键可删除。【Ctrl】为功能键，它们的功能依赖于下一个按键。【Tab】键为切换键，可使光标移动到右边的下一项。一般情况下，【Esc】键是用来关闭正在运行的窗口、返回的上个窗口的快捷键。【Space】键是用来在两个字符间插入空格的键。功能键【F1】至【F6】为特殊的功能键，其功能可以是用户自定义的。

　　如图 12.8 所示，手簿配件包括手簿电池及充电器等。其锂离子电池必须在使用前对其充电，充电时长为 4h，充电器通常有过充保护功能，系统指示灯显示红光的时候表示正在充电中、只显示绿光时表示充电完成。为延长电池寿命应在温度 0～45℃时对其充电，75％的充电指示对快速充电比较有用、这时只需 1h 就可以充满。手簿数据线中的

USB 通信电缆用于连接采集手簿和电脑，再配合连接软件（Microsoft ActiveSync）可用来传输手簿中的测量数据。

图 12.8　手簿配件
(a) 手簿电池；(b) 充电器；(c) 数据传输线

GNSS 接收机的蓝牙有两种连接方式，即蓝牙触碰连接、蓝牙设置连接。如图 12.9 所示，许多 GNSS 接收机主机支持 NFC 蓝牙配对功能以实现蓝牙触碰连接，一个典型 GNSS 接收机打开配套工程软件后点击界面右上方类似"WIFI 信号"图标，在配对界面点击开始 NFC 扫描，将手簿背部（NFC 读取模块在手簿背面）贴近 GNSS 主机电池仓手簿将自动完成蓝牙配对工作，然后即可进行相关测量工作。如图 12.10 所示，蓝牙设置连接时需要将主机开机，然后对手簿进行相关设置，即"资源管理器"→"设置"→"蓝牙"；在蓝牙设备管理器窗口中选择"添加新设备"，开始进行蓝牙设备扫描，如果在附近（小于 20m 的范围内）有可被连接的蓝牙设备则在"选择蓝牙设备"对话框将显示搜索结果，整个搜索过程通常可能会持续 10s 左右、应耐心等待；选择"S82……"数据项，点击"下一步"按钮，弹出"输入密码"窗口，直接点击"下一步"跳过；出现"设备已添加"窗口，点击完成；再回到"蓝牙"界面，选中"COM 端口"选项卡，选择"新

图 12.9　蓝牙触碰连接
(a) 手簿 NFC 模块；(b) 蓝牙触碰配对

建发送端口"界面；选择要连接的 GPS 主机编号，选择"下一步"，在弹出的"端口"界面选择 COM0 - COM9 中的任一项，单击"完成"，至此，手簿连接 GPS 主机蓝牙设置阶段已经完成。

GNSS 接收机的软件安装及连接应遵守用户手册的相关规定。一些 GNSS 接收机生产厂家针对不同行业的测量应用量身定制了许多专业测绘软件，比如工程、电力、测图、桥梁等。下面以一个典型的工程测量系统专用软件为例介绍一下观测点数据采集及计算过程。在安装工程测量系统专用软件前需先安装厂家提供光盘上的 Microsoft ActiveSync。将 Microsoft ActiveSync 安装到计算机上后再将 GNSS 接收机手簿通过连接线与电脑连接并把工程测量系统专用软件安装到手簿中，同时保持主机开机，然后进行如下 4 步设置（图 12.11），即：打开工程测量系统专用软件软件，进入工程测量系统专用软件主界面，

图 12.10　蓝牙设置连接

点击"提示"窗口中的"OK";"配置"→"端口设置",在"端口配置"对话框中,端口选择"com3",与之前连接蓝牙串口服务里面的串口号相同,点击"确定",如果连接成功状态栏中将显示相关数据,如果连不通则退出工程测量系统专用软件并重新连接(如果以上设置都正确,此时直接连接即可),手簿与主机连通之后即可进行后续测量;选择端口号;蓝牙已连接。

　　GNSS 接收机的数据传输应遵守用户手册的相关规定。GNSS 接收机手簿通常可通过连接器与电脑连接,主要过程依次为安装 Microsoft ActiveSync、连接手簿与 PC、使用"浏览"功能等。在厂家给用户的产品盒中有一张 Microsoft ActiveSync 光盘,首先将 Microsoft ActiveSync 安装到桌面计算机上并建立桌面计算机与掌上计算机的通信,在安装

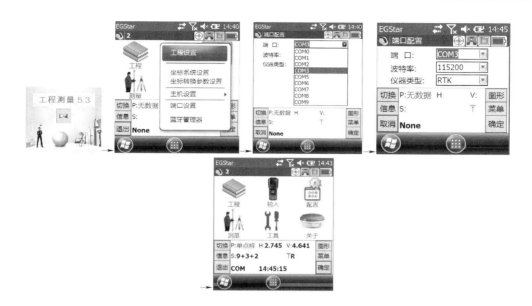

图 12.11 GNSS 接收机的软件安装

Microsoft ActiveSync 之前应仔细阅读相关提示"比如安装过程中需要重新启动观测者的计算机故安装前请保存观测者的工作并退出所有应用程序；为安装 Microsoft ActiveSync 需要一根 USB 电缆（在产品盒中有提供）以连接观测者的掌上计算机和桌面计算机"，然后安装 Microsoft ActiveSync，将"Microsoft ActiveSync 桌面计算机软件"光盘放入计算

机的光驱，Microsoft ActiveSync 安装向导将自动运行，如果该向导没有运行则可到光驱所在盘符根目录下找到 setup. exe 后双击使它运行，单击下一步安装 Microsoft ActiveSync（图 12.12）。连接手簿与 PC 应遵守相关用户手册规定，安装了 Microsoft ActiveSync 后应重新启动计算机，然后使用连接电缆将电缆的一端插入手簿下端的 USB 接口、另一端插入桌面计算机的某一通信端口，打开手簿，首次

图 12.12 安装 Microsoft ActiveSync

连接将弹出新硬件向导对话框（图 12.13），选择"从列表或指定位置安装"并选择光盘中 USB 驱动的目录以完成驱动程序的安装，驱动安装完成后软件将检测掌上计算机并配置通信端口，如果连接成功屏幕会显示相关信息。使用"浏览"功能应遵守相关用户手册规定，当手簿与电脑同步后打开【我的电脑】找到【移动设备】可浏览移动设备（手簿）中的所有内容，同时也可进行文件的删除、拷贝等操作。

12.3.3 GNSS 接收机的外挂电台

国内主流 GNSS 接收机多采用 GDL20 电台。GDL20 电台是空中传输速率达 19200bit/s 的高速无线半手工数据传输电台，具有较大射频发射功率，通常应用于 RTK

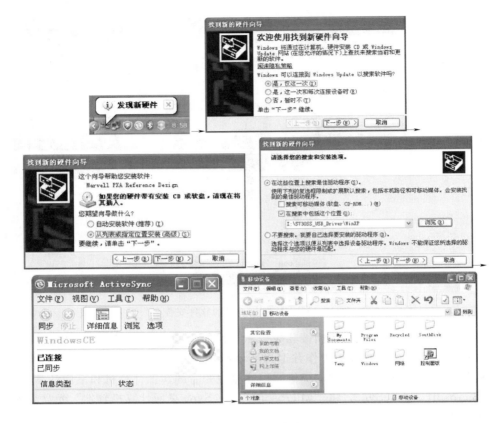

图 12.13　连接手簿与 PC

测量系统中。GDL20 电台采用 GMSK 调制方式、19200bit/s 传输速率、误码率低，其射频频率可覆盖 450～470MHz 频段范围。GDL20 的数据传输方式为透明模式，即对接收到的数据原封不动的传送给 RTK－GPS 系统中。GDL20 电台提供的数据接口为标准的 RS－232 接口，可与任何具有 RS－232 的终端设备相连进行数据交换。GDL20 数传电台采用先进的无线射频技术、数字处理技术和基带处理技术研发而成，精心选用高质量的元器件组织生产，可保证其长期稳定可靠运行。GDL20 数传电台具有前向纠错控制，数字纠错功能，可存储 8 个收、发通道，可根据实际使用的通道频率更改，发射功率可调间隔为 0.5MHz（表 12.7）。

表 12.7　　　　　　　　　　　　　通　道　频　率　　　　　　　　　　　单位：MHz

通道号	1 通道	2 通道	3 通道	4 通道	5 通道	6 通道	7 通道	8 通道
频率	463.125	464.125	465.125	466.125	463.625	464.625	465.625	466.625

GDL20 电台外形如图 12.14 所示。电台接口及面板如图 12.15 所示，主机接口为 5 针插孔、用于连接 GPS 接收机及供电电源；天线接口用来连接发射天线；控制面板指示灯可显示电台状态，按键操作简单方便，一对一接口能有效防止连接错误。电台面板上有"ON/OFF"电源开关键，此键控制本机电源开关，左边红灯指示本机电源状态；面板上

"CHANNEL"按键开关为本机切换通道用开关，按此开关可以切换1-8、a-f通道；"AMPPWR"指示灯可表示电台功率高低，灯亮为低功率、灯灭则为高功率；"TX"红灯指示反映发射数据状态，此指示灯每秒闪烁一次表示电台在发射数据状态，发射间隔为1s；功率切换开关的作用是开关调节电台功率，面板上"AMPPWR"灯指示电台功率高低，灯亮为低功率、灯灭则为高功率。

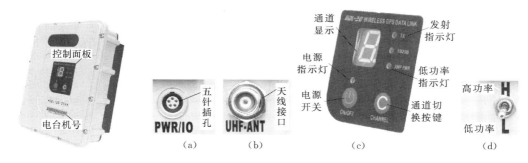

图 12.14　GDL20
电台外形

图 12.15　电台接口及面板
(a) 5针插孔；(b) 天线接口；(c) 面板；(d) 功率开关

如图12.16所示，电台发射天线采用的是特别适合野外使用的UHF发射天线，接收天线使用的是450MHz全向天线，天线具有小巧轻便和美观耐用的特点。

电台使用应遵守相关用户手册规定，当控制面板上的通道指示灯出现闪烁时表示此时蓄电池的电量不足而应及时更换蓄电池，否则会出现数据链不稳定或者无法发射问题；GDL20电台电源为电压12～15V（典型值13.8V）、射频发射功率25W、电流7.0A；电台的发射功率与电源

图 12.16　电台发射天线

的电压有关，使用前应检查电压情况；低功率能满足作业时应尽量使用低功率发射，因高功率发射会成倍消耗电池电量且过多使用还会降低电池使用寿命，电台应尽可能架设在地势较高的地方；电源波纹系数要小于40mV，波纹系数越小对射频谱的影响越小、通信质量越高；电源正负极连接应正确；使用电台前最好先进行电磁环境测量以避免通信盲区；天线选型的基本参数包括频带宽度、使用频率、增益、方向性、阻抗、驻波比等指标，一般天线的有效带宽为3～5MHz，选择天线时应根据使用频段确定，要进行远距离传输时最好选用定向天线及高增益天线且应注意天线及馈线的阻抗要与GDL20电台天线接口相匹配（50Ω）。厂家一般建议使用12V/36Ah以上的外挂蓄电池，使用外挂电源时需保持10A的稳压电流；使用蓄电池时要及时充电，不要过量使用电池电量，不然会降低电池使用寿命；蓄电池在使用半年至一年后应更换该蓄电池以保证电台的作用距离。

12.3.4　GNSS接收机的主机配件

如图12.17所示，GNSS接收机的包装和存放使用的多是两层包装，内衬用防碰撞泡沫塑料填充并实现格式化分块，可以将主机及其他配件分散后全部嵌入；外层是硬质仪器箱、密封性强、耐磨抗摔。仪器软包外套硬质仪器箱，既可满足长途运输的安全可靠，又

可保证短距离施工携带的方便快捷。硬质仪器箱体积小巧、坚固耐用，能有效防止撞击且方便清洗。如图 12.18 所示，锂电池及充电器应妥善使用，标准配置中包括两块电池及充电器，当系统指示灯"CHARGE"为红光显示的时候表示正在充电中，当只显示指示灯"PULL"为绿光时表示充电完成。

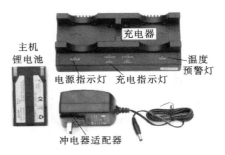

图 12.17　硬质仪器箱外观　　　　图 12.18　电池及充电器

　　差分天线如图 12.19 所示，UHF 内置电台基准站模式和 UHF 内置电台移动站模式，需用到 UHF 差分天线。

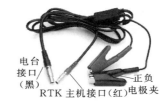

图 12.19　差分天线　　　　　　图 12.20　电台 Y 形数据线

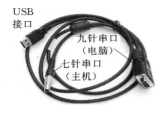

图 12.21　主机多用途数据线

　　多用途数据线应爱护。如图 12.20 所示，电台 Y 形数据线，即多用途电缆是一条 Y 形的连接线，是用来连接基准站主机（五针红色插口）、发射电台（黑色插口）和外挂蓄电池（红黑色夹子）的，具有供电、数据传输作用。如图 12.21 所示，主机多用途数据线即多用途通信电缆，其作用是连接接收机主机和电脑，用于传输静态数据和主机固件的升级。

　　GNSS 接收机的其他配件还包括移动站对中杆、手簿托架、连接器和卷尺等，如图 12.22 所示。

(a)　　　　　　(b)　　　　　　(c)　　　　　　(d)　　　　　　(e)

图 12.22　GNSS 接收机的其他配件
(a) 量高尺；(b) 拉伸对中杆；(c) 手簿托架；(d) 连接杆；(e) 手簿通信电缆

当然，仪器配件的型号和种类通常会随仪器升级而变化，具体配置应以随货发送的配置单为准。

12.4 现行主流 GNSS 接收机的作业方法

目前，GNSS 测量多采用静态和 RTK 作业模式。GPS 测量作业方案是指利用 GPS 定位技术确定观测站之间相对位置所采用的作业方式，不同作业方案获得的点的坐标精度各不相同，不同作业方案的作业方法和观测时间也千差万别，因此，各种作业方案均有自己特定的应用范围。当代测量性 GNSS 接收机作业方案主要分两种，即静态测量和 RTK 动态测量（包括基准站和移动站）。根据差分信号传播方式的不同 RTK 分为电台模式和网络模式两种，网络模式又包括网络 1+1 模式、网络 CORS 模式。

GNSS 测量对测试环境有相应的要求。即测站（亦即接收天线安置点）应远离大功率无线电发射台和高压输电线以避免其周围磁场对 GPS 卫星信号的干扰，接收机天线与上述干扰源距离一般不得小于 200m；观测站附近不应有大面积的水域或对电磁波有强烈反射（或吸收）的物体减弱多路径效应的影响；观测站应设在易于安置接收设备的地方且视野应开阔，在视场内周围障碍物的高度角一般应大于 $10°\sim15°$ 以减弱对流层折射的影响；观测站应选在交通方便的地方且应便于用其他测量手段联测和扩展；基线较长的 GPS 网还应要求观测站附近应有良好的通信设施（比如电话与电报、邮电）及电力供应以满足观测站之间联络和设备用电要求。

12.4.1 GPS 静态作业模式

GPS 静态测量是指采用 3 台（或 3 台以上）GNSS 接收机分别安置测站上进行同步观测，确定测站之间相对位置的 GPS 定位测量。GPS 静态测量适用于建立国家大地控制网（二等或二等以下）；建立桥梁测量、隧道测量等精密工程控制网；建立城市测量、图根点测量、道路测量、勘界测量等各种加密控制网。中小城市、城镇以及测图、地籍、土地信息、房产、物探、勘测、建筑施工等控制测量采用 GPS 技术时应满足我国现行 D、E 级 GPS 测量的精度要求。

GPS 静态测量的作业流程包括测前、测中、测后等 3 个阶段。测前阶段的主要工作依次为项目立项、方案设计、施工设计、测绘资料收集整理、仪器检验与检定、踏勘、选点、埋石、等。测中阶段的主要工作依次为作业队进驻、卫星状态预报、观测计划制定、作业调度及外业观测。测后阶段的主要工作依次为数据传输、转储、备份；基线解算及质量控制；网平差（数据处理、分析）及质量控制；整理成果、技术总结；项目验收。

GPS 静态测量外业作业应遵守相关规范规定。应将接收机设置为静态模式并通过电脑设置高度角及采样间隔参数，还应检查主机内存容量。应在控制点架设好三脚架，在测点上严格对中、整平。应量取仪器高三次，三次量取的结果之差不得超过 3mm 并取平均值，仪器高应由控制点标石中心量至仪器的测量标志线的上边处。应记录仪器号、点名、仪器高、开始时间。开机时应确认为静态模式，然后主机开始搜星且卫星灯开始闪烁，达到记录条件时状态灯会按设定好的采样间隔闪烁、闪一下表示采集了一个历元。一个时段数据采集完成后应关闭主机，然后进行数据的传输和内业数据处理，内业数据处理应遵守相关接收机生产厂家随机附带的《GPS 数据处理软件操作手册》的相关规定。

GPS 控制网设计应遵守相关规范规定。GPS 网一般应通过独立观测边构成闭合图形以增加检核条件、提高网的可靠性，如三角形、多边形或附合线路。GPS 网点应尽量与原有地面控制网点相重合，重合点一般不应少于 3 个（不足时应联测）且应在网中分布均匀以便可靠地确定 GPS 网与地面网之间的转换参数。GPS 网点应考虑与水准点相重合，非重合点一般应根据要求以水准测量方法（或相当精度的方法）进行联测，或在网中设一定密度的水准联测点以便为大地水准面的研究提供资料。为便于观测和水准联测，GPS 网点一般应设在视野开阔和容易到达的地方。为便于用经典方法联测或扩展，可在网点附近布设一通视良好的方位点以建立联测方向，方位点与观测站的距离一般应大于 300m。根据 GPS 测量的用途不同，GPS 网的独立观测边均应构成一定的几何图形，图形的基本形式可为三角形网、环形网、星型网。

12.4.2　GPS-RTK 作业的电台模式

实时动态测量（Real Time Kinematic），简称 RTK。RTK 技术是全球卫星导航定位技术与数据通信技术相结合的载波相位实时动态差分定位技术，包括基准站和移动站，基准站将其数据通过电台或网络传给移动站后，移动站进行差分解算便能够实时地提供测站点在指定坐标系中的坐标。GPS-RTK 作业的电台模式如图 12.23 所示。

图 12.23　外挂电台基站模式

1）架设基准站。基准站一定要架设在视野比较开阔、周围环境比较空旷、地势比较高的地方。基准站应避免架在高压输变电设备附近、无线电通信设备收发天线旁边、树下以及水边，这些都会对 GPS 信号的接收以及无线电信号的发射产生不同程度的影响。基准站架设完毕后应依次完成下述工作，即：将接收机设置为基准站外置模式；架好三脚架，放电台天线的三脚架最好放到高一些的位置，两个三脚架之间至少保持 3m 的距离，固定好机座和基准站接收机，如果架在已知点上则要做严格对中、整平，打开基准站接收机；安装好电台发射天线，把电台挂在三脚架上，将蓄电池放在电台的下方；用多用途电缆线连接好电台、主机和蓄电池。多用途电缆是一条 Y 形的连接线，多用途电缆用来连接基准站主机（五针红色插口）、发射电台（黑色插口）和外挂蓄电池（红黑色夹子）并具有供电、数据传输作用。使用 Y 形多用途电缆连接主机的时候应注意查看五针红色插口上标有的红色小点，在插入主机的时候将红色小点对准主机接口处的红色标记即可轻松插入，连接电台一端的时候也应同样进行操作。

2）启动基准站。如图 12.24 和图 12.25 所示，第一次启动基准站时需要对启动参数进行设置，设置过程应依序进行，即：使用手簿上的工程测量系统专用软件连接基准站；进行配置操作，即配置→仪器设置→基准站设置，主机必须是基准站模式；对基站参数进行设置，一般的基站参数设置只需设置差分格式就可以，其他使用默认参数，设置完成后点击右边的"传送"键基站就设置完成了；保存好设置参数后点击"启动基站"，通常基站都是任意架设的故发射坐标是不需要自己输入的，设置电台通道，在外挂电台的面板上对电台通道进行设置，设置电台通道时共有 8 个频道可供选择，设置电台功率（作业距离不够远、干扰低时选择低功率发射即可），电台成功发射了其 TX 指示灯会按发射间隔闪烁。第一次启动基站成功后，以后作业如果不改变配置可直接打开基准站主机即可自动启动。

图 12.24　基站设置界面

图 12.25　基站启动成功

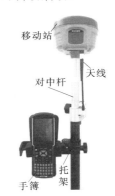
图 12.26　移动站架设

　　3）架设移动站。确认基准站发射成功后即可开始移动站的架设，如图 12.26 所示。架设工作应依序进行，即：将接收机设置为移动站电台模式；打开移动站主机，将其并固定在碳纤对中杆上面，拧上 UHF 差分天线；安装好手簿托架和手簿。

　　4）设置移动站。移动站架设好后需要对移动站进行设置才能达到固定解状态，设置工作应依序进行（图 12.27），即：手簿及工程测量系统专用软件连接；对移动站参数进行设置，一般只需设置差分数据格式的设置，选择与基准站一致的差分数据格式即可，确定后回到主界面；通道设置，即配置→仪器设置→电台通道设置，将电台通道切换为与基准站电台一致的通道号（即二处电台通道号要一样）。设置完毕、移动站达到固定解后即可在手簿上看到高精度的坐标，后续的新建工程、求转换参数操作应按照接收机生产厂家附带的《工程测量系统专用软件 3.0 用户手册》进行。

(a)

(b)

(c)

图 12.27　移动站设置
(a) 界面 1；(b) 界面 2；(c) 电台

12.4.3　GPS - RTK 作业的网络 1＋1 模式

　　RTK 网络模式（网络 1＋1 模式）与电台模式的主要区别在于其采用网络方式传输差分数据，因此，其在架设上与电台模式类似，但在工程测量系统专用软件的设置上区别较大。

　　1）网络基准站和移动站的架设。RTK 网络模式与电台模式只是传输方式上的不同，因此架设方式类似，区别在于以下两个方面，即基准站切换为基准站网络模式、无需架设电台而需安装 GPRS 差分天线；移动站切换为移动站网络模式且应安装 GPRS 差分天线。

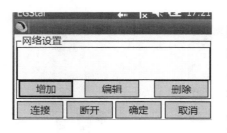

图 12.28　网络配置界面

2）网络基准站和移动站的设置。如图 12.28 和图 12.29 所示，RTK 网络 1＋1 模式基准站和移动站的设置完全相同，先设置基准站，再设置移动站即可。设置过程以依序进行，即设置，配置→网络设置，此时需要新增加网络链接，点击"增加"进入设置界面，"从模块读取"功能是用来读取系统保存的上次接收机使用"网络连接"设置的信息，点击读取成功后会将上次的信息填写到输入栏；依次输入相应的网络配置信息、基准站选择"EAGLE"方式，接入点输入机号或者自定义；设置完后点击"确定"，此时进入参数配置阶段，然后再点击"确定"返回网络配置界面（图 12.30）；连接，主机会根据程序步骤一步一步地进行拨号链接，图 12.31 和图 12.32 的对话分别会显示连接的进度和当前进行到的步骤的文字说明（账号密码错误或是卡欠费等错误信息都可以在此处显示出来），连接成功点"确定"进入到工程测量系统专用软件初始界面；手簿连接移动站，进入工程测量系统专用软件，配置→网络设置（图 12.33 和图 12.34），待全部打钩点击"确定"、出现固定解。

图 12.29　设置界面

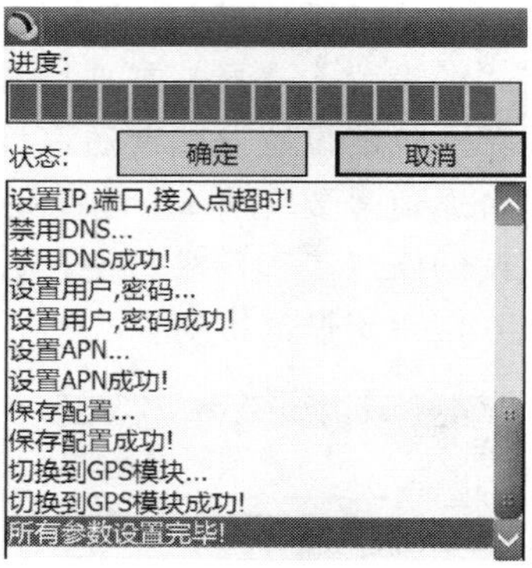

图 12.30　网络设置界面

图 12.31　网络配置界面

图 12.32　拨号链接界面

图 12.33　手簿连接移动站

图 12.34　启动连接

12.4.4 GPS‐RTK 作业的网络 CORS 模式

网络 CORS 模式的优势就是可不架设基站，当地如果已建成 CORS 网，通过向 CORS 管理中心申请账号。在 CORS 网覆盖范围内用户只需单移动站即可作业。具体操作步骤如下（图 12.35），即：主机设置为移动站网络模式，手簿连接移动站后，进入工程测量系统专用软件→配置→网络设置；点击"增加"，输入地址、端口、用户名、密码等参数，点击获取接入点（如果接入点已知可直接输入）；接入点选择好后根据提示点击确定，待回到网络设置界面后点"连接"，直到提示"上发 GGA 成功"后点击"确定"，回到工程测量系统专用软件主界面，出现固定解后开始作业。由于一些地区 CORS 网为专网，上网方式不一样，所以设置 APN 时需输入 CORS 网管理中心的 APN 上网参数。

图 12.35　网络 CORS 模式

12.4.5 GPS 天线高量取方式

静态作业、RTK 作业都涉及天线高的量取问题。GPS 天线高实际上是相位中心到地面测量点的铅直高度，动态模式天线高的量测方法有杆高、直高和斜高 3 种量取方式。

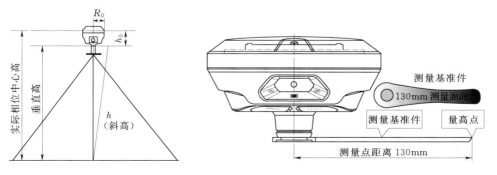

图 12.36　GPS 天线高量取方式之一　　　图 12.37　GPS 天线高量取方式之二

杆高是指地面到对中杆的高度（地面点到仪器底部），可从杆上刻度读取。直高是指地面点到天线相位中心的高度，其值等于地面点到主机底部的铅直高度＋天线相位中心到主机底部的高度。斜高应测到测高片上沿，在手簿软件中选择天线高模式为斜高后输入数值。静态的天线高量测只需从测点量测到主机上的测高片上沿，内业导入数据时在后处理软件中天线高量取方式选择"测高片"即可。GPS 天线高可根据不同仪器的特点酌情采用图12.36 或图 12.37 的量取方式。

12.5　现行主流 GNSS 接收机与电脑的连接方法

GNSS 接收机与电脑连接可进行数据传输、主机设置。

12.5.1　主机数据传输

现行主流 GNSS 接收机文件管理多采用 U 盘式存储，即插即用，直接拖拽式下载不需要下载程序。下载时使用多功能数据线，一端连接 USB，一端连接主机底部七针插孔，连接后电脑出现一个新盘符（图 12.38），如同 U 盘，可对相应文件直接进行拷贝。打开"可移动磁盘"可以看到主机内存中的数据文件和系统文件，如图 12.39 所示，STH 文件为 GNSS 接收机采集的数据文件，修改时间为该数据结束采集的时间。可以直接把原始文件拷贝到 PC 机中，也可以通过下载相关软件把数据拷贝到 PC 机中，使用相关软件可以有规则的修改文件名和天线高。

名称 ▲	大小	类型	修改日期
9110357A.sth	240 XB	STH 文件	2009-12-23 14:53
9110357B.sth	720 XB	STH 文件	2009-12-23 15:07
9110357C.sth	480 XB	STH 文件	2009-12-23 15:16
9110357D.sth	3,360 XB	STH 文件	2009-12-23 16:23
91103371.sth	4 XB	STH 文件	2009-12-3 15:40
91103372.sth	290 XB	STH 文件	2009-12-3 15:48
91103373.sth	140 XB	STH 文件	2009-12-3 17:12
91103374.sth	240 XB	STH 文件	2009-12-3 17:20
91103375.sth	240 XB	STH 文件	2009-12-3 17:24
91103451.sth	291 XB	STH 文件	2009-12-11 13:44
91103452.sth	186 XB	STH 文件	2009-12-11 13:51
91103461.sth	240 XB	STH 文件	2009-12-12 10:31
91103462.sth	255 XB	STH 文件	2009-12-12 10:49
91103463.sth	399 XB	STH 文件	2009-12-12 10:59
91103464.sth	69 XB	STH 文件	2009-12-12 11:03
91103481.sth	300 XB	STH 文件	2009-12-14 8:38
91103482.sth	113 XB	STH 文件	2009-12-14 10:01
91103551.sth	223 XB	STH 文件	2009-12-21 11:58

图 12.38　U 盘新盘符　　　　图 12.39　主机内存中的数据文件和系统文件

12.5.2　典型 GNSS 接收机仪器之星 InStar 的操作

仪器之星 InStar 是一款集多种功能为一身的设置工具，可对仪器进行数据传输、固件升级、参数设置、电台设置、网络设置、主机注册。此工具操作简单、方便。可登录GNSS 接收机官方网站下载此工具，然后需要将下载好的仪器之星安装到电脑上。以USB 方式使用的功能选项为"数据导出""参数设置"，以串口方式使用的功能选项为"电台设置""网络设置""主机注册""固件升级"选项两种方式均可。在使用 USB 方式的时候必须先将仪器之星打开，否则无法连接到主机。

软件安装应遵守用户手册的相关规定，即在电脑上安装完成后双击仪器之星（图

12.40），再按操作步骤运行仪器之星（图 12.41 主界面）。

图 12.40 仪器之星图标 　　　　图 12.41 仪器之星主界面

　　数据导出应遵守用户手册的相关规定。用多功能数据线，七针串口一端连接主机，USB 一端连接电脑，点击"数据导出"选项。点击【选择存储目录】可更改数据储存的路径，数据导出时支持单一导出和多选导出，只需要在要导出的数据文件前面方框勾选上后再点击"下一步"即可完成文件的导出，如果要删除主机内的数据则需要在"删除主机文件"前进行勾选并选中要删除的文件，点击"下一步"即可完成数据的删除。如果要进行 Rinex 转换，同样需对"Rinex 格式转换"选项勾选并选中需要转换的文件，点击"下一步"即可完成。相关界面如图 12.42 所示。

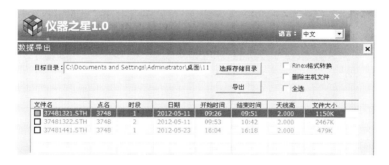

图 12.42 数据导出界面

　　固件升级应遵守用户手册的相关规定。固件升级包含串口和 USB 两种升级方法。如图 12.43 所示，串口模式的固件升级应依序进行，即将 GNSS 接收机在关机状态下使用串口连接电缆连接电脑串口，点击"固件升级"，在弹出的"固件升级"对话框中选中正确的串口（此处串口为电脑串口），波特率 115200，选择正确的升级文件，点击"打开"按钮，开启主机，开始升级；根据提示启动主机；开始升级；升级完成。升级过程中不可中断主机的电源或强行关机，否则会造成仪器的损坏，应严格按软件说明书进行操作，必要时可详细咨询当地经销商。如图 12.44 所示，USB 模式的固件升级应依序进行，即通过多功能数据线 USB 一端连接电脑，七针插口连接上主机，点击"固件升级"，弹出 USB 模式下的固件升级窗口，点击"选择固件"固件选择完毕后点击升级按钮即可，等到固件成功下载到主机后，根据提示将主机与电脑 USB 连接断开并将主机重新启动，主机开始升级，此时出现主机的指示灯开始循环闪烁表示此时主机正在升级；选择固件，即选择对应主机固件；固件下载完成。

图 12.43　串口模式的固件升级

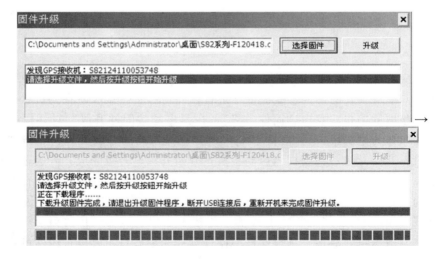

图 12.44　USB 模式的固件升级

参数设置应遵守用户手册的相关规定。使用时必须先将仪器之星打开,用 USB 接口连接电脑,打开"参数设置",分为静态设置、动态设置及系统设置(图 12.45)。其中的"静态设置"主要是对静态模式下的截止角、采样间隔进行设置;"动态设置"主要是对主机差分类型、数据链、记录原始数据进行设置,此时的数据是在动态模式下记录的,此设置对静态模式没有影响;"系统"主要是对主机的工作模式进行设置。参数设置好后点击"保存"选项,此时参数被成功写入主机中、开机即可生效。

图 12.45 参数设置界面

图 12.46 电台设置界面

电台设置应遵守用户手册的相关规定。如图 12.46 所示,此项设置可对主机电台的频道切换以及对 1~8 频道的频率进行修改,国内电台频率一般是从 450~470MHz、频率间隔为 0.5MHz,因此每隔 0.5MHz 可设置一个而避免被其他使用者干扰。设置工作应依序进行,即使用串口线将主机与电脑连接,主机处于开机状态(不需要对主机进行特殊设置,主机开机即可);点击"电台设置"将其打开,选择正确的串口,波特率 115200,再点击"打开"即可,在"程序信息"栏中将显示连接信息并提示连接成功或者失败;在设置界面可直接进行修改,频道号可通过下拉菜单选择(1~8 任意选择),选择好后再点击"切换"即可。如果需要对各频道号对应的频率进行更改,可在相应的频道号后进行更改(频率是从 450~470MHz、间隔为 0.5MHz),更改时注意不能超过这个范围,否则更改将失败,更改好后点击"设置频率"按钮即可并会在信息栏中有相应提示。如果想恢复主机出厂默认的频率,点击"默认频率"按钮就可恢复到出厂的频率。

网络设置应遵守用户手册的相关规定。如图 12.47 所示,网络设

图 12.47 网络设置界面

置工作应依序进行，即主机通过串口线与电脑相连，选择正确的端口，波特率为 115200，点击"打开"并提示成功即可，设置框中呈灰色的选项将无法修改；然后选择模式设置，一般在移动站模式下时选择 NTRIP 模式，在基准站时一般选择 EAGLE 模式进行设置；NTRIP 模式或 EAGLE 模式都需要在 IP 和端口处输入当地 CORS 的服务器 IP 和端口；然后再在对应的模式框中设置其他参数；参数填写完成后，点击"设置"按钮完成参数的保存。"EAGLE 模式"时本机号和 base 机号都填当前主机机号、密码自定义；"NTRIP - VRS 模式"时域处填写接入点、用户和密码自定义；"接入网设置"时 APN 设置为"cm-net"、用户和密码自定义；"DNS"项不需要设置。

　　主机注册应遵守用户手册的相关规定。如图 12.48 所示，主机使用多功能数据线串口形式连接电脑，输入 20 位正确注册码，点击"输入"，开始写入注册码。如图 12.49 所示，手簿直接注册是最简单也是最常用的注册方法，首先把主机开机并通过蓝牙与手簿连接，然后在工程测量系统专用软件的"关于"下面的"主机注册"，输入 20（36）位注册码，点"注册"即可。

图 12.48　连接电脑注册主机　　　　图 12.49　手簿直接注册

12.6　超站仪的构造与使用

　　如图 12.50 所示，所谓超站仪是指 GNSS 与智能电子全站仪集成的综合测量系统，其出现突破了传统的测量作业模式。在 Smart - Station 中，Smart - Antenna 安装于 TPS1200/1200＋全站仪上。Smart - Station 操作员可全方位地操纵设备并进行观测。

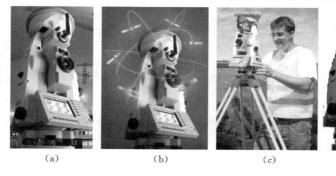

　　　　　（a）　　　　　　　（b）　　　　　　　（c）　　　　　　　（d）

图 12.50　徕卡的超站仪 Smart - Station
（a）工作现场；（b）自定位原理；（c）架设过程；（d）主机

Smart – Station 特别适合在手动操作的全站仪上使用。由于 Smart – Station 的位置坐标可由 RTK 测定，所以可不再依赖已知控制点。观测者可直接将 Smart – Station 安置到任何便利的地方并有多种定向方法可以利用。在三脚架上的 Smart – Station 中，所安置的 Smart – Antenna 的稳定性大大高于安置在手持测杆上标准 RTK 流动站中的 Smart – Antenna，这种稳定性有助于 RTK 的计算并扩大其工作区域。应用 RTK，Smart – Station 通常会在数秒内在距参考站 50km 或更远的距离处以厘米级精度测定其安置位置。

12.6.1 超站仪在地形测量中的应用

如图 12.51 所示，进行地形测量时由于树木、植被及工程特性等原因，全站仪碎部测量比标准的 RTK 流动站更适合。如果测区内无已知控制点可供全站仪安置，但在 40km 远处有一个参考站，其发送数据可供 RTK 流动站使用时 Smart – Station 就会优势凸显。

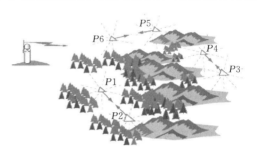

图 12.51 超站仪地形测量

传统的地形测量方法是应用标准 GPS 设备测定遍及测区的若干控制点，将控制点坐标导入全站仪，在控制点上安置全站仪以另一控制点作为定向点并进行碎部测量，因此，在控制点需要两次安置仪器（一次是 GPS、一次是全站仪）且需要两套设备，有时还需要两个测量小组。

用 Smart – Station 进行地形测量非常方便。Smart – Station 可安置于任何合适的地方，这些地方只需要"对天通视"。在第一个点 $P1$ 上用 RTK 测定点位，用尚未测定坐标的将被使用的第二个点 $P2$ 进行定向，然后在 $P1$ 点处测量碎部点。再在 $P2$ 点上安置 Smart – Station 并利用 RTK 测定其点位。此时，$P1 \to P2$ 的方位角就已经知道了，Smart – Station 会自动重新计算所有在 $P1$ 点测量的碎部点的坐标。$P2$ 点上的 Smart – Station 利用 $P1$ 点定向，在 $P2$ 点测量碎部点。连续使用这一方法即可很快完成地形测量工作。

用 Smart – Station 进行地形测量的优点是无需做导线；在需要之处通过 RTK 建立控制；只需在点上安置仪器一次；测量作业仅需要 Smart – Station 且仅需要一组测量人员；在 Smart – Station 中会随设站坐标的更新自动重新计算；具有天生的一贯高精度；测量花费的时间更少。

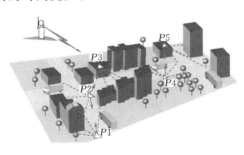

图 12.52 超站仪城市公用事业设备测量

12.6.2 超站仪在城市公用事业设备测量中的应用

如图 12.52 所示，所有水、煤气、电等公用事业管网的检修孔、井盖、消防栓、配电箱等的点位都需要测定。沿着道路的高层建筑和树木为使用 RTK 流动站进行测定制造了困难。因为许多观测目标都靠近建筑物或位于树下，它们可以通过全站仪进行测量却不能在其上安置 GPS 流动站。若城市运行着一个公用的 GPS 参考站则 Smart – Station 就可大显身手。

使用全站仪时周围需要存在控制点，但通行和停放的车辆及其他障碍使在控制点上安置仪器以及在控制点间定向变得极为困难。若使用一台标准全站仪将不得不在十分困难的环境中布设许多的导线。工作前的仔细规划和工作中的即兴发挥都不可缺少。测量作业将变得棘手且进展缓慢。

应用 Smart－Station 进行城市公用事业设备测量非常方便。在道路交叉点、空地甚至楼顶这些 RTK 可以应用的地方安置 Smart－Station，使用前述 Smart－Station 进行地形测量时的两两测站对（比如 $P1－P2$、$P2－P3$ 和 $P4－P5$）观测到所需测量目标点的角度和距离。若观测结束后有可使用的正确度盘定向则 Smart－Station 将自动重新计算所有的坐标。

应用 Smart－Station 进行城市公用事业设备测量的优点在于不需要控制点；没有棘手的导线测量；仅需 RTK 测定点位；精度高；快速、灵活、方便；简便易行、节省时间。

12.6.3　超站仪在大型建筑工地放样中的应用

如图 12.53 所示，大型建筑工地放样作业中需要安放众多的标志且有大量的构件需要就位。尽管周围有控制点，但常因设备操作、材料堆放、车辆行驶等原因遭受破坏或遮埋。即使周围有 GPS 参考站发送数据到 RTK 流动站，但由于障碍或建筑物结构的影响，许多点都无法用 RTK 进行放样。

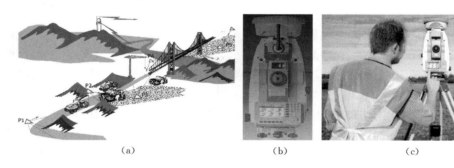

图 12.53　超站仪建筑工地放样
(a) 工地状态；(b) 主机；(c) 测量作业

传统的放样是全站仪，但有时会有困难且耗费时间。全站仪放样需要在建筑物周围布设导线，还需要建立临时工作点以用于碎部放样。因此，工作计划会不断被修改。设备和材料时常需搬迁，从而大大降低测量效率及施工工作进度。

Smart－Station 放样非常方便，其不需事先布设控制点，可直接在需要之处安置 Smart－Station 并用 RTK 测定点位。在 $P1$ 点处安置 Smart－Station 并用 RTK 测定其位置坐标，在 $P2$ 点处安置 Smart－Station 用 RTK 测定点位并以 $P1$ 为后视点进行定向，然后即可在 $P2$ 点进行放样。以这一方法建立工作点对或点组，放样工作可基于这些点对或点组进行。由于是通过 RTK 测定点位，这些点或点组间并不需应用全站仪进行观测连接。

Smart－Station 放样的优点在于在便利之处安置仪器；不需要控制点；不需要布设导线；用 RTK 定位；干扰更少；停工更少；放样更快速；施工更快速；精度高。

12.6.4 超站仪的定向方法

在 Smart - Station 所安置的点上，其坐标和高程是由 RTK 测定的。而水平度盘的设置定向则是通过观测另一个点（或多个点）进行的。所使用的这个点（或多个点）必需距测站点有足够的距离以便提供"好的"定向基本方向。通常有 3 种可实施的定向方法，即：利用一个已知点（已知后视点）进行定向；利用一个未知坐标点进行定向（设置方位角）；利用一个或多个已知点定向并利用其中的一个或多个点的高程来确定测站高程（定向及高程传递）。

（1）利用一个已知点（已知后视点）进行定向。

如图 12.54 所示，在点 $P1$ 安置 Smart - Station。用 RTK 测定 $P1$ 点位置。精确地瞄准第二个点 $P2$，该 $P2$ 点的坐标为已知且已存储于 Smart - Station 中。Smart - Station 计算 $P1 \to P2$ 的坐标方位角并正确地设置水平度盘读数。至此，观测者可以观测角度和距离，用 Smart - Station 进行测量和放样。$P2$ 既可以是一个其坐标已存储于 Smart - Station 中的标准控制点，也可以是一个 Smart - Station 已经在其上安置过的点，其坐标已由 RTK 所测定。在这一方法中，测站坐标（东坐标，北坐标）和高程（H）由 RTK 测定。该方法中定向点的坐标将在此后确定。在点 $P1$ 安置 Smart - Station 并通过 RTK 测定其位置坐标，精确地瞄准第二个点 $P2$，$P2$ 点的坐标目前尚未测定。

（2）利用一个未知坐标点进行定向（设置方位角）。

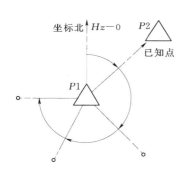 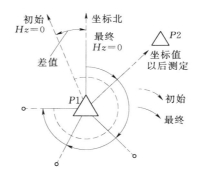

图 12.54 利用一已知点定向　　　图 12.55 利用一未知坐标点定向

如图 12.55 所示，观测者可以在 $P1$ 点观测角度和距离及进行测量。但此时 $P1 \to P2$ 的坐标方位角尚属未知，因此水平度盘读数（度盘方位）及所测量的点的坐标还不是最终坐标（临时坐标系中的坐标）。当在 $P1$ 点完成所有的观测点及碎部测量后搬站到 $P2$。在 $P2$ 点安置 Smart - Station 并通过 RTK 测定其测站坐标。Smart - Station 完全自动地执行下述操作，即计算 $P1 \to P2$ 及 $P2 \to P1$ 的坐标方位角；对所有在 $P1$ 点的观测数据实施 $P1 \to P2$ 的坐标方位角改正并自动重新计算其坐标值。Smart - Station 瞄准 $P1$ 点后正确地设置水平度盘读数。此时观测者就可以在 $P2$ 点观测角度和距离并进行测量工作了。

需要说明的是，并非在 $P1$ 点观测完成后就需要立即到 $P2$ 点设站。具体可视观测者的方便，观测者可在任何时候测定（或输入）$P2$ 点的坐标。一旦测定（或输入）了 $P2$ 点的坐标，Smart - Station 就会重新计算所有在 $P1$ 点测量的点的坐标。

该法的优点是在碎部测量工作开始前不需测定控制点。只要走到工作点，在便利之处安置 Smart – Station，然后开始工作即可。可在观测者观测过程中测定那些能够观测到碎部的控制点。使用这一方法时，测站坐标（东坐标 E，北坐标 N）和高程（H）由 RTK 测定。

需要强调的是，该方法不能用于工程放样。对放样来说，其他两种方法中的任一种都可以使用。因对放样工作而言，观测者首先需应用一个已知点（或多个点）进行定向。

（3）综合定向及高程传递。

如图 12.56 所示，综合定向及高程传递是指利用一个或多个已知点定向并利用其中的一个或多个点的高程来确定测站高程。本方法与利用一个已知点（已知后视点）进行定向相似，但本方法提供了下述可能，即定向点可以是 1 个或多个（最多为 10 个）；从 1 个或多个控制点中可推算出测站高程（即根据控制点传递高程）也可接受由 RTK 测定的高程。

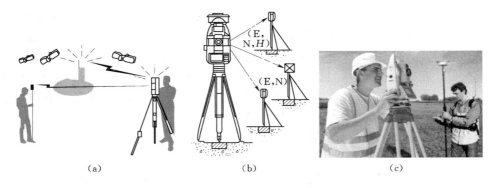

（a）　　　　　　　　　（b）　　　　　　　　　（c）

图 12.56　综合定向及高程传递
（a）工作原理；（b）现场布置；（c）作业过程

在 P1 点安置仪器并用 RTK 测定其位置坐标，然后可以瞄准 1 个或多个（最多 10 个）控制点，这些控制点可以是包含平面坐标（东坐标 E，北坐标 N）和高程（H）的点；或者仅包含平面坐标（东坐标 E，北坐标 N）的点；或者仅包含高程（H）的点。若一个控制点仅包含高程（比如一个水准点）则应观测测站到该点的距离。当按压 CALC 键（计算键）时 Smart – Station 将执行以下操作，即基于对所有点的观测和定向设置水平度盘；根据控制点的高程计算 P1 点的高程。至此，观测者口可以用 Smart – Station 观测角度和距离以及进行测量和放样了。

在本方法中的平面坐标（东坐标 E，北坐标 N）由 RTK 测定，观测者可以接受根据观测控制点计算出的高程（H）或由 RTK 测定的高程（H）。本定向方法有许多选项，从而为观测者提供了极大的可变空间。当测区内的高程是基于某个特定的高程基准时，比如用于灌溉、排水、水文、建筑施工和工程测量的相对高程系统时，接受根据观测控制点计算出的高程将有利于后续的测量工作。

12.6.5　超站仪的数据处理

超站仪可用后处理代替 RTK（图 12.57）。绝大多数的用户总是会使用 Smart – Station 的 RTK 功能。但如果在偏远的测区内没有参考站能够在合适的范围内发送 RTK 数据就可能需要用后处理的方式计算 Smart – Station 的位置。实施前述各种测量作业时应记录由 Smart – Station/Smart – Antenna 所采集的卫星数据以代替使用 RTK。应用徕卡测量办公软件（LGO）通过 Internet 网可从可用的远端参考站下载数据，然后使用徕卡办公软件通过与参考站之间基线向量的后处理确定 Smart – Station 的坐标。此时，徕卡测量办公软件将重新计算所有用 Smart – Station 测量的碎部点和地形点。为了确保观测者能以厘米级的精度（即在后处理中重新解算模糊度）计算出 Smart – Station 的坐标，在测站上接收卫星数据的时间应足够长。该种情况下应在 Smart

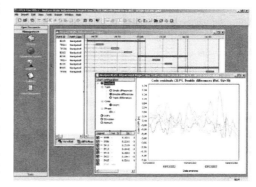

图 12.57　超站仪的后处理

– Station 的安置点上作标记（比如木桩、铁钉等），以便必要时观测者能在该点上重新安置仪器并采集更多的卫星数据。大多数 Smart – Station 用户不会需要使用后处理。

　　Smart – Station 是一种具有里程碑意义的测量工具，它把 LeicaGPS1200RTK 和 LeicaTPS1200/1200＋全站仪结合在一起进行测量。Smart – Station 用 RTK 直接测定全站仪的位置。然后，所有的测量和放样工作都由 TPS1200/1200＋全站仪实施。由于 RTK 为 Smart – Station 测量提供了控制，所以不需要常规的控制点或导线测量。用 Smart – Station 观测者可以直接到工作地点立即开始进行工作。Smart – Station 具有全方位的测量功能，其测量和放样速度更快，可减少全站仪的安置次数，可用于任何类型的作业，省时省力，效率、效益更高，RTK 可确保一致的高精度遍及整个工作区域。

思 考 题 与 习 题

1．简述 GNSS 接收机的发展现状。

2．目前的 GNSS 接收机有哪些基本特点？

3．简述 GNSS 接收机主机系统的基本特征。

4．GNSS 接收机的手簿系统有哪些特点和要求？

5．GNSS 接收机的外挂电台有哪些特点和要求？

6．常见的 GNSS 接收机主机配件有哪些？

7．GNSS 测量对工作环境有哪些要求？

8．如何进行 GPS 静态测量作业？

9．如何进行电台模式的 GPS – RTK 作业？

10．如何进行网络 1＋1 模式的 GPS – RTK 作业？

11．如何进行网络 CORS 模式的 GPS – RTK 作业？

12．如何量取 GPS 天线高？

13．如何进行 GPS 主机数据的传输？

14．简述超站仪的工作特点。

第 13 章　工程建设放样的基本方法

13.1　点　位　放　样

把图纸上设计好的工程结构位置（包括平面和高程位置）在实地标定出来的工作称为测量放样（或测设），测量放样的主要工作包括点位放样、高程放样、坡度放样、曲线放样、等。测量放样是土木建筑工程以及其他各种工程建设活动必须依托的基本测绘技术。

点位放样（也称点的平面位置测设）是根据已布设好的 2 个及以上控制点坐标和待测设点（放样点）的坐标在实地定出待测设点的工作，可根据所用仪器设备、控制点的分布情况、测设场地地形条件及测设点精度要求灵活采用多种放样方法，采用的主要方法是解析法（极坐标法）和几何关系法。

当地面上有 2 个已知控制点时就可以利用解析法对其周围的任何设计位置（放样点）进行放样，假设 2 个已知控制点 A、B 的坐标是 $(X_A，Y_A)$、$(X_B，Y_B)$，欲放样点 P 坐标为 $(X_P，Y_P)$，要求在实地标定出 P 点的位置。我们可以以 A 为测站点、B 为后视点放样 P 点，首先根据 A、B 的坐标利用坐标反算原理计算出 AB 的方位角 α_{AB}，再根据 A、P 的坐标利用坐标反算原理计算出 AP 的方位角 α_{AP} 和 AP 的水平距离 D_{AP}，则 AP 方向线与 AB 方向线的夹角 β（称放样角）为 $\beta=\alpha_{AP}-\alpha_{AB}$。然后在 A 点安置经纬仪盘左瞄准 B 点，照准部顺时针转动 2 周后再次瞄准 B 点读出水平度盘读数 L_{AB}，继续顺时针转动经纬仪当水平度盘读数变为（$L_{AB}+\beta$）时望远镜的视线方向就是 AP 的方向线（若 $L_{AB}+\beta$ 为负值，则水平度盘读数应为 $L_{AB}+\beta+360°$），沿望远镜视线方向丈量水平距离 D_{AP} 即可定出盘左获得的 P 点位置 P_L。再将 A 点经纬仪盘右瞄准 B 点，照准部逆时针转动 2 周后再次瞄准 B 点读出水平度盘读数 R_{AB}，继续逆时针转动经纬仪当水平度盘读数变为（$R_{AB}+\beta$）时望远镜的视线方向也是 AP 的方向线（若 $R_{AB}+\beta$ 为负值，则水平度盘读数应为 $R_{AB}+\beta+360°$），沿望远镜视线方向丈量水平距离 D_{AP} 即可定出盘右获得的 P 点位置 PR。放样没有误差时 P_L、P_R 会重合，P_L 与 P_R 的水平距离就是放样偏差 Δ，当 Δ/D_{AP} 满足放样要求时取 P_L、P_R 连线的中点作为 P 点的设计位置（P 点放样工作结束）。上述方法称"盘左盘右分中法"。

若设计图中只反映了设计位置与既有地物的位置关系则可利用几何关系法进行放样，比如边交会法、延长线法、等。所谓"几何关系法"就是在实地利用几何划线的方法进行放样。

点位放样利用电子全站仪或 GNSS 接收机效果更好、速度更快，具体可参考本书第 11 章和第 13 章。

13.2　高　程　放　样

将点的设计高程测设到实地上去称为高程放样，其根据附近的水准点用水准测量的方法进行。高程放样的要害是根据已知水准点高程获得放样点附近水准仪的视线高程，水准仪视线高程与设计高程的差值就是水准尺放在设计高程位置时的标尺读数。

1）地面上的高程放样。如图 13.1 所示，水准点 BM_{50} 的高程已知（假设为 7.327m），今欲测设 A 点，使其高程等于设计高程 H（假设为 5.513m），可将水准仪安置在水准点 BM_{50} 与 A 点中间，后视 BM_{50} 得标尺读数（假设为 0.874m）。则水准仪视线高程 H_1 为 $H_1 = H_{BM50} + 0.874 = 7.732 + 0.874 = 8.201m$。要使 A 点的高程等于 5.513m，则 A 点水准尺上的前视读数 b 必须为 $b = H_1 - H_A = 8.201 - 5.513 = 2.688m$。测设时，先在 A 点地面上牢固地打一高

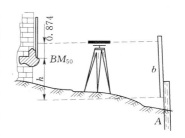

图 13.1　地面上高程放样

木桩，将水准尺紧靠 A 点木桩的侧面上下移动，直到尺上读数为 b 时，沿尺底画一横线，此线即为设计高程 H 的位置。测设时应始终保持照准部长水准管气泡居中。在建筑设计和施工中，为计算方便，通常把建筑物的室内设计地坪高程用 ± 0 标高表示，建筑物的基础、门窗等高程都是以 ± 0.000 为依据进行测设的，因此，首先要在施工现场利用测设已知高程的方法测设出室内地坪高程的位置。

2）隧洞（隧道）高程放样。在地下隧洞（隧道）施工中，高程点位通常设置在隧洞（隧道）顶部。通常规定当高程点位于隧洞（隧道）顶部时，在进行水准测量时水准尺均应倒立在高程点上。如图 13.2 所示，A 为已知高程（H_A）的水准点，B 为待测设高程为 H_B 的位置，由于 $H_B = H_A + a + b$，则在 B 点上应有的标尺读数 $b = H_B - (H_A + a)$。因此，将水准尺倒立并紧靠 B 点木桩上下移动，直到尺上读数为 b 时，即可在 B 点尺底画出设计高程 H_B 的位置。同样，对于多个测站的情况，也可以采用类似的分析和解决方法（图 13.3），A 为已知高程（H_A）的水准点，C 为待测设高程为 H_C 的点位，A、C 相距较远必须通过转点设站实现，假设 A、C 间隧道地面上设了一个转点 B，不难看出，$H_C = H_A - a - b_1 + b_2 + c$，则在 C 点上应有的标尺读数 $c = H_C - (H_A - a - b_1 + b_2)$。

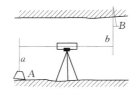

图 13.2　隧洞高程放样

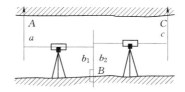

图 13.3　隧洞高程放样（转点）

3）地面开挖高程放样。地面开挖（比如深基槽、基坑）时，地下开挖面与地面间的高差较大，要放样地下开挖面上一点的高程时，标尺放在地下开挖面上时地面上看不到标尺（图 13.4），因此在地面上无法按本书 13.2 中 1）所述方法放样地下开挖面上一点的高程，为此，可采用悬挂钢尺的方法进行测设。如图 13.4 所示，钢尺悬挂在支架上，零端向下并挂一重物，A 为已知水准点（高程为 H_A），B 为待测设点位（高程为 H_B）。在地面和待测设点位附近安置 2 台水准仪，地面上水准仪对地面上的标尺和钢尺读数分别为 a_1、b_1，开挖面上水准仪对开挖面上的钢尺和标尺读数分别为 a_2、b_2。由于 $H_B = H_A +$

$a_1-(b_1-a_2)-b_2$，则可计算出 B 点处标尺的读数 $b_2=H_A+a_1-(b_1-a_2)-H_B$。将水准尺紧靠 B 点木桩的侧面上下移动，直到尺上读数为 b_2 时，沿尺底画一横线，此线即为设计高程 H_B 的位置。

4）高空施工高程放样。高空施工高程放样的方法与开挖高程放样［即 13.2 中 3)］类似，如图 13.5 所示。只是 B 点处标尺读数的计算方法不同，高空施工高程放样 B 点处标尺读数（前视读数）b_2 应为 $b_2=H_A+a_1+(a_2-b_1)-H_B$，将水准尺紧靠 B 点木桩的侧面上下移动，直到尺上读数为 b_2 时，沿尺底画一横线，此线即为设计高程 H_B 的位置。

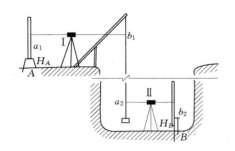

图 13.4　地面开挖高程放样

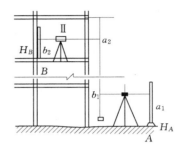

图 13.5　高空施工高程放样

13.3　坡　度　放　样

坡度放样方法（又称已知坡度线测设）就是在地面上定出一条直线，其坡度值等于已给定的设计坡度。在交通线路工程、排水管道施工和敷设地下管线等项工作中经常涉及该问题。坡度放样的过程如图 13.6 所示。设地面上 A 点高程是 H_A，现要从 A 点沿 AB 方向测设出一条坡度 i 为 -0.1% 的直线。先根据已定坡度和 AB 两点间的水平距离 D 计算出 B 点的高程 H_B，计算公式为 $H_B=H_A-iD$。用本书 14.2 节所述测设已知高程的方法，把 B 点高程测设出来，则 AB 两点连线的坡度就等于已知设计坡度 i。

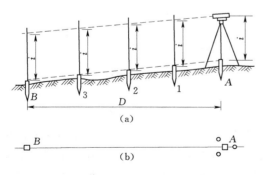

图 13.6　坡度放样方法

当 AB 两点间的水平距离较长时，应沿 AB 方向线定出一些中间点 1、2、3，中间点的间距按工程类型确定，常用间距有 10m、20m、50m、100m。用水准仪测设时，在 A 点安置仪器［图 13.6 (a)］，使一个脚螺旋在 AB 方向线上，而另两个脚螺旋的连线垂直于 AB 线［图 13.6 (b)］，量取仪器高 i，用望远镜瞄准 B 点上的水准尺，旋转 AB 方向上的脚螺旋，使视线倾斜，水准仪对准 B 尺上读数为仪器高 i 时仪器的视线即平行于设计的坡度线。在中间点 1、2、3 处打上木桩，然后在桩顶上立水准尺使其读数皆等于仪器高 i，这样各桩顶的连线就是测设在地面上的坡度线。若桩顶上立的水准尺读数为 q（不等于仪器高 i），则 q 与 i 的差值即为该桩顶与设计的坡度线垂直差距 h 为 $h=q-i$，若 $h>0$

表示桩顶比设计坡度线底 h；$h<0$ 则表示桩顶比设计坡度线高 h。在坡度线中间的各点也可用经纬仪的倾斜视线进行标定。若采用激光经纬仪及激光水准仪代替经纬仪及水准仪，在中间尺上可根据光斑在尺上的位置调整或读出尺子的高低，从而使测设坡度线中间点变得更为便捷。

13.4 曲 线 放 样

在修建渠道、公路、铁路、隧洞（隧道）等建筑物时，从一个直线方向改变到另一个直线方向需用曲线连接，使路线沿曲线缓慢变换方向。常用的曲线是圆曲线。圆曲线测设分两部分，首先定出曲线上主点的位置，然后定出曲线上各个细部点的位置。圆曲线除主点外，还应在曲线上每隔一定距离（弧长）测设一些点，这项工作称为圆曲线的细部放样（测设）。测设细部的方法很多，常用的方法主要有直角坐标法、偏角法、坐标放样法。直角坐标法也称切线支距法，放样时以曲线起点（或曲线终点）为坐标原点，通过该点的切线为 X 轴，垂直于切线的半径为 Y 轴，建立直角坐标系进行放样。偏角法的原理与极坐标法相似，曲线上的点位是根据切线与弦线的夹角（称为偏角）和规定的弦长测定的。

坐标放样法是一种万能放样方法，是目前普遍采用的方法。传统的坐标放样法利用经纬仪进行，可对任意曲线、任意曲线上的任意点进行放样。坐标放样法根据曲线上放样点的坐标、周围 2 个已知控制点的坐标，利用本书 14.1 节所述的极坐标放样法进行。曲线上放样点的坐标可根据曲线方程计算也可以根据 AutoCAD 设计图借助坐标采集命令（ID 命令）获取。利用电子全站仪按坐标放样法进行放样可实现放样工作的三维化（本书第 11 章），具有速度快、精度高、过程简单等多种优点。在公路、铁路、隧道、渠道、隧洞等各类工程施工中得到了普遍的应用。曲线放样利用 GNSS 接收机进行同样速度快、精度高（本书第 13 章）。

思 考 题 与 习 题

1. 简述极坐标法放样点位的过程。
2. 如何进行地面上的高程放样？
3. 隧洞（隧道）高程放样有什么特点？如何进行？
4. 如何进行地面开挖高程放样？
5. 如何进行高空施工高程放样？
6. 如何进行坡度放样？
7. 曲线放样有哪些主要方法？特点是什么？

第14章 建筑工程测量

14.1 土木建筑工程的特点

"土木工程"是指人类对地球固体表面进行改造的实践活动，人类对地球固体表面改造后遗留的有型实体即为所谓的"土木工程结构物"，人类在土木工程实践过程中积累的经验、做法以及各种正确认识就是所谓的"土木工程科学"。不难理解，人类对客观世界（如大自然）的合理探索、揭示和认识称为"科学"，人类改造客观世界（如大自然）的手段称为"技术"，"技术"有好坏之分（一个好的技术应该在造福人类的同时维持自然的和谐与平衡，一个坏的技术则可能将人类引入灭亡的边缘）。毋庸讳言，任何技术（事物、事情）都具有两面性（即好坏两个方面，应两利相交取其重，两害相交取其轻），土木工程也不例外，土木工程既有造福人类的一面也有损害人类的一面，土木工程发展应注意维持自然的和谐与平衡，土木工程过度发展将引发地球的环境灾难（其严重后果可能会超出人类想象）。"土木工程科学"是科学与技术的集合体，既具有科学的属性也具有技术的属性。狭义"土木工程科学"是建造各类工程设施的科学技术的总称，它既指工程建设的对象（即建在地上、地下、水中的各种工程设施，如房屋、道路、铁路、运输管道、隧道、桥梁、运河、堤坝、港口、电站、飞机场、海洋平台、给水和排水设施以及防护工程等），也指工程建设所应用的材料、设备以及相关的勘测、设计、施工、保养、维护、经营等技术。土木工程技术是人类文明的最重要标志之一，是人类文明形成及社会进化过程中必需的民生工业，是国家建设的基础行业。目前，一项工程设施的建造通常要经过勘察、设计和施工3个阶段，需要运用工程地质勘察、水文地质勘察、工程测量、土力学、工程力学、工程设计、建筑材料、建筑设备、工程机械、建筑经济等学科理论和施工技术、施工组织等领域的知识以及电子计算机和力学测试等技术，因此，土木工程科学是一门涉及众多知识领域的、范围广阔的综合性学科。

广义的土木工程结构物是指地球表面或浅表地壳内的一切人工构筑物，狭义的土木工程结构物主要指工业与民用建筑（这也是我国对土木工程结构物的基本认定）。为了符合国内现状，本章的土木工程结构物也专指工业与民用建筑。

普通建筑结构通常可按使用功能、建筑规模与数量、建筑层数、承重结构采用的材料进行分类。建筑物按使用功能可分为民用建筑、工业建筑、农业建筑、其他建筑，民用建筑是指供人们工作、学习、生活、居住用的建筑物（包括住宅、宿舍、公寓、等居住建筑和公共建筑。公共建筑按性质的不同又可分为文教建筑、托幼建筑、医疗卫生建筑、观演性建筑、体育建筑、展览建筑、旅馆建筑、商业建筑、电信与广播电视建筑、交通建筑、行政办公建筑、金融建筑、餐饮建筑、园林建筑、纪念建筑等），工业建筑是指为工业生产服务的生产车间及为生产服务的辅助车间、动力用房、仓储用房等，农业建筑是指供农（牧）业生产和加工用的建筑（比如种子库、温室、畜禽饲养场、农副产品加工厂、农机修理厂等），其他建筑是指不属于以上 3 种建筑的建筑（比如兵工建筑、人防建筑等）。建筑物按建筑规模和数量可分为大量性建筑和大型性建筑两类，大量性建筑是指建筑规模不大但修建数量多且与人们生活密切相关的分布面很广的建筑（如住宅、中小学教学楼、医院、中小型影剧院、中小型工厂等），大型性建筑是指规模大、耗资多的建筑（如大型体育馆、大型剧院、航空港站、博览馆、大型工厂等。与大量性建筑比较，大型性建筑修建数量很有限但这类建筑在一个国家或一个地区具有代表性且对城市面貌的影响也较大）。

人们也习惯按建筑层数将建筑分为多层建筑、高层建筑和超高层建筑，我国将住宅建筑依层数划分为低层（1～3 层）、多层（4～6 层）、小高层（7～9 层）、中高层（20 层左右）、高层（30 层左右接近 100m）、超高层（50 层左右 200m 以上），公共建筑及综合性建筑总高度超过 24m 为高层（但高度超过 24m 的单层建筑不算高层建筑），超过 100m 的民用建筑为超高层建筑，多层建筑也指建筑高度大于 10m、小于 24m 且建筑层数大于 3 层、小于等于 7 层的建筑。另外，我国《高层建筑混凝土结构技术规程》（JGJ 3—2010）规定 10 层及 10 层以上或高度超过 28m 的钢筋混凝土结构为高层建筑结构，建筑高度超过 100m 时为超高层建筑。我国的房屋一般 8 层以上就需要设置电梯，10 层以上的房屋就有提出特殊防火要求的防火规范，故，我国《民用建筑设计通则》（GB 50352）和《高层民用建筑设计防火规范》将 10 层及 10 层以上的住宅建筑和高度超过 24m 的公共建筑和综合性建筑归类为高层建筑。1972 年国际高层建筑会议将高层建筑分为 4 类，第一类为 9～16 层（最高 50m）、第二类为 17～25 层（最高 75m）、第三类为 26～40 层（最高 100m）、第四类为 40 层以上（高于 100m）。现代高层建筑兴起于美国，1883 年在芝加哥建起第一幢高 11 层的保险公司大楼，1931 年在纽约建成高 101 层的帝国大厦。第二次世界大战以后出现了世界范围的高层建筑繁荣时期，1970—1974 年美国芝加哥建成了高约 443m 的西尔斯大厦。高层建筑可节约城市用地，缩短公用设施和市政管网的开发周期，从而减少市政投资、加快城市建设。高层建筑的最新定义是超过一定层数或高度的建筑，高层建筑的起点高度或层数各国规定不一且多无绝对、严格的标准（如美国将 24.6m 或 7 层以上的建筑称为高层建筑；日本将 31m 或 8 层及以上的建筑称为高层建筑；英国则把 ≥24.3m 的建筑称为高层建筑）。1972 年 8 月在美国宾夕法尼亚洲的伯利恒市召开的国际高层建筑会议上专门讨论并提出了高层建筑的分类和定义，超高层建筑（Extra - high building）指 40 层以上、高度 100m 以上的建筑物。1909 年建成的纽约 Metropolitan Life Tower（大都会人寿保险公司大楼，50 层，高 206m）是世界第一幢高度超过 200m 的摩天大楼，目前世界著名的高楼有迪拜的哈利法塔（Khalifa Tower）〔其下部（−30～601m）为钢筋混凝土结构，上部（601～828m）为钢结构，总高度 828m〕；深圳平安国际金融大厦（680m）；上海中心大厦（Shanghai Tower，632m）；上海国际环球金融中心（WFC，492.5m）；香港环球贸易广场（高 484m）；台北 101 大厦（Taipei 101，480.5m）；广州西塔（460m）；马来西亚国家石油公司双塔大楼（451.9m）；美国芝加哥西尔斯大厦（442m）；上海金茂大厦（420.5m）；香港国际金融中心（420m）；广州中信广场（391m）；深圳地王大厦（384m）；美国纽约帝国大厦（381m）等，部分高楼的形象如图 14.1 所示。

（a）　　　　　　　　　　（b）　　　　　　　　　（c）

图 14.1　世界的几个典型超高层建筑
（a）迪拜哈利法塔；（b）台北 101 大厦；（c）上海三高（上海中心大厦、
上海国际环球金融中心、上海金茂大厦）

建筑物按承重结构采用的材料的不同可分为木结构建筑、砌块（砖或石等）结构建筑、钢筋混凝土结构建筑、钢结构建筑、混合结构建筑等。木结构建筑是指以木材作房屋承重骨架的建筑。砌块（砖或石等）结构建筑是指以砖或石材为承重墙柱和楼板的建筑，这种结构可就地取材，能节约钢材、水泥，能降低造价，但抗震性能差、自重大。钢筋混凝土结构建筑是指以钢筋混凝土作承重结构的建筑（比如框架结构、剪力墙结构、框剪结构、筒体结构等），其具有坚固耐久、防火、可塑性强等优点，应用较为广泛。钢结构建筑是指以型钢等钢材作为房屋承重骨架的建筑，钢结构力学性能好、便于制作和安装、工期短、结构自重轻，适宜于超高层和大跨度建筑。混合结构建筑是指采用两种或两种以上的材料作承重结构的建筑，如：由砖墙和木楼板构成的砖木结构建筑；由砖墙和钢筋混凝土楼板构成的砖混结构建筑；由钢屋架和混凝土（墙或柱）构成的钢混结构建筑等，目前应用最多的是钢与混凝土组合结构（Steel Reinforced Concrete Composite Structures，是由钢与混凝土组合构件组成的结构）。现代建筑采用最多的结构形式是钢筋混凝土结构（简称混凝土结构）、钢结构、混合结构，因此，混凝土结构、钢结构、混合结构被称为现代建筑三大结构体系。典型建筑物的内外部构造及相关部位名称如图 14.2 和图 14.3 所示。

一幢建筑通常是由基础、墙或柱、楼地层、楼梯、屋顶和门窗等 6 大部分所组成。一幢建筑除上述几大基本组成部分外，对不同使用功能的建筑物，还有许多特有的构件和配件，比如阳台、雨篷、台阶、排烟道等。目前常见的两大类建筑是钢筋混凝土结构（简称混凝土结构）和钢结构。

本章主要介绍最具代表性的工业与民用建筑工程测量的基本方法和基本要求。其他土木工程结构物的相关测量工作可参照执行。

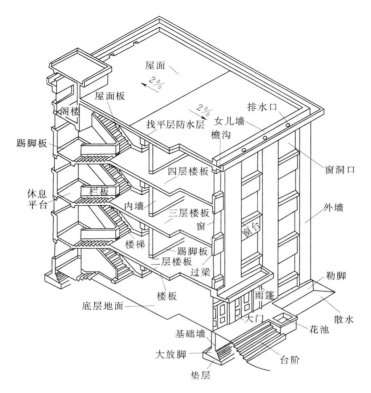

图 14.2 典型民用建筑构造

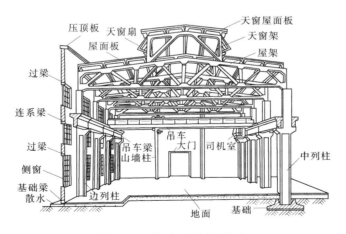

图 14.3 典型工业厂房构造

14.2 建筑工程测量的特点及宏观要求

本章建筑工程测量主要介绍工业与民用建筑工程、建筑小区内市政工程等施工、竣工阶段的施工测量工作。施工测量应以中误差作为衡量测量精度的标准，以两倍中误差为极限误差。施工测量工作应积极采用符合规范精度要求的新技术、新方法和新设备。施工测量应符合国家现行有关标准的规定。所谓建筑小区是指新建与改扩建的居住小区、公共建筑群与工业厂区的总称。建筑物定位是指根据设计条件，依据平面控制点、建筑红线桩点或与既有建筑物的关系，将拟建建筑物四廓的主轴线桩或建筑物角点测设到地面上的测量工作。建筑标高是指拟建建（构）筑物的某点与设计单位确定的建筑物零点的高差。轴线竖向投测是指将建（构）筑物轴线由测量控制基准点向上或向下引测至待测部位的测量工作。标高竖向传递是指建筑施工时根据高程基准点向上或向下传递高程的测量工作。铅直度测量是指确定结构物中心线偏离铅垂线的距离及其方向的测量工作。建筑施工变形测量是指施工期间对建（构）筑物位移、沉降、挠度、裂缝、内力等所进行的测量工作。竣工测量是指工程竣工验收时对已建建（构）筑物主体工程及其附属设施的平面位置与高程进行的测量工作。竣工图是指根据竣工测量资料编绘的反映建（构）筑物主体及其附属设施的实际平面位置和高程的图。允许误差通常以规定的或预期的中误差的 2 倍作为各种测量误差的允许范围，也称限差。

14.2.1　建筑工程施工测量的基本要求

工程施工总承包单位应具备完整的测量管理体系，应设立技术负责人领导下的测量部门对各分包单位测量工作进行管理。施工和监理单位测量人员的能力和技术水平应满足相应工程施工测量的要求。测量仪器和量具应按国家计量部门有关规定进行检定，经检定合格后方可使用。测量仪器和量除按规定周期检定外，经常使用的经纬仪、水准仪等仪器设备的主要轴系关系应在每次作业前进行检验校正，施工中还应进行定期检验校正。测量仪器和量具的使用应规范并应精心保管、加强维护保养使其保持良好状态。工程施工测量的坐标系统宜采用国家（地方）坐标系统，高程系统宜采用国家高程系统，采用独立的坐标和高程系统时应与国家（地方）坐标和高程系统进行联测和换算。测量原始记录应清晰、完整、准确。施工单位在完成各阶段的测量放线工作后应填写施工测量资料。施工测量质量管理应实行"两级检查、一级验收"制度。施工测量的放线与验线工作应遵守相关规范规定。

14.2.2　建筑工程施工测量的准备工作

施工测量准备工作应包括施工测量方案编制、施工图校核、测量数据准备和定位依据点校测等内容。施工测量前应根据工程任务的要求收集和分析有关施工资料，资料应包括规划测绘成果；工程勘察报告；施工图纸及变更文件；施工组织设计或施工方案；施工场区地下管线、建（构）筑物等测绘成果。

施工测量方案编制宜包括：工程概况；任务要求；施工测量技术依据、测量方法和技术要求；起始依据点的校测；建筑物定位、放线、验线等施工过程测量；施工测量管理体系；安全质量保证体系与具体措施；成果资料整理与提交。施工图校核应根据不同施工阶段的需要校核总平面图、建筑施工图、结构施工图、设备施工图等，校核内容应包括坐标与高程系统、建筑轴线关系、几何尺寸、各部位高程等，应及时了解和掌握有关工程设计变更文件以确保测量放样数据准确可靠。

应做好施工测量数据准备工作，应依据施工图计算施工放样数据，应依据放样数据绘制施工放样简图。应对城市平面控制点或建筑红线桩点成果资料与现场点位或桩位进行交接并做好点位的保护工作。城市平面控制点或建筑红线桩点使用前应进行内业校算与外业校测，定位依据桩点数量不应少于 3 个。每一工程依据的水准点数量不应少于两个且使用前应按附合水准路线进行校测。计算所用全部外业资料、起算数据和放样数据均须经两人独立检核、确认合格有效后方可使用。

14.2.3 施工测量放线工作的基本要求

应认真学习与执行国家法令、政策与规范，明确为工程服务的根本宗旨，达到按图施工与对工程进度负责的工作目的。应遵守"先整体后局部、高精度控制低精度"的工作程序，即先测设精度较高的场地整体控制网，再以控制网为依据进行各局部建筑物的定位、放线和测图。必须严格审核测量起始依据的正确性，比如设计图纸、文件、测量起始点位、数据等，应坚持测量作业与计算工作步步有校核的工作方法。应遵循"测法要科学、简捷，精度要合理、相称"的工作原则，仪器选择要适当、使用要精细，应在满足工程需要的前提下力争做到"省工、省时、省费用"。定位、放线工作必须执行经自检、互检合格后由有关主管部门验线的工作制度，此外还应执行安全、保密等有关规定，应用好、管好设计图纸与有关资料，实测时要当场做好原始记录，测后要及时保护好桩位。应紧密配合施工，发扬"团结协作、不畏艰难、实事求是、认真负责"的工作作风。应虚心学习、及时总结经验、努力开创新局面以适应建筑业不断发展的需要。

14.2.4 施工测量验线工作的基本要求

验线工作应主动及时，验线工作要从审核施工测量方案开始，在施工的各主要阶段前均应对施工测量工作提出预防性的要求以做到防患于未然。验线的依据必须原始、正确、有效，主要依据包括设计图纸；变更洽商记录；红线桩点、水准点等起始点位；坐标、高程等已知数据，应为最后定案有效且正确的原始资料。仪器与钢尺必须按计量法有关规定进行检验和校正。验线精度应符合规范要求，仪器精度应适应验线要求并校正完好；必须按规程作业且观测误差应小于限差，观测中的系统误差应采取措施进行改正；验线本身应进行附合或闭合校核。必须独立验线，验线工作应尽量与放线工作不相关，这些不相关主要包括观测人员、仪器、测法及观测路线等。验线的关键环节与最弱部位主要包括定位依据桩位及定位条件；场区平面控制网、主轴线及其控制桩（引桩）；场区高程控制网及 ± 0.000 高程线；控制网及定位放线中的最弱部位。场区平面控制网与建筑物定位应在平差计算中评定其最弱部位的精度并实地验测，精度不符合要求时应重测。细部测量可用不低于原测量放线的精度进行验测，验线成果与原放线成果之间的误差处理应合理，两者之差小于 $2^{-1/2}$ 倍限差时可认为放线工作优良；两者之差略小于或等于 $2^{1/2}$ 倍限差时可认为放线工作合格，此时可不必改正放线成果或取两者的平均值；两者之差超过 $2^{1/2}$ 倍限差时原则上应不予验收，尤其是要害部位，若在次要部位则可令其局部返工。

14.3 建筑施工平面控制测量的特点及基本要求

建筑施工平面控制网的布设应整体考虑并遵循"先整体、后局部，高精度控制低精度"的原则。平面控制测量应包括场区平面控制网和建筑物施工平面控制网的布测。平面控制测量前应收集场区及附近城市平面控制点、建筑红线桩点等资料,只有点位稳定、成果可靠时才可作为平面控制测量的起始依据。平面控制点应根据建筑设计总平面图、施工总平面布置图、施工地区的地形条件综合考虑设计确定,应选在通视良好、土质坚硬、便于施测又能长期保留的地方并应埋设标石,标石的埋设深度应考虑埋至比较坚实的原状土或冻土层下。平面控制点的标志和埋设应符合相关规范的要求并妥善保护,控制点应定期复测检核。平面控制点的构造如图 14.4 所示,图中单位为 cm,图 14.4 (a) 为三角点或导线点,其中 h 为埋深,具体尺寸应视土质与冻土深度而定,一般应大于 0.8m;图 14.4 (b) 为方格网点或建筑轴线点;图 14.4 (c) 为深埋水准点;图 14.4 (d) 为专用水准点。

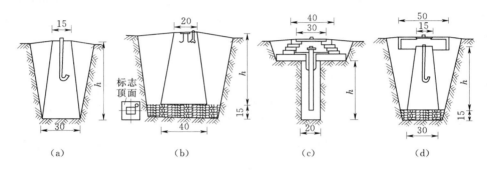

图 14.4 平面控制点的构造
(a) 简易型;(b) 三维型;(c) 深埋型;(d) 经典型

14.3.1 场区平面控制网的布测

场区平面控制网可根据场区地形条件及建筑物总体布置情况布设成建筑方格网、GNSS 网、导线网、边角网的形式。建筑方格网的布设应符合要求,建筑方格网的主要技术要求见表 14.1,在建筑方格网布设后应对建筑方格网轴线交点的角度及轴线距离进行测定并调整控制点使测角中误差与边长相对中误差符合表 14.1 的规定。采用 GNSS 技术布设控制网时应采用静态测量方法进行,GNSS 静态测量的主要技术指标见表 14.2。导线网的布设应遵守相关规定,导线网的主要技术要求应符合表 14.3 的规定,其中 n 为导线方位闭合差计算时采用的折角数量,导线边长应大致相等且相邻边长之比不宜超过1/3,导线边长小于 100m 时边长相对中误差计算应按 100m 推算。边角网的布设应遵守相关规定,边角网的主要技术要求见表 14.4,由测边组成的中点多边形、大地四边形或扇形应根据经各项改正后的边长观测值进行圆周角条件及组合角条件的检核,检核公式可参考相关规范。场地面积大于 1km² 或重要建筑区应按一级网的技术要求布设场区平面控制网;场地面积小于 1km² 或一般建筑区宜按二级网的技术要求布设场区平面控制网,对测量精度有特殊要求的工程其控制网精度应符合设计要求。

表 14.1 建筑方格网的主要技术要求

等级	边长/m	测角中误差/(″)	边长相对中误差
一	100~300	±5	≤1/30000
二	100~300	±8	≤1/20000

表 14.2   GNSS 静态测量的主要技术指标

等级	平均边长/km	固定误差 A /mm	比例误差系数 B /(mm/km)	最弱边相对中误差
一	1	$\leqslant 10$	$\leqslant 5$	$\leqslant 1/20000$
二	<1	$\leqslant 10$	$\leqslant 5$	$\leqslant 1/10000$

表 14.3   导线网的主要技术要求

等级	导线长度 /km	平均边长 /m	测角中误差 /(")	边长相对中误差	导线全长相对闭合差	方位角闭合差/(")
一	2.0	200	± 5	$\leqslant 1/40000$	$\leqslant 1/20000$	$\pm 10n^{1/2}$
二	1.0	100	± 8	$\leqslant 1/20000$	$\leqslant 1/10000$	$\pm 16n^{1/2}$

表 14.4   边角网的主要技术要求

等级	边长/m	测角中误差/(")	边长相对中误差
一	$100\sim300$	± 5	$\leqslant 1/40000$
二	$100\sim300$	± 8	$\leqslant 1/20000$

14.3.2 建筑物施工平面控制网的布测

建筑物施工平面控制网宜布设成矩形，特殊时也可布设成十字形主轴线或平行于建筑物外廓的多边形。建筑物施工平面控制网测量可根据建筑物定位精度要求的不同分三个等级，其主要技术要求见表 14.5。建筑物施工平面控制网分建筑物外部控制网和内部控制网两类，其中地下施工阶段在建筑物外侧布设点位，地上施工阶段在建筑物内部设置控制点、建立控制网。建筑物施工平面控制网测定并经验线合格后应按表 14.5 规定的精度在控制网外廓边线上测定建筑轴线控制桩作为控制轴线的依据。根据施工需要将建筑物外部控制转移至内部时，内控点宜设置在浇筑完成的预埋件或预埋的测量标板上且投点误差应不超过 1.5mm。建筑物施工平面控制桩施测完成后必须对控制轴线交点的角度及轴线距离进行测定并调整控制点使之符合表 14.5 的规定，控制点调整应根据各点平差计算坐标值确定归化数据并在实地标志上改正到设计位置。建筑物施工平面控制桩应标识清楚并定期进行复测且应采取有效的保护措施，如有损坏应及时恢复以满足施工现场测量需要。

表 14.5   建筑物平面控制网主要技术要求

等级	适 用 范 围	测角中误差/(")	边长相对中误差
一	钢结构、超高层、连续程度高的建筑	± 8	1/24000
二	框架、高层、连续程度一般的建筑	± 12	1/15000
三	一般建筑	± 24	1/8000

14.3.3 建筑施工平面控制网 GNSS 测量的基本要求

GNSS 测量控制点位的选定应符合要求，点位应选在稳定可靠的地方且每个控制点至少应有一个通视方向；应有 15°以上高度角的卫星通视条件；应避开高大建筑、水体、树木等易产生多路径效应的地物；应避开高压线、无线电发射装置等；应充分利用已有的稳固可靠的控制点。GNSS 静态测量外业观测应遵守相关规范规定，安置 GNSS 接收机天线时天线应整平、定向标志宜指向正北，对定向标志不明显的接收机可预先设置定向标志；用三脚架安置 GNSS 接收机天线时对中误差应小于 3mm；天线高应量至毫米且测前、测后应各量一次，两次较差应不大于 3mm 且应取平均值作为最终成果，较差超限时应查明原因并记录在 GNSS 外业观测手簿备注栏内；GNSS 静态测量时各接收机采样间隔应一致；观测结束后应检查 GNSS 外业观测手簿的内容，在点位保护好后方可迁站。静态测量时 GNSS 接收机的选用应符合表 14.6 的规定，其中，d 为基线长度。采用 GNSS 静态测量技术布设控制网应遵守表 14.7 的规定。静态测量观测计划、准备工作、作业要求应符合我国现行《卫星定位城市测量技术规范》（CJJ/T73）的规定。

表 14.6   静态测量 GNSS 接收机的选用

等 级	接收机类型	仪器标称精度	同步观测接收机数
一、二	双频或单频	$\leqslant$（10mm+5×$10^{-6}d$）	$\geqslant$3

表 14.7   GNSS 静态测量的技术要求

等级	卫星高度角/(°)	有效观测同类卫星数	平均重复设站数	时段长度/min	数据采样间隔/s	PDOP	异步环或附合线路边数/条
一、二	$\geqslant$15	$\geqslant$4	$\geqslant$1.6	$\geqslant$45	10～30	<6	$\leqslant$10

14.3.4 建筑施工平面控制网水平角观测的基本要求

水平角观测宜采用方向观测法。平面控制网水平角观测测回数应符合表 14.8 的规定，方向观测法度盘位置应按表 14.9 配置，电子经纬仪可不作度盘位置配置。度盘位置配置的目的是减少度盘刻划误差对水平角的影响，各测回间应将度盘位置变换一个角度。水平角观测应在通视良好、成像清晰稳定时进行，作业中仪器不应受阳光直接照射，气泡居中偏差超过一格时应在测回间重新整置仪器，有纵轴倾斜传感器校正的电子经纬仪可不受此限，方向观测法的各项限差应符合表 14.10 的规定。水平角观测成果的重测和取舍应遵守相关规范规定，水平角观测误差超限时应在原度盘位置上进行重测，出现测错、读错、记错、上半测回归零差超限、仪器碰动、气泡偏离过大等时应随时重测而不算重测测回数；2C 较差或各测回较差超限时应重测超限方向并联测零方向；零方向的 2C 较差或下半测回的归零差超限时该测回应重测；一测回重测方向数超过总方向数的 1/3 时该测回应重测，每站重测方向测回数超过总方向测回数的 1/3 时该测站应重测；基本测回数成果和重测成果应载入记录手簿，重测及基本测回结果不取中数，每一测回只取一个符合限差的结果。水平角观测结束后应计算测角中误差，方格网测角中误差应按式 $m''_\beta = \pm\{[WW]/(4n)\}^{1/2}$ 计算，其中，W 为方格内角闭合差；n 为方格个数。导线测角中误差应按式 $m''_\beta = \pm[(1/N)(ff/n)]^{1/2}$ 计算，其中，f 为附合导线或闭合导线环的方位角闭合差；n 为计算 f 时的测站数；N 为 f 的个数。

表 14.8 水平角观测的测回数

等级	控 制 网 分 类	测角中误差 /(″)	观测测回数		
			DJ₁	DJ₂	DJ₆
一	场区平面控制网	±5	2	3	—
	建筑物施工平面控制网	±8	1	2	4
二	场区平面控制网	±8	1	2	4
	建筑物施工平面控制网	±12	1	1	2
三	建筑物施工平面控制网	±24	1	1	1

表 14.9 方向观测法度盘位置配置表

仪器类型	测回数	测回序号	度盘变换值	仪器类型	测回数	测回序号	度盘变换值
DJ₁	1	1	00°00′30″	DJ₆	1	1	0°00′00″
	2	1	00°00′15″		2	1	0°00′00″
		2	90°04′45″			2	90°30′00″
DJ₂	1	1	00°05′00″			1	0°00′00″
	2	1	00°02′30″			2	45°15′00″
		2	90°17′30″		4	3	90°30′00″
	3	1	00°01′40″			4	135°45′00″
		2	60°15′00″				
		3	120°28′20″				

表 14.10 方向观测法的各项限差 单位：(″)

仪器类型	光学测微器两次重合读数差	半测回归零差	一测回内 2C 较差	同一方向值各测回较差
DJ₁	1	±6	±9	±6
DJ₂	3	±8	±13	±9
DJ₆	—	±18	—	±24

14.3.5 建筑施工平面控制网距离测量的基本要求

场区或建筑物平面控制网起始边与边长应采用Ⅰ、Ⅱ级电子全站仪往返测量，其测回数不应少于两测回，一测回指照准目标 1 次、读数 4 次。电子全站仪根据出厂的标称精度分级，仪器的标称精度表达式为 $m_D = \pm(a+bD)$，其中，m_D 为测距中误差（mm）；a 为仪器标称精度中的固定误差（mm）；b 为仪器标称精度中的比例误差系数（mm/km 或 ppm）；D 为被测距离（km）。按 1km 的测距中误差绝对值，中、短程电子全站仪精度可分为三级，即 $m_D \leq 2mm$ 为Ⅰ级；$2mm < m_D \leq 5mm$ 为Ⅱ级；$5mm < m_D \leq 10mm$ 为Ⅲ级。测距作业应遵守相关规范规定，测线不宜穿过发热体上空并应离地面或障碍物宜在 1.3m 以上且不应受到强电磁场的干扰、倾角不宜过大；测距应在成像清晰和气象条件良好时进行，阳光下作业时应打伞，测距不宜逆光观测，严禁将仪器照准部直对太阳或强光源；气温较低作业时电子全站仪应有一定的预热时间，使仪器各电子部件达到正常稳定的工作状

态时方可开始测距，读数时信号指示器指针应在最佳回光信号范围内；反射镜应对准照准部，当反射镜背景方向有反光物体时应在反射镜后面进行相应的遮挡。电子全站仪测距各项较差的限值应符合表 14.11 的规定。电子全站仪测距时的气象数据测定应符合表 14.12 的规定。电子全站仪测得斜距经气象改正、加常数改正、乘常数改正后其水平距离 D 应按式 $D=(S^2-h^2)^{1/2}$ 或 $D=S\cos\theta$ 计算，其中，D 为电子全站仪与反射镜平均高程面上的水平距离（m）；S 为经气象改正、加常数改正、乘常数改正后的斜距（m）；h 为仪器光轴中心与反射镜中心之间的高差（m）；θ 为竖直角。测边外业结束后必须进行精度评定。往返观测值的平均测距中误差 $m'_D=\pm\{[dd]/(2n)\}^{1/2}$，其中，$m'_D$ 为往返观测值的平均测距中误差（mm）；d 为往返观测值化算为水平距离之后的较差（mm）；n 为观测边个数。往返观测值的平均值中误差 $mD=m'_D/2^{1/2}=\pm\{[dd]/(4n)\}^{1/2}$。边长相对中误差 $1/T$ 为 $1/T=m_D/D$，其中，D 为测距边的水平距离平均值（mm）。

表 14.11　　　　　　　　　电子全站仪测距各项较差的限值　　　　　　单位：mm

仪器精度等级	一测回读数较差	单程测回间较差	往返测或不同时段所测的较差
Ⅰ	2	3	
Ⅱ	5	7	$2(a+bD)$
Ⅲ	10	15	

表 14.12　　　　　　　　　　　气象数据的测定要求

最小读数		测定的时间间隔	气象数据的取用
温度	气压		
0.5℃	50Pa	每边测定一次	测站端的数据

　　距离丈量应采用Ⅰ级钢尺，量距可用一根钢尺往返丈量一次或用两根钢尺同方向各丈量一次，丈量时应使用拉力计，拉力应与检定时一致。普通钢尺量距的技术要求见表 14.13，检定钢尺时其丈量的相对中误差应不大于 1/100000。钢尺距离丈量结果中应加入尺长、温度、倾斜等项改正数。

表 14.13　　　　　　　　　　　普通钢尺量距的技术要求

边长丈量相对中误差	作业尺数	丈量次数	读定次数	估读 /mm	温度读至 /℃	定线最大偏差/mm	尺段高差较差/mm	同尺各次或同段各尺的较差/mm
1/24000 1/20000 1/15000	1～2	2	3	0.5	0.5	50	10	2
1/10000 1/8000	1～2	2	2	1	1	70	10	3

14.3.6　建筑施工平面控制测量的内业计算

　　各等级平面控制网的计算可根据需要采用严密平差法或近似平差法，平差计算时应采取两人对算或验算的方式，使用计算机平差计算时应对所用程序进行确认并对输入输出数据进行校对以及进行计算正确性检验。

GNSS 控制测量外业观测的全部数据应经同步环、异步环和重复基线检核并应满足相关要求，同步环各坐标分量闭合差及环线全长闭合差应满足 $W_x \leqslant n^{1/2}\sigma/5$、$W_y \leqslant n^{1/2}\sigma/5$、$W_z \leqslant n^{1/2}\sigma/5$、$W \leqslant (3n)^{1/2}\sigma/5$ 的要求，异步环各坐标分量闭合差及环线全长闭合差应满足 $W_x \leqslant 2n^{1/2}\sigma$、$W_y \leqslant 2n^{1/2}\sigma$、$W_z \leqslant 2n^{1/2}\sigma$、$W \leqslant 2(3n)^{1/2}\sigma$ 的要求，重复基线的长度较差应满足 $\Delta d \leqslant 2^{3/2}\sigma$ 的要求，其中，$W = (W_x^2 + W_y^2 + W_z^2)^{1/2}$；$n$ 为同步环或异步环中基线边的个数；W 为同步环或异步环环线全长闭合差（mm）；d 为基线长度。数据检验中，当重复基线、同步环、异步环或附合路线中的基线超限时应舍弃基线后重新构成异步环，所含异步环基线数应符合表 14.7 的规定且闭合差应符合前述要求，否则应进行重测。舍弃和重测的基线应分析并应记录在数据检验报告中。外业观测数据检验合格后应对 GNSS 的观测精度进行评定，控制网的测量中误差 $m = \{[1/(3N)][WW]/n\}^{1/2}$，其中，$m$ 为同步环中基线边的个数；N 为控制网中异步环的个数；W 为同步环环线全长闭合差（mm）；n 为异步环的边数。控制网的测量中误差应满足相应等级控制网的基线精度要求且 $m \leqslant \sigma$，其中，$\sigma = [A^2 + (Bd)^2]^{1/2}$，$\sigma$ 为基线长度中误差（mm）；A 为固定误差（mm）；B 为比例系数误差（mm/km）；d 为平均边长（km）。GNSS 测量控制网应在 WGS - 84 坐标系中进行三维无约束平差并提供各观测点在 WGS - 84 坐标系中的三维坐标、各基线向量三个坐标差观测值的改正数、基线长度、基线方位及相关的精度信息等，无约束平差的基线向量改正数的绝对值不应超过相应等级的基线长度中误差的 3 倍。GNSS 测量控制网应在国家（地方）坐标系中进行二维或三维约束平差，在 GNSS 测量控制网的约束平差中，基线分量的改正数与经过剔除粗差后的无约束平差结果的同一基线相应改正数较差应满足不超过 2σ，对已知坐标、距离和方位应进行强制约束或加权约束，控制网约束平差的最弱边边长相对中误差应满足表 14.3 中相应等级的规定。

一级导线网计算应采用严密平差法，二级导线网可根据需要采用严密或简化方法平差，其精度应符合表 14.4 的规定。导线网平差时角度和距离的先验中误差可分别按相关规范规定计算。

边角测量检核的项目和限差应符合要求。由测边组成的三角形中观测了一个角度与计算值的限差应根据各边平均测距中误差或平均测距相对中误差按式 $W''_S = \pm 2[(m_D\rho''/h_c)^2 \times (\cos^2\alpha + \cos^2\beta + 1) + m''^2_\beta]^{1/2}$ 或 $W''_S = \pm 2[2(m_D\rho''/D)^2(\cot^2\alpha + \cot^2\beta + \cot\alpha\cot\beta) + m''^2_\beta]^{1/2}$ 进行检核，其中，m_D 为观测边的平均测距中误差（mm）；m_D/D 为各边的平均测距相对中误差；$\rho'' = 206265''$；h_c 为观测角顶点至对边的垂线长度（mm）；α、β 为除观测角外的另两个角度（″）；m''_β 为相应等级三角网规定的测角中误差（″）。以测边为主的边角网角条件（包括圆周角条件与组合角条件）自由项的限值应按式 $W''_a = \pm 2m_D\{[a_a a_a]\}^{1/2}$ 计算，其中，m_D 为观测边的平均测距中误差（mm）；a_a 为圆周角条件或组合角条件方程式的系数。以测角为主的边角网角角度限差应按规定计算，极条件自由项限值 $W_{SC} = \pm(2m''_\beta/\rho'')(\sum\cot^2\beta)^{1/2}$；起始边（基线）条件自由项的限值 $W_{iC} = \pm 2[(m''^2_\beta/\rho''^2)\sum\cot^2\beta + (m_{S1}/S_1)^2 + (m_{S2}/S_2)^2]^{1/2}$；方位角条件自由项的限值 $W_{aC} = \pm 2[nm''^2_\beta + m''^2_{a1} + m''^2_{a2}]^{1/2}$；其中，$m''_\beta$ 为相应等级规定的测角中误差（″）；β 为传距角（″）；(m_{S1}/S_1)、(m_{S2}/S_2) 为起始边边长相对中误差；m''_{a1}、m''_{a2} 为起始方位角中误差（″）；n 为推算路线所经过的测站数。

内业计算数字的取位应符合表 14.14 的规定。内业计算完成后应对下列资料进行汇总，即平面控制网图；各项外业观测资料；平差计算资料及成果；仪器检定证书。

表 14.14　　　　　　　　　　　　　内业计算数字的取位

等级	角度值及其改正数/(″)	边长及其改正数、坐标值/m
一	0.1	0.001
二、三	1	0.001

14.4　建筑施工高程控制测量的特点及基本要求

建筑施工高程控制网包括场区高程控制网和建筑物高程控制网，高程控制网可采用水准测量和测距三角高程测量（即电子全站仪三角高程测量）的方法建立。高程控制测量前应收集场区及附近城市高程控制点、建筑区域内的临时水准点等资料，其中点位稳定、符合精度要求和成果可靠的点可作为高程控制测量的起始依据。施工水准测量的等级依次分为二、三、四、五等，可根据场区实际需要布设，特殊需要时可另行设计。四等和五等高程控制网可采用测距三角高程测量（即电子全站仪三角高程测量）。高程控制点应选在土质坚实、便于施测和使用并易于长期保存的地方，其距离基坑边缘不应小于基坑深度的 3 倍。高程控制点的标志与标石的埋设应符合本书 14.3 中图 14.4 的规定。高程控制点应采取保护措施并在施工期间定期复测，遇特殊情况时应及时进行复测。

14.4.1　高程控制网布测的基本要求

场区高程控制网应布设成附合路线、结点网或闭合环。施工项目的场区高程控制网精度不应低于三等水准，其主要的技术指标应符合表 14.15 的规定，其中，L 为附合路线或闭合环线长度；L_i 为检测测段长度（均以 km 计）；n 为测站数。场区水准点可单独布设在场区相对稳定的区域，也可设置在平面控制点的标石上，水准点的间距宜小于 1km。

表 14.15　　　　　　　　　　　　水准测量的主要技术要求

等级	每千米高差中数中误差/mm		仪器型号	水准标尺	观测次数		往返较差、附合或闭合环闭合差/mm		检测已测测段高差之差/mm
	偶然中误差 M_Δ	全中误差 M_W			与已知点联测	环线或附合	平地	山地	
二	±1	±2	DS$_{05}$ DS$_1$	因瓦	往、返	往、返	±4$L^{1/2}$	—	±6$L_i^{1/2}$
三	±3	±6	DS$_1$ DS$_3$	因瓦双面	往、返 往、返	往 往、返	±12$L^{1/2}$	±4$n^{1/2}$	±20$L_i^{1/2}$
四	±5	±10	DS$_3$	双面	往、返	往	±20$L^{1/2}$	±6$n^{1/2}$	±30$L_i^{1/2}$
				单面	两次仪器高测往返	变仪器高测两次			
五	—	±15	DS$_3$	单面	往、返	往	±30$L^{1/2}$	±10$n^{1/2}$	—

建筑物高程控制点的布设应满足每一栋建筑物设置不少于两个的要求。建筑物的高程控制宜采用水准测量，水准测量的精度等级可根据工程的实际需要确定，其主要的技术指标应符合表 14.15 的规定。水准点可设置在平面控制网的标桩或外围的固定地物上或单独埋设，当场区高程控制点距离施工建筑物小于 200m 时可直接利用场区高程控制点。

14.4.2 建筑施工高程控制网水准测量的基本要求

各等级水准测量必须起闭于高等级水准点上，水准测量的主要技术要求应符合表 14.15 的规定。

光学水准测量的观测方法应符合相关规范要求。二等水准测量采用光学测微法时往测奇数站的观测顺序为"后-前-前-后"，偶数站的观测顺序为"前-后-后-前"；返测时奇、偶数站的观测顺序分别按往测偶、奇数站的观测顺序进行。三等水准测量采用中丝读数法，每站观测顺序为"后-前-前-后"，使用 DS$_1$ 级仪器和铟瓦标尺测量时可采用光学测微法进行单程双转点观测。四等水准测量采用中丝读数法并直接读距离，双面标尺每站观测顺序为"后-后-前-前"，单面标尺每站观测顺序为"后-前"，两次仪器高应变动 0.1m 以上。五等水准测量采用中丝读数法，每站观测顺序为"后-前"。

数字水准仪（电子水准仪）观测应遵守相关规定。使用数字水准仪时往返测观测顺序奇数站为"后-前-前-后"，偶数站为"前-后-后-前"。数字水准仪使用前应进行预热，晴天应将仪器置于露天阴影下，使仪器与外界气温趋于一致。使用数字水准仪进行观测对观测时间和气象条件有严格要求，水准观测应在成像清晰稳定时进行，在日出日落前后 30min 内、太阳中天前后约 2h 内、视线剧烈跳动、周边剧烈震动和气温突变时不应进行观测。使用数字水准仪应避免视线被遮挡。数字水准仪 i 角应在每天开测前进行测定，若开测为未结束测段则应在新测段开始前进行测定。

水准测量测站观测限差应符合表 14.16 的规定，二等水准视线长度小于 20m 时其视线高度不应低于 0.3m；三、四等水准采用变动仪器高度观测单面水准尺时所测两次高差较差应与黑面、红面所测高差之差的要求相同；数字水准仪观测不受基、辅分划或黑、红面读数较差指标的限制，但测站两次观测的高差较差应满足表中相应等级基、辅分划或黑、红面所测高差较差的限值要求。

表 14.16   **水准测量测站观测限差**

等级	仪器型号	视线长度 /m	中丝视线高度 /m	前后视距差 /m	前后视距累积差 /m	基辅分划或黑红面读数较差 /mm	基辅分划或黑红面或两次所测高差较差 /mm
二	DS$_{05}$	≤60	0.5	1.0	3.0	0.5	0.7
	DS$_1$	≤50					
三	DS$_1$	≤100	0.3	3.0	6.0	1.0	1.5
	DS$_3$	≤75				2.0	3.0
四	DS$_3$	≤100	0.2	5.0	10.0	3.0	5.0
五	DS$_3$	≤100	中丝能读数	大致相等	—	—	—

水准观测应遵守相关规范规定，水准观测应在成像清晰、稳定时进行且要撑伞防止阳光照射；二、三、四等水准测量每测站观测不宜两次调焦，转动仪器的微倾螺旋与测微螺旋时最后应为旋进方向，每一测段测站数应为偶数。

观测成果超过表 14.15 和表 14.16 的限差规定应重测，重测与取舍应遵守相关规范规定。本站检查发现超限可立即重测，迁站以后发现超限应从水准点开始重测，测段往返高差较差超限应先就可靠程度较小的往测或返测进行整测段重测。若重测的高差与同方向原测高差较差超过往返测较差的限差，但与另一单程的高差较差未超出限差则取用重测结果。若重测的高差与同方向原测高差的较差不超过往返测高差较差的限差，且其中数与另一单程原测高差的较差亦不超出限差，则取此中数作为该单程的高差。超出上述限差则应重测另一单程。

14.4.3 建筑施工高程控制网电子全站仪三角高程测量的基本要求

电子全站仪三角高程测量宜在平面控制点的基础上布设成三角高程导线或三角高程网，三角高程导线各边的高差测定宜采用对向观测，有条件时可布设成电磁波测距三维控制网（即电子全站仪三维控制网）。四等和五等电子全站仪三角高程测量路线应分别起闭于不低于三等和四等的水准点上，在进行对向观测时宜在较短时间内完成。电子全站仪三角高程测量的主要技术要求见表 14.17，其中，D 为电磁波测距边水平距离（km），当用具有气象和地球曲率自动改正功能的全站仪观测时应采用两测回对向观测直接求得高差。电子全站仪三角高程测量的边长应采用 I 级或 II 级精度的电子全站仪测定并加入温度、气压等气象改正以及加、乘常数改正。四等竖直角观测时宜照准觇标中心，每照准一次读数两次，两次读数较差不应大于 3″。仪器高、觇标高或反射镜高应在观测前后分别量至 1mm，较差不大于 2mm 时取其中数。

表 14.17　　电子全站仪三角高程测量主要技术要求

等级	测角仪器类型	边长测回数	竖直角测回数	指标差较差/(″)	竖直角较差/(″)	对向观测高差较差/mm	附合或环线闭合差/mm
四	DJ₂	往、返各 1	中丝法 3	±7	±7	±40D^{1/2}	±20D^{1/2}
五	DJ₂	1	中丝法 2	±10	±10	±60D^{1/2}	±30D^{1/2}

14.4.4 建筑施工高程控制网内业计算

水准测量平差计算应先由两人独立编制高差表，计算往返测高差较差、附合路线或环线闭合差，然后计算每千米高差中数的偶然中误差 M_Δ、全中误差 M_w。M_Δ 及 M_w 应按式 $M_\Delta = \pm\{[1/(4n)][\Delta\Delta]/D\}^{1/2}$ 和 $MW = \pm\{(1/N)[WW]/L\}^{1/2}$ 计算，其中，n 为水准路线测段数；Δ 为水准路线测段往返测高差较差（mm）；D 为计算 Δ 时相应路线测段长度（km）；W 为附合路线或环线闭合差（mm）；L 为计算 W 时相应的路线长度（km）；N 为附合路线条数或闭合环数。

三角高程测量高差应按式 $h = S\sin\theta + (1-r)(S\cos\theta)/(2R) + i - v$ 计算，其中，h 为所测两点之间的高差（m）；S 为电子全站仪所测经气象和加、乘常数改正的斜距（m）；θ 为竖直角；r 为当地大气折射率；i 为电子全站仪中心的高度（m）；v 为觇标中心的高度（m）；R 为地球平均曲率半径（m），取值 6371000m。

内业计算的数字取位应符合表 14.18 的规定。高程控制测量完成后应提交以下四方面资料，即高程控制网示意图；各项外业观测资料；平差计算资料及高程成果表；仪器设备检定证书。

表 14.18   内业计算的数字取位

等级	水准路线长/m	高差及改正数/mm	测距距离与高程/mm	竖直角/(")
二	0.1	0.01	0.1	—
三	1.0	0.1	1.0	—
四	1.0	0.1	1.0	0.1
五	1.0	1.0	1.0	1.0

14.5 土方施工测量和基础施工测量

土方施工和基础施工测量的主要内容应包括施工场地测量、土方施工测量、基础施工测量等。土方施工和基础施工测量前应收集以下 3 方面成果资料，即：平面控制点或建筑红线桩点、高程控制点成果；建筑场区平面控制网和高程控制网成果；土方施工方案。土方施工测量以城市测量控制点为基准放样时应选择精度较高的点位和方向为依据，以场区平面控制网定位时应选择距开挖线较近的或与开挖线尺寸关系较清晰的轴线为依据，以建筑红线桩点定位时应选择沿主要街道且较长的建筑红线边为依据。建筑物主轴线控制桩是基槽（坑）开挖后基础放线、首层及各层结构放线与竖向控制的基本依据，应在施工现场总平面布置图中标出其位置并采取措施加以妥善保护。施工测量放线前必须严格审查测量起始依据的正确性，做到测量作业与计算工作步步有校核。

14.5.1 施工场地测量

施工场地测量包括场地现状图测量、场地平整、临时水电管线敷设、施工道路、暂设建（构）筑物以及物料和机具场地划分等施工准备的测量工作。开工前应测绘 1∶1000、1∶500 或更大比例尺的地形图。地形图测绘宜采用数字法、全站仪法、GNSS－RTK 法等方法。图根平面控制点宜采用图根导线、GNSS－RTK 等方法施测，图根高程控制点宜采用图根水准、图根三角高程、GNSS－RTK 等方法施测。场地平整测量应根据总体竖向设计和施工方案的有关要求进行且宜采用"方格网法"，平坦地区宜采用 20m×20m 方格网，起伏地形地区宜采用 10m×10m 方格网。方格网的点位可依据红线桩点或原有建（构）筑物进行测设，高程可按 $\pm 10n^{1/2}$（mm）水准测量精度要求测定，n 为测站数。

采用建模法实施场地测量时应满足以下 3 方面条件。应充分保证建模型采样点密度，采用全站仪或 GNSS－RTK 现场采集时采样间距一般不宜大于 10m 且地形特征部位应适当加密，采用三维激光扫描技术扫描时采样间距应按距测站 100m 处扫描间距 50mm 的要求进行控制。采用建模法进行场地平整土石方量计算时应确保模型与实际地貌的符合度要求，应在建模范围抽查不少于 5% 的区域进行符合性检验，检查点与模型内插点平均高程较差应在 ±100mm 内。采用建模法进行场地平整时可先在模型上查阅拟建建（构）筑物轮廓点挖填高度并在实地放样拟建建（构）筑物，然后依据放样点的挖填高度进行平场施工。

施工道路、临时水电管线与暂设建（构）筑物的平面、高程位置应根据场区测量控制点与施工现场总平面图进行测设，相关技术要求见表 14.19。应依据现状地形图、地下管线图对场地内需要保留的原有地下建（构）筑物、地下管网与树木的树冠范围等进行现场标定。施工场地测量应做好原始记录，应及时整理有关数据和资料并绘制成有关图表归档保存。

表 14.19 施工场地测量允许误差

项目内容	平面位置	高程	项目内容	平面位置	高程
场地平整方格网点	50mm	±20mm	场地临时排水管道	50mm	±30mm
场地施工道路	70mm	±50mm	场地临时电缆管线	70mm	±70mm
场地临时给水管道	50mm	±50mm	暂设建（构）筑物	50mm	±30mm

14.5.2 土方施工测量

土方施工测量应包括以下 3 方面工作内容：根据城市测量控制点、场区平面控制网或建筑物平面控制网放样基槽（坑）开挖边界线；基槽（坑）开挖过程中的放坡比例及标高控制；基槽（坑）开挖过程中电梯井坑、积水坑的平面、标高位置及放坡比例控制。

基槽（坑）开挖边线放线测量时不同形状的基槽放线应遵守相关规定。条形基础放线应以轴线控制桩为准测设基槽边线，两灰线外侧为槽宽，允许误差为 -10～20mm。杯形基础放线应以轴线控制桩为准测设柱中心桩，再以柱中心桩及其轴线方向定出柱基开挖边线，中心桩的允许误差为 3mm。整体基础开挖放线应根据施工方法合理进行，地下连续墙施工时应以轴线控制桩为准测设连续墙中线，中线横向允许误差为 ±10mm；混凝土灌注桩施工时应以轴线控制桩为准测设灌注桩中线，中线横向允许误差为 ±20mm；大开挖施工时应根据轴线控制桩分别测设出基槽上、下口位置桩并撒出开挖边界线，上口桩允许误差为 -20～50mm，下口桩允许误差为 -10～20mm。

基槽（坑）开挖标高控制应符合要求。条形基础与杯形基础开挖中应在槽壁上每隔 3m 距离测设距槽底设计标高 500mm 或 1000mm 的水平桩，允许误差为 ±5mm。整体基础开挖接近槽底时应及时测设坡脚与槽底标高并拉通线控制槽底标高。

14.5.3 桩基、沉井及基础施工测量

桩基和沉井施工前应根据总平面图等测定桩基和沉井施工影响范围内的地下构筑物与管线的位置。桩基和沉井施工的平面与高程控制桩均应设在桩基施工影响范围之外以保证桩位的稳定性。桩位定位放样允许误差为 ±10mm，在桩位外应设置定位基准桩。桩基竣工后应以桩位定位放样测量的精度进行竣工测量并提交以下两方面测量资料，即桩位测量放线图；桩位竣工图。

沉井施工测量应遵守相关规定。应以建筑物平面控制网为基准测设沉井中线，允许误差为 ±5mm。沉井施工过程中中线投点允许误差为 ±5mm，标高测设允许误差为 ±5mm。沉井竣工后应按定位精度要求进行竣工测量并提交定位测量记录和工程竣工图（实测标高、位移）等测量资料。

在垫层或地基上进行主控制轴线投测前应以建筑物施工平面控制网为基准对建筑物外廓轴线控制桩进行校测，无误后再投测主控制轴线、允许误差为±3mm。在垫层或地基上进行基础放线前应先校核各主控制轴线的定位桩，无误后才能根据控制轴线的定位桩投测建筑物各控制轴线。建筑物各控制轴线在经过闭合校测合格后应用墨线弹出建筑物的大角线、细部轴线与施工线，控制轴线的放线必须独立实测两次。基础外廓轴线允许误差应符合表14.20的规定。

表 14.20　　　　　　　　　基础放线的允许误差

长度 L、宽度 B 的尺寸/m	允许误差/mm	长度 L、宽度 B 的尺寸/m	允许误差/mm
$L(B) \leqslant 30$	±5	$90 < L(B) \leqslant 120$	±20
$30 < L(B) \leqslant 60$	±10	$120 < L(B) \leqslant 150$	±25
$60 < L(B) \leqslant 90$	±15	$150 < L(B)$	±30

14.6　基 坑 施 工 监 测

基坑施工监测的主要对象应包括支护结构、施工工况、地下水状况、基坑底部及周围土体、周围建（构）筑物、周围地下管线及地下设施、周围重要的道路以及其他应监测的对象。开挖深度大于等于5m或开挖深度小于5m但现场地质情况和周围环境较复杂的基坑工程均应实施监测。建筑基坑工程设计阶段应由设计单位根据工程的具体情况提出对基坑工程现场监测的要求，应包括监测项目、测点位置和数量、监测频次、监控报警值等。基坑工程施工中施工单位应进行基坑施工监测。监测单位应编制监测方案，监测方案应包括工程概况、监测依据、监测目的、监测项目、测点布置、监测方法及精度、监测人员及主要仪器设备、监测频率、监测报警值、异常情况下的监测措施、监测数据的记录制度和处理方法、工序管理及信息反馈制度等内容。监测点应稳定牢固、标示清楚且监测过程中施工各方均应注意保护。监测方法的选择应根据工程监测等级、现场条件、设计要求、地区经验和测试方法的适用性等因素综合确定。基坑工程监测报警值应由监测项目的累计变化量和变化速率值两项指标共同控制。监测单位应按规定监测频次观测并应及时上报与处理监测数据，数据达到报警值时必须立即通报施工总承包单位。监测网宜包括基准点、工作基点和监测点，基准点应设置在变形区域以外、位置稳定、易于长期保存的地方且监测期间应定期检查检验其稳定性。监测仪器、设备和监测元件应符合以下3方面要求，即：应满足观测精度和量程要求；应具有良好的稳定性和可靠性；应经过校准或标定且校核记录和标定资料齐全并在规定的校准有效期内。对同一监测项目监测时应遵守以下4条规定，即：应采用相同的观测路线和观测方法；应使用同一监测仪器和设备；应固定观测人员；应在基本相同的环境和条件下工作。监测项目初始值应为事前连续观测2次以上稳定值的平均数。

14.6.1　基坑施工监测的监测项目

基坑工程现场监测项目的选择应充分考虑工程地质条件、水文地质条件、基坑工程安全等级、支护结构的特点以及设计要求，可参照表14.21进行选择。监测过程中应进行安全巡视，应注意基坑周围地面及建（构）筑物墙面裂缝、倾斜等变化，同时应了解施工工况、坑边荷载的变化、围护体系的防渗以及支护结构施工质量等情况。

表 14.21 　　　　　　　　　　　建筑深基坑支护工程监测项目参考

监测项目	基坑类别等级			监测项目	基坑类别等级		
	一	二	三		一	二	三
支护结构顶部水平位移	应测	应测	应测	锚杆拉力	应测	宜测	
支护结构顶部竖向位移	应测	应测	应测	支撑轴力	应测	宜测	
支护结构深部水平位移	应测	应测	可测	挡土构件内力	可测	可测	可测
基坑周边建（构）筑物竖向位移	应测	应测	应测	地下水位	应测	应测	应测
基坑周边地表竖向位移	应测	应测	应测	土压力	宜测	可测	可测
基坑周边地下管线竖向位移	应测	应测	应测	孔隙水压力	可测	可测	可测
支撑立柱竖向位移	应测	宜测		安全巡视	应测	应测	应测
爆破震动速度	应测	宜测	可测				

14.6.2 基坑及支护结构监测点布置

支护结构顶部水平位移和竖向位移监测点应沿基坑周边布置，基坑周边中部、阳角处也应布置，监测点间距不宜大于20m、关键部位宜适当加密且每侧边监测点不少于3个。支护结构深部水平位移监测点布置间距宜为20～50m、中间部位宜布置监测点且每侧边监测点至少1个，监测点布置深度宜与围护墙（桩）入土深度相同。锚杆拉力监测点应布置在锚杆受力较大、形态较复杂处，每层监测点应按锚杆总数的1‰～3‰布置且不应少于3个，各层监测点宜保持在同一竖直面上。支撑轴力监测点宜布置在支撑内力较大、受力较复杂的支撑上且每道支撑监测点不应少于3个，每道支撑轴力监测点位置宜在竖向上保持一致。挡土构件内力监测点应布置在受力、变形较大的部位，监测点数量和横向间距视具体情况而定但每边不应少于1处监测点。支撑立柱竖向位移监测点宜布置在基坑中部、多根支撑交汇处、施工栈桥下、地质条件复杂等位置的立柱上，监测点不宜少于立柱总数的5‰，逆作法施工的基坑不宜少于立柱总数的10‰且不应少于3根立柱。

地下水位监测点的布置应符合要求。基坑内采用深井降水时水位监测点宜布置在基坑中央和两相邻降水井的中间部位，采用轻型井点、喷射井点降水时水位监测点宜布置在基坑中央和周边拐角处，监测点数量应视具体情况确定。基坑外地下水位监测点应沿基坑周边、被保护对象（如建筑物、地下管线等）周边或在两者之间布置且监测点间距宜为20～50m，相邻建（构）筑物、重要的地下管线或管线密集处应布置水位监测点，有止水帷幕时宜布置在止水帷幕的外侧约2m处。水位监测管的埋置深度应在控制地下水位之下3～5m，需要降低承压水水位的基坑工程其水位监测管埋置深度应满足设计要求。

土压力监测点宜布置在弯矩较大、受力较复杂及有代表性的部位，平面布置上基坑每边不宜少于2个测点，在竖向布置上测点间距宜为2～5m，竖向按土层分布情况布设时每层应至少布设1个测点且应布置在各层土的中部。孔隙水压力监测点宜布置在基坑受力、变形较大或有代表性的部位且数量不宜少于 3 个，监测点宜在水压力变化影响深度范围内按土层布置、竖向间距宜为 2～5m。

14.6.3 基坑周边环境监测点布置

基坑周边监测宜达到基坑边线以外 1～3 倍基坑深度范围内并应符合工程保护范围的规定。基坑周边建（构）筑物竖向位移监测点布置应符合以下四方面要求，即应布置在变形明显而又有代表性的部位；点位应避开暖气管、落水管、窗台、配电盘及临时构筑物；可沿承重墙长度方向每隔 15～20m 处或每隔 2～3 根柱基上设置一个观测点；两侧基础埋深相差悬殊处、不同地基或结构分界处、高低或新旧建筑物分界处等也应设置观测点。

基坑周边管线竖向位移监测点布置应符合以下 3 条规定，即应根据管线年份、类型、材料、尺寸及现状等情况确定监测点设置；监测点宜布置在管线的节点、转角点和变形曲率较大的部位且监测点平面间距宜为 15～25m；上水、煤气、暖气等压力管线宜设置直接监测点，直接监测点应设置在管线上，也可利用阀门开关、抽气孔以及检查井等管线设备作为监测点。

基坑地表竖向位移监测点布置宜按剖面垂直于基坑边布置，剖面间距应视基础形式、荷载大小、地质条件、设计要求确定并宜设置在每侧边中部。每条剖面线上的监测点宜由内向外先密后疏布置且不宜少于 5 个。

14.6.4 基坑施工监测的监测方法

水平位移监测应遵守相关规定，测定特定方向的水平位移可采用视准线法、小角法、投点法等；测定任意方向的水平位移可采用前方交会法、后方交会法、极坐标法等；基准点距基坑较远时宜采用 GNSS 测量法或三角、三边、边角测量与基准线法相结合的综合测量方法。竖向位移监测可采用几何水准、液体静力水准等。深层水平位移（测斜）宜采用测斜仪测量，应量测围护墙体或坑外土体在不同深度处的水平位移变化。锚杆拉力监测可采用特制的锚杆应力计或钢筋应力计，监测设备的量程宜为设计值的 2 倍。挡土构件内力监测应遵守以下 3 条规定，即支护结构监测可依据现场情况将应变计或应力计安装在结构内部或表面；钢构件可采用轴力计或应变计等量测；混凝土构件可采用钢筋应力计或混凝土应变计等进行量测。地下水水位监测可采用水位计进行量测，水位管宜在基坑开挖前埋设并连续观测数日取平均作为初始值。

土压力监测应遵守相关规定，土压力测试可采用土压力计；土压力计的量程应满足被测压力范围的要求，其上限可取最大设计压力的 2 倍；土压力计的埋设方式可采用埋入式和边界式。

孔隙水压力监测应遵守相关规定，孔隙水压力监测可采用振弦式孔隙水压力计或气压式孔隙水压力计；孔隙水压力计量程应满足被测压力范围要求，其上限可取静水压力与超孔隙水压力之和的两倍，其应具有足够的强度、抗腐蚀性和耐久性并具有抗震和抗冲击性能；孔隙水压力计埋设后应量测孔隙水压力初始值且宜逐日定期连续量测 1 周取稳定值为初始值。

爆破震动监测应遵守相关规定，爆破震动监测传感器应安装在基坑周边重要建构筑物上，其与被测对象之间应刚性黏结，应使传感器的定位方向与所测量的振动方向一致，速度传感器或加速度传感器可采用垂直、水平单向传感器或三矢量一体传感器。仪器安装和连接后应进行监测系统的测试，监测期内整个监测系统应处于良好工作状态。

14.6.5 基坑施工监测的监测频率

基坑工程监测频率应以准确反映围护结构、周边环境动态变化为前提，应能系统反映监测对象的重要变化过程且又不遗漏其变化时刻为原则，应采用定时监测方式，必要时应进行跟踪监测。监测工作一般应从基坑工程施工前开始直至工程回填土完成为止，基坑开挖至开挖完成后稳定前应每 1～2 天观测一次，基坑开挖完成稳定后至结构底板完成前应每 2～3 天观测一次，结构底板完成后至回填土完成前应每 3～7 天观测一次。当监测数据达到报警值、变形速率加大、变形较大时应立即通知总包及相关单位并加密观测频次。分区或分期开挖的基坑应根据施工的影响程度调整监测频率。

14.6.6 基坑施工监测资料整理的基本要求

监测成果应包括当日报表、阶段性报告、总结报告等，报表中的数据、图表应客观、真实、准确且宜用表格和变化曲线或图形反映。进行监测项目数据分析时除应对每个项目进行单项分析外，还应结合自然环境、施工工况等情况以及以往数据进行多项目综合分析。监测成果应按时报送，观测数据出现异常时应及时分析原因，必要时应进行重测。基坑工程监测的观测记录、计算资料和技术成果应进行组卷、归档。

14.7 民 用 建 筑 施 工 测 量

民用建筑施工测量的主要内容包括主轴线内控基准点的设置、施工层的平面与标高控制、主轴线的竖向投测、施工层标高的竖向传递、大型预制构件的安装测量等。施工测量应在首层放线验收后根据工程所在地建设工程规划监督规定中的相关要求申请复核，经批准后方可实施。施工测量采用外控法进行地上结构轴线竖向投测时应将控制轴线引测至首层结构外立面上作为各施工层主轴线竖向投测的方向基准。施工测量采用内控法进行轴线竖向投测时应在基准层底板上预埋钢板，划十字线钻孔作为基准点并在各层楼板对应位置预留 200mm×200mm 孔洞以便传递轴线。超高层建筑物轴线内控点宜采用强制对中装置，当建筑高度超出投测仪器量程时必须建立接力层。轴线竖向投测应事先校测控制桩、基准点并确保其位置正确，投测的允许误差应符合表 14.22 的规定。控制轴线投测至施工层后应组成闭合图形且其间距不宜大于钢尺长度，控制轴线的布置应考虑以下 4 方面因素，即：建筑物外廓轴线；单元、施工流水段分界轴线；楼梯间、电梯间两侧轴线；施工流水段内控点不宜少于 4 个且必须能与其他流水段控制点组成闭合图形。施工层放线时应先校核投测轴线，闭合后再测设细部轴线与施工线，各部位放线允许误差应符合表 14.23 的规定。标高的竖向传递使用钢尺时应从首层起始标高线铅直量取，传递高度超过钢尺长度时应另设一道起始线；使用电磁波天顶测距传递时宜沿测量洞口、管线洞口铅直向上传递并应观测至少一测回；每栋建筑应由 3 处分别向上传递，标高允许误差应符合表 14.24 的规定。施工层抄平之前应先校测 3 个传递标高点，较差小于 3mm 时以其平均值作为本层标高起测点。抄测标高时宜将水准仪安置在待测点范围的中心位置，标高线允许误差为

±3mm。建筑物围护结构封闭前应将外控轴线引测至结构内部作为室内装修与设备安装放线的依据，控制线可采用平行借线法引测。结构施工中测设的轴线与标高线标定应清晰明确。

表 14.22　　　　　　　　　　　　　　轴线竖向投测允许误差　　　　　　　　　　　　单位：mm

项　　　目	每层	$H\leqslant30$m	30m$<H$ $\leqslant60$m	60m$<H$ $\leqslant90$m	90m$<H$ $\leqslant120$m	120m$<H$ $\leqslant150$m	150m$<H$ $\leqslant200$m	$H>200$m
允许误差	3	5	10	15	20	25	30	符合设计要求

注　H 为总高度，表 14.23、表 14.24 同。

表 14.23　　　　　　　　　　　　　　　各部位放线允许误差　　　　　　　　　　　　单位：mm

部　　　位		允许误差	部　　　位	允许误差
外廓 主轴线	$H\leqslant30$m	±5	细部轴线	±2
	30m$<H\leqslant60$m	±10	承重墙、梁、柱边线	±3
	60m$<H\leqslant90$m	±15	非承重墙边线	±3
	90m$<H\leqslant120$m	±20	门窗洞口线	±3
	120m$<H\leqslant150$m	±25		
	$H>150$m	±30		

表 14.24　　　　　　　　　　　　　　　标高竖向传递允许误差　　　　　　　　　　　单位：mm

项　　　目	每层	$H\leqslant30$m	30m$<H$ $\leqslant60$m	60m$<H$ $\leqslant90$m	90m$<H$ $\leqslant120$m	120m$<H$ $\leqslant150$m	150m$<H$ $\leqslant200$m	$H>200$m
允许误差	±3	±5	±10	±15	±20	±25	±30	符合设计要求

14.7.1　砌体结构施工测量

砌体结构施工测量在基础墙顶放线时应测出墙体轴线，在楼板上放线时内墙应弹出两侧边线、外墙应弹出内边线。墙体砌筑之前应按有关施工图制作皮数杆作为控制墙体砌筑标高的依据，皮数杆全高制作误差为±2mm。皮数杆的设置位置应选在建筑物各转角及施工流水段分界处且相邻间距不宜大于15m，立杆时应先用水准仪抄测标高线、允许误差为±2mm。各施工层墙体砌筑到一步架高度后应测设 500mm（或整米标高）标高线作为结构、装修施工的标高依据，相邻标高点间距不宜大于4m、标高线允许误差为±3mm。

14.7.2　钢筋混凝土结构施工测量

钢筋混凝土结构施工测量的内容应包括装配式、现浇结构等形式的施工测量。钢筋混凝土构件进场后必须检查其几何尺寸且其误差应在允许范围内。预制梁柱安装前应在梁两端与柱身三面分别弹出几何中线或安装线，弹线允许误差为±2mm。预制柱（墙）安装前应检查结构中支承埋件的平面位置与标高，其允许误差应符合表 14.25 的规定，还应绘简图记录误差情况。预制柱（墙）安装时应用两台经纬仪或电子全站仪在相互垂直的方向上同时校测构件安装的铅直度，当观测面为不等截面时经纬仪或电子全站仪应安置在轴线上；当观测面为等截面时经纬仪或电子全站仪可不安置在轴线上但仪器中心至柱中心的直线与轴线的水平夹角不得大于 15°；预制柱（墙）安装铅直度测量的允许误差为 ±3mm。
柱顶面的梁或屋架位置线应以结构平面轴线为准测设，允许误差应符合相关规范表 14.22
的规定。预制梁安装后应对柱身铅直度进行复测并做记录。现浇混凝土结构中的墙、柱钢筋绑扎完成后应在竖向主筋上测设标高并用油漆标注以作为支模与浇灌混

表 14.25　结构支承埋件允许误差

项目	中心位置	顶面标高
允许误差/mm	±5	−5～0

凝土高度的依据，测法及允许误差应符合前述相关规定。现浇柱支模后应校测模板的平面
位置及铅直度，平面位置测量允许误差为 2mm，铅直度允许误差应符合前述相关规定。

14.7.3　钢结构施工测量

±0.000 以下部分施工测量控制网应将地面平面控制网的纵、横轴线测设到基础混凝
土面层上以组成基础平面控制网，其精度与地面平面控制网精度相同，还应测设出柱行列
中轴线且其相邻柱中心间距的测量允许误差为 1mm，第一根柱至 n 根柱间距的测量允许
误差为 $(n-1)^{1/2}$（mm）。预埋钢板应水平并应与地脚螺栓垂直，应依据纵、横控制轴线
交会出定位钢板上的纵、横轴线，交会允许误差为 1mm。在浇注基础混凝土前应检查调
整纵、横轴线与设计位置，其平面允许误差 1mm、标高允许误差 ±2mm。安装前应对柱、
梁、支撑等主要构件尺寸与中线位置进行复测，构件的外形与几何尺寸的允许误差应符合
我国现行《钢结构工程施工质量验收规范》（GB 50205）的有关规定。

在基础混凝土面层上第一层钢柱安装之前应对钢柱地脚螺栓部位的十字定位轴线控制
点组成的柱格网进行复测、调整，其允许误差为 1mm。安装时柱底面的十字轴线应对准
地脚螺栓部位的十字定位轴线，允许误差为 0.5mm，钢柱顶端面的纵、横柱十字定位轴
线的允许误差为 1mm。

施工到 ±0.000 时应对控制网的坐标和高程进行复测并调整，其允许误差为 2mm。
地上部分钢柱铅直度测设的基准点应采用相对误差不低于 1/40000 的激光铅垂仪或相同精
度的光学铅垂仪、激光准直仪进行，应根据平面控制网布设竖向控制点并对布设的竖向控
制点进行校核，其精度与平面控制网的精度相同。竖向控制点宜用不锈钢制成半永久
标志。

竖向控制宜采用内控的误差圆投测方法进行竖向投测，每施工层投测完成后应及时进
行校核，符合精度要求后方可施工。钢柱安装时除应执行保持柱身铅直度的有关规定外还
应用仪器随时进行监测校正，建筑总高（H）的铅直度允许误差应符合表 14.26 的规定。

表 14.26　　铅直度允许误差

建筑高度 H/m	$H \leqslant 30$	$30 < H \leqslant 60$	$60 < H \leqslant 90$	$90 < H \leqslant 120$	$120 < H \leqslant 150$	$150 < H \leqslant 200$	$H > 200$
允许误差/mm	5	10	15	20	25	30	符合设计要求

进行柱、梁、支撑等大型构件安装时应以柱为准调整梁与支撑以确保建筑物整体的铅
直度，在焊接时应观测以下 3 个项目并做好记录，即：柱与梁焊接缝收缩引起柱身铅直度
的测定；柱的日照温差变形的测定；柱身受风力影响的测定。层间高差与建筑总高度应用
水准测量或用 Ⅰ 级钢尺沿柱身外向上、向下丈量测定，对钢结构进行丈量测定时每层高差

允许误差为±3mm，建筑总高度（H）允许误差应符合表 14.24 的规定。

14.7.4 超高层、高耸塔形建筑施工测量

超高层建筑物施工测量是指 100m 以上的建筑物的施工测量。高耸塔形建筑物施工测量包括电视广播发射塔、100m 以上的高烟囱与高大水塔等建筑物。超高层、高耸塔形建筑施工测量的平面控制应采用一级平面控制，高程控制应采用二等水准测量，且宜测设为平高控制网。超高层、高耸塔形建筑物施工测量的控制网宜设计为矩形、十字形或辐射形等有检核条件的控制图形。超高层、高耸塔形建筑物施工测量必须根据平面与高程控制网直接测定施工轴线及标高并使用不同的测量方法进行校核。基础结构以上宜使用 1/100000～1/200000 精度的激光铅垂仪、光学铅垂仪进行轴线竖向投测。超高层、高耸塔形建筑物标高的引测宜用Ⅰ级钢尺沿塔身铅垂线方向丈量，向上、向下两次丈量较差应符合表 14.24 的规定，也可用全站仪天顶测距或悬吊钢尺从地面将标高传递到各施工层。

低于 100m 的高耸塔形建筑物宜在塔身建筑的中心位置及主控轴线的两端控制点上设置 3 个垂直控制点；100m 以上的高耸塔形建（构）筑物宜设置包括塔身中心点及十字主控轴线的各端控制点的五个垂直控制点，其设置铅垂仪的点位必须从控制轴线上直接测定并以不同的测设方法进行校核其投点误差应不大于 3mm。

当超高层、高耸塔形建筑物采用滑模施工工艺时，在模板组装前应根据建筑物轴线控制桩在基础顶面放线，测法及各项允许误差应符合前述相关规定。滑模施工过程中检测模板铅直度的仪器、设备可根据建筑物高度与施工现场条件选用经纬仪、电子全站仪、线锤、激光铅垂仪、GNSS 接收机等且其精度不应低于 1：10000，模板铅直度的检测应设观测站，采用经纬仪或电子全站仪检测时应设置在轴线控制桩上，采用激光铅垂仪检测时应设置在结构外角处。模板滑升前应在结构竖向钢筋上测设统一标高点作为测量门窗口与顶板支模高度的依据，测法及允许误差应符合前述相关规定。高耸塔形建筑物测设应按前述相关规定设置竖向控制点，在施工用滑模平台上应设置铅垂仪的激光接收靶或十字线标志，应调整滑模平台至符合设计要求，测量误差应符合表 14.27 的规定。高大水塔、广播电视发射塔的施工测量的允许误差除应符合上述要求外，有特殊要求的工程应由设计、施工、测量、监理等单位共同协商确定。

表 14.27   高耸塔形建筑物中心铅直度测量允许误差

高度 H/m	$100<H\leqslant150$	$150<H\leqslant200$	$200<H\leqslant250$	$250<H\leqslant300$	$300<H$
允许误差/mm	25	35	45	50	符合设计要求

高耸塔形建筑物施工至 100m 高度后宜进行日照变形观测并应每月进行观测，观测时间要跨越日出前、日中及日落，应仔细分析观测数据、绘制日照变形曲线以指导施工测量。筒式钢筋混凝土桅杆顶部向上施工时应在二级风力以下时测定其中心点。钢桅杆的吊装测量应遵守相关规定，在筒式钢筋混凝土桅杆顶层灌筑混凝土前应先测定出其顶层的中心点，然后再测定钢桅杆基座吊装中心十字线与钢桅杆地脚螺栓的位置，地脚螺栓中心线对基座中心线的测量允许误差应不大于 1mm。

14.7.5 形体复杂建（构）筑物施工测量

形体复杂建（构）筑物施工测量主要包括运动场馆、影剧院、异形结构等建筑工程。形体复杂建（构）筑物施工测量开工前应由施测单位预先编制施工测量方案。形体复杂建（构）筑物的基础施工测量与一般建筑基础施工测量方法基本相同，形体复杂建（构）筑物施工测量的平面控制应不低于一级、高程控制应不低于三等水准。形体复杂建（构）筑物施工测量平面控制网应根据其主体结构设计成最佳的图形强度，控制点宜布设成半永久性构造并应妥善设置保管且应设置备桩，施工测量过程中应定期校核控制点间的边角关系且平面位置校核误差应符合精度要求。形体复杂建（构）筑物施工测量的平面和高程控制网宜布设成平高控制网并应根据工程的特点与精度要求进行优化设计。形体复杂建（构）筑的控制点一般位于结构内部，其受现场施工的影响较大，因此，控制点应根据施工进度进行复测，宜每施工完成一个结构层进行一次平面和高程控制网的复测。为方便后期的施工测量，形体复杂建（构）筑物宜建立独立的平面坐标系统且建筑物整体结构的坐标系统应统一。

田径场地的跑道与自行车场赛道的测算线长度、游泳池两端线间距离的允许误差均要求"正"误差。圆形、椭圆形比赛道的平面控制网的布设应包括其圆心、椭圆的两焦点以及直线与曲线、曲线与曲线的连接点。运动场馆比赛道平面细部定位点的测量误差应不大于建筑施工测量平面点位误差允许误差的 $3^{-1/2}$ 倍。

运动场馆、影剧院等形体复杂建（构）筑物的平面细部定位点及结构曲面细部定位点测设宜采用全站仪三维坐标法、极坐标法、交会法、偏角法与弦线法等方法，并应使用不同的测量方法或测量细部定位点的间距进行校核，其差值应小于施工测量允许误差的 $(2/3)^{1/2}$ 倍。细部定位标志点应根据建筑物的形状、面层的材料选择铜质、不锈钢质等圆形标志，其直径应小于 5mm，标心的十字线刻划误差为 0.5mm，钻圆孔作为标志中心时其孔径应小于 2mm。

矩形运动场馆、影剧院建筑物布设矩形平面控制网时除应对矩形的四个边角进行测角、测边外，还应进行对角线的方向与距离的测量，并应进行平差以求出平面控制点的最或然值位置。高程精度要求较高的形体复杂建（构）筑物布设高程控制网时应采用二等水准测量，细部高程点测量的限差应为施工测量高程允许误差的 $(n^{-1/2}/10)$ 倍。形体复杂、大型、大跨度等建筑物施工测量使用的主要仪器宜符合表 14.28 的规定。

表 14.28 形体复杂、大型、大跨度建筑物施工测量仪器

级别	经纬仪	全站仪	水准仪
毫米级	DJ_2	2″、±(2mm+2mm/km)	DS_1
精密级	DJ_{05}/DJ_1	0.5″/1″、±(1mm+1mm/km)	DS_{05}

形体复杂建（构）筑物钢网架结构施工定位测量时，周边梁支承或支承柱的测量与其相应的网架支承球网的距离、高程的测量精度要求一致，整体吊装或整体滑动安装的网架其球形支承点间的距离要顾及到网架吊起后自重引起的变形。网架周边支承或支承柱间的距离宜用全站仪测角、测边，矩形周边应测周边支承点或支承柱的对角线，圆形周边应测

多边形的边及其对角线然后进行简易平差，其测量值与设计值之差应不大于 10mm。网架周边支承或支承柱的实测高程与设计高程之差应不大于 5mm。形体复杂建（构）筑物钢结构施工测量时其钢结构各节点的三维坐标误差应符合设计要求。

14.8 工 业 建 筑 施 工 测 量

工业建筑施工测量主要包括工业建筑的新建与改、扩建工程。工业建筑施工测量平面控制网的坐标系统应与设计坐标系统一致并与国家（地方）坐标系联测。工业建筑施工测量高程控制网应以设计给定的高程基准点为准进行布网并与国家高程系统联测。厂房定位、厂区管线、变形观测与竣工测量等除应遵守相关规范规定外还应满足相关专业、行业的特殊要求。

厂区平面控制网的测设应符合相关规范规定，布设控制网时宜选一级，控制网的主轴线应与主要建筑物的轴线平行。厂区高程控制网的测设应符合相关规范规定，厂区高程控制网不宜低于三等水准。厂区控制网的桩点应按相关规范要求埋设（见本书 14.3 节中的图 14.4）并做好保护工作。

14.8.1 厂房施工测量

厂房平面控制网的测设应符合表 14.5 中的规定。基础施工测量应以厂房平面控制网为依据，基础位置线与标高线的允许误差应符合前述相关规定。主体结构施工前应对基础的平面位置与标高进行实测并记录误差值。应根据厂房平面控制网在各柱基杯口上测设出纵、横向柱轴线，允许误差为 3mm。应根据厂区高程控制网在各柱基杯口内测设出标高控制线，允许误差为 ±3mm。厂房梁柱安装应符合前述相关要求。

吊车梁与轨道安装测量应遵守相关规定。吊车梁安装测量中应在梁顶和两端划出中线，牛腿上吊车梁安装中线宜采用平行借线法测设，测设前应先校核跨距、允许误差为 ±2mm，吊车梁中线允许误差为 3mm。吊车轨道安装前应将吊车轨道中线投测至吊车梁上、允许误差为 2mm，中间加密点的间距不得超过柱距的 2 倍、允许误差为 ±2mm，还应将各点平行引测于牛腿顶部的柱子侧面以作为轨道安装的依据。轨道安装中线应在屋架固定后测设。轨道安装前宜用吊钢尺法把标高引测至高出轨面 500mm 的柱子侧面，允许误差为 ±2mm。屋架安装后应实测屋架铅直度、节间平直度、标高、挠度（起拱）等并做好记录。厂房为钢结构时施工测量应符合前述钢结构的规定。厂房柱为现浇混凝土结构时现浇钢筋混凝土柱施工测量应符合前述混凝土结构的规定。

14.8.2 厂房（区）改、扩建施工测量

厂区进行改、扩建施工测量应以原厂区控制点为依据恢复厂区平面控制网且其精度不应低于原控制网精度，若原控制网保存良好且改、扩建区不大于原厂区的 1/3 时可对原控制网进行恢复与扩展，扩展控制点应与原控制网组成新控制网一并进行整体平差计算。无法恢复原厂区平面控制网时或改、扩建区大于原厂区的 1/3 时可在改、扩建区布设平面控制网，其精度应符合前述相关规定。厂房进行改、扩建施工测量应以原厂房平面控制点为依据恢复、扩展厂房平面控制网。原厂房无平面控制点时可根据以下

依据重建厂房平面控制网，即有行车轨道的厂房应以现有行车轨道中线为依据；厂房内主要设备与改、扩建后的设备有联动或衔接关系时应以现有设备中线为依据；厂房内无行车轨道及联动或衔接设备时应以厂房柱中线为依据。厂房改、扩建标高测量应以厂房内的标高点为依据，厂房内无标高点时可根据以下 3 条原则施测，即有行车轨道的厂房应以轨道的实测平均标高为依据；厂房内主要设备在改、扩建中与原有设备有联动或衔接关系时应以原有设备安装基准点或设备底座标高为依据；厂房内无行车及联动设备时应以厂区水准点为依据。

14.8.3 厂区专用铁路施工测量

应根据厂区平面控制网以相应的厂房平面控制网精度测设铁路专用线的进厂起点、路线交点、曲线起点、曲线中点、曲线终点、道岔的岔心及路线终端，延长到厂房内的支线应以厂房平面控制网为依据定位，路线定位后应以一测回校测转角 α，测角允许误差见表 14.29。中桩间距对直线段不应大于 50m、圆曲线段宜为 20m，中桩桩位测量的允许误差纵向为 1/2000、横向为 ±25mm。曲线辅点的测设可采用极坐标法或支距法，曲线测量的允许误差纵向为 1/2000、横向为 ±50mm。中桩高程测量应根据厂区高程控制网用附合水准路线测定，其闭合差不应超过 $10n^{1/2}$ （mm），n 为测站数。

表 14.29　　测 角 允 许 误 差

仪器类别	DJ$_2$ 级仪器	DJ$_6$ 级仪器
测角允许误差	$\pm15''$	$\pm20''$

14.8.4 厂房设备基础测量

设备基础施工测量应依据设备基础图及管网图，应在设备基础旁设置轴线和高程控制标识，其精度应与厂区平面和高程控制网保持一致。设备基础施工前应测设出基础轴线、中线、边线、平面控制线和标高控制线，基础预埋件或螺栓组安装前应测设出预埋件或螺栓组中线、边线和标高控制线以满足安装要求，轴线投测允许误差为 5mm，标高投测允许误差为 ±5mm，外轮廓线投测的误差应符合本书 14.5 节的相关规定。混凝土设备基础的预埋件、螺栓的允许误差应满足设计及设备厂家要求。大型设备基础浇筑过程中应进行监测，发现位置和标高与要求不符时应及时处理。

14.9　建筑装饰施工测量与设备安装施工测量

建筑装饰与设备安装施工测量主要包括抹灰施工、室内地面面层施工、吊顶与屋面施工、墙面装饰施工、室内隔墙施工、幕墙和门窗安装、电梯和管道安装等工程。施工测量前应查阅施工图纸、了解设计要求、验算有关测量数据、核对图上坐标和高程系统与施工现场是否相符并对其测量控制点和其他测量成果进行校核与检测。建筑装饰与设备安装施工测量应遵守相关规定，室内外水平线测设每 3m 距离的两端高差应小于 1mm、同一条水平线的标高允许偏差为 ±3mm；室外铅垂线投测两次结果较差应小于 2mm，竖直角超过 40°时可采用陡角棱镜或弯管目镜投测；室内铅垂线投测相对误差应小于 $H/3000$；有特殊要求的建筑装饰与设备安装工程其各项施工测量误差应按施工要求控制。

14.9.1　装饰施工测量

装饰施工前应结合装饰装修工程技术要点根据结构施工时的轴线控制线，按本节前述精度要求将装饰施工控制线及时测设在墙、柱、板上以作为装饰施工测量的控制依据。室内地面面层施工时应按设计要求在基层上以十字直角定位线为基准弹线分格，量距相对误差应小于 1/10000，测设直角的误差应小于 $\pm 20''$。室内地面面层施工检测标高与水平度时检测点间距对大厅宜小于 5m、房间宜小于 2m，或按施工交底要求施测。

吊顶施工测量应符合要求，应以 500mm 水平线为依据用钢尺量至吊顶设计标高并沿墙四周弹水平控制线；应在顶板上弹十字直角定位线且其中一条应与外墙面平行，十字线应按实际空间匀称确定，直线点应标在四周墙上；具有天花藻井及顶棚悬吊设备、灯具及装饰物比较复杂的吊顶大厅吊顶前应按其设计尺寸将其铅垂投影的地面上，然后按 1：1放出大样后再投测到顶棚。

内墙面装饰竖向控制线应按小于 1：3000 的相对误差投测，水平控制线的测设要求应符合本节前述规定。装饰墙面按设计需要分格分块时应按小于 1/10000 的相对误差测量分格线与分块线。外墙面水平控制线的测设应符合本节前述规定。外墙面砖的铺贴表面平整允许误差为 4mm、立面铅直允许误差为 3mm。轻质隔墙安装应铅直、平整、位置正确，允许偏差和检验方法应符合表 14.30 的规定。

表 14.30　　　　　　　　轻质隔墙安装的允许偏差和检验方法

项次	项目	允许偏差/mm				检验方法
		板材隔墙	骨架隔墙	玻璃隔墙	活动隔墙	
1	立面铅直度	2	3	3	3	用 2m 垂直检测尺检查
2	表面平整度	2	3	3	2	用 2m 靠尺和塞尺检查

幕墙和窗安装施工测量前应做好以下 3 方面准备工作，即：应按装饰工程平面与标高设计要求检测门窗洞口净空尺寸偏差并绘图记录；对高层建筑外墙面铅直度每层结构完工后都应检测并记录偏差、绘制平面图；建筑主体结构完工后在有竖向龙骨的主要部位应用悬吊钢丝法（垂准线法）沿墙面检测铅直度并做好记录、绘制竖向剖面图。

幕墙和门窗安装测量应遵守相关规定。应在门窗洞口四周弹墙体纵轴线（外墙面控制线），应在内外墙面按本节前述要求弹 500mm 水平控制线，层高、全高允许偏差与结构施工测量精度相同。建筑高度 60m 以上时应使用不低于 DJ$_2$ 级精度的经纬仪进行竖向投测，60m 以下可使用 DJ$_6$ 级经纬仪，应根据需要在外墙面按本节前述要求弹铅直通线。幕墙随主体同步进行安装时应以控制结构的轴线与标高为准进行安装幕墙的施工测量。控制竖向龙骨可采用激光铅垂仪或铅垂吊钢丝的测法并应符合表 14.31 的规定。幕墙分格轴线的测量放线应与主体结构的测量放线相配合，对其误差应在分段分块内控制、分配、消除而不使其累积。幕墙与主体结构连接的预埋件应按设计要求埋设，其测量放线允许偏差为高差 $\pm 3mm$、埋件轴线 7mm。

屋面施工测量应遵守相关规定，应检查各向流水实际坡度是否符合设计要求并测定其实际偏差；应在屋面四周测设水平控制线及各向流水坡度控制线；卷材防水层面要测设十字直角控制线。

表 14. 31   **线锤重量和钢丝直径的要求**

高差/m	<10	10～30	30～60	60～90	>90
悬挂线锤重量/kg	>1	>5	>10	>15	>20
钢丝直径/mm	0.5	0.5	0.5	0.5	0.7

14.9.2 设备安装施工测量

设备就位前应按施工图和相关建筑物的轴线、边缘线、标高线划定安装的基准线。互有连接、衔接或排列关系的设备应划定共同的安装基准线并应按设备的具体要求埋设中心标板或基准点，中心标板或基准点的埋设应正确和牢固且其材料宜选用铜材或不锈钢材。平面位置安装基准线与基础实际轴线或与墙（柱）的实际轴线、边缘线的距离允许偏差为±20mm。设备定位基准的面、线或点对安装基准线的平面位置和标高的允许偏差应符合表 14.32 的规定。

表 14. 32   **设备的平面位置和标高对安装基准线的允许偏差**

项　　目		与其他设备无机械联系的	与其他设备有机械联系的
允许偏差/mm	平面位置	±10	±2
	标高	−10～+20	±1

直升梯（包括观景梯）安装测量应遵守相关规定。结构施工开始时应做好直升梯安装的筹备工作，在电梯井底层应以结构控制线为准及时量测每层电梯井净空尺寸并绘出平面图。应采用垂准线法检查电梯井中心竖向偏差并绘制电梯井两个方向的纵剖面图。应根据检查结果提供最佳电梯井净空尺寸断面图。应测设电梯井轨道中心位置并用钢丝固定，各条铅垂线固定后应分别丈量铅垂线间距离，两铅垂线全高相互偏差应小于1mm，铅垂线的相对误差应小于 1/14000。每层应弹 500mm（或 1000mm）水平控制线，每层梯门套两边应弹两条垂直线且其相对误差应小于 1/3000，应确保电梯门槛与门地面水平度一致。

自动扶梯安装测量应遵守相关规定。应按平面图放线，应检测绞车基础水平度与标高位置是否符合设计要求并在自动扶梯 4 个角点测设 4 个水平点，两次独立观测各点高差之差应小于±1mm，4 点高差较差应小于±2mm。绞车主轴轴承最低点平面位置及标高与设计位置之差均应小于±1mm。检测电梯绞车主轴水平度的误差应小于 1/10000 轴长。

管道安装前要检查穿墙、穿层孔洞位置是否符合设计要求，应以结构控制线为依据进行管道安装测量工作。

14.10　建筑小区市政工程施工测量

建筑小区市政工程施工测量主要包括新建、扩建的小区、公共建筑群与工业厂区内的管线和道路工程的施工测量以及附属工程施工测量。建筑小区市政工程的中线定位应依据定线图或设计平面图按图纸给定的定位条件采用建筑小区内施工平面控制网点进行测设，或依据与附近主要建（构）筑物之间相互关系测设，或以城市测量控制点测设。建筑小区市政工程的高程与坡度控制应使用城市测量控制点或以上述控制点为基点统一布设的施工水准点。中线桩位可采用 GNSS-RTK 放样法、极坐标法、直角坐标法、方向交会法、距离交会法或平行线法等方法进行测定，桩位测定后应变换观测方法或条件进行校核。测设使用仪器角度观测应采用不低于 DJ_2 级经纬仪，量距应采用检定合格的 I 级钢卷尺或 III 级电子全站仪，高程测量应采用不低于 DS_3 级水准仪。

观测方法和技术要求应符合要求。角度观测不少于一测回，上、下半测回允许误差应为 $\pm 36''$，测回值之间允许误差为 $\pm 24''$。距离测量采用钢卷尺时应往返丈量、量距相对误差应小于 1/5000，采用电子全站仪时可单向观测、两次读数。高程测量采用五等以上水准测量引测施工水准点，细部测设时应采用两个水准点作后视推求视线高、允许误差为 $\pm 5mm$ 并以平均视线高程为准。

采用独立坐标系统测设点位时应与附近城市控制点进行联测，应求出道路、地下管线的中线起点、终点、转折点等点位的地方坐标系统的坐标，联测坐标的测量允许误差应符合表 14.33 的规定，其中，n 为测站数；当导线超长时其绝对闭合差不应大于 260mm，导线边数超过 12 条时应适当提高测角精度。

表 14.33　　　　　　　　　　　　　联测坐标的测量允许误差

附合导线长度/m	方位角闭合差/('')	往返量边相对误差	导线全长相对闭合差
800	$\pm 40n^{1/2}$	1/5000	1/3000

建筑小区市政工程定位后，其平面位置、高程均应在施工前与已建成的市政工程相衔接并进行校测。

14.10.1　管线工程施工测量

管线工程分期分阶段施工或与其他建（构）筑物相衔接时定位工作的校测或调整应遵守相关规定，建筑小区室外管线与室内管线连接时宜以室内管线的位置和高程为准；建筑小区室外管线与市政干线连接时宜以市政干线预留口位置或市政规划位置和高程为准；新建管线与原有管线连接时宜以原有管线位置和高程为准。管线点相对于邻近控制点的测量点位中误差不应大于 50mm，高程中误差不应大于 20mm。

地下管线施工测量应遵守相关规定，管线施工挖槽前应测设中线控制桩；应测设间距不大于 150m 的施工水准点；应在基槽内投测管线中心线，间距宜为 10m、最长不应超过 20m；应在基槽内测设高程及坡度控制桩、间距不宜超过 10m，非自流管道间距可放宽至 20m；管线安装过程中应及时做好校测工作；属于建筑小区内的管线主干线应在回填土前测出起点、终点、交点以及井位坐标、管外顶高程（压力管）或管内底高程（自流管）。

架空管道施工测量应遵守相关规定。中线定位后应检查各交点处中心线转角，其观测值与设计值之差应不超过 $1'$。中心线及转角调整后即可测设管架中心线及基础中心桩，其直线投点误差不应大于 5mm，基础间距测量的相对误差应小于 1/2000。基础进行混凝土浇筑时应对直埋螺栓固定平面位置及高程进行检测。支架柱（柱高 H）应进行铅直度校测，允许偏差为 $H/1000$ 且绝对值不应大于 7mm。

14.10.2　道路工程施工测量

道路工程施工时与建筑物出入口相衔接的定线测量工作校测或调整应遵守相关规定，与已建建筑物出入口相衔接时应以出入口位置为准调整连接段中线；与已建成道路相接时应注意保持线形平顺并应注意服从城市规划要求；建筑小区内道路高程应低于附近建筑物散水的高程。

道路施工测量应符合要求，道路施工测量控制桩的间距对直线段宜为 20m、曲线段宜为 10m；进行纵、横断面测量时其断面点间距不宜大于 20m；道路施工中宜采用边桩控制施工中线和高程；施工过程中应结合季节变化对道路中线与高程控制桩进行校测。

道路圆曲线辅点的测设宜由曲线两端闭合于中部且其闭合差应在允许误差范围内，还应将闭合差按比例分配到各辅点桩上。道路起、终点与交点相对于定位依据点的定位允许偏差应符合表 14.34 的规定。道路工程各种施工高程控制桩的测量允许偏差应符合表14.35 的规定。

表 14.34　道路定位测量的允许误差

测量项目	道路直线中线定位	道路曲线横向闭合差
允许误差/mm	±25	±50

表 14.35　高程控制桩测量的允许偏差

测量项目	纵、横断断面测量	施工边桩	竣工校测
允许误差/mm	±20	±5	±10

14.10.3　绿化工程施工测量

建筑小区的绿化工程应在建筑物、地下管线、道路工程等主体完成后进行。施工单位应根据施工图的水准点和坐标进行复核后方可进行测量和施工放线，绿地栽植的定点放线允许偏差见表 14.36。

表 14.36　绿地栽植定点放线允许偏差

施工图比例	1∶200	1∶500	1∶1000
允许偏差/mm	200	250	1000

栽植穴（槽）的定点放线应符合要求，栽植穴（槽）的定点放线应符合施工图要求且位置应准确、标志应明显；栽植穴定点放线时应标明中心位置，栽植槽应标明边线；定点标志应标明树种名称（或代号）、规格；树木定点遇障碍物影响时应及时与设计单位取得联系并进行适当调整。土山、微地形高程控制应符合竖向设计要求，其允许偏差见表 14.37。土山、微地形方格网尺寸应按设计要求测设，设计未提出要求时最大尺寸应不大于 10m×10m。

表 14.37　　　土山、微地形尺寸和相对高程的允许偏差　　　　　单位：cm

项次	项目	尺寸要求	允许偏差	检查方法
1	边界线位置	设计要求	±50	经纬仪、电子全站仪、钢尺测量
2	等高线位置	设计要求	±50	经纬仪、电子全站仪、钢尺测量

续表

项次	项目		尺寸要求	允许偏差	检查方法
3	地形相对标高	≤100	回填土方自然沉降以后	±5	水准仪、电子全站仪、钢尺测量每100m² 测定一次
		101～200		±8	
		201～300		±12	
		301～400		±15	
		401～500		±20	
		>500		±30	

14.11 建筑施工变形监测

建筑施工变形监测主要包括施工过程中建（构）筑物的竖向位移、水平位移、结构应力应变、主体倾斜、裂缝监测等。建筑施工变形监测工作开始前测量单位应根据测区条件、建筑物的结构类型、测量任务等方面的要求编制详细的监测方案，监测方案应经设计、监理、建设等单位认可，当设计或施工有重大变更时应及时调整监测方案。建筑施工变形监测中应建立监测基准网并应对监测网进行定期检测，对变形监测成果应及时处理。变形监测的等级划分及精度应根据设计、施工要求或有关规范规定的建筑物变形允许值以及建筑结构类型、场地安全等级等因素确定。通常情况下，变形监测的等级划分与精度要求可参考表 14.38，变形监测点的高程中误差和点位中误差是指相对于邻近基准点而言的；竖向位移监测可视需要按变形点的高程中误差或相邻变形点高差中误差确定测量等级；当水平位移监测用坐标向量表示时则向量中误差为表 14.38 中相应等级点位中误差的 $2^{-1/2}$。

表 14.38 变形监测的等级划分及精度要求 单位：mm

等级	竖向位移监测		水平位移监测	适用范围
	变形监测点高程中误差	相邻变形监测点高差中误差	变形监测点点位中误差	
一	±0.3	±0.1	±1.5	变形特别敏感的高层建筑、高耸构筑物、重要古建筑、工业建筑和精密工程设施等
二	±0.5	±0.3	±3.0	变形较敏感的高层建筑、高耸构筑物、古建筑、工业建筑、重要工程设施和重要建筑场地的滑坡监测等
三	±1.0	±0.5	±6.0	一般性的高层建筑、高耸构筑物、工业建筑、滑坡监测等
四	±2.0	±1.0	±12.0	一般建筑物、构筑物和滑坡监测等

属于下列 6 种情况之一者应进行变形监测，即：地基基础设计等级为甲级的建筑物；复合地基或软弱地基上的设计等级为乙级的建筑物；加层、扩建建筑物；受邻近深基坑开挖施工影响或受场地地下水等环境因素变化影响的建筑物；需要积累建筑经验或进行设计反分析的工程；因施工、使用或科研要求进行变形监测的工程。

变形监测的观测周期应根据以下 6 方面因素确定，即：建筑物变形全过程的反映要求；建筑物的结构特征；建筑物的重要性；变形的性质、大小与速率；工程地质情况与施工进度；变形对周围建筑物和环境的影响。监测过程中可根据变形量的变化情况适当调整监测周期。变形监测的方法应根据建（构）筑物的性质、施工条件、监测精度及周围环境确定。

变形监测应遵守相关规定。每次监测时宜采用相同的监测网形和监测方法、使用同一仪器和设备、固定监测人员并在基本相同的环境和条件下监测。每次监测前应对所使用的仪器设备进行自检。每项首次监测应在同期至少监测两次，无异常时取其平均值以提高初始值的可靠性。周期性监测中，若与上次相比出现异常或测区受到地震、爆破等外界因素影响时应及时复测或增加监测次数。每期监测结束后应及时处理监测数据，应定期向委托方等单位提交监测报告，变形出现异常时应立即通知相关单位采取措施。

14.11.1 监测基准网的布测

变形监测基准网应由基准点和工作基点组成，基准点和工作基点的设置应符合相关要求。基准点应选设在变形影响范围以外便于长期保存的位置，每项独立工程至少应有 3 个稳固可靠的基准点。工作基点应选设在靠近监测目标、便于联测且比较稳定的位置，当基准点离所测建筑距离较远致使变形测量作业不方便时宜设置工作基点，工程较小、观测条件较好的工程可不设工作基点而直接依据基准点测定变形监测点。基准点标石、标志埋设后应达到稳定后方可开始监测并应定期复测，复测周期应视基准点所在位置的稳定情况确定，前期宜 1~2 个月复测一次，稳定后 3~6 个月复测一次。设置工作基点时每期变形监测时均应将其与基准点进行联测，然后再对监测点进行观测。变形监测基准应与施工坐标和高程系统一致，也可采用独立的施工坐标和高程系统，监测工程范围较大时应与国家或地方坐标和高程系统联测。竖向位移基准点标石、标志的选型及埋设应遵守相关规定，即应坚实稳固、便于监测；应埋设在变形区域以外；可利用永久性建（构）筑物设立墙上基准点，也可利用基岩凿埋标志；基准点的标石形式可参考图 14.4。竖向位移监测网应布设成闭合环、结点网或附合路线，其主要技术要求和测法应符合表 14.39 的规定，其中 n 为测段的测站数。竖向位移控制测量宜使用水准测量方法，水准观测的技术要求应符合表 14.40 的规定，数字水准仪观测不受基、辅分划读数较差指标的限制，但测站两次观测的高差较差应满足表 14.40 中相应等级基、辅分划所测高差较差的限制。

表 14.39　　　　　　　　　　竖向位移监测各等级水准观测技术要求

等级	相邻基准点高差中误差/mm	每站高差中误差/mm	往返较差附合或环线闭合差/mm	检测已测高差较差/mm	使用仪器、观测方法及要求
一	±0.3	±0.07	±0.15$n^{1/2}$	±0.20$n^{1/2}$	DS$_{05}$ 型仪器，宜按国家一等水准测量的技术要求施测
二	±0.5	±0.15	±0.30$n^{1/2}$	±0.40$n^{1/2}$	DS$_{05}$ 型仪器，宜按国家一等水准测量的技术要求施测

续表

等级	相邻基准点高差中误差/mm	每站高差中误差/mm	往返较差附合或环线闭合差/mm	检测已测高差较差/mm	使用仪器、观测方法及要求
三	±1.0	±0.30	$±0.60n^{1/2}$	$±0.80n^{1/2}$	DS_{05} 或 DS_1 型仪器，宜按国家二等水准测量的技术要求施测
四	±2.0	±0.70	$±1.40n^{1/2}$	$±2.00n^{1/2}$	DS_1 型仪器，宜按国家三等水准测量的技术要求施测

表 14.40　　　　　　　　　　水准观测的主要技术要求

等级	水准仪型号	水准尺	视线长度/m	前后视的距离较差/m	前后视的距离较差累计/m	视线离地面最低高度/m	基本分划、辅助分划读数较差/mm	基本分划、辅助分划所测高差较差/mm
一	DS_{05}	因瓦	15	0.3	1.0	0.5	0.3	0.4
二	DS_{05}	因瓦	30	0.5	1.5	0.5	0.3	0.4
三	DS_{05}	因瓦	30	2.0	3.0	0.3	0.5	0.7
三	DS_1	因瓦	50	2.0	3.0	0.3	0.5	0.7
四	DS_1	因瓦	75	5.0	8.0	0.2	1.0	1.5

　　水平位移监测基准点的埋设应遵守相关规范规定，基准点应埋设在变形影响范围以外且应坚实稳固、便于保存；通视应良好并应便于观测与定期检验；宜采用有强制归心装置的观测墩，照准标志宜采用有强制对中装置的觇标。水平位移监测基准网的主要技术要求可参考表 14.41，表 14.41 中水平位移监测基准的相关指标是基于相应等级相邻基准点的点位中误差的要求确定的，具体作业时也可根据监测项目的特点在满足相邻基准第的点位中误差要求前提下进行专项设计，GPS 水平位移监测基准网不受测角中误差和三角测量观测要求限制。水平位移监测网可采用建筑基准线、三角网、边角网、导线网等形式，可采用独立坐标系统并进行一次布网。

表 14.41　　　　　　　　　水平位移监测基准网的主要技术要求

等级	相邻基准点的点位中误差/mm	平均边长/m	测角中误差/(")	测边相对中误差	作业要求
一	1.5	≤300	±0.7	≤1/300000	宜按国家一等三角测量要求观测
一	1.5	≤200	±1.0	≤1/200000	宜按国家二等三角测量要求观测
二	3.0	≤400	±1.0	≤1/200000	宜按国家二等三角测量要求观测
二	3.0	≤200	±1.8	≤1/100000	宜按国家三等三角测量要求观测
三	6.0	≤450	±1.8	≤1/100000	宜按国家三等三角测量要求观测
三	6.0	≤350	±2.5	≤1/80000	宜按国家四等三角测量要求观测
四	12.0	≤600	±2.5	≤1/80000	宜按国家四等三角测量要求观测

14.11.2　水平位移监测

　　水平位移监测应测定建筑物地基基础等在规定平面位置上随时间变化的位移量和位移

速度。水平位移监测点位布设应符合要求，即：应为设计文件要求的监测点；应为施工过程中结构安全性突出的特征构件；应为变形较显著的关键点以及建筑物承重墙柱拐角；应为大型构筑物的顶部、中部和下部。监测标志的形式宜采用反射棱镜、反射片等照准觇标。水平位移监测应根据实际情况采用视准线法、经纬仪投点法、激光准直法、前方交会法、边角交会法、导线测量法、小角度法、极坐标法、垂线法，水平位移监测点的精度等级应根据工程需要的监测等级确定并符合表 14.38 的规定。

采用视准线法进行水平位移监测应遵守相关规定，应在建（构）筑物的纵、横轴（或平行纵、横轴）方向线上埋设控制点；视准线上应设 3 个控制点，间距不小于控制点至最近监测点间的距离；监测点偏离基准线的距离不应大于 20mm。采用经纬仪、全站仪投点法和小角度法时应对仪器竖轴倾斜进行检验。

采用激光准直法进行水平位移监测应遵守相关规定，激光器在使用前必须进行检验校正以使仪器射出的激光束轴线、发射系统轴线和望远镜视准轴三者共轴并使监测目标与最小激光斑共焦；要求具有 $10^{-5} \sim 10^{-4}$ 量级准直精度时宜采用 DJ 二型激光经纬仪，要求达到 10^{-6} 量级准直精度时宜采用 DJ_1 型激光经纬仪；较短距离（小于 100m）的高精度准直宜采用衍射式激光准直仪或连续成像衍射板准直仪，较长距离（超过 100m）的高精度准直宜采用激光衍射准直系统或衍射频谱成像及投影成像激光准直系统。

用前方交会法进行水平位移监测应遵守相关规定，控制点不应少于 3 个且其间距不应小于交会边的长度；交会角在 60°～120°范围内；当 3 条方向线交会形成误差三角形时应取其内心位置；同一测站上应以同仪器、同盘位、同后视点进行观测；各测回间应转动基座 120°；位移值可采用监测周期之间前方交会点坐标值的变化量计算。

用极坐标法进行水平位移监测应遵守相关规定，用钢尺丈量距离不应超过一尺段并进行尺长、温度与倾斜等改正。水平位移监测的周期应根据工程需要和场地的工程地质条件综合确定且宜与竖向位移监测的周期一致。

14.11.3　竖向位移监测

竖向位移监测应测定建筑物的竖向位移量、竖向位移差，并计算竖向位移速度和建（构）筑物的倾斜度。竖向位移监测点的布设应符合相关要求，应布置在变形明显而又有代表性的部位；标志应稳固可靠、便于观测和保存且不影响施工及建筑物的使用和美观；点位应避开暖气管、落水管、窗台、配电盘及临时构筑物；承重墙可沿墙的长度每隔 10～15m 处或每隔 2～3 根柱基上设置一个监测点，在转角处、纵横墙连接处、裂缝和位移缝两侧基础埋深相差悬殊处、不同地基或结构分界处、高低或新旧建筑物分界处等也应设置监测点；框架式结构的建筑物应在柱基上设置监测点；电视塔、烟囱、水塔、大型储藏罐等高耸构筑物的竖向位移监测点应布置在基础轴线对称部位，每个构筑物应不少于 4 个监测点；监测点的埋设应符合相关规定；当使用静力水准测量方法进行竖向位移监测时监测标志的形式及其埋设应根据采用的静力水准仪的型号、结构、读数方法以及现场条件确定，标志的规格尺寸设计应符合仪器安置的要求。

常见竖向位移监测标志的构造及埋设要求如图 14.5 所示，其中，图 14.5（a）、（b）为墙、柱竖向位移监测标志；图 14.5（c）为混凝土基础上的竖向位移监测标志；图 14.5（d）为平坦地区或设备基础上的竖向位移监测标志；图 14.5（e）为钢柱上的竖向位移监测标志；图 14.5 （f）为隐蔽式竖向位移监测标志。

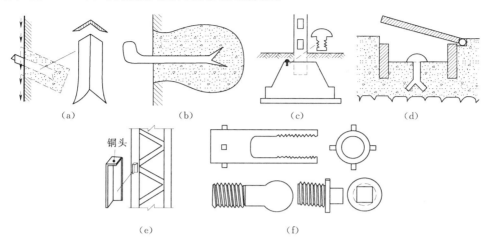

图 14.5　常见竖向位移监测标志的构造及埋设要求
（a）角钢标志；（b）球型标志；（c）柱基标志；（d）设备基础标志；（e）钢柱标志；（f）隐蔽式标志

竖向位移监测应采用几何水准测量或静力水准测量等方法进行，竖向位移监测点的精度等级和观测方法应根据工程需要的观测等级确定并符合表 14.39 和表 14.40 的规定。每次竖向位移监测中均应记录监测时建（构）筑物的荷载变化、气象情况与施工条件的变化。

主体结构施工期间竖向位移监测周期应遵守相关规定。地下结构施工阶段楼层每增加 1 层应监测一次，地上结构施工期间每增加 2~4 层应监测一次，电视塔、烟囱等每增高 10~15m 应监测一次；基础混凝土浇筑、回填土与结构安装等增加较大荷载前后应进行监测；基础周围大量积水、挖方与暴雨后应监测；出现不均匀沉降时应根据情况增加监测次数；施工期间因故暂停施工超过 3 个月应在停工时及复工前进行监测。

结构封顶至工程竣工期间的竖向位移监测周期应遵守相关规定。均匀沉降且连续 3 个月内平均沉降量不超过 1mm 时应每 3 个月监测 1 次；连续两次每 3 个月平均沉降量不超过 2mm 时应每 6 个月监测 1 次；出现不均匀沉降时应根据情况增加监测次数；外界发生剧烈变化时应及时监测；交工前应监测一次；交工后建设单位应每 6 个月监测 1 次直至基本稳定 $[(1\sim4mm)/100d]$ 为止，具体取值应根据地区地基土的压缩性能确定。

建（构）筑物的基础竖向位移监测点应埋在底板上，由于不均匀沉降引起的基础倾斜值、基础挠度、平均沉降量及整体刚度较好的建（构）筑物主体结构倾斜值等的估算可按相关规定确定。平均竖向位移量 h_m 可按式 $h_m=(h_1s_1+h_2s_2+\cdots+h_ns_n)/(s_1+s_2+\cdots+s_n)$ 确定，其中，h_1、h_2、$\cdots$、h_n 为各监测点的竖向位移量；s_1、s_2、$\cdots$、s_n 为相应监测点的基础底面积。当监测点分布均匀、各观测点相应的基础底面积大致相同时可取 $h_m=(h_1+h_2+\cdots+h_n)/n$，其中，$n$ 为监测点个数。如图 14.6 所示，建（构）筑物主体倾斜值 ΔD 及倾斜率 i 可按式 $\Delta D=\Delta h_{AB}H/L$ 和 $i=\tan\alpha=\Delta D/H$ 确定，其中，Δh_{AB} 为基础两端点的竖向位移差；H 为建筑物的高度；L 为基础两端点间的水平距离；α 为建筑物的倾斜角。由图 14.6 可知，建（构）筑物基础相对倾斜率 i 可按式 $i=(h_A-h_B)/L=\Delta h_{AB}/L$ 确定，其中，h_A、h_B 为倾斜段两端监测点 A、B 的竖向位移量；L 为基础两端间的水平距离。

由图 14.7 可知，基础挠度 f 可按式 $f = \Delta h_{BC} - \Delta h_{BA} L_1 / (L_1 + L_2)$ 确定，其中，Δh_{BC} 为 B、C 点的竖向位移差；Δh_{BA} 为 B、A 的竖向位移差；L_1 为 BC 的水平距离；L_2 为 AC 的水平距离。

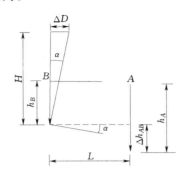

图 14.6　建筑物主体和基础倾斜

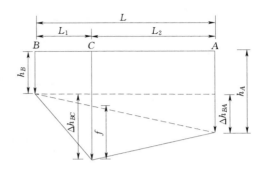

图 14.7　建筑物基础挠度

14.11.4　结构应力应变监测

以下 4 类建筑工程应进行结构应力应变监测，即：建筑高度不小于 300m 的高层建筑；跨度不小于 60m 的柔性大跨结构或跨度不小于 120m 的刚性大跨结构；带有不小于 25m 悬挑楼盖或 50m 悬挑屋盖结构的工程；设计文件有要求的工程。应力监测内容和传感器类型选择可参考表 14.42，采集设备应与其相匹配，其中 F.S 为监测设备或元件的满量程。

表 14.42　　　　　　　　　　**应力监测传感器选择及相关精度要求**

监测对象	监测内容	监测仪器类型	精度指标
钢、混凝土、钢筋	应变	电阻应变计、光纤光栅应变计、振弦式应变计等	0.2%F.S 且 $4\mu\varepsilon$
预应力筋或索	索力	穿心式压力传感器、油压表、拾振器、磁通量传感器、弓式测力仪等	1.0%F.S

构件上监测点布设传感器的数量和方向应满足相关要求。受弯构件应首先在弯矩最大的截面上沿截面高度布置测点且每个截面不宜少于 2 个，当需量测沿截面高度的应变分布规律时布置测点数不宜少于 5 个；双向受弯构件应在构件截面边缘布置测点且不应少于 4 个。轴心受力构件应在构件量测截面两侧或四周沿轴线方向相对布置测点且每个截面不宜少于 2 个。同时受剪力和弯矩作用的构件，当需要量测主应力大小和方向及剪应力时宜布置 45°或 60°的平面三向应变测点。受扭构件宜在构件量测截面的两长边方向的侧面对应部位上布置与扭转轴线成 45°方向的测点。复杂受力构件可通过布设应变片量测各应变计的应变解算出监测截面的主应力大小和方向。

传感器的安装应符合要求。传感器应与构件可靠连接。应变计安装位置各方向偏离监测截面位置应小于 3cm，应变计轴向与测点主应力方向偏差应小于 2°。锚索计的安装应确保其与索体呈同心状态。磁通量传感器穿过索体安装完成后应与索体可靠连接，应防止其在吊装或施工过程中滑动移位。振动频率法测量索力的加速度传感器的布设位置到支座距离应大于 17/100 的索长。

应力监测频率应遵守相关规定，结构施工期间应每月至少监测 1 次，结构停工期间应每 3 个月至少监测 1 次；高层建筑每施工完成 3～6 层楼面应监测 1 次；结构施工过程中重要的阶段性节点宜进行监测；结构上荷载发生明显变化或进行特殊工序施工时应增加监测次数。

14.11.5 主体倾斜监测与裂缝监测

建（构）筑物主体倾斜监测时宜测定顶部监测点对其相应底部监测点的偏移值，应在同一铅垂面上设立上、下监测点并应分别在两个互相垂直的方向上进行监测，对整体刚度较好的建（构）筑物主体倾斜值也可按本书 14.11.3 中介绍的方法确定。

超高层建（构）筑物的日照变形监测应遵守相关规定。监测点应设置在监测体向阳的不同高度处。应借助经纬仪或电子全站仪或激光经纬仪测定各观测点相对于底部点的位移值或测算监测点的坐标变化量。监测日期应选在昼夜晴朗、无风（或微风）、外界干扰较少的日子。监测期间应选在一天的 24h 内，白天每 1h、夜间每 2h 监测一次。监测同时应测定监测体的向阳面及背阳面的温度和太阳的方位。应根据监测结果绘出日照变形曲线图，求得最大和最小日照变形时段。监测精度应通过具体分析确定，借助经纬仪或电子全站仪观测时，监测点相对于测站点的点位中误差对投点法不应超过 1.0mm、对测角法不应超过 2.0mm。

裂缝监测应遵守相关规范规定。裂缝监测应包括裂缝所在位置、走向、长度及宽度等参数。裂缝表面平整而能在裂缝处绘制方格网坐标时可用钢尺量测，裂缝在三维方向上均有变化时应埋设特制的能测定三维变化的标志并用游标卡尺量测。重要的裂缝应选择有代表性的位置在裂缝两侧埋设标点并用游标卡尺定期测定两标点间的距离变化，还应在裂缝的起点与终点设立标志观测其长度及走向变化。大面积或不可及的裂缝可用近景摄影测量方法或借助三维激光扫描仪或全站扫描仪监测变形量。

裂缝监测的周期应根据其裂缝变化速度确定，开始时可半月测一次，以后应每月测一次，发现裂缝加大时应及时增加监测次数。

14.11.6 建筑施工变形监测资料整理

建筑施工变形监测资料整理应遵守相关规定。应对已取得的资料进行校核，应检查外业监测项目是否齐全、成果是否符合精度要求，应舍去不合理数据。应进行内业计算并将变形点监测结果绘制成各种需要的图表，竖向位移监测成果统计可采用表 14.43 的形式。应根据已获得的成果分析建筑物变形原因及变形规律并作出变形趋势预报、提出后续监测建议。

表 14.43   竖向位移监测成果统计表

工程名称：		施工单位：		统计日期：		第 页				
观测仪器：		观测者：		计算者：		校核者：	共 页			
观测次序	监测日期/（年.月.日）	工程进展情况	荷载情况/kPa	各监测点的竖向位移情况						......
				监测点名：			监测点名：			
				高程/m	本期位移/mm	累计位移/mm	高程/m	本期位移/mm	累计位移/mm	

工程交工时各项变形测量工作应根据需要提交有关资料，这些资料包括基准点与变形监测点点位分布图；基准点成果表；变形监测成果表；变形量与时间、荷载等关系的曲线图；变形分析与交工后的有关监测建议。

14.12 竣工测量与竣工图的编绘

竣工测量与竣工图编绘的主要工作包括竣工测量、竣工图的编绘、地下管线工程竣工测量。竣工测量成果应采用统一标准格式的图纸和电子文档，竣工图的种类、内容、图幅大小、图例符号和编绘范围应与施工总图一致，其比例尺可根据竣工验收项目大小酌情确定，宜选用1：500比例尺。竣工图宜采用数字竣工图。竣工测量涉及的面积计算宜按我国现行《建筑工程建筑面积计算规范》（GB/T 30353）或《房产测量规范》（GB/T 17986.1）的相关规定。竣工测量成果资料和竣工图应按我国现行《建设工程文件归档整理规范》（GB/T 50328）进行审核、会签、归档和保存。

14.12.1 竣工测量

竣工测量的坐标和高程系统宜与设计施工坐标与高程系统一致。竣工测量应充分利用原有场区控制网点成果资料，当原控制点被破坏时恢复或重新建立控制网应遵守本书15.3中的相关规定。图根点的布设应满足相对于邻近等级控制点的中误差不大于图上0.1mm的精度要求，高程中误差应不大于基本等高距的1/10，图根控制点密度应满足竣工测量要求。竣工测量细部点坐标、高程宜采用全站仪极坐标法施测，全站仪测距长度不应超过150m，仪器高和觇牌高均应量至1mm。竣工测量细部坐标点的点位中误差和细部高程点的高程中误差应符合表14.44的规定。细部坐标点的检核可采用丈量间距或全站仪对边测量的方法进行，两相邻细部坐标点间反算距离与实地丈量距离的较差应符合表14.45规定，其中，D为两相邻细部点间的距离（cm）。竣工图测量应测定建（构）筑物的主要细部点坐标、高程及有关元素，建筑红线桩点、具有表示建筑用地范围的永久性围墙外角应按实际位置测绘并注明坐标与高程。

表 14.44	细部点的点位与 高程中误差	
		单位：mm
地物类别	点位中误差	高程中误差
主要建（构）筑物	≤50	±30
一般建（构）筑物	≤70	±40

表 14.45	相邻细部坐标点间反算距离 与实地丈量距离的较差	
		单位：cm
地物类别	主要建（构）筑物	一般建（构）筑物
较差限差	7＋D/2000	10＋D/2000

各类竣工测量测定的内容应符合要求。工业厂房及一般建筑应测定各房角坐标、几何尺寸，各种管线进出口的位置和高程，室外地坪及房角标高，并附注房屋结构层、面积和竣工时间。交通线路应测定线路起终点、转折点和交叉点的坐标，路面、人行道、绿化带界线等。特种构筑物应测定沉淀池的外形和四角坐标、圆形构筑物的中心坐标，基础面标高，构筑物的高度或深度等。地下管线应按本书14.12.3中的相关规定执行。竣工测量地形图应实地测绘且宜采用全野外数字成图法。

14.12.2 竣工图的编绘

竣工图编绘应在收集汇总、整理图纸资料和外业实测数据的基础上进行，应如实反映竣工区域内的地上、地下建（构）筑物和管线的平面位置与高程以及其他地物、周围地形的实际情况并加上相应的文字说明。一般工程可只编绘竣工图，工程有特殊需要或管线密集时宜分类编绘各项专业图。

以下五种情况应根据实测资料编绘竣工图，即：未按设计图施工或施工后变化较大的工程；多次变更设计造成与原有资料不符的工程；缺少设计变更文件及施工检测记录的工程；按图纸资料的数据进行实地检测其误差超过施工验收标准的工程；地下管线工程。

建筑场区内竣工图的编绘应遵守相关规范规定。应绘出地面的建（构）筑物、道路、铁路、架空与地面上的管线、地面排水沟渠、地下管线等隐蔽工程、绿地园林等设施。矩形建（构）筑物在对角线两端应注明坐标，排列整齐的住宅可注明其外围四角的坐标，主要墙外角和室内地坪应注明高程，圆形建（构）筑物宜注明中心点坐标、半径，室内地坪与地面应注明高程。建筑小区道路中心线起点、终点、交叉点应注明坐标与高程，变坡点与直线段每 30～40m 处应注明高程，曲线应注明转角、半径与交点坐标，路面应注明材料与宽度。厂区铁路中心线起点、终点、交点应注明坐标，曲线上应注明曲线诸元素，铁路起点、终点、变坡点、直线段每 50m 与曲线内轨轨面每 20m 处应注明高程。架空管道应测定转折点、结点、交叉点和支点的坐标和管底高程，支架间距、基础面标高等。架空管廊还需测定断面尺寸。架空电力线与电信线杆（塔）中心、架空管道支架中心的起点、终点、转点、交叉点应注明坐标，注坐标的点与变坡点应注明基座面或地面的高程，与道路交叉处应注明净空高。地下管线竣工图的编绘应遵守本书 14.12.3 的有关规定。

编绘竣工图时坐标与高程的编绘点数不应少于设计图上注明的坐标与高程点数。建（构）筑物的细部点坐标与高程应直接标注在图上，注记应平行于图廓线。当图面小、负荷太大时可在细部点旁注明编号将其坐标与高程以成果表形式编制。建（构）筑物的附属部位可注明相对关系尺寸。

竣工测量完成后宜根据需要提交以下 6 方面资料，即：场区内及其附近的平面与高程控制点位置图；建筑红线桩点、场地控制网点、建（构）筑物控制网点坐标与高程成果表；设计变更通知、洽商及处理记录；建（构）筑物施工定位放线资料；各项预检资料、工程验收记录；竣工图或竣工分类专业图。

14.12.3 地下管线工程竣工测量

地下管线竣工测量的细部点宜采用极坐标法施测，细部点的精度应符合表 14.46 的要求。地下管线竣工测量管线的分类、代码与调查项目应符合我国现行《城市地下管线探测技术规程》（CJJ 61）的相关规定。

表 14.46　地下管线竣工测量细部点精度要求　　　　　　　　单位：mm

中误差类型（相对于邻近控制点）	平面位置中误差 m_s	高程测量中误差 m_h
精度要求	±50	±30

地下管线细部点应按种类顺线路编号并应遵守相关规定，即同一工程的外业管线点编

号应唯一；编号采用"管线代码＋线号＋顺序号"形式；管线代码按我国现行《城市地下管线探测技术规程》（CJJ 61）的规定执行；顺序号宜以工程为单位从工程起点（或接旧管点）开始按顺序编号；管线规模较大、呈网状且管线点很多时宜采用沿管线干线走向按从西到东、从北到南的编排原则编号；排水管道宜按顺水流方向编号。

地下管线细部测量应遵守相关规定。应测出地下管线的起点、终点、转折点、分支点、交叉点、变径点、变坡点、变质点及主要构筑物、附属设施的中心。直线段宜每隔 70m 1 点，曲线段应至少测起、中、终 3 点，应以反映其弯曲特征为原则。各测点均应测其坐标与高程（相近同高的细部点可只测 1 个高程）。有窨井的管线可测井盖中心（管偏时应同时实测管的中心位置），平面尺寸大于 2m 的窨井（或小室）应实测窨井（或小室）的边线位置。

地下管线竣工测量宜在覆土之前进行，自流管道（如排水自流管、工业自流管）可在覆土之后测量其特征点的实际位置与窨井的相关属性。管线探测应遵守我国现行《城市地下管线探测技术规程》（CJJ 61）的技术要求。地下管线细部点坐标和高程测算完成后应编制打印管线成果表，内容宜包括管线点号、种类、规格、材质、权属单位、埋深及管线点的坐标、高程等，还应绘制地下管线竣工成果图。

地下管线竣工成果图的编制应遵守相关规定。地下管线竣工成果图应分类编制专业管线竣工成果图，各类管线宜用不同颜色的线条符号表示，图式符号宜执行我国现行《城市地下管线探测技术规程》（CJJ 61）的规定。竣工图上应标注管线点及窨井的编号、管径、管材、间距、坡度和流向等。点号应注记于点位旁，管径（或断面尺寸，或条数）、材质应平行管线走向注记，字头一律向上、向左。综合地下管线图应由各专业管线图综合而成，对图面标注部分的压盖现象等宜通过移位、删除等恰当的方式处理以保证图面清晰。管径或沟道宽度不小于 2m 时应按实宽用双虚线表示，管线中心应测注独立的点（井）、图面不必连线。管径小于 2m 时仅测其中心线并按图式符号用单线表示。自流管道应用箭头符号表明流向。

地下管线竣工测量完成后宜根据需要提交以下 5 方面资料，即：包括地下管线种类、起止地点、实测长度、实测情况等的工作说明；地下管线成果表；含图幅联合表、综合地下管线图、专业管线图等的地下管线工程竣工成果图；地下管线数据库建库数据；质量检查记录。

思 考 题 与 习 题

1. 土木建筑工程有哪些特点？
2. 简述建筑工程测量的特点及宏观要求。
3. 建筑施工平面控制测量有哪些基本要求？如何进行？
4. 建筑施工高程控制测量有哪些基本要求？如何进行？
5. 如何进行土方施工测量和基础施工测量工作？
6. 基坑施工监测有哪些基本要求？如何进行？
7. 简述民用建筑施工测量的基本工作内容与做法。
8. 简述工业建筑施工测量的基本工作内容与做法。

9. 简述建筑装饰施工测量与设备安装施工测量的基本工作内容与做法。

10. 简述建筑小区市政工程施工测量的基本工作内容与做法。

11. 建筑施工变形监测有哪些基本要求？如何进行？

12. 竣工测量与竣工图的编绘有哪些基本要求？如何进行？

第 15 章 测 量 仪 器 实 训

15.1 测量仪器实训的基本要求

土木建筑工程测量是一门实践性极强的、理论与实践并重的专业基础课，其测量仪器实训（或称测量实验）是土木建筑工程测量教学中必不可少的重要环节。只有通过实训（或实验）才能巩固课堂所学的仪器使用知识，进而掌握仪器操作的基本技能和测量作业的基本方法，并为将来从事土木建筑工程活动打下必备的工作基础。因此，测量仪器实训（实验）在土木建筑工程测量教学中的地位举足轻重。

测量仪器实训（实验）是课堂教学期间某一章节内容讲授之后安排的室外实践性教学，是加深学生直观认识的必要途径。每项实训（实验）的时数和小组人数可根据各校的实际情况灵活安排，但应保证每人都能练习观测、记录等工作并使观测成果在限差之内。客观上讲检查观测成果是否超限也是必不可少的实训要求，考虑到实训的目的只是练习方法且实训仪器本身精度不高等因素，对实训中的限差可从宽对待或不作要求。

15.1.1 测量仪器实训的总体要求

实训（实验）之前必须复习教材中的有关内容，认真仔细地预习本章中的相关内容以熟悉实训目的、实训任务、实训步骤或实训过程、有关注意事项，并准备好所需文具用品。实训（实验）分小组进行，组长负责组织协调工作并办理所用仪器工具的借领和归还手续。实训（实验）应在规定的时间进行，不得无故缺席或迟到、早退，遇雨、雪天气或大风天气应停止实训并另行安排。实训应在指定场地进行，不得擅自改变地点或离开现场。必须遵守本章中的相关内容以及"测量仪器工具的借领与使用规则""测量记录与计算规则"。应服从教师指导，严格按本书的要求认真、按时、独立完成任务，每项实训（实验）都应取得合格的成果，并应提交书写工整规范的实训（实验）报告，经指导教师审阅后才可交还仪器工具、结束实训工作。实训（实验）过程中还应遵守纪律，爱护现场的花草、树木，爱护周围的各种公共设施，任意砍折、踩踏或损坏者应予赔偿。

15.1.2 测量仪器工具的借领与使用规则

正确使用、精心爱护、科学保养测量仪器工具是测量人员必备的素质和应该掌握的技能，也是保证测量成果质量、提高测量工作效率、延长仪器工具使用寿命的必要条件。在仪器工具的借领与使用中必须严格遵守以下各项规定。

1）仪器工具的借领。应以小组为单位领取仪器工具。借领时应该当场清点检查，清点检查内容包括仪器工具及其附件是否齐全，背带及提手是否牢固，脚架是否完好等。有缺损时应与发放仪器的老师沟通补领或更换。仪器工具领取后应在领用单上签字。离开借领地点之前必须锁好仪器箱并捆扎好各种工具，搬运仪器工具时必须轻取轻放、避免剧烈震动。借出仪器工具之后不得与其他小组擅自调换或转借。实训（实验）结束应及时收装仪器工具，送还借领处检查验收、消除借领手续，有遗失或损坏时应写出书面报告说明情况并按有关规定办理赔偿工作。

2）仪器安装。在三脚架安置稳妥后方可打开仪器箱，开箱前应将仪器箱放在平稳处，严禁托在手上或抱在怀里。打开仪器箱后要看清并记住仪器在箱中的安放位置，以避免以后装箱困难。提取仪器之前应先松开制动螺旋，再用双手握住支架或基座轻轻取出仪器放在三脚架上，然后保持一手握住仪器、一手去拧连接螺旋的状态，最后旋紧连接螺旋使仪器与脚架连接牢固。装好仪器后应随即关闭仪器箱盖以防止灰尘和湿气进入箱内。仪器箱上严禁坐人或负重。

3）仪器使用。仪器安置到三脚架上后不论是否操作均必须有人看护以防止无关人员搬弄或行人、车辆碰撞摔坏仪器。在打开物镜盖时或在观测过程中发现镜头灰尘时可用镜头纸或软毛刷轻轻拂去，严禁用手指或手帕等物擦拭，以免损坏镜头上的镀膜。转动仪器时应先松开制动螺旋后再平稳转动，使用微动螺旋时应先旋紧制动螺旋。制动螺旋应松紧适度，微动螺旋和脚螺旋不要旋到顶端，使用各种螺旋都应均匀用力以免损伤螺纹。仪器发生故障时应及时向指导教师报告，不得擅自处理。

4）仪器搬运。在行走不便的地区迁站或远距离迁站时必须将仪器装箱后再搬迁。短距离迁站时可将仪器连同脚架一起搬迁，其方法是先取下垂球，检查并旋紧仪器连接螺旋，松开各制动螺旋使仪器保持初始位置（即经纬仪望远镜物镜对向度盘中心，水准仪物镜向后），再收拢三脚架，然后左手握住仪器基座或支架放在胸前，右手抱住脚架放在肋下稳步行走，严禁斜扛仪器以防碰摔。搬迁时小组其他人员应协助观测员带走仪器箱和有关工具。

5）仪器装箱。每次使用仪器后应及时清除仪器上的灰尘及脚架上的泥土。仪器拆卸时应先将仪器脚螺旋调至大致同高的位置，然后再一手扶住仪器、一手松开连接螺旋，双手取下仪器。仪器装箱时应先松开各制动螺旋使仪器就位正确，试关箱盖确认妥当后关箱上锁。合不上箱口时切不可强压箱盖以防压坏仪器，而应查明原因重新放置直到能合上箱口为止。应清点所有部件和工具防止遗失。

6）测量工具的使用。使用钢尺时应防止扭曲、打结和折断，应防止行人踩踏或车辆碾压，应尽量避免尺身着水。携钢尺前进时应将尺身提起，不得沿地面拖行以防损坏刻划。用完钢尺后应擦净、涂油以防生锈。使用皮尺时应均匀用力拉伸并避免着水和车压。皮尺受潮时应及时晾干。使用各种标尺、花杆时应注意防水防潮，应防止其承受横向压力，不能磨损尺面刻划和漆皮，不用时应安放稳妥并大面朝下平放在平地上。垂球、测钎、尺垫等小件工具使用时应用完即收以防止遗失。一切测量工具都应保持清洁并有专人保管搬运，不能随意放置，更不能将其作为捆扎、抬担的它用工具。

15.1.3 测量记录与计算规则

测量手簿是外业观测成果记录和内业数据处理的依据。在测量手簿上记录或计算必须严肃认真、一丝不苟并严格遵守以下基本规定。测量手簿上书写之前应准备好硬性（2H 或 3H）铅笔，同时应熟悉表上各项内容及填写、计算方法。记录观测数据之前应将表头的仪器型号编号、日期、天气、测站、观测者及记录者姓名等无一遗漏地填写齐全。观测者读数后，记录者应随即在测量手簿上的相应栏内填写并复诵回报以资检核，不得另纸记录事后转抄。记录时要求字体端正清晰、数位对齐、数字齐全，字体的大小一般占格宽的 1/2～1/3、字脚靠近底线，表示精度或占位的"0"不能省略（比如水准尺读数 1500 或 0234、度盘读数 93°04′00″中的"0"）。观测数据的尾数不得更改，读错或记错后必须重测重记。比如，角度测量时"秒"级数字出错应重测该测回；水准测量时"毫米"级数字出错应重测该测站；钢尺量距时"毫米"级数字出错应重测该尺段。观测数据的前几位出错时应用细横线划去错误的数字，并在原数字上方写出正确的数字，不得涂擦已记录的数据。禁止连续更改数字，比如水准测量中的黑、红面读数；角度测量中的盘左、盘右；距离丈量中的往、返测等；这些均不能同时更改，否则应重测。记录数据修改后或观测成果废去后都应在备注栏内写明原因，比如测错、记错或超限等。每站观测结束后必须在现场完成规定的计算和检核，确认无误后方可迁站。数据运算应根据所取位数按"4 舍 6 入，5 前单进双舍"规则进行凑整，比如对 1.4244m、1.4236m、1.4235m、1.4245m 这几个数据取至毫米位时均应记为 1.424m。应保持测量手簿的整洁，严禁在手簿上书写无关的内容，更不得丢失手簿。

15.2 水准仪与水准测量实训

15.2.1 认识与熟悉水准仪和其他水准测量工具

水准仪与水准测量实训工具包括水准仪、水准仪三脚架、水准标尺、尺垫。水准仪与水准测量实训时，应首先在室内临窗课桌上让学生熟悉所用水准仪各个旋钮的作用、转动方法、转动结果和转动要领（图 15.1。应重视仪器说明书的阅读，应重视仪器的安全防护工作，应确保仪器不摔落地面。有条件的高校可设置仪器训练台），然后让学生熟悉水准仪三脚架的架设方法（应熟悉水准仪三脚架各个旋钮的作用、转动方法、转动结果和转动要领），再让学生熟悉尺垫的放置方法（如尺垫如何扎牢土中；标尺底应放在尺垫的球

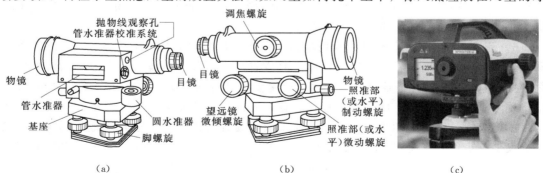

图 15.1 常见水准仪的构造与操作

（a）正侧面；（b）背侧面；（c）操作方法

顶上；标尺放在尺垫的球顶上时要轻且不得损伤标尺底面的平面度；标尺不得在尺垫上转动等），最后再让学生认识标尺（包括：标尺的刻度特点；标尺的立尺方法及要求；标尺如何保护；标尺如何立得铅直；标尺的底面、刻划面平面度的重要性；标尺的读数方法；塔尺的伸缩方法等。要告诫学生伸缩塔尺要到位、不能吞尺）。以上工作可参考本书3.2节和3.3节。

15.2.2 掌握单站水准测量方法

参考本书3.4节，从本书3.4.1开始，一个同学念书上的话，另一个同学按书上的话操作仪器，念一句做一个动作，一直念（做）到3.4节结束，单站水准测量的过程就学会了。然后两人交换角色如法炮制、再次练习，直至彻底掌握单站水准测量方法为止。

15.2.3 掌握简单水准路线测量方法

掌握单站水准测量方法后即可以小组为单位，在地面上选一个凸起的固定位置（A）作为水准路线的起终点，按本书3.4节开头到3.4.1之间的描述进行闭合水准路线测量，每人至少测量一站，从A点开始绕其周边道路转一圈后在回到A点（测量中A点不放尺垫、其他立尺点均必须放尺垫），所有前尺中丝读数（b_i）的和应该等于所有后尺中丝读数（a_i）的和（其不等差就是测量误差）。测量结果填入表15.1。

表 15.1　　　　　　　　　　　简单水准路线测量记录　　　　　　　　　单位：m

自_____测至_____　日期_____　天气_____　呈像_____
仪器号_____　班组_____　观测者_____　记录者_____

测站	后尺				前尺				测站高差	测站视距差	测站视距累计差
	上丝读数	中丝读数	下丝读数	后尺视距	上丝读数	中丝读数	下丝读数	前尺视距			
限差											
Σ											

15.2.4 掌握三、四等水准测量方法

可根据专业教学需要决定是否要求学生掌握三、四等水准测量方法。三、四等水准测量可参考本书9.5节进行，可仍利用15.2.3的闭合水准路线形式进行。测量结果填入表15.2。

表 15.2 三、四等水准测量记录手簿 单位：m

自_____测至_____ 日期_____ 天气_____ 呈像_____

仪器号_____ 班组观_____ 测者_____ 记录者_____

测站		第1站	第2站	第3站	第4站	第5站	第6站	限差
后尺黑面	上丝读数							
	中丝读数							
	下丝读数							
	后尺视距							
后尺红面	中丝读数							
前尺黑面	上丝读数							
	中丝读数							
	下丝读数							
	前尺视距							
前尺红面	中丝读数							
测站视距差								
测站视距累计差								
测站黑面高差								
测站红面高差								
黑红面高差之差								
测站最或然高差								

15.3 经纬仪与角度测量实训

15.3.1 认识与熟悉经纬仪和其他角度测量工具

经纬仪与角度测量实训工具包括经纬仪、经纬仪三脚架、花杆或测钎。经纬仪与角度测量实训时应首先在室内临窗课桌上让学生熟悉所用经纬仪各个旋钮的作用、转动方法、转动结果和转动要领（应重视仪器说明书的阅读，应重视仪器的安全防护工作，应确保仪器不摔落地面。有条件的高校可设置仪器训练台）并学会经纬仪的读数方法，然后让学生熟悉经纬仪三脚架的架设方法（应熟悉经纬仪三脚架各个旋钮的作用、转动方法、转动结果和转动要领），再让学生熟悉花杆与测钎的放置方法（如花杆尖或测钎尖应立在测点标志中心上；花杆或测钎如何立得铅直；花杆或测钎应确保其应有的直线度和同心度；花杆或测钎如何保护等）。以上工作可参考本书 5.1～5.4 节。

15.3.2 掌握经纬仪测量角度的方法

（1）经纬仪测量角度实训现场布置。

参考本书 5.3～5.4 节。每组在实训场地上选定相距约为 50m 的 A、B、C、D 4 点并做好标记，然后在 B、C、D 点竖一根花杆或测钎，将经纬仪安置于 A 点（安置方法可参考本书 5.3 节）进行水平角和竖直角测量训练。

（2）掌握经纬仪的安置（架设）方法。

经纬仪的架设方法与电子全站仪完全相同。在 A 点安置光学对中经纬仪时应从本书 5.3.3 开始，一个同学念书上的话、另一个同学按书上的话操作仪器，念一句做一个动作，一直念（做）到 5.3.3 最后，经纬仪的安置方法就学会了。然后两人交换角色如法炮制、再次练习，直至彻底掌握经纬仪的安置为止。

若安置的是激光对中经纬仪则应与学习光学对中经纬仪一样读（做）本书 6.2.1；若安置的是垂球光对中经纬仪则应与学习光学对中经纬仪一样读（做）本书 5.3.2。

（3）掌握测回法测量水平角的方法。

经纬仪安置好后即可进行测回法测量水平角训练，训练时只选取 B、C 两个目标，训练中应从本书 5.4.1 开始，一个同学念书上的话，另一个同学按书上的话操作仪器，念一句做一个动作，一直念（做）到 5.4.1 最后，经纬仪测回法测量水平角的方法就学会了。然后两人交换角色如法炮制、再次练习，直至彻底掌握测回法测量水平角的方法为止。相关数据记入表 15.3 并应按本书 5.4.1 进行相应的计算。

表 15.3   **测回法测量水平角记录**

测站点＿＿＿＿＿　天气＿＿＿＿＿　呈像＿＿＿＿＿　仪器＿＿＿　观测者＿＿＿　记录者＿＿＿　日期＿＿＿＿＿

测回	1	2	3	4	5	6
B_L						
C_L						
β_L						
B_R						
C_R						
β_R						
$\Delta\beta$						
β_C						
β						
备注						

（4）掌握方向法测量水平角的方法。

经纬仪安置好后还可进行方向法测量水平角训练，训练时选取 B、C、D 3 个目标，训练中应从本书 5.4.2 开始，一个同学念书上的话，另一个同学按书上的话操作仪器，念一句做一个动作，一直念（做）到 5.4.2 最后，经纬仪方向法测量水平角的方法就学会了。然后两人交换角色如法炮制、再次练习，直至彻底掌握方向法测量水平角的方法为止。相关数据记入表 15.4 并应按本书 5.4.2 进行相应的计算。

（5）掌握中丝法测量竖直角的方法。

经纬仪安置好后也可进行中丝法测量竖直角训练，训练时只选取 B 一个目标，训练中应从本书 5.6 节开始，一个同学念书上的话，另一个同学按书上的话操作仪器，念一句做一个动作，一直念（做）到 5.6 节最后，经纬仪中丝法测量竖直角的方法就学会了。然后两人交换角色如法炮制、再次练习，直至彻底掌握中丝法测量竖直角的方法为止。相关数据记入表 15.5 并应按本书 5.6 节进行相应的计算。

表 15.4   方向法测量水平角记录

测站点_____ 天气_____ 呈像_____ 仪器_____ 观测者_____ 记录者_____ 日期_____

测回	照准点	盘左读数 i_L	盘右读数 i_R	2c	盘左最或然读数	零方向盘左最或然读数	归零方向值	各测回最终归零方向值
1	B							
	C							
	D							
	B							
2	B							
	C							
	D							
	B							

表 15.5   中丝法测量竖直角记录

测站点_____ 仪器高_____ 目标高_____ 天气_____ 呈像_____
仪器_____ 观测者_____ 记录者_____ 日期_____

测回	盘左竖盘读数	盘右竖盘读数	指标差	竖直角	最或然竖直角	备注

15.4　电子全站仪测量实训

15.4.1　认识与熟悉电子全站仪及其配套工具

电子全站仪测量实训工具包括电子全站仪、电子全站仪三脚架、反射棱镜、反射棱镜三脚架、垂准杆、干湿温度计、气压计、遥控器、电子手簿等。电子全站仪测量实训时应首先在室内临窗课桌上让学生熟悉所用电子全站仪各个旋钮的作用、转动方法、转动结果和转动要领（应重视仪器说明书的阅读，应重视仪器的安全防护工作，应确保仪器不摔落地面。有条件的高校可设置仪器训练台），然后让学生熟悉电子全站仪三脚架和反射棱镜三脚架的架设方法（应熟悉三脚架各个旋钮的作用、转动方法、转动结果和转动要领），再让学生熟悉垂准杆的结构、使用方法和放置方法（如垂准杆尖应立在测点标志中心上；垂准杆如何立得铅直；垂准杆应确保其应有的直线度和同心度；垂准杆如何保护；垂准杆如何连接反射棱镜；垂准杆高度如何确定等），还应让学生了解反射棱镜的结构特点、使用方法和放置方法（如反射棱镜如何连接反射棱镜基座；反射棱镜常数的含义及测定方法；反射棱镜如何对准电子全站仪；反射棱镜常数未知时不能用等）；了解干湿温度计、气压计、遥控器、电子手簿的结构、使用方法、保护方法等。以上工作可参考本书11.1节。

15.4.2 掌握电子全站仪测量的基本方法

（1）电子全站仪测量实训现场布置。

参考本书11.2～11.4节。每组在实训场地上选定相距约为50m的 A、B、C、D 4点并做好标记，B、C、D 为反射棱镜安置位置，将电子全站仪安置于 A 点（安置方法见本书11.2.2或本书5.3节）进行电子全站仪测量训练。

（2）掌握电子全站仪的安置（架设）方法。

A 点安置光学对中电子全站仪时应从本书11.2.2（或本书5.3.3）开始，一个同学念书上的话、另一个同学按书上的话操作仪器，念一句做一个动作，一直念（做）到11.2.2（或本书5.3.3）最后，电子全站仪的安置方法就学会了。然后两人交换角色如法炮制、再次练习，直至彻底掌握电子全站仪安置为止。

若安置的是激光对中电子全站仪则应与学习光学对中电子全站仪一样读（做）本书6.2.1；若安置的是垂球对中电子全站仪则应与学习光学对中电子全站仪一样读（做）本书5.3.2。

（3）掌握电子全站仪测量基础数据的设置方法。

电子全站仪安置好后即可进行电子全站仪测量训练了，电子全站仪测量前必须按仪器用户手册或使用说明书输入基础数据（包括测站点三维坐标、仪器高、后视点三维坐标、棱镜高、棱镜常数、气象参数等）。设置时可以 B 点为后视点、假定 AB 的方位角以建立全站仪的测量基准体系。具体可参考本书11.2节。

（4）掌握电子全站仪的测量方法。

电子全站仪安置、设置完成后即可瞄准 B 点反射棱镜回车后测量获得 B 点三维坐标，将反射棱镜依次安置在 C、D 点后全站仪瞄准各点棱镜同样可以马上获得各点的三维坐标，具体可参考本书11.3节。同样，可以参考本书11.2～11.4节、仪器用户手册或使用说明书，学会快速代码测量、放样、后方交会设站测量、计算、道路放样、导线测量等方法。训练中应按仪器用户手册或使用说明书，一个同学念书上的话，另一个同学按书上的话操作仪器并核对屏幕显示界面情况，念一句做一个动作，一直念（做）到最后，电子全站仪测量的方法就学会了。然后两人交换角色如法炮制、再次练习，直至彻底掌握电子全站仪测量方法为止。

15.5　GNSS　测　量　实　训

15.5.1 认识与熟悉 GNSS 接收机及其配套工具

GNSS 接收机测量实训工具包括 GNSS 接收机、GNSS 接收机三脚架、垂准杆、遥控器、电子手簿等。GNSS 接收机测量实训时，应首先在室外课桌或宽大凳子上让学生熟悉所用 GNSS 接收机的外观构造特征、相关部件连接方法、各个按钮的作用（应重视仪器说明书的阅读，应重视仪器的安全防护工作，应确保仪器不摔落地面。有条件的高校可设置仪器训练台），然后让学生熟悉 GNSS 接收机三脚架的架设方法（应熟悉三脚架各个旋钮的作用、转动方法、转动结果和转动要领），再让学生熟悉垂准杆的结构、使用方法和放置方法（如垂准杆尖应立在测点标志中心上；垂准杆如何立得铅直；垂准杆应确保其应有的直线度和同心度；垂准杆如何保护；垂准杆如何连接 GNSS 接收机；垂准杆高度如何确定等），还应让学生了解遥控器、电子手簿的结构、使用方法、保护方法等。以上工作可参考本书 13.3 节。

15.5.2　掌握 GNSS 接收机测量的基本方法

（1）GNSS 接收机测量实训现场布置。

每组在实训场地上选定一点 A 并做好标记（A 点应空旷、满足卫星高度角要求且没有 GPS 信号干扰源），将 GNSS 接收机安置于 A 点（安置方法同电子全站仪，见本书 5.3.3）进行 GNSS 接收机测量训练、获得 A 点的 WGS-84 坐标系坐标。

（2）掌握 GNSS 接收机的安置（架设）方法。

A 点安置光学对中 GNSS 接收机时应从本书 5.3.3 开始，一个同学念书上的话，另一个同学按书上的话操作仪器，念一句做一个动作，一直念（做）到 5.3.3 最后，GNSS 接收机的安置方法就学会了。然后两人交换角色如法炮制、再次练习，直至彻底掌握 GNSS 接收机安置为止。

若安置的是激光对中 GNSS 接收机则应与学习光学对中 GNSS 接收机一样读（做）本书 6.2.1。

（3）掌握 GNSS 接收机的测量方法。

GNSS 接收机安置完成后即可参考本书 11.3～11.5 节、仪器用户手册或使用说明书练习 GNSS 的测量方法了。训练中应按仪器用户手册或使用说明书一个同学念书上的话，另一个同学按书上的话操作仪器并核对屏幕显示界面情况，念一句做一个动作，一直念（做）到最后，GNSS 接收机测量的方法就学会了。然后两人交换角色如法炮制、再次练习，直至彻底掌握 GNSS 接收机测量方法为止。

思 考 题 与 习 题

1. 简述测量仪器实训的基本要求。
2. 水准仪与水准测量应掌握哪些基本技能？如何掌握？
3. 经纬仪与角度测量应掌握哪些基本技能？如何掌握？
4. 电子全站仪测量应掌握哪些基本技能？如何掌握？
5. GNSS 测量应掌握哪些基本技能？如何掌握？

第16章 测量实习

16.1 测量实习的基本要求

测量实习是土木建筑工程测量教学的一个最后的、最重要的教学环节，通过测量实习可以将土木建筑工程测量的理论有机地串联起来，将测量实训的成果有机地集成起来，将一个完整的土木建筑工程测量科学体系清晰地展现在学生面前，使学生获得土木建筑工程测量的综合训练，通过实习使学生初步具备比较全面的土木建筑工程测量技能，使学生初步掌握从事土木建筑工程活动必须具备第一个基本工作能力——测量能力。

测量实习能够培养学生运用所学测量基本理论和基本技能解决实际问题的能力，实习中应加强学生的基本功训练和工程师素质培养，锻造学生吃苦耐劳、团结协作的集体主义精神，测量实习时间不应少于2周。应通过测量实习使同学们熟练掌握水准仪、经纬仪、全站仪、GNSS接收机等常用测量仪器的使用方法，掌握图根导线测量、交会测量、三（四）等水准测量的观测方法和计算方法，掌握经纬仪视距数字化测图的基本方法和测图过程。

实习组织工作应由学校二级教学单位委派专人全面负责，每班通常应配备2名教师担任实习指导工作。每班应分为若干实习小组，每组5人左右，设组长1人，实行组长负责制，负责全组的实习分工和仪器管理。

16.1.1 测量实习的总体要求

实习学生应严格遵守学校和实习教学的规章制度，严格遵守"测量仪器、工具的正确使用和维护要求""测量资料的记录要求"以及有关实验室规则。实习学生应严格遵守实习纪律。应按时出工、收工，要特别注意自身安全，不做有损自身安全的事情。未经带队老师和学校批准，不得缺勤、私自外出，不得组织、参与影响社会安定团结和人民生命财产安全的活动，否则后果自负。实习学生应自觉遵守"三大纪律、八项注意"，应爱护群众，注意搞好与群众的关系，不得与群众吵架、斗殴，应不拿群众一针一线，爱护群众一草一木。应树立良好形象，努力提高自身的综合素质。实习期间应注意劳逸结合，生活中应讲究卫生，生病应及时治疗，应保证身体健康。实习学生应熟悉实习的目的、任务及要求，应在规定时间内保质保量完成实习任务。应熟练掌握作业程序、提高测量作业技能；应注意理论联系实际，培养分析问题、解决问题的能力；应注重创新能力和综合素质的提高。

实习期间要特别注意测量仪器的安全，各组要指定专人妥善保管仪器、工具。每天出工和收工都要按仪器清单清点仪器和工具数量，检查仪器和工具是否清点无误、完好无损。发现问题要及时向指导教师报告。观测员将仪器安置在脚架上时一定要拧紧中心连接螺旋和脚架制紧螺旋（伸缩腿止滑钮）并由记录员复查。否则，由此产生的仪器事故由两人分担责任。安置仪器时，特别是在对中、整平后以及迁站前一定要检查仪器与脚架的中心螺旋是否拧紧。仪器安置在三脚架上时观测员必须始终守护在仪器旁，应留心过往行人、车辆，防止仪器翻倒。一旦发生仪器事故应马上控制肇事者并马上向安保部门和指导教师报告，不得隐瞒不报，严禁私自拆卸仪器。

观测数据必须直接记录在规定的手簿中，不得用其他纸张记录再行转抄。严禁擦拭、涂改数据，严禁伪造成果。完成一项测量工作后要及时计算、整理有关资料并妥善保管好记录手簿和计算成果。

实习期间小组组长应认真负责、完善考勤制度、认真考勤，应合理安排小组工作，应使每一项工作都由小组成员轮流担任，使每人都有练习的机会，不可单独追求实习进度。实习中应加强团结，小组内、各组之间、各班之间都应团结协作以确保实习任务顺利完成。

实习成绩评定的依据主要包括实习期间的表现；操作技能；手簿、计算成果和成图的质量；实习报告。实习期间的表现主要包括出勤率、实习态度、遵守纪律情况、爱护仪器工具情况。操作技能主要包括对理论知识的掌握程度、使用仪器的熟练程度、作业程序是否符合规范要求等。手簿、计算成果和成图质量主要包括手簿和各种计算表格是否完好无损，书写是否工整清晰，手簿有无擦拭、涂改，数据计算是否正确，各项限差、较差、闭合差是否在规定范围内，地形图上各类地物、地形要素的精度及表示是否符合要求以及文字说明注记是否规范等。实习报告主要包括实习报告的编写格式和内容是否符合要求，编写水平，分析问题、解决问题的能力以及有无独特见解等。

发生摔损仪器事故时主要责任人应照价赔偿、小组长应承担领导责任。实习指导教师可采用口试、笔试或仪器操作考核等方式了解实习效果。

16.1.2 测量仪器设备使用与维护的一般要求

领取仪器时必须检查仪器箱盖是否关妥、锁好；背带、提手是否牢固；脚架与仪器是否相配，脚架各部分是否完好；脚架腿伸缩处的连接螺旋（即伸缩腿止滑钮）是否滑丝。要防止因脚架未架牢而摔坏仪器或因脚架不稳而影响作业。打开仪器箱时应遵守相关规定，仪器箱应平方在地面上或其他台面上才能开箱，不要托在手上或抱在怀里开箱以免将仪器摔坏。开箱后未取出仪器前要观察仪器放置的位置和方向，以免用毕装箱时因安放位置不正确而损坏仪器。自箱内取出仪器时应遵守相关规定，无论何种仪器在取出前一定要先放松制动螺旋以免取出仪器时因强行扭转而损坏制动装置、微动装置、甚至损坏仪器轴系。仪器自箱内取出时应一手握住照准部支架，另一手扶住基座部分，轻拿轻放，不要用一只手抓仪器。自箱内取出仪器后要随即将仪器箱盖好以免沙土、杂草等不洁之物进入仪器箱，还应防止搬动仪器时丢失附件。取仪器及使用过程中要注意避免触摸仪器的物镜、目镜以免玷污而影响成像质量。不允许用手指或手帕等擦仪器的目镜、物镜等光学部分。

架设仪器应遵守相关规定。伸缩式脚架三条腿抽出后要拧紧固定螺旋（伸缩腿止滑钮），拧紧时既不可用力过猛而造成螺旋滑丝，又要防止因螺旋（伸缩腿止滑钮）未拧紧而使脚架自行收缩导致仪器摔倒损坏。架设脚架时三条腿分开的跨度要适中，太靠拢容易被碰倒，分得太开容易滑开，这些都会造成仪器事故。在斜坡上架设仪器时应使两条腿在下坡，一条腿在上坡。在光滑地面上架设仪器时要采取安全措施防止脚架滑动而损坏仪器。在脚架安放稳妥并将仪器放到脚架后应一手握住仪器，另一手立即拧紧中心螺旋，以避免仪器从脚架上掉下而摔坏。严禁蹬、坐在仪器箱上。

仪器使用过程应遵守相关规定。在阳光下观测必须打伞以防止日晒，雨天应禁止观测。电子测量仪器在任何情况下均应注意防护。任何时候仪器旁均必须有人看守。应禁止无关人员拨弄仪器，应避免行人、车辆碰撞仪器。操作仪器时用力要均匀，动作要准确、轻捷。制动螺旋不宜拧得过紧，微动螺旋和脚架螺旋宜使用中段螺旋，用力过大或动作太猛都会造成对仪器的损伤。制动仪器时应先松开制动螺旋，然后平稳转动。使用微动螺旋时应先拧紧制动螺旋。

仪器迁站应遵守相关规定。在远距离迁站或通过行走不便的地区时必须将仪器装箱后迁站。在近距离且平坦地区迁站时可将仪器连同三脚架一起搬迁，搬迁前应首先检查连接螺旋是否拧紧，再松开横向、竖向制动螺旋，再将三脚架并拢，然后一手托住仪器支架或基座，一手抱住脚架，稳步前行。搬迁时切勿跑行以防摔坏仪器。严禁将仪器横扛在肩上搬迁。迁站时要清点所有的仪器和工具以防止丢失。

仪器装箱应遵守相关规定。仪器使用完毕应及时盖上物镜盖，清除仪器表面上的灰尘和仪器箱、脚架上的泥土。仪器装箱前要先松开各制动螺旋，将脚螺旋调至中段并使之大致等高，然后一手握住支架或基座，另一手将中心连接螺旋松开，双手将仪器从脚架上取下放入仪器箱内。仪器装入箱内要试盖一下，若箱盖不能合上则说明仪器未正确放置而应重新放置，严禁强压箱盖以免损坏仪器。应清点箱内附件，确认无缺失时将箱盖盖上、扣好搭扣并上锁。

使用水准尺（地形尺）、花杆时应注意防止且承受横向压力。不得将水准尺（地形尺）、花杆斜靠在墙上、树上或电杆上以防倒下摔坏，不允许在地面上拖拉或用花杆作标枪投掷。

16.1.3 测量实习外业手簿纪录的一般要求

外业观测结果是计算各级平面、高程点位置的原始数据，是长期保存、使用的重要资料，因此必须做到纪录真实、注记明确、整饰清洁美观、格式统一。一切原始观测值和记事项目必须在现场用铅笔记录在规定格式的外业手簿中，严禁凭记忆补记，外业手簿中每一页都有编号，任何情况下都不许撕毁手簿中的任何一页。外业手簿中的记录和计算的修改以及观测结果的淘汰均不准擦拭涂改与刮补，而应以线划去，对超限划去的成果须注明原因和重测结果的所在页码。对原始观测值尾部读数、记录的错误不许修改而应将该部分观测结果废去重测，尾数前面读数不得连环修改，不许修改的部位和应废去重测的范围见表 16.1，但碎部测图时尾部读数或纪录有错误时允许在作业现场及时纠正。

表 16.1 外业手簿纪录修改要求

测量种类	不准修改的部位	应废去重测的范围
角度测量	秒及秒以下读数	该一测回
水准测量	厘米及厘米以下读数	该一测站
距离测量	厘米及厘米以下读数	该一尺段

16.1.4 测量实习成果整理及实习报告编写的基本要求

实习过程中所有外业观测数据均必须记录在测量手簿上，如遇测错、记错或超限应按规定的方法改正，内业计算应在规定的表格上进行，实习结束时应对成果资料进行编号。

实习报告是对整个实习的总结，全文不得少于 3000 字，编写格式和内容应主要包括封面、前言、实习内容、实习体会等 4 个方面。封面应注明实习名称、地点、起止时间、班级、组别、编写人及指导教师姓名。前言应说明实习的目的、任务及要求。实习内容应包括实习项目、测区概况、作业方法，技术要求，计算成果及示意图，本人完成的工作及成果质量。实习体会主要介绍实习中遇到的问题及解决的方法，以及对本次实习的意义和建议。

实习结束应按规定上交的有关资料与计算成果。实习小组应上交的资料包括仪器检验报告（经纬仪、水准仪各 1 份）、记录手簿（包括水平角观测、竖直角观测和距离测量、水准测量手簿）、符合整饰要求的 AutoCAD 电子图或地形铅笔原图 1 幅、地形图检测纪录 1 份、实习日记。个人应上交的资料包括图根控制测量计算资料 1 份、实习报告 1 份。

16.1.5 测量实习的主要仪器工具配备

每组配备的基本仪器工具是经纬仪（带三脚架）1 台、水准仪（带三脚架）1 台、水准标尺 1 对（两把）、塔尺 1 根、花杆 3 根、尺垫 2 个、马克笔 1 支、长钢卷尺或长纤维尺（皮尺）1 把、优质三角板 1 套（2 个）、铅笔数只、记录夹 1 个、小木桩若干。有条件时可配备电子全站仪、GNSS 接收机、笔记本电脑。

16.2 测 量 实 习 过 程

16.2.1 测量实习动员

测量实习动员是测量实习一个重要环节，测量实习动员对整个测量实习的进行具有非常重要的作用。因此，在进入测量实习场地前应进行实习动员以便对各项工作进行系统、充分的安排。测量实习动员应采用大会形式进行，应通过动员让学生在思想认识上明确测量实习的重要性和必要性（包括提出测量实习的计划并布置任务；宣布测量实习组织结构以及分组名单；让学生明确测量实习的任务和安排），应对测量实习的纪律做出要求（包括明确请假制度、规定作息时间、建立考核制度等），动员中还应说明仪器、工具的借领方法和损耗赔偿规定等，同时，应指出测量实习的相关注意事项（尤其应强调人身安全和仪器设备安全问题）以确保测量实习顺利进行。测量实习动员结束后应安排专门的时间按小组学习相关的测量规范并应将测量规范内容列为考核内容，同时还应组织学生学习有关测量实验及测量实习的相关规定，以保证在测量实习过程中严格执行有关规定、达到实习的预期目标。

16.2.2 仪器工具准备

测量实习中工作不同使用的仪器也往往不同，各校可根据对应的测量方法配备相应的仪器和工具。学生借领仪器后首先应认真对照清单仔细清点仪器和工具的数量并核对编号完成仪器检查工作，发现问题应及时提出并解决。所谓"仪器检查"是指仪器的一般性检查，主要包括仪器检查、三脚架检查、水准尺检查、反射棱镜检查等。仪器检查时应确认仪器表面无碰伤、盖板及部件结合整齐且密封性好、仪器与三脚架连接应稳固无松动；仪器转动灵活且制（微）动螺旋应工作良好；水准器状态良好；望远镜对光清晰且目镜调焦螺旋使用正常；读数窗成像清晰。全站仪等电子仪器除应进行上述检查外还应检查操作键盘的按键功能是否正常以及反应是否灵敏；信号及信息显示是否清晰、完整；各项功能是否正常。三脚架检查主要应关注三脚架是否伸缩灵活自如；脚架紧固螺旋（伸缩腿止滑钮）功能是否正常。水准尺检查主要应关注水准尺尺身是否平直以及水准尺尺面分划是否清晰。反射棱镜检查主要应关注反射棱镜镜面是否完整无裂痕以及反射棱镜与安装设备的配套问题。

16.2.3　测量仪器的检验与校正

仪器的检验与校正应遵守相关规定，包括水准仪的检验与校正、经纬仪的检验与校正、全站仪的检验与校正等。若学校在实习前已专门对仪器进行了检校则不需进行此项工作。

16.2.4　技术资料准备

除了应准备课本和教材外还应准备测量实习中所用到的规范，比如《城市测量规范》（CJJ 8）、《工程测量规范》（GB 50026）、《1∶500、1∶1000、1∶2000 地形图图式》（GB/T 7929）、《公路勘测规范》（JTJ 060）等，这些规范均应为我国现行的相关规范（具体应根据教学对应的行业配置）。测量规范是测量实习中指导各项工作的不可缺少的技术资料，测量实习中采用的技术标准应均为现行测量规范。

16.2.5　图纸准备

采用白纸测图时应准备图纸，图纸准备应遵守相关规定，为确保测图质量应选择质地优良的图纸，条件允许时应采用成品地形测图聚酯薄膜（即绘制好了坐标格网的聚酯薄膜），成品地形测图聚酯薄膜不需绘制坐标格网。

采用白纸测图受到相关条件制约时可由老师通过 AutoCAD 软件绘制出坐标格网，然后，通过 A3 激光打印机打印出来交给学生（图 16.1）。

采用数字测图（比如采用 AutoCAD 绘图）则不需准备图纸。

16.2.6　选定三维图根测量控制点

三维图根测量控制点的选择方法如图 16.2 所示，其中，"◎"为首级三维图根控制点，"·"为二级三维图根控制点。首级三维图根控制点构成闭合导线和闭合水准路线。二级三维图根控制点以首级三维图根控制点为基础构成支导线和支水准路线。

踏勘选点过程中，各小组应在指定测区进行踏勘，应了解测区地形条件和地物分布情况，应根据测区范围及测图要求确定布网方案，选点时应在相邻两点各站一人待相互通视后方可确定点位。选点应遵守以下 6 条要求，即：相邻点间应通视好、地势较平坦且便于测角和量边；点位应选在土地坚实且便于保存标志和安置仪器处；视野应开阔且应便于进行地形、地物的碎部测量；相邻导线边的长度应大致相等；控制点应具有足够的密度且应分布较均匀、便于控制整个测区；各小组间的控制点应合理分布并应避免互相遮挡视线。

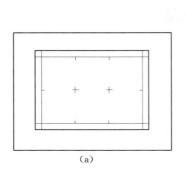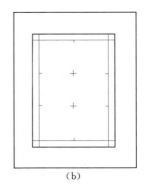

(a) (b)

图 16.1 激光打印机打印的 A3 幅面的 1 : 1000 地形图坐标格网

(a) 内图廓 200mm×300mm；(b) 内图廓 300mm×200mm

点位选定后应立即做好点的标记，在土质地面上可打木桩并在桩顶钉小钉或划十字作为点的标志；在水泥等较硬地面上可用油漆或马克笔画十字标记。在点标记旁边的固定地物上应用油漆或马克笔标明导线点的位置并编写组别与点号，导线点应分等级统一编号以便于测量资料的管理，为使所测角既是内角也是左角闭合导线点可按逆时针方向编号。

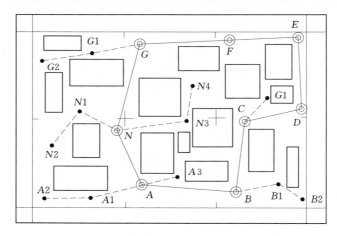

图 16.2 选定的三维图根测量控制点

16.2.7 图根平面控制测量外业

图根平面控制测量外业主要有导线转折角测量、边长测量、连测等工作。如图 16.2 所示图根平面控制测量外业主要有导线转折角测量、边长测量两项工作。导线转折角是指由相邻导线边构成的水平角，一般应测定导线延伸方向左侧的转折角（闭合导线大多测内角），边长测量就是测量相邻导线点间的水平距离。

1) 首级图根控制点平面控制测量外业。首级图根导线转折角可用不低于 6″ 级经纬仪按测回法观测 2 个测回。首级导线的边长测量采用钢尺量距，钢尺量距应往返丈量一次。

2) 二级图根控制点平面控制测量外业。二级图根导线转折角可用不低于 6″ 级经纬仪按测回法观测 1 个测回。二级导线的边长测量采用钢尺量距，钢尺量距应往返丈量一次。

16.2.8 图根高程控制测量外业

图根控制点的高程一般应采用普通水准测量方法测得，应根据高级水准点沿各图根控制点进行水准测量并形成闭合或附合水准路线。山区或丘陵地区可采用三角高程测量方法。如图 16.2 所示图根高程控制测量采用普通水准测量方法。

1）首级图根控制点高程控制测量外业。首级图根控制点高程控制测量采用四等水准测量单程观测。

2）二级图根控制点高程控制测量外业。二级图根控制点高程控制测量采用等外水准测量往返观测。

16.2.9 图根平面控制测量内业计算

如图 16.2 所示的图根平面测量控制网可采用独立平面直角坐标系，可假定 A 点坐标为（3000m，5000m），根据 AB 的实际走向假定 AB 的坐标方位角为 95°，然后即可计算两级图根点的平面坐标了。

1）首级图根控制点平面控制测量内业计算。根据 A 点假定坐标（3000m，5000m）、AB 的假定坐标方位角（95°），利用观测的导线转折角和水平距离，按闭合导线的计算方法计算各首级图根控制点的平面坐标。计算方法参考本书 9.2.2 和 9.2.3。

2）二级图根控制点平面控制测量内业计算。以二级图根控制点母点及与母点毗邻的另一个首级图根控制点的坐标为依据，利用观测的导线转折角和水平距离，按支导线的计算方法计算各二级图根控制点的平面坐标。计算方法参考本书 9.2.2 和 9.2.4。以 $A1$、$A2$ 为例，$A1$、$A2$ 的母点是 A，A 有两个毗邻首级图根控制点 B 和 N，因此，可组成支导线 $B{\rightarrow}A{\rightarrow}A1{\rightarrow}A2$ 或 $N{\rightarrow}A{\rightarrow}A1{\rightarrow}A2$，然后利用 A、B 坐标（或 N、A 坐标）以及观测的导线转折角和水平距离计算 $A1$、$A2$ 的坐标。

16.2.10 图根高程控制测量内业计算

如图 16.2 所示的图根高程测量控制网可采用独立高程系统，可假定 A 点高程为 50m，然后即可计算两级图根点的高程了。

1）首级图根控制点高程控制测量内业计算。根据 A 点假定高程（50m），利用观测高差，按闭合水准路线计算方法计算各首级图根控制点的高程。计算方法参考本书 3.9.3 和 3.9.4。

2）二级图根控制点高程控制测量内业计算。以二级图根控制点母点的高程为依据，利用观测的高差，按支水准路线的计算方法计算各二级图根控制点的高程。计算方法参考本书 3.9.4。以 $A1$、$A2$ 为例，$A1$、$A2$ 的母点是 A，因此，可组成支水准路线 $A{\rightarrow}A1{\rightarrow}A2$，然后利用 A 点的高程以及观测的高差计算 $A1$、$A2$ 的高程。

16.2.11 编制三维图根测量控制成果表

根据 16.2.9、16.2.10 的计算结果编制三维图根测量控制成果表，见表 16.2。

16.2.12 确定坐标格网的坐标

图 16.2 坐标格网最左下角的 X 坐标应以百米为单位比三维图根测量控制点中的最小 X 坐标值小 20m，图 16.2 坐标格网最左下角的 Y 坐标也应以百米为单位比三维图根测量

控制点中的最小 Y 坐标值小 20m。

表 16.2　　　　　　　　　　　　　三维图根控制点成果表

等级	点号	X	Y	H	等级	点号	X	Y	H
首级	A				二级	$A1$			
	B					$A2$			
	C					$A3$			

16.2.13　展绘三维图根测量控制点

采用 AutoCAD 绘图时不需进行这项工作。控制点可与碎部点一起绘制。

采用白纸测图必须展绘三维图根测量控制点。展绘三维图根测量控制点可采用直角三角板展点法。直角三角板展点法采用的直角三角板必须选用优质品，要求直角三角板直角部分完整、直角度高、两直角边直线性好、刻划清晰、刻度准确。直角度检查时可将三角板两直角边靠在坐标格网线上进行，要求两直角边能同时与相交的纵、横坐标格线重合。刻度准确性检查时可将三角板与坐标格网线格宽进行比对，要求每个直角边 0～10cm 段的长度与坐标格网线格宽的较差小于 0.2mm。下面以 1∶1000 比例尺地形图为例说明直

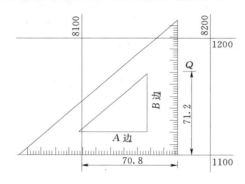

图 16.3　直角三角板展点（单位：mm）

角三角板展点法的工作过程（图 16.3）。图 16.3 中假设某点 Q 的坐标 $x_Q = 1171.176m$，$y_Q = 8170.812m$，要求将 Q 点展绘在地图上。首先找出 Q 点所在的坐标方格，不难判断 Q 点位于 8100、8200、1100、1200 四根纵横坐标线所包围的方格中。在该方格里以直角三角板的一直角边（A 边）紧贴 1100 坐标线，左右移动到 8100 坐标线，在 A 边上的刻划读数为 70.8mm 时（注意 A 边要始终与 1100 坐标线重合），在直角三角板的另一直角边（B 边）上找出刻划读数为 71.2mm 的位置，此位置即为 Q 点的图上位置，

用绣花针尖或分规尖刺出该位置，Q 点的展点工作结束。然后在刺点的右侧标注上控制点高程。刺点时要求绣花针或分规尖与地图平面呈 40°～50°的夹角且针杆在地图平面的铅垂投影与 B 直角边垂直。实践证明，上述直角三角板展点法的展点误差小于图上 0.2mm，这个值远远小于半圆仪的展点平均误差，是白纸测图（包括地形图和地籍图）时的最佳展点方法。

16.2.14　经纬仪视距解析法碎部测图

如图 16.4 所示。在一个图根控制点（A）上安置经纬仪，选择另一个图根控制点（B）作为后视点立花杆，根据 A、B 坐标反算 AB 的方位角 α_{AB}，$\alpha_{AB} = \arctan[(Y_B - Y_A)/(X_B - X_A)]$。

丈量经纬仪的仪器高 q。将经纬仪（盘左状态）瞄准 B 点花杆，同时使经纬仪水平度

盘读数变为 α_{AB}（通过配盘实现），此时对于光学经纬仪已经实现了水平度盘读数与坐标方位角的理论上的一致（因为方位角与经纬仪水平度盘读数均为顺时针增大。如图 16.4 所示。当然，由于经纬仪的系统误差及操作误差，水平度盘读数与坐标方位角间会有微小的差异，这种差异在 1′ 以下），若是电子经纬仪则应设置水平角度增加方向为顺时针方向（在瞄准 B 方向后可直接输入 α_{AB} 实现配盘，此时该电子经纬仪也已经实现了水平度盘读数与坐标方位角的理论上的一致）。

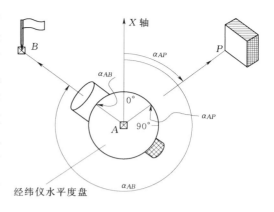

图 16.4 经纬仪视距解析法测图
原理与现场布置

对 A 点周边 100m 范围内任一碎部点都可迅速获得基本观测数据（平盘读数；竖盘读数；碎部点上塔尺的三丝读数（上丝读数、中丝读数、下丝读数））并迅速用计算器计算出碎部点三维坐标〔平面直角坐标（X_i，Y_i），高程 H_i〕。表 16.3 为相应的记录计算表格。

每个碎部点的测量过程是（图 16.4）：在碎部点 P 上竖立一根塔尺。经纬仪竖丝瞄准塔尺中线，在保证经纬仪十字丝三丝均能读到塔尺刻度的前提下全面制动经纬仪（包括水平和竖直），使竖盘指标线位置正确（非竖盘指标自动归零经纬仪应旋转竖盘指标水准器微动螺旋使竖盘指标水准器气泡居中。竖盘指标自动归零经纬仪应使经纬仪竖盘指标自动归零装置处于工作状态。电子经纬仪应在实习开始前校验调整），连读经纬仪水平度盘读数 α_{AP}、经纬仪竖直度盘读数 L_{AP}、塔尺上丝读数 S、塔尺中丝读数 Z、塔尺下丝读数 X。根据 α_{AP}、L_{AP}、S、Z、X 即可计算出 P 点的三维坐标〔平面直角坐标（X_P，Y_P），高程 H_P〕。计算方法如下：

1）根据 L_{AP} 计算经纬仪视线倾角（即竖直角 δ_{AP}）。对天顶距竖盘经纬仪（即经纬仪望远镜铅直时竖直度盘读数为 0°或 180°，望远镜水平时竖直度盘读数为 90°或 270°）其 $\delta_{AP} = \pm(L_{AP} - 90°)$，当盘左仰角经纬仪竖直度盘读数大于 90°时式中"±"用"+"、反之用"－"。

2）根据 δ_{AP}、S、Z、X、及经纬仪仪器高 q 计算设站点（A）到碎部点（P）的水平距离 D_{AP} 和高差 h_{AP}。计算公式为 $D_{AP} = K \, | \, S - X \, | \, \cos^2\delta_{AP} + C\cos\delta AP$；$h_{AP} = [K \, | \, S - X \, | \, \times \sin(2\delta_{AP})]/2 + C\sin\delta_{AP} + q - Z + f$。式中，K 为视距乘常数（一般情况下 K=100）；C 为视距加常数（一般情况下 C=0）；f 为地球曲率与大气折射联合改正数、$f = 0.43(D_{AP}^2/R)$、R 为地球平均曲率半径（R=6371km）。由于 f 的值远远低于经纬仪测图的误差故在经纬仪测图时忽略 f 的影响（即认为 f=0），一般经纬仪的 C 也为零，故可采用 $D_{AP} = K \, | \, S - X \, | \, \cos^2\delta_{AP}$ 和 $h_{AP} = [K \, | \, S - X \, | \, \sin(2\delta_{AP})]/2 + q - Z$ 计算水平距离 D_{AP} 和高差 h_{AP}。

3）根据设站点（A）的三维坐标（X_A，Y_A，H_A）、水平距离 D_{AP}、高差 h_{AP}、经纬仪水平度盘读数 α_{AP}（即 AP 的方位角）计算碎部点（P）的三维坐标〔平面直角坐标（X_P，Y_P）M 高程 H_P〕。计算公式为 $X_P = X_A + D_{AP}\cos\alpha_{AP}$；$Y_P = Y_A + D_{AP}\sin\alpha_{AP}$；$H_P =$

$H_A + h_{AP}$，为提高计算速度可采用编程性计算器、借助应用程序进行快速计算，只要将每个碎部点的观测数据（经纬仪水平度盘读数 α_{AP}、经纬仪竖直度盘读数 L_{AP}、塔尺上丝读数 S、塔尺中丝读数 Z、塔尺下丝读数 X）顺序输入计算器，计算器立即就可计算出碎部点的三维坐标 [平面直角坐标 (X_P, Y_P)，高程 H_P]，从数据输入到计算出结果一般只需 30s 左右。

4) 经纬仪视距解析法测图的内业。若现场带有笔记本电脑的话可在现场直接随测随将碎部点绘制在 AutoCAD 绘图界面上，并随时将各个碎部点的关联关系用合乎《测图规范》要求的线形进行优质连接。若现场没有笔记本电脑的话则必须手工画出示意性草图，标清碎部点及相互间的关联关系，每次野外作业回来立即在电脑上绘图。整个外业测量结束后，应对 AutoCAD 地形图进行必要的整饰与调整（比见图形的闭合、直角的修整、与地形图图式的匹配等等）。利用 AutoCAD 绘制地形图时所有碎部点均必须在 2 维平面上绘制 [即只利用其平面直角坐标 (X_P, Y_P) 绘图，绘图时认为所有碎部点的高程均为零，AutoCAD 定点时将 Z 坐标缺省设置为零]，因为只有 2 维平面才能实现图形的自动封闭和闭合。而所有碎部点的高程 H_P 则是利用文字功能直接标注在 AutoCAD 绘图界面上的。这一点务必要引起大家的注意。若采用上述方法绘图则可将称之为经纬仪视距数字化测图。

若学生不会用 AutoCAD 绘图则可采用本书 16.2.13 所述直角三角板展点法展绘碎部点，采用该方法绘图则可将其称之为经纬仪视距解析法测图。碎部点展点工作结束应在刺点的右侧标注上碎部点高程。

5) 特殊的碎部测量方法。有些碎部点比较隐蔽、各种方法难以测量时可采用一些变通方法（比如角度交会法和距离交会法等）。

表 16.3　　　　　　　　　　　　经纬仪视距解析法测图碎部测量手簿

测区；观测者；记录者；年月日；天气；测站；后视方向；测站高程；仪器高；经纬仪乘常数；经纬仪加常数；经纬仪竖盘指标差；α_{AB}

测点	平盘读数	竖盘读数	竖直角	下丝	上丝	中丝	高差/m	水平距离/m	X 坐标/m	Y 坐标/m	高程 H/m	备注

16.2.15 地形图的绘制、检查、拼接与整饰

地图比例尺 1：1000，其绘制、检查、拼接与整饰可参考本书 10.2.9。限于篇幅不再赘述。

16.2.16 其他测图方法

采用电子全站仪测图、GNSS测图、航空摄影测量测图可参考本书10.2.6～10.2.8。限于篇幅不再赘述。

16.3 土木建筑工程测量放样实习

16.3.1 工程建设位置的地图展布

综合实训或实习完成区域地形图测绘任务后，可以在地形图上规划一个工程项目（比如建筑、公路、管线、园林、勘探线等）以便为工程放样实训提供素材，然后根据坐标格网获得工程项目关键放样点的平面坐标（数字地形图可在 AutoCAD 界面下借助捕捉功能获取放样点的平面坐标），关键放样点的高程应根据工程特点及地形情况合理设定。图16.5 为规划的社区中心（K_i 为三维图根控制点，也是放样基准点），其关键放样点为外轴线的 4 个交点 1～4，规划图上应标注交点坐标（X_i，Y_i）以及 ±0 高程（即 ±0 = 265.512m）。

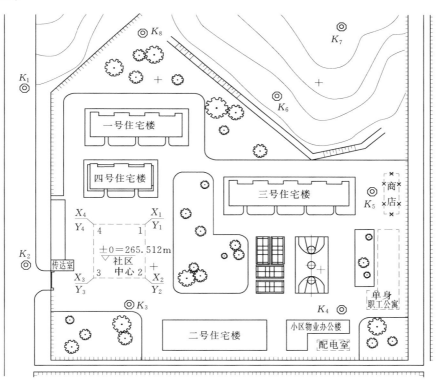

图 16.5　社区中心总平面图（规划）

16.3.2 工程建设位置的地面放样

工程建设位置地面放样应首先获得三维放样数据，三维放样数据可由设计方给出（或在规划图上获取）。比如，图16.5 社区中心外轴线 4 个交点 1～4 的坐标（X_i，Y_i）以及

±0 高程（即 ±0 ＝ 265.512m）已在规划图中给出。有了放样数据后就可以根据手头的装备情况和控制点情况计算放样参数了（采用经纬仪、钢尺进行平面位置放样时应获得放样角 β 和放样距离 D，采用全站仪或 GNSS 放样时可直接进入放样界面按设定程序完成放样工作）。

（1）经纬仪、钢尺平面放样。

图 16.5 中 1 点的规划平面坐标为 $Y_1 ＝ 2183.466m$，$X_1 ＝ 6327.056m$，利用控制点 K_3 为放样测站（即经纬仪的架设位置），K_4 为后视方向（即后视点），K_3 的平面坐标为 $Y_{K_3} ＝ 2105.891m$，$X_{K_3} ＝ 6288.336m$；K_4 的平面坐标为 $Y_{K_4} ＝ 2249.137m$、$X_{K_4} ＝ 6263.446m$。首先计算放样数据，K_3 到 K_4 的方位角为 $\alpha_{K_3-K_4} ＝ \tan^{-1}[(Y_{K_4}-Y_{K_3})/(X_{K_4}-X_{K_3})] ＝ 99°51'25.67''$；$K_3$ 到放样点 1 的方位角为 $\alpha_{K_3-1} ＝ \tan^{-1}[(Y_1-Y_{K_3})/(X_1-X_{K_3})] ＝ 63°28'29.45''$；$K_3$ 到放样点 1 的水平距离为 $D_{K_3-1} ＝ [(Y_1-Y_{K_3})^2+(X_1-X_{K_3})^2]^{1/2} ＝ 86.701m$；以 K_3-K_4 为基准线的 1 点放样角 $\beta ＝ \alpha_{K_3-1}-\alpha_{K_3-K_4} ＝ 63°28'29.45''-99°51'25.67'' ＝ -36°22'56.22''$（$\beta$ 为负值意味着应以 K_3-K_4 为基准线向逆时针方向拨角，β 为正值则应以 K_3-K_4 为基准线向顺时针方向拨角）。然后进行规划点的平面定位，将经纬仪安置在 K_3 上，盘左瞄准 K_4 点后逆时针旋转照准部 2 周再次瞄准 K_4 点读出平盘读数（假设为 $18°57'31.7''$），继续逆转 β 角（即使平盘读数变为 $18°57'31.7''+\beta ＝ -17°25'24.52'' ＝ 342°34'35.4''$）后制动照准部，沿望远镜十字丝方向丈量水平距离 D_{K_3-1}（86.701m）即可定出 1 点的盘左放样位置 1_L；再盘右瞄准 K_4 点后顺时针旋转照准部 2 周再次瞄准 K_4 点读出平盘读数（假设为 $198°57'36.5''$），继续顺转 $(360°-\beta)$ 角（即使平盘读数变为 $198°57'36.5''+\beta ＝ 162°34'40.2''$）后制动照准部，沿望远镜十字丝方向丈量水平距离 D_{K_3-1}（86.701m）即可定出 1 点的盘右放样位置 1_R；1_L 与 1_R 在没有放样误差时应重合（1_L 与 1_R 的距离 d 即为放样误差。当 $d/D_{K_3-1} \leqslant 1/6000$ 时取其中间位置作为 1 点规划的实地位置）。以上即为盘左盘右分中法放样 1 点平面位置的过程（若需要更精准的放样则应在既有 1 点的基础上继续采用测小角支距法进一步精细定位）。按同放样 1 点相同的方法可放样出 2、3、4 点的规划实地位置。1、2、3、4 点放样工作结束后应实际测量 1-2、2-3、3-4、4-1 的水平距离看其是否满足规划要求（即各个距离与设计尺寸间的相对偏差不应超过 1/6000），满足要求则放样工作结束。

（2）全站仪三维放样。

如图 16.5 所示，电子全站仪放样 1 点三维位置的过程大致如下，把电子全站仪安置在 K_3 点、丈量仪器高，通过菜单键选择放样功能，进入放样功能界面后，根据电子全站仪的提示输入 K_3 点（称测站）三维坐标（X_{K_3}，Y_{K_3}，H_{K_3}）、K_4 点（称后视点）三维坐标（X_{K_4}，Y_{K_4}，H_{K_4}）、K_3 点仪器高、反射棱镜杆高，瞄准 K_4 点后在仪器上确认（回车），然后，输入 1 点（称放样点）三维坐标（X_1，Y_1，H_1），一人手持反射棱镜杆（通过杆上的圆水准气泡保持反射棱镜杆铅直）立在大致 1 点附近。电子全站仪瞄准反射棱镜，启动测量命令，电子全站仪即可显示手持反射棱镜杆底部（尖端）的三维坐标（X_G，Y_G，H_G）、若切换显示页面电子全站仪还可显示欲放样点与手持反射棱镜杆底部间的差值及偏差方向（用箭头表示），根据差值及偏差方向即可移动手持反射棱镜杆。再次启动测量命令、再次获得差值及偏差方向、再次根据差值及偏差方向移动手持反射棱镜杆，直到 $(X_G，Y_G，H_G)$ 与 $(X_1，Y_1，H_1)$ 相等为止（误差应在允许范围以内），即得 1 点的实际位置。按同放样 1 点相同的方法可放样出 2、3、4 点的规划实地位置。1、2、3、4 点放样工作结束后应实际测量 1-2、2-3、3-4、4-1 的水平距离看其是否满足规划要求（即各个距离与设计尺寸间的相对偏差不应超过 1/6000），满足要求则放样工作结束。

需要说明的是，全站仪放样高程精度不高，高程放样必须借助水准仪进行。

（3）GNSS-RTK 三维放样。

1）获取放样数据设置观测基站。首先应获得所有待放样点的三维坐标，其次是获得几个控制点的三维坐标（在获得了三维坐标的几个控制点中优选一个控制点作为 GPS-RTK 基准站，其余控制点作为 RTK 校验点）。GPS-RTK 基准站应设置在已知控制点上，要求控制点应设置在地势较高、视野开阔的位置，并要求控制点的周围不得有高度角超过 10°的障碍物，在控制点附近 100m 范围内不能有强电磁干扰（无线电台、高压线、微波站、自动气象站等），且不能有导致多路径效应的 GPS 信号反射体（比如大面积水域、高大建筑物等）。

2）配置仪器。将 GPS 接收机主菜单"配置"中的"测量形式"选择"RTK"模式，在该模式下可对基准站和流动站及其无线电进行相关参数设置。首先进行基准站选项设置（包括设置广播格式、加载索引号、设置高度截止角、选择天线类型、选定天线高测量方式、输入基准站天线高，接收机接受后退出），再进行基准站无线电设置（主要是对基准站电台的参数、数据传输率、接收机端口、等进行设置），包括设置电台类型、设置控制器端口、设置接收机端口、设置波特率、设置奇偶校验（为无），在控制器与主机连接时应直接查看电台内部设置，然后进行"连接"并对电台内部参数进行设置（设置包括电台发射频率、基准站无线电模式、等），接受后退出。然后进行流动站设置，流动站选项设置包括设置广播格式、加载索引号、卫星差分模式设置（为关）、设置高度截止角、PDOP 限制设置、选择天线类型、将"测量到"选择为天线座底部、输入流动站天线高度，接受后退出，再进行流动站无线电设置（主要是无线电电台类型设置。当控制器与主机连接后，通过"连接"功能查看电台内部参数并根据需要进行选择，设置包括电台频率、基准站无线电模式、等。需要注意的是流动站的电台无线电发射频率必须与基准站的无线电发射频率相同，否则流动站将无法接收到基准站发射的无线电信号）。

3）放样。启动基准站（将基准站架设在上空开阔、没有强电磁干扰、多路径误差影响小的控制点上，正确连接好各仪器电缆，打开各仪器，对基准站进行前叙内容的配置，完毕后，在"测量"主菜单中选择"启动基准站接收机"，输入基准站的坐标信息，输入完毕后，就可以启动基准站"开始"进行测量了。当基准站启动完成后，控制手薄显示屏上会提示"切断接收机和控制器的连接"；建立新任务、定义坐标系统（定义要使用的作业名称，所有的键入信息和观测数据都保存在该项作业中。可以以多种方式定义坐标系统，建筑施工放样时应选择无投影/无基准，坐标显示方式选择"网格"，水准面模型选择"否"。因为我们在首次进入一个区域进行测量放样之前，通常需要通过点校正方式来求得坐标转换参数）；点校正（GPS 测量的是点的 WGS-84 坐标，而我们通常需要的是在流动站上实时显示放样坐标所属的国家坐标系或地方独立坐标系下的坐标，这需要进行坐标系之间的转换，即点校正。点校正可以通过两种方式进行。如果已知放样坐标所属的坐标系统与 WGS-84 坐标系统的转换七参数则可以在测量控制器中直接输入建立坐标转换关系，如果工作是在国家大地坐标系统下进行且知道椭球参数和投影方式以及基准点坐标则可以直接定义坐标系统，为确保放样精度、避免投影变形过大、提高放样的可靠性最好在 RTK 测量中通过 1~2 个已知控制点进行点校正。如果在局域坐标系统或任何坐标系统中进行测量和放样则可直接采用点校正方式建立坐标转换方式，平面测量和放样至少进行 3 个已知点的点校正，如果进行高程测量则至少要有 4 个已知水准点参与点校正）；流动站测量放样（用手薄控制器引导接收机开始测量后应首先仪器进行初始化，也就是进行整周模糊度的固定。初始化完成后控制器会提示"初始化完成"，此时就可以进行 RTK 测量放样了，在控制器状态框中会显示测量的水平精度和垂直精度。进行放样前应根据需要"键入"待放样的点、直线、曲线、DTM、道路等各项放样数据。在初始化工作完成后在主菜单上选择"测量"图标打开，测量方式选择"RTK"，再选择"放样"选项，即可进行放样测量作业。放样作业时，手薄控制器上会显示箭头及目前位置到放样点的方位和水平距离观测值，只需根据箭头的指示放样。当流动站到放样点距离小于设定值时手薄上显示同心圆和十字丝以分别表示放样点位置和天线中心位置，如图 16.6 所示。当流动站天线整平、十字丝与同心圆圆心重合时可以按"测量"键对该放样点进行实测并保存观测值）。

在我国 2000 大地坐标系中采用 CORS-RTK 放样时不需进行前述 1)、2) 动作，而只进行 3) 中的最后一个动作（即流动站测量放样）即可，放样速度极其神速。

4）GPS-RTK 建筑施工放样的注意事项。采用 RTK 技术进行放样，放样精度比较均匀，不存在误差积累，精度完全可满足有关规范的技术要求。GPS-RTK 建筑施工放样的精度与校正点的精度、分布、数量关系密切，与流动站到基准站间的距离关系密切。一般情况下在一个工作区域的范围内至少应有 4 个已知点作为校正点，用户可根据实际情况酌情增加，校正点应均匀分布在放样工作区域四周（即放样工作区域应包含在校正点所形成区域内）。若放样工作区域在校正点所形成区域之外，则放样测量的精度会有所降低，且距离越远、降低越甚。另外，校正点应尽量在工作区域外围分布均匀。在多点放样时应每隔一段时间，将流动接收机放在已知点上作测量校正，此时，原先的一些放样点的实测坐标值会略有改变（因校正点越多、精度越高、参数越准确），通常在已知点校正后放样点的实测坐标值会有 1 厘米左右的波动。如果已知点的已知坐标与点校正时的实测相差几个厘米或更大，说明已知点坐标精度比较低或有误，应换个已知点做校正或删除不用。

需要说明的是，GNSS 放样高程精度不高，高程放样必须借助水准仪进行。

（4）水准仪高程放样。

如图 16.5 所示，社区中心 ±0.000 高程为 265.512m，K_3 点高程为 $H_{K_3}=264.995\text{m}$。水准仪放样社区中心 ±0.000 高程的过程大致如下（图 16.7），在距 1 点 5m 的 Z 处土中铅直打入一 $\phi 24\text{mm}$ 的螺纹钢筋（入土深度 0.7m、外露 1m）并用混凝土灌注固定，将水准仪安置在 K_3 与 Z 点中间，后视 K_3 得标尺读数 a（假设为 1.375m）。则水准仪视线高程 H_S 为 $H_S=H_{K_3}+a=264.995\text{m}+1.375\text{m}=266.370\text{m}$。要使 Z 点高程 H_Z 等于 ±0.000 高程的 265.512m，则 Z 点水准尺上的前视读数 b 必须为 $b=H_S-H_Z=266.370-265.512=0.858\text{m}$。将水准尺紧靠 Z 点螺纹钢筋侧面上下移动，直到尺上读数为 b 时用马克笔沿尺

底在螺纹钢筋侧面画一横线，此线即为社区中心±0.000 高程的设计位置。测设时应始终保持照准部长水准管轴水平（即抛物线吻合）。

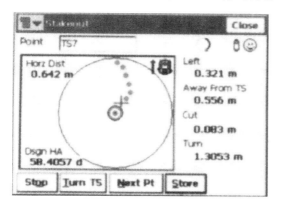

图 16.6 手薄上显示的放样点位置和天线中心位置

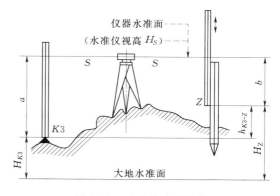

图 16.7 水准仪高程放样

16.4 测量实习的相关技术要求

仪器装备条件较差时可不遵守本节的相关技术要求，即实习过程中不规定限差或给定一个非常大的适当的限差（比如测角精度到 $10'$、水平距离和坐标到 1m、高程和高差到 0.5m）。

大比例尺地形图测绘可参照我国现行《城市测量规范》（CJJ 89）以及《1：500、1：1000、1：2000 地形图图式》（GB/T 7929）的相关技术要求进行。

16.4.1 宏观技术要求

坐标系统可采用国家坐标系、独立坐标系，具体可由实习指导教师统一选定。高程系统可采用国家高程系统、独立高程系统，具体可由实习指导教师统一选定。测图比例尺可为 1：500 或 1：1000，具体可由实习指导教师根据任务和地形情况统一确定。地形图的基本等高距可根据地形类别和用途需要按表 16.4 的要求由实习指导教师统一确定，表中括号内的等高距可根据用图需要选用。地形图符号注记执行我国现行《1：500、1：1000、1：2000 地形图图式》（GB/T 7929）的规定，图式中没有规定的符号可由实习指导教师统一设计并在图例中注明、不得自行设计使用。地形图分幅采用正方形，规格一般为40cm×50cm 或 50cm × 50cm，也可采用特殊图幅（比如本书图 16.1 中的 200mm ×300mm 或 300mm×200mm），具体应根据实习时间的长短由实习指导教师统一选定。地形图图号以图廓西南角坐标公里数（保留一位小数）为单位编号，X 在前、Y 在后，中间用短线连接，如 1：1000 的图号"2.9 − 4.9"。图根控制点相对于起算点的平面点位中误差不超过图上 0.1mm；高程中误差不得大于测图基本等高距的 1/10。测站点相对于邻近图根点的点位中误差不得大于图上 0.3mm；高程中误差对平地不得大于 1/10 基本等高距，对丘陵地不得大于 1/8 基本等高距，对山地、高山地不得大于 1/6 基本等高距。图上地物点相对于邻近图根点的点位中误差与邻近地物点间距中误差应符合表 16.5 的要求，森林隐蔽等特殊困难地区可按表 16.5 中规定值放宽 50%。地形图高程精度应符合要求，城市建筑区和基本等高距为 0.5m 的平坦地区其高程注记点相对于邻近图根点的高程中误差不得大于 0.15m，其他地区地形图高程精度应以等高线插求点的高程中误差来衡量，等高线插求点相对于邻近图根点的高程中误差应符合表 16.6 的要求，森林隐蔽等特殊困难地区可按表 16.6 中规定值放宽 50%。

表 16.4   基 本 等 高 距   单位：m

基本等高距	平地	丘陵	山地	高山地
1∶500	0.5	1.0(0.5)	1.0	1.0
1∶1000	0.5(1.0)	1.0	1.0	2.0
1∶2000	1.0	1.0(2.0)	2.0(2.5)	2.0(2.5)

表 16.5   图上地物点点位中误差与间距中误差   单位：mm

地区分类	点位中误差	邻近地物点间距中误差
城市建筑区和平地、丘陵地	≤0.5	≤0.4
山地、高山地和设站施测困难的旧街坊内部	≤0.75	≤0.6

表 16.6   等高线插求点的高程中误差

地形类别	平地	丘陵地	山地	高山地
高程中误差（等高距）	≤1/3	≤1/2	≤2/3	≤1

16.4.2　图根控制测量的基本要求

图根点是直接供测图使用的平面和高程依据，宜在首级控制点下加密。图根点密度应根据测图比例尺和地形条件确定，传统测图方法平坦开阔地区图根点密度不宜小于表16.7 的要求，地形复杂、隐蔽以及城市建筑区应以满足测图需要为前提结合具体情况加大密度。图根控制点应选在土质坚实、便于长期保存、便于仪器安置、通视良好、视野开阔、便于测角和测距、便于施测碎部点的地方。要避免将图根点选在道路中间。图根点选定后应立即打桩并在桩顶钉一个小钉或画"＋"作为标志；或用油漆、马克笔在地面上画"×"作为临时标志并编号。当测区内高级控制点稀少时应适当埋设标石，埋石点应选在第一次附合的图根点上并应使其至少能与另一个埋石点互相通视。

表 16.7   平坦开阔地区图根点的密度   单位：点/km²

测图比例尺	1∶500	1∶1000	1∶2000
图根点密度	150	50	15

（1）图根平面控制测量。

图根平面控制点的布设可采用图根导线、图根三角锁（网）方法且不宜超过二次附合，图根导线在个别极困难的地区可附合 3 次；局部地区可采用测距极坐标法和交会点等方法，也可以采用 GPS 测量方法布设。图根导线测量的技术要求应符合表 16.8 的规定。因地形限制使图根导线无法附合时可布设支导线。支导线不多于 4 条边，长度不超过

450m，最大边长不超过 160m，边长可单程观测 1 测回。水平角观测首站应连测两个已知方向，采用 DJ$_6$ 光学经纬仪观测 1 测回，其他站水平角应分别测左、右角各 1 测回，其固定角不符值与测站圆周角闭合差均不应超过 ±40″。

表 16.8　　　　　　　　　　　图根电磁波测距附合导线技术要求

比例尺	平均边长 /m	导线全长 /m	导线全长相对闭合差 /m	方位角闭合差 /(″)	水平角测回数 DJ$_6$	测　距	
						仪器类型	方法与测回数
1:500	80	900					
1:1000	150	1800	≤1/4000	≤40$n^{1/2}$	1	Ⅱ级	单程观测 1 测回
1:2000	250	3000					

图根三角锁（网）的平均边长不宜超过测图最大视距的 1.7 倍，传距角不宜小于 30°、特殊情况下个别传距角不宜小于 20°，线形锁三角形的个数不应超过 12 个。图根三角锁（网）的水平角应使用 DJ$_6$ 级仪器并采用方向观测法观测 1 测回，观测方向多于 3 个时应归零。图根三角锁（网）水平角观测各项限差应符合表 16.9 的要求。

表 16.9　　　　　　　　　　　图根三角锁（网）的技术要求

仪器类型	测回数	测角中误差	半测回归零差/(″)	三角形闭合差/(″)	方位角闭合差/(″)
DJ$_6$	1	≤20	24	≤60	≤40$n^{1/2}$

采用交会测量时其交会角度应在 30°～150°，前方交会、侧方交会应有 3 个方向，后方交会（$\alpha+\beta+\delta$）不应在 160°～200°，点位应避免落在危险圆范围内，交会边长不宜大于 0.5M（m），M 为测图比例尺分母。

局部地区图根点密度不足时可在等级控制点或一次附合图根点上采用测距极坐标法布点加密，平面位置测量的技术要求应符合表 16.10 的规定且边长不宜超过定向边长的 3 倍，采用测距极坐标获得的图根点不应再行发展且一幅图内用此法布设的点不得超过图根点总数的 30%，条件许可时宜采用双极坐标测量或适当检测各点的间距，坐标、高程同时测定时可变动棱镜高度两次测量以作校核，两组坐标较差、坐标反算间距较差均不应大于图上 0.2mm。采用双极坐标测量时每测站应只联测一个已知方向，测角、测距均为 1 测回，两组坐标较差不超限时取其中数。

表 16.10　　　　　　　　　　　光电测距极坐标法测量技术要求

项目	仪器类型	方　法	测回数	最大边长			固定角不符值
				1:500	1:1000	1:2000	
测距	Ⅱ级	单程观测	1	200	400	800	—
测角	DJ$_6$	方向法，连测两个已知方向	1	—	—	—	≤40″

图根三角锁（网）和图根导线均可采用近似平差方法处理数据，计算时角值取至秒、边长和坐标取至毫米。单三角锁坐标闭合差不应大于图上 0.1$n_t^{1/2}$mm，n_t 为三角形个数。线形锁重合点或测角交会点的两组坐标较差不应大于图上 0.2mm。实量边长与计算边长较差的相对误差不应大于 1/1500。

（2）图根点高程测量。

图根点高程测量应遵守相关规定，基本等高距 0.5m 时可采用图根水准、图根电子全站仪三角高程或 GPS 测量方法测定，基本等高距大于 0.5m 时可采用图根经纬仪三角高程测定。

图根水准测量应起闭于高等级高程控制点，可沿图根点布设为附合路线、闭合环或结点网，起闭于一个水准点的闭合环必须先行检测该水准点高程的正确性。高级点间附合路线或闭合环线长度不得大于 8km、结点间路线长度不得大于 6km、支线长度不得大于 4km，应使用不低于 3mm/km 级的水准仪（i 角应小于 $20''$）按中丝读数法单程观测（支线应往返测）并估读至毫米，水准测量应符合表 16.11 和表 16.12 的要求（L 为附合路线或环线长度，n 为测站数），图根水准计算可简单配赋，高程应取至毫米。

表 16.11　　　　　　　　　　　　水准测量的主要技术要求

等级	每公里高差全中误差/mm	路线长度/km	水准仪的型号	水准尺	观测次数		往返较差、附合或环线闭合差	
					与已知点联测	符合或环线	平地/mm	山地/mm
三	6	≤50	DS₁	铟瓦	往返各一次	往一次	$12L^{1/2}$	$4n^{1/2}$
			DS₃	双面		往返各一次		
四	10	≤16	DS₃	双面	往返各一次	往一次	$20L^{1/2}$	$6n^{1/2}$
五	15	—	DS₃	单面	往返各一次	往一次	$30L^{1/2}$	

表 16.12　　　　　　　　　　　　水准测量测站限差

等　级	视线长度/m	前后视距差/m	前后视距累积差/m	黑红面读数差/mm	黑红面高差之差/mm
四	80	5	10	3	5
等外	100	20	100	4	6

图根三角高程导线应起闭于高等级控制点且其边数不应超过 12 条，边数超过规定时应布设成结点网。图根三角高程导线竖直角应对向观测，测距极坐标法图根点竖直角可单向观测 1 测回且应变换棱镜高度后再测一次，独立交会点可用不少于三个方向（对向为两个方向）的单向观测三角高程推求且其测距要求与图根导线相同。图根三角高程测量应符合表 16.13 的要求，其中，S 为边长（km），H_C 为基本等高距（m），n_S 为边数，D 为测距边边长（km）。仪器高和目标高应准确量取至毫米，高差较差或高程较差在限差内时取其中数。边长大于 400m 时应考虑地球曲率和折光差影响。计算三角高程时角度取至秒、高差应取至毫米。

表 16.13　　　　　　　　　　　　电磁波测距高程导线的主要技术指标

仪器类型	中丝法测回数		指标差较差/竖直角较差/($''$)	对向观测高差、单程两次高差较差/m	各方向推算的高程较差/m	附合或环形闭合差/m	
	经纬仪三角高程	电子全站仪三角高程				经纬仪三角高程	电子全站仪三角高程
DJ₆	1	对向 1/单向 2	≤25	≤0.4S	≤0.2H_C	≤0.1$H_C n_S^{1/2}$	≤40$\{[D]\}^{1/2}$

16.4.3 大比例尺地形图测绘的基本要求

（1）测图前的准备。

传统地形测图开始前应做好以下准备工作，即抄录控制点平面和高程成果；在原图纸上绘制方格网和图廓线、展绘所有控制点；检查和校正仪器；踏勘了解测区的地形情况、平面和高程控制点的位置和完好情况；拟订作业计划。传统测图使用的仪器应符合要求，即视距乘常数应在 100 ± 0.1 以内；竖直度盘指标差不应大于 $\pm1'$；比例尺长度误差不应大于 0.2mm；量角器直径不应小于 20cm 且偏心差不大于 0.2mm。在原图纸上展绘图廓点、线、坐标格网以及所有控制点时各类点、线的展绘误差应符合表 16.14 的要求。

表 16.14　　　　　　　　　　　　　展 点 误 差　　　　　　　　　　　　单位：mm

项　目	限差	项　目	限差
方格网线粗度与刺孔直径	0.1	图廓边长、格网长度与理论长度之差	0.2
图廓对角线长度与理论长度之差	0.3	控制点量测长度与坐标反算长度之差	0.2

数字测图开始前应做好以下准备工作，即检查和校正用于数字测图的仪器、设备等硬件和数字成图软件；抄录控制点平面和高程成果并将其存入全站仪；踏勘了解测区的地形情况、平面和高程控制点的位置和完好情况；拟订作业计划。

（2）地形图测绘技术要求。

1）宏观要求。传统测图时测绘地物、地貌应遵守"看不清不绘"原则，地形图上的线划、符号和注记应在现场完成。测图过程中应认真进行自检自校，每测站工作完毕后应对照实地检查地物地貌是否表示完整、是否有遗漏、综合取舍是否恰当。按基本等高距测绘的等高线为首曲线，其应从零米算起且应每隔 4 根首曲线加粗一根计曲线并在计曲线上注明高程，高程字头应朝向高处但需避免在图内倒置。山顶、鞍部、凹地等不明显处等高线应加绘示坡线。当首曲线不能显示地貌特征时可测绘间曲线。城市建筑区和不便于绘等高线的地方可不绘等高线。高程注记点分布应符合要求，地形图上高程注记点应分布均匀，丘陵地区高程注记点间距宜符合表 16.15 的要求；山顶、鞍部、山脊、山脚、谷底、谷口、沟底、沟口、凹地、台地、河旁、川旁、湖旁、池旁、岸旁、水崖线上以及其他地面倾斜变换处均应测高程注记点；城市建筑区高程注记点应测至街道中心线、街道交叉中心、建筑屋墙基脚和相应的地面、管道检查井井口、桥面、广场、较大的庭院内或空地上以及地面倾斜变换处；基本等高距为 0.5m 时其高程注记点应注至 cm，基本等高距大于 0.5m 时可注至 dm。地形原图铅笔整饰应符合要求，地物、地貌各要素应主次分明、线条清晰、位置准确、交接清楚；高程注记的数字应字头朝北且应书写清楚、整齐；各种地物、地貌均应按规定符号绘制；各种地理名称注记位置应适当且应检查有无遗漏或不明之处；等高线须合理、光滑、无遗漏并与高程注记点相匹配；图幅号、方格网坐标、测图者姓名及测图时间等应书写正确、齐全。

2）传统测图技术要求。大比例传统地形测图可采用经纬仪视距解析法或大平板仪法或经纬仪配合半圆仪法等进

表 16.15　　丘陵地区高程注记点间距　　　单位：m

比例尺	1∶500	1∶1000	1∶2000
高程注记点间距	15	30	50

行。传统测图时施测碎部点可采用极坐标法、方向交会法、距离交会法、方向距离交会法、直角坐标法等进行。仪器的安置及测站上的检查应符合要求,仪器对中误差不应大于图上 0.05mm;应以较远的一点标定方向并以其他点进行检查,采用经纬仪测绘时其角度检测值与原角值之差不应大于 2′,每站测图过程中应随时检查定向点方向,采用经纬仪测图时归零差不应大于 4;应检查另一测站点高程且其较差不应大于 1/5 基本等高距。传统测图时地物点、地形点最大视距长度应符合表 16.16 的要求,1:500 比例尺测图时,在建成区和平坦地区以及丘陵地,地物点的距离应采用皮尺量距或电磁波测距,皮尺丈量最大长度为 50m;山地、高山地地物点最大视距可按地形点要求。

表 16.16 **碎部点的最大视距长度** 单位:m

比 例 尺		1:500	1:1000	1:2000
最大视距长度	地物点	—	80	150
	地形点	70	120	200

16.4.4　地形图测绘内容及取舍要求

地形图应表示测量控制点、居民地和垣栅、工矿建(构)筑物及其他设施、交通及附属设施、管线及附属设施、水系及附属设施、境界、地貌和土质、植被等要素,并对各要素进行名称注记、说明注记及数字注记。地物、地貌各要素的表示方法和取舍原则除应按我国现行《1:500、1:1000、1:2000 地形图图式》(GB/T 7929)执行外还应符合以下 11 方面要求。

各级测量控制点均应展绘在原图板上并加注记,水准点应按地物精度测定平面位置且应表示在图上。

测绘居民地和垣栅时居民地应按实地轮廓测绘,房屋应以墙基为准正确测绘出轮廓线并注记建材质料和楼房层次,还应依据不同结构、不同建材质料、不同楼房层次等情况进行分割表示。1:500、1:1000 测图房屋一般不综合但临时性建筑物可舍去。1:2000 测图可适当综合取舍,图上宽度小于 0.5mm 的居民区内的次要巷道可不表示,图上小于 6mm² 的天井、庭院可综合,房屋层次及建材可根据需要注出。建筑物、构筑物轮廓凸凹在图上小于 0.5mm 时可用直线连接。道路通过散列式居民地时不宜中断并应按真实位置绘出。城区道路应以路沿线测出街道边沿线,无路沿线的按自然形成的边线表示。街道中的安全岛、绿化带及街心花园应绘出。应依比例尺表示垣栅并准确测出基部轮廓、配置相应的符号,不以比例尺的垣栅应测绘出定位点、线并配置相应的符号。街道的中心处、交叉处、转折处及地面起伏变化处,重要房屋、建筑物基部转折处,庭院中,各单位的出入口等应择要测注高程点。垣栅的端点及转折处也要择要测注高程点。

工矿建(构)筑物及其他设施的测绘包括矿山开采、勘探、工业、农业、科学、文教、卫生、体育设施和公共设施等,这些在地形图上均应正确表示。以比例尺表示的应准确测出轮廓、配置相应的符号并根据产品的名称或设施的性质加注文字说明,不以比例尺表示的设施应准确测定定位点、定位线位置并加注文字说明。凡具有判定方位、确定位置、指示目标意义的设施应测注高程点,比如井口、水塔、烟囱、打谷场、雷达站、水文站、岗亭、纪念碑、钟楼、寺庙、地下建筑物的出入口等。

独立地物是判定方位、指示目标、确定位置的重要依据，必须准确测定位置。独立地物多的地区应优先表示突出的，其余可择要表示。

交通及附属设施测绘时所有的铁路、有轨车道、公路、大车路、乡村路均应测绘。车站及附属建筑物、隧道、桥涵、路堑、路地、里程碑等均需表示。道路稠密地区的次要人行道可适当取舍。铁路轨顶（曲线要取内轨顶）、公路中心及交叉处、桥面等应测取高程注记点，隧道、涵洞应测注底面高程。公路及其他双线道路在大比例尺图上按实宽依比例尺表示，若宽度在图上小于 0.6mm 时则可用半比例尺符号表示。公路、街道应按路面材料划分为水泥、沥青、碎石、砾石、硬砖、沙石等并以文字注记在图上，辅面材料改变处应用点线分离。出入山区、林区、沼泽区等通行困难地区的小路以及通往桥梁、渡口、山隘、峡谷及其特殊意义的小路一般均应测绘。居民地间应有道路相连并尽量构成网状。1：500、1：1000 测图时铁路应依比例尺表示铁轨轨迹位置，1：2000 测图时应测绘铁路中心位置且用不依比例尺符号表示。电气化铁路应测出电杆（铁塔）的位置。火车站的建筑物应按居民地要求测绘并加注名称。站台、天桥、地道、信号机、车挡、转车盘等车站附属设施均应按实际位置测出。公路应根据其技术等级分别用高速公路、等级公路（1～4级）、等外公路注记技术等级代码并应按实地状况测绘，国家干线还要注记国道线编号。等级公路应注记铺面宽和路基宽度。道路在同一水平高度相交时应中断低一级的道路符号，不在同一水平相交的道路交叉处应绘以桥梁或其他相应的地形符号。桥梁是联结铁路、公路、河运等交通的主要纽带，应正确表示桥梁的性质、类别，应按实地状况测绘出桥头、桥身的准确位置并根据建筑结构、建材质料加注文字说明。应正确表示河流、湖泊、海域的水运情况，码头、渡口、停泊场、航行标志，航行险区均应测绘。对铁路、公路、大车路等道路图上应每隔 10～15cm 测注高程点，路面坡度变化处也应测注高程点。桥梁、隧道、涵洞底部、路堑、路堤的顶部应测注高程，路堑、路堤要测注比高。当高程注记与比高注记不易区分时应在比高数字前加"＋"号。

管线及附属设施的测绘时应正确测绘管线的实地定位点和走向特征并正确表示管线类别。永久性电力线、通信线及其电杆、电线架、铁塔均应实测位置。电力线应区分高压线和低压线。居民地内的电力线、通信线可不连线但应在杆架处绘出连线方向。地面和架空的管线均应表示并注记其类别。地下管线应根据用途需要决定表示与否，但入口处和检修井必须表示。管道附属设施均应实测并表示其位置。

水系及附属设施测绘时海岸、河流、湖泊、水库、运河、池塘、沟渠、泉、井及附属设施等均应测绘。海岸线应以平均大潮高潮所形成实际痕迹线为准，河流、湖泊、池塘、水库、塘等水涯线一般应按测图时的水位为准。高水界应按用图需要表示。溪流宽度在图上大于 0.5mm 的应用双线依比例尺表示，小于 0.5mm 的应用单线表示。沟渠宽图上大于 1mm（或 1：2000 测图大于 0.5mm）的应用双线表示，小于 1mm（或 1：2000 测图小于 0.5mm）的应用单线表示。应表示固定水流方向及潮流向。水深和等深线应按用图需要表示。干出滩应按其堆积物和海滨植被实际表示。水利设施应按实地状况、建筑结构、建材质料正确表示。较大的河流、湖、水库应按需要施测水位点高程并注记施测日期。河流交叉处、时令河的河床、渠的底部、堤坝的顶部及坡脚、干出滩、泉、井等要测注高程，瀑布、跌水应测注比高。

　　境界测绘时应正确表示境界的类别、等级及准确位置。行政区划界应有相应等级政府部门的文件、文本作依据。县级以上行政区划界应表示，乡（镇）界可按用图需要表示。两级以上境界重合时只绘高级境界符号但需同时注出各级名称。自然保护区应按实地绘出界线并注记相应名称。

　　地貌和土质应利用等高线表示并合理配置地貌符号、注记高程。当基本等高距不能正确显示地貌形态时应加绘间曲线，不能用等高线表示的天然和人工地貌形态需配置地貌符号及注记。居民地中可不绘等高线但高程注记点应能显示坡度变化特征。各种天然形成和人工修筑的坡、坎，其坡度在 70°以上时表示为陡坎，在 70°以下表示为斜坡。斜坡在图上投影宽度小于 2mm 时宜表示为陡坎并测注比高，比高小于 1/2 等高距时可不表示。梯田坎坡顶及坡脚在图上投影大于 2mm 以上时应实测坡脚，小于 2mm 时应测注比高，比高小于 1/2 等高距时可不表示。梯田坎较密且两坎间距在图上小于 10mm 时可适当取舍。断崖应延其边沿以相应的符号测绘于图上。冲沟和雨裂应视其宽度按图式在图上分别以单线、双线或陡壁冲沟符号绘出。为便于判读应每隔 4 根等高线描绘 1 根计曲线，当两根计曲线的间隔小于图上 2.0mm 时可只绘计曲线。应选适当位置在计曲线上注记等高线高程且其数字的字头应朝向坡度升高的方向。在山顶、鞍部、凹地、陷地、盆地、斜坡不够明显处及图廓边附近的等高线上应适当绘出示坡线。等高线遇路堤、路堑、建筑物、石坑、断崖、湖泊、双线河流以及其他地物和地貌符号时应间断。各种土质均应按图式规定的相应符号表示。应注意区分沼泽地、沙地、岩石地、露岩地、龟裂地、盐碱地。

　　植被测绘时应表示出植被的类别和分布范围。地类界应按实地分布范围测绘，应在保持地类界特征前提下对图上小于 5mm 的凹进、凸出部分进行适当综合，当地类界与地面上有实物的道路、河流、坡坎等线状符号重合或接近平行且间隔小于 2mm 时地类界可省略不绘，当遇境界、等高线、管线等符号重合时地类界可移位 0.2mm 绘出。耕地需区分稻田、旱地、菜地及水生经济作物地。应以树种和作物名称区分园地类别并配置相应的符号。图上大于 25cm² 以上的林地须注记树名和平均树高，有方位和纪念意义的独立树应表示。田埂宽度在图上大于 1mm（或 1∶500 测图 2mm）以上时应用双线表示。在同一地段内生长多种植物时其图上配置符号（包括土质）不应超过 3 种。田角、田埂、耕地、园地、林地、草地均需测注高程。

　　注记应规范。地形图上应对行政区划、居民地、城市、工矿企业、山脉、河流、湖泊、交通等地理名称调查核实并正确注记。注记使用的简化字应按国务院颁布的有关规定执行。图内使用的地方字应在图外注明其汉语拼音和读音。注记使用的字体、字级、字向、字序形式应遵守我国现行《1∶500、1∶1000、1∶2000 地形图图式》（GB/T 7929）的规定。

16.4.5　地形图拼接、检查、验收的基本要求

　　每幅图应测出图廓外 5mm，自由图边在测绘过程中应加强检查并应确保无误。地形图接边只限于同比例尺同期测绘的地形图。接边限差不应大于表 16.5、表 16.6 规定的平面、高程中误差的 $2^{3/2}$ 倍。接边误差超过限差时应现场检查改正，不超过限差时应平均配赋其误差。接边时线状地物的拼接不得改变其真实形状及相关位置，地貌的拼接不得产生

变形。

地形图的检查包括自检、互检和专人检查。在全面检查认为符合要求之后即可予以验收并按质量评定等级。

思 考 题 与 习 题

1. 测量实习有哪些基本要求？
2. 简述测量实习的基本工作流程。
3. 简述土木建筑工程测量放样实习的基本工作流程。
4. 简述测量实习的相关技术要求。
5. 简述经纬仪视距解析法测图的过程。

参 考 文 献

[1] Anderson J M. Mikhail E M. Introduction to Surveying. New York: McGraw – Hill, 1985.

[2] Antenucci J. Geographic Information Systems: A Guide to the Technology. New York: Van Nostrand Reinhold, 1991.

[3] Aronoff S. Geographic Information Systems: A Management Perspective. Ottawa: WDL Publications, 1989.

[4] Bomford G. Geodesy. Oxford: Clarendon Press, 1980.

[5] Bugayevskiy L M, Snyder J P. Map Projections: A Reference Manual. Philadelphia: Taylor & Francis. 1998.

[6] Burnside C D. Mapping from Aerial Photographs. New York: John Wiley & Sons, 1985.

[7] Burrough P A. Principles of Geographical Information Systems for Land Resources Assessment. New York: Oxford University Press, 1986.

[8] Calkins H W, Tomlinson R F. Basic Readings in Geographic Information Systems. Williamsville: SPAD Systems, Ltd, 1984.

[9] Chance A, Newell R. G, Theriault D G. An object oriented GIS: issues and solutions. Proceedings EGIS, Vol. 1. Netherlands: Amsterdam, 1990.

[10] Cohen E R, Taylor B N. The fundamental physical constants. Physics Today, 1988, 41 (9).

[11] Colwell R N. Manual of Remote Sensing. Bethesda: American Society of Photogrammetry and Remote Sensing, 1983.

[12] Cowen D J. GIS versus CAD versus DBMS: what are the differences. Photogrammetric Engineering and Remote Sensing, 1988. 54.

[13] Crawford W G. Construction Surveying and Layout, Canton: P O B Publishing, 1994.

[14] Date G J. An Introduction to Database Systems. MA: Addison – Wesley Reading, 1987.

[15] Davis R E. Surveying: Theory and Practice, 6th ed. New York: McGraw – Hill, 1981.

[16] Dueker K J. Geographic information systems and computer aided mapping. Journal of the American Planning Association, 1987.

[17] Ebner H, Fritsch D, Heipke C. Digital Photogrammetric Systems. Karlsruhe: Wichman, 1991.

[18] Escobal P R. Methods of Orbit Determination. New York: John Wiley & Sons, 1976.

[19] ESRI. Understanding GIS: The ARC/Info Way. Redlands: ESRI, 1990.

[20] ESRI. ARC/INFO: GIS Today and Tomorrow. Redlands: ESRI, 1992.

[21] Faugeras O. Three – Dimensional Computer Vision. Cambridge: MIT Press, 1993.

[22] Federal Geodetic Control Committee. Standards and Specifications for Geodetic Control Networks. Silver Springs: National Geodetic Information Branch, NOAA, 1984.

[23] FGCC, Geometric Geodetic Accuracy Standards and Specifications for Using GPS Relative Positioning Techniques, Version 5. 0. Rockville: Federal Geodetic Control Committee, 1989.

[24] FGCC, Standards and Specifications for Geodetic Control Networks. Rockville: Federal Geodetic Control Committee, 1991.

[25] Fletcher D. Modeling GIS transportation networks. Los Angeles: Proceedings URISA 1988, 1987.

[26] Fronczek C J. NOAA Technical Memorandum NOS NGS – 10. Silver Springs: National Geodetic Information Branch, NOAA, 1980.

[27] GIS World. GIS International Sourcebook, Fort Collins: GIS World, 1993.

[28] Goldstein H. Classical Mechanics. MA: Addison – Wesley, 1965.

[29] GPS World. GPS world receiver survey. GPS World. 2002, 28 (13).

[30] Grewal M S, Weill L R, Andrews A P. Global Positioning Systems, Inertial Navigation, and Integration, New York: John Wiley and Sons, 2001.

[31] Guptill S C. A process for evaluating GIS. San Antonio: Proceedings GIS/LIS, 1988.

[32] Heiskanen W A, Moritz H. Physical Geodesy. San Francisco: W. H. Freeman and Company, 1967.

[33] Heitz S. Coordinates in Geodesy. Berlin: Springer – Verlag, 1985.

[34] Hofmann – Wellenhof B, Lichtenegger H, Collins J. GPS: Theory and Practice. New York: Springer – Verlag, 2001.

[35] IAG. Geodetic Reference System 1967. Publication Special 3. Paris: International Association of Geodesy, 1971.

[36] Jeffreys Sir H. The Earth: Its Origin, History and Physical Constitution. New York: Cambridge University Press, 1970.

[37] Jekeli C. Inertial Navigation Systems with Geodetic Applications. Berlin: Walter de Gruyter, 2000.

[38] Kaplan E D . Understanding GPS: Principles and Applications. Boston: Artech House Publishers, 1966.

[39] Karara H M. Non – Topographic Photogrammetry, 2nd ed. Bethesda: American Society of Photogrammetry and Remote Sensing, 1989.

[40] Kaula W M. Theory of Satellite Geodesy: Applications of Satellites to Geodesy. Waltham: Blaisdell Publishing Company, 1966.

[41] Kennedy M. The Global Positioning System and GIS: An Introduction. Chelsea: Ann Arbor Press, 1996.

[42] Kilborn K, Rifai H S, Bedient P B. The integration of ground water models with geographic information systems. Proceedings ACSM – ASPRS, 1991.

[43] Krakiwsky E J. Papers for the CIS Adjustment and Analysis Seminars. Ottawa: The Canadian Institute of Surveying, 1983.

[44] Kraus K. Photogrammetry. Bonn: Dummler Verlag, 1993.

[45] Lambeck K. Geophysical Geodesy: The Slow Deformations of the Earth. Oxford: Clarendon Press, 1988.

[46] Leick A. GPS Satellite Surveying. New York: John Wiley & Sons, 1990.

[47] Leick A, van Gelder, B H W. On Similarity Transformations and Geodetic Network Distortions Based on Doppler Satellite Coordinates. Reports of the Department of Geodetic Science. Columbus: Ohio State University, 1975 (235).

[48] Leick A. GPS: Satellite Surveying. New York: John Wiley & Sons, 1995.

[49] Lucas J. Differentiation of the orientation matrix by matrix multipliers. Photogrammetric Eng, 1963 (29): 708.

[50] Maguire D, Goodchild M F, Rhind D. Geographical Information Systems: Principles and Applications. New York: John Wiley & Sons, 1991.

[51] Maling D H. Coordinate Systems and Map Projections. Oxford: Pergamon Press, 1993.

[52] McElroy S. Getting Started with GPS Surveying. Bathhurst: GPS Consortium (GPSCO), 1996.

[53] Melchior P. The Tides of the Planet Earth. Oxford: Pergamon Press, 1978.

[54] Mikhail E M. Observations and Least Squares. Lanham: University Press of America, 1976.

［55］ Mikhail E M，Gracie G. Analysis and Adjustment of Survey Measurements. New York：Van Nostrand Reinhold，1981.

［56］ Moffitt F H，Mikhail E M. Photogrammetry，3rd ed. New York：Harper and Row，1980.

［57］ Montgomery G，Schuch H. Data Conversion in GIS. Fort Collins：GIS World，1993.

［58］ Montgomery H. City streets，airports，and a station roundup. GPS World，1993，4（16）.

［59］ Moritz，H，Mueller I. Earth Rotation：Theory and Observation. New York：Frederick Ungar Publishing Co. 1988.

［60］ Moritz H. The Figure of the Earth：Theoretical Geodesy and the Earth's Interior. Karlsruhe：Wichmann，1990.

［61］ Mueller I I. Spherical and Practical Astronomy，As Applied to Geodesy，New York：Frederick Ungar Publishing Co，1969.

［62］ Munk W H，MacDonald G J F. The Rotation of the Earth：A Geophysical Discussion. New York：Cambridge University Press，1975.

［63］ National Geodetic Survey. Geodetic Glossary. Silver Springs：National Geodetic Information Branch，NOAA，1986.

［64］ NIMA. Department of Defense World Geodetic System：Its Definition and Relationships with Local Geodetic Systems，NIMA Technical Report 8350.2，National Imagery and Mapping Agency，2000.

［65］ Pease C B. Satellite Imaging Instruments. Chichester：Ellis Horwood，1991.

［66］ Richards J A Remote Sensing Digital Image Analysis：An Introduction，2nd ed. New York：Springer－Verlag，1993.

［67］ Santerre R. Impact of GPS satellite sky distribution. Manuscripta Geodaetica，1991，61（28）.

［68］ Seeber G. Satellite Geodesy：Foundations Methods and Applications. Berlin：Walter de Gruyter，1993.

［69］ Slama C C. Manual of Photogrammetry，4th ed. Bethesda：American Society of Photogrammetry and Remote Sensing，1980.

［70］ Soffel M H. Relativity in Astrometry，Celestial Mechanics and Geodesy. Berlin：Springer－Verlag，1989.

［71］ Soler T，Hothem L D. Coordinate systems used in geodesy：basic definitions and concepts. J. Surveying Eng，1988，84：114.

［72］ Soler T，van Gelder B H W. On differential scale changes and the satellite Doppler z－shift，Geophys J Roy Astron Soc，1987，91：639.

［73］ Soler T. On Differential Transformations between Cartesian and Curvilinear（Geodetic）Coordinates. Reports of the Department of Geodetic Science（236）. Columbus：Ohio State University，1976.

［74］ Stem J E. State Plane Coordinate System of 1983. Rockville：NOAA Manual NOS NGS 5，NOAA，1991.

［75］ Strang G，Borre K. Linear Algebra Geodesy and GPS. Wellesley：Wellesley－Cambridge Press，1997.

［76］ Teunissen P J G，and Kleusberg A. GPS for Geodesy. Berlin：Springer－Verlag，1998.

［77］ Tom H. Geographic information systems standards：a federal perspective. GIS World，1990，3.

［78］ Tomlin C D. Geographic Information Systems and Cartographic Modeling. Prentice Hall，Englewood Cliffs，1990.

［79］ Torge W. Geodesy. Berlin：Walter de Gruyter，2001.

［80］ Van Sickle J. GPS for Land Surveyors. Chelsea：Ann Arbor Press，Inc.，1996.

［81］ Vanicek P，Krakiwsky E J. Geodesy：The Concepts. Amsterdam：North - Holland Publishing Company，1982.

［82］ Wells D. Kleusberg A. GPS：a multipurpose system. GPS World，1990，1（60）.

［83］ Wells D. Guide to GPS Positioning. Fredericton：Canadian GPS Associates，1986.

［84］ Wolf P R. Elements of Photogrammetry. New York：McGraw - Hill，1983.

［85］ Wolf P R，Brinker R C. Elementary Surveying 9th ed. New York：HarperCollins，1994.

［86］ 中华人民共和国建设部. GJJ 8—99 城市测量规范［S］. 北京：中国建筑工业出版社，1999.

［87］ 中华人民共和国建设部. CJJ 61—2003 城市地下管线探测技术规程［S］. 北京：中国建筑工业出版社，2003.

［88］ 中华人民共和国建设部，中华人民共和国国家质量监督检验检疫总局. GB 50310—2002 电梯工程施工质量验收规范［S］. 北京：北京科文图书业信息技术有限公司，2008.

［89］ 中华人民共和国质量监督检验检疫总局，中华人民共和国建设部. GB 50205—2001 钢结构工程施工质量验收规范［S］. 北京：中国标准出版社，2002.

［90］ 中华人民共和国住房和城乡建设部. JGJ 3—2002 高层建筑混凝土结构技术规程［S］. 北京：中国建筑工业出版社，2011.

［91］ 中华人民共和国建设部，中华人民共和国国家质量监督检验检疫总局. GB 50026—2007 工程测量规范［S］. 北京：中国计划出版社，2008.

［92］ 国家质量监督检验检疫总局. JJG 703—2003 光电测距仪计量检定规程［S］. 北京：中国计量出版社，2003.

［93］ 国家质量技术监督局. GB/T 17942—2000 国家三角测量规范［S］. 北京：中国标准出版社，2000.

［94］ 中华人民共和国建设部，中华人民共和国国家质量监督检验检疫总局. GB 50133—2005 滑动模板工程技术规范［S］. 北京：中国计划出版社，2005.

［95］ 中华人民共和国住房和城乡建设部. GB 50204—2002 混凝土结构工程质量验收规范［S］. 北京：中国建筑工业出版社，2011.

［96］ 中华人民共和国住房和城乡建设部，中华人民共和国国家质量监督检验检疫总局. GB 50231—2009 机械设备安装工程施工及验收通用规范［S］. 北京：中国计划出版社，2009.

［97］ 中华人民共和国建设部. GB 50202—2002 建筑地基基础工程施工质量验收规范［S］. 北京：中国计划出版社，2002.

［98］ 中华人民共和国住房和城乡建设部. JGJ/T 302—2013 建筑工程施工过程结构分析与监测技术规程［S］. 北京：中国建筑工业出版社，2013.

［99］ 中华人民共和国住房和城乡建设部，中华人民共和国国家质量监督检验检疫总局. GB 50497—2009 建筑基坑工程监测技术规范［S］. 北京：中国计划出版社，2009.

［100］ 中华人民共和国建设部，国家质量监督检验检疫总局. GB 50210—2001 建筑装饰装修工程质量验收规范［S］. 北京：中国建筑工业出版社，2001.

［101］ 中华人民共和国建设部，中华人民共和国国家质量监督检验检疫总局. GB 50352—2005 民用建筑设计通则［S］. 北京：中国建筑工业出版社，2005.

［102］ 中华人民共和国住房和城乡建设部，中华人民共和国国家质量监督检验检疫总局. GB 50203—2011 砌体工程施工质量验收规范［S］. 北京：光明日报出版社，2011.

［103］ 国家测绘局. CH/T 2007—2001 三、四等导线测量规范［S］. 北京：中国测绘出版社，2003.

［104］ 中华人民共和国国家质量监督检验检疫总局，中华人民共和国建设部. GB 50243—2002 通风与空调工程施工质量验收规范［S］. 北京：中国计划出版社，2002.

［105］ 中华人民共和国住房和城乡建设部. GJJ/T 73—2010 卫星定位城市测量技术规范［S］. 北京：中国建筑工业出版社，2010.